Roboid Studio
http://www.roboidstudio.org

누구나 만들어보는 로봇제어

NETBRAIN PROJECT

| 홍선표 · 이호웅 · 전응섭 · 정상훈 | 지음

 BM 성안당

도서 A/S 안내

당사에서 발행하는 모든 도서는 독자와 저자 그리고 출판사가 삼위일체가 되어 보다 좋은 책을 만들어 나갑니다.

독자 여러분들의 건설적 충고와 혹시 발견되는 오탈자 또는 편집, 디자인 및 인쇄, 제본 등에 대하여 좋은 의견을 주시면 저자와 협의하여 신속히 수정 보완하여 내용 좋은 책이 되도록 최선을 다하겠습니다.

채택된 의견과 오자, 탈자, 오답을 제보해 주신 독자 중 선정된 분에게는 기념품을 증정하여 드리고 있습니다. (당사 홈페이지 공지사항 참조)

구입 후 14일 이내에 발견된 부록 등의 파손은 무상 교환해 드립니다.

저자 e-mail : shjung@robokor.com
본서 기획자 e-mail : hck8181@hanmail.net(황철규)
도서출판 성안당 e-mail : cyber@cyber.co.kr
홈페이지 : http://www.cyber.co.kr
전화 : 031)955-0511
독자상담실 : 080)544-0511

어렸을 때 접했던 로봇이라는 단어는 만화나 공상 과학 소설 속에서 등장하는 것으로 현실과는 상당한 거리감이 있었다. 당시의 로봇은 지금 생각해 보면 유치하지만 그때는 상당히 놀랍고 대단한 선망의 대상이었다.

근래 영화에 등장하는 로봇은 예전과는 비교할 수 없을 정도로 멋지게 변신을 한다든지 지능도 대단히 높아 인간과 대화를 할 정도가 되지만 이는 어디까지나 영화일 뿐 실제 로봇과는 많은 차이가 있다.

그럼에도 불구하고 실제 로봇도 예전과는 다르게 상당히 많은 기술적인 진보가 이루어져 제법 인간을 흉내내기에 이르렀다. 그러나 여전히 실제 로봇이 영화 속에 등장하는 로봇처럼 말하고 생각하기까지는 많은 시간과 노력이 필요할 것이다.

이는 하나의 로봇을 만들기 위한 로봇 관련 기술은 전기, 전자, 기계, 제어, 소프트웨어, 디자인 등의 총체적인 집합체로서 어느 하나 쉽지 않기 때문이다. 대개 로봇을 만드는 곳은 기술적, 재정적인 이유로 대학교, 연구소 혹은 기업 등에서 개발하기 때문에 조그맣게라도 본인의 로봇을 만들어 보고자 하는 소박한 꿈은 대개 실현 불가능하기 마련이다.

이에 로봇 관련 제어를 쉽게 해보고자 새로운 개념인 씬-클라이언트 로봇이 등장하였다. 물론 생긴 것은 로봇과는 많이 다르지만 외양이 항상 중요한 것은 아니다. 씬-클라이언트 로봇(Thin-Client Robot)이란 로봇의 두뇌에 해당하는 부분은 외부의 컴퓨터에게 맡기고 로봇의 몸체는 최소한의 인터페이스만을 갖춘 형태의 로봇이다.

NetBrain Project

머리말

이러한 씬-클라이언트 로봇은 고성능 컴퓨터를 이용함으로써 막강한 컴퓨터의 자원을 그대로 사용할 수 있고 더불어 통신의 편리한 점과 하드웨어적인 부분의 가격을 낮추는 장점이 있다.

씬-클라이언트 로봇은 하드웨어적으로는 넷브레인(NetBrain)과 소프트웨어적으로는 로보이드 스튜디오라는 플랫폼으로 만들 수 있다.

앞으로 넷브레인과 로보이드 스튜디오를 통해 기존의 방법에 비해 보다 쉽고 재미있게 로봇의 출발점을 익혀보도록 하자.

끝으로 모쪼록 부족한 책이지만, 이 책을 통해 로봇에 대해 조금 더 친밀하게 다가가기를 바란다.

공저자

4

Contents

NetBrain Project

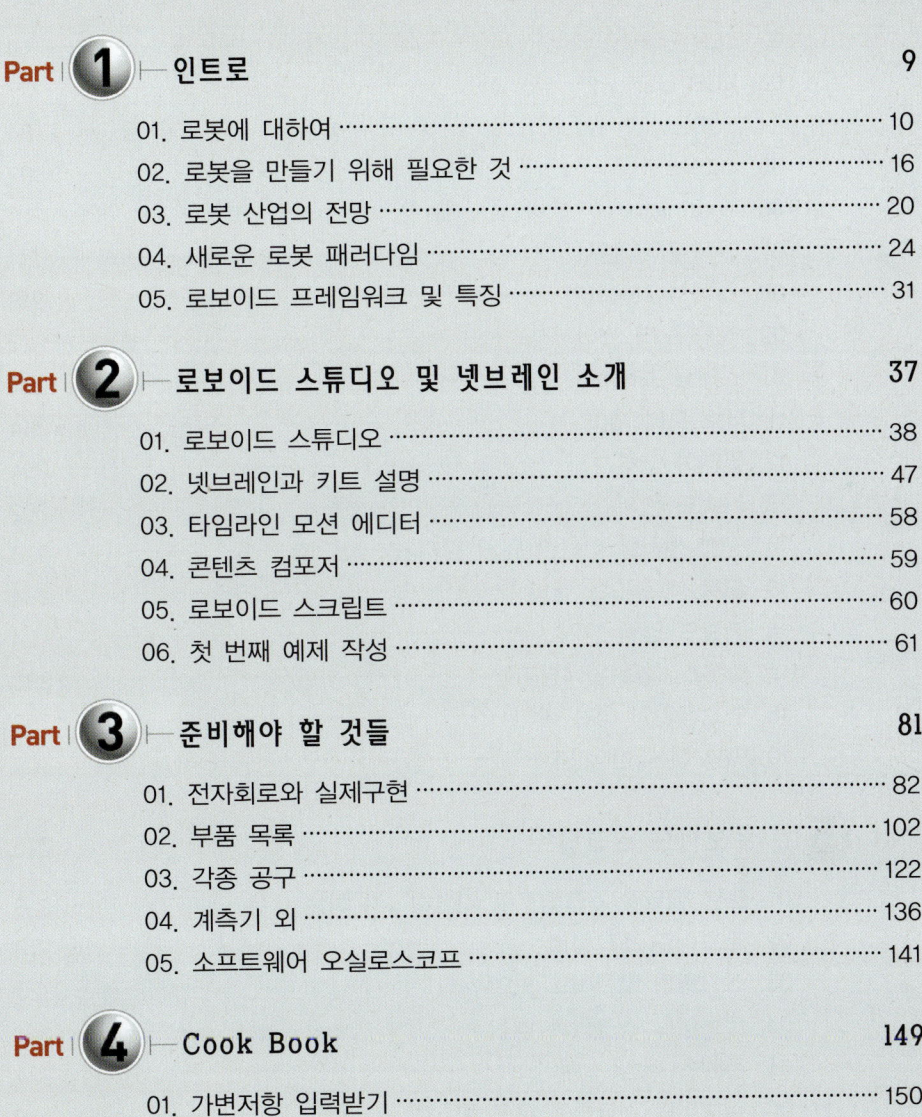

NetBrain Project

차례

Contents

NETBRAIN

PART 01
NETBRAIN
Project

인트로

1 | 로봇의 유래와 역사

*로봇: Robot

*체코슬로바키아:
Czechoslovakia
*카렐 차펙: Karel Capek
*'로섬의 만능 로봇': R.U.R,
Rossum's Universal Robot
*로보타: Robota

*자동 인형: Automata

로봇*이라는 단어는 1920년 체코슬로바키아*의 극작가 카렐 차펙*이라는 사람이 발표한 희곡 '로섬의 만능 로봇'*에서 최초로 사용되었다. 그 뜻은 체코슬로바키아어 로보타*라는 단어에서 유래되었는데, '노예생활' 혹은 '강제적인 노동', '고되고 지루한 일'이라는 의미가 내포되어 있다. 로봇이라는 단어를 무언가 엄청나고 대단한 의미로 생각하는 현재의 의미와는 사뭇 다르다.

그러나, 로봇이라는 개념은 로봇이라는 단어가 나타나기 이전에 '자동 인형*' 즉, '살아 움직이는 인형'이라는 개념으로 이미 널리 알려져 있었다. 오토마타는 뻐꾸기 시계나 움직이는 동물처럼 스스로 움직이는 자동 장치를 말한다. 로봇과의 차이점은 동력에 의해서 움직이느냐 아니냐하는 점이긴 하지만 현재로서는 그 구별이 크게 의미는 없다.

➔ 18세기 보캉송*이 만든
오리와 닭이 모이를 쪼는
인형과 뻐꾸기 시계(좌측
부터)

*보캉송: Jacques de
Vaucanson

*A.I. : Artificial Intelligence
*디스토피아: Dystopia
*터미네이터: Terminator
*트랜스포머: Transformer
*바이센터니얼맨:
Bicentennial Man
*아이 로봇: I, Robot
*블레이드 러너:
Blade Runner

근래에는 로봇이 주연 혹은 조연으로 등장하는 영화가 상당히 많다. 인간이 되어 엄마의 사랑을 받고 싶었던 로봇을 그린 A.I.*, 인간과의 전쟁을 선포하며 암울한 디스토피아*를 그린 터미네이터*, 외계로부터 지구에 오게 된 오토봇과 디셉티콘의 화려한 전투를 그린 변신 로봇 트랜스포머* 등이 있고, 이외에도 바이센터니얼맨*, 아이 로봇*, 블레이드 러너*, 월. E와 같이 많은 로봇들이 영화에 등장한다.

2 | 영화에서 등장하는 로봇과 실제 로봇

➜ 바이센티니얼맨, 터미네이터, 아이 로봇 (좌측부터)

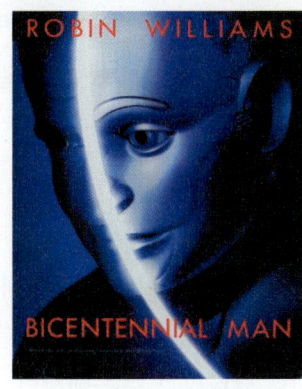 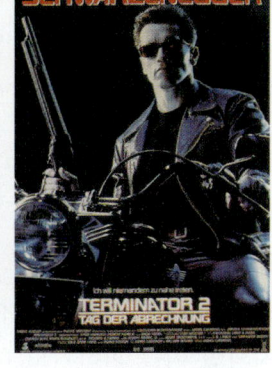 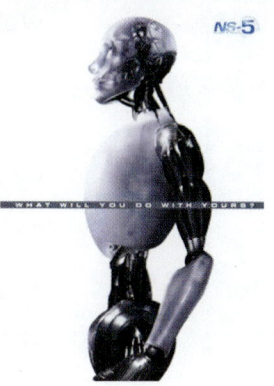

| 바이센티니얼맨 | | 터미네이터 | | 아이 로봇 |

그런데 위의 영화에 등장하는 로봇들은 거의 사람과 동등하거나 사람의 능력을 뛰어넘는 로봇이다. 움직이거나 뛰어다니기는 기본이고 말하는 것도 당연하며 어떤 경우에는 사람처럼 감정을 갖고 있는 것처럼 보이기도 한다.

＊아시모 : Asimo

이러한 로봇이 현재의 기술로 가능할까? 현재의 기술로 가능한 것 중에서 가장 유연한 움직임을 보이는 로봇은 일본에서 제작된 아시모＊ 정도이다. 물론 이보다 더 진보된 로봇이 있을 수는 있겠지만 적어도 우리가 접할 수 있는 로봇 중에서는 외형적으로 가장 인간과 유사하다고 할 수 있다.

➜ 일본에서 제작한 아시모 영화에서 보는 터미네이터나 트랜스포머에 비교하면 단순하다. 변신도 못하잖아!

3 │ 인간을 닮은 로봇(휴머노이드) 제작의 어려움

영화에서 나오는 인간과 매우 유사한 로봇과 우리가 실제로 접하는 로봇 사이에는 어떠한 차이점이 있을까? 실제로 접하는 로봇은 청소 로봇을 예로 들어보자. 먼저 직관적으로 가장 편하게 알 수 있는 것은 움직이느냐는 것이다.

- 스스로 움직일 수 있는가?
- 외부 입력에 대해 반응하는가?

청소 로봇도 움직이기도 하고 제법 똑똑하게 반응을 한다. 방을 돌아다녀도 무작위로 돌아다니는 것이 아니라 일정한 패턴을 가지고 움직이며, 전방에 물체가 감지되면 이를 피하기도 하고, 배터리가 부족해지면 스스로 충전기를 찾아가기도 한다. 그러나 이러한 청소 로봇은 주어진 환경에서만 작동할 뿐 스스로 판단하는 기능이 없다! 과연 청소 로봇이 아래와 같이 말할 수 있을까?

- 주인님! 오늘은 별로 기분이 좋아 보이지 않는데 청소 소음이 시끄러우니까 가만 있을까요?
- 날씨가 매우 쾌청한데 산보를 나갔다 오시면 제가 말끔히 청소해 놓겠습니다.

물론 이러한 몇 가지 상황을 로봇에게 미리 입력해 놓아 주어진 환경을 측정하여 위와 같은 말을 하게 할 수도 있을 것이다. 예를 들면 광량 및 온도를 측정하여 일정 이상의 온도가 되면 덥다, 춥다와 같이 말하게 할 수도 있다. 그러나 영화에 등장하는 로봇을 다시 한 번 생각해 보자. 과연 이러한 로봇들이 앵무새처럼 같은 말을 반복하던가? 마치 인간인 듯 말하지 않던가?

하나의 예를 더 들어보자. 영화에 등장하는 것처럼 로봇이 인간을 위해 헌신적으로 도와줄 때 인간은 감동을 느낄 수 있다. 대개의 인간은 로봇처럼 순종적이고 맹목적으로 타인을 위해서 도와주기가 쉽지 않다. 물론 성직자나 성인과 같은 특별한 경우도 있지만 이는 논외로 한다.

그러나 로봇이 인간을 도와주는 것은 어떠한 숭고한 희생정신에 의해서 한다기보다 "인간을 도와야 한다."와 같은 프로그램이 내장되어 있기 때문이라고 보는 것이 더 타당하다. 노인에게 봉사하는 로봇을 볼 때, 로봇이 노인에게 마치 헌신적인 것처럼 생각할 수 있지만 그것은 프로그램이 그렇게 되어 있을 뿐이라는 것이지, 로봇 자신이 도움을 주어야 할 대상에 대해 동정심, 헌신, 애정을 느끼기 때문에 도와주는 것이 아니라는 것이다.

4 | 지능을 가졌는가?

이렇듯 영화에서 등장하는 로봇과 우리가 실제 접하는 청소 로봇, 강아지 로봇 등과는 무슨 차이가 있는가. 앞서 살펴본 바와 같이 움직인다거나 외부 입력에 대해 적절하게 반응한다는 것만으로 둘을 분류하기에는 기준이 애매모호하다. 이러한 두 로봇의 명백한 차이는 바로 지능(Intelligence, 知能)의 유무이다. 즉, 지능을 가지고 있느냐 없느냐가 이 둘을 구분한다.

이러한 말은 상당히 심오하고 함축적인 의미를 가지고 있다. "물체가 앞에 있으면 피하니까 청소 로봇도 지능이 있는 것이 아니냐?"와 같이 질문할 수도 있지만 이것만 가지고 진정한 의미에서 지능이라고 볼 수 있을까?

그렇다면 "도대체 지능이란 무엇인가?"와 같은 반문을 할 수 있다. 그러나 이에 대한 답변은 매우 어렵다. 지능에 대한 정의는 로봇 공학 이외에도 생명 공학, 뇌 공학, 생물학, 인문학 등 다양한 방면에서 뜨거운 논쟁거리가 되고 있는 질문이다. 필자 역시 한두마디로 지능이 무엇인가에 대해 정의내리기는 어렵다.

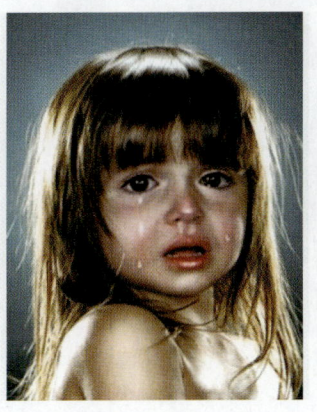

이러한 가정에도 불구하고 영화와 같이 가까운 혹은 먼 미래에 인간과 유사한 로봇이 등장하면 어떻게 될까? 혹은 외모상으로 인간과 완전히 동일하다면 인간을 무엇으로 정의해야 할까? 혹은 로봇이 인간보다 우수하여 인간을 정복하지 않을까 하는 사회적, 철학적인 문제가 발생할 수도 있겠으나, 이러한 문제는 당분간 고민하지 않아도 될 것이다. 왜냐하면 현재의 기술로는 이러한 로봇을 만들기는 쉽지 않으니까.

그러나, 로봇에 관련된 기술은 나날이 진보하고 있으며 당장은 힘들다고 하더라도 가까운 장래에 인간과 매우 유사한 로봇이 등장할 것으로 예측된다. 여기서 중요한 점은 외모가 인간과 유사한 것이 아니라(외모가 유사한 정도는 현재 기술로도 충분히 만들 수 있다) 어느 정도 지능을 가진 존재가 등장하느냐 하는 점이다.

이러한 흥미로운 질문에 대한 답변은 시간이 좀더 흐른 뒤 연구 결과를 통해 알아보도록 하고 일단은 현재까지의 로봇에 대한 역사에 대해 살펴보는 것으로 아쉬움을 달래기로 하자.

5 │ 인간을 닮은 로봇은 가능할까?

→ 쥘 베른과 그의 작품들

 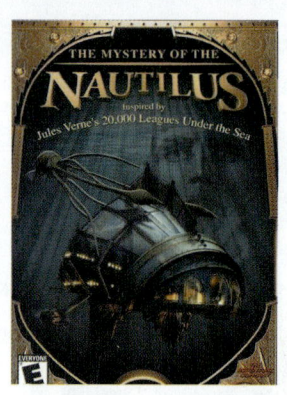 

*쥘 베른 : Jules Verne
*SF : Science Fiction

쥘 베른*의 '지구에서 달까지'라는 SF* 소설이 처음 등장했을 때 사람들은 달 여행은 허무맹랑하다고 하였다. 그러나, 이후 150년이 채 못되어 인간은 우주선을 통해 달에 깃발을 꽂았다. 가속화되는 기술적 진보로 100년 걸리던 일이 10년 혹은 1년으로 단축되고 있기 때문에 현재의 로봇이 걸음마 수준이라 하더라도 수년 혹은 수십 년 내로 어떻게 발전할지 상상하기 어렵다. 막연하게 부정적으로만 생각해보지 말고 마음대로 상상의 날개를 펼쳐 보는 것도 재미있으리라 생각한다.

운전자가 필요 없는 무인 로봇 택시, 입는 로봇, 미국의 무인 전투기 프로데터

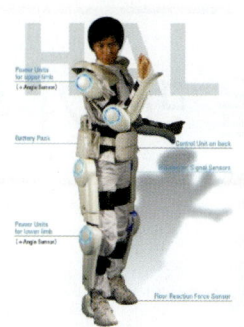

끝으로 인간은 왜 인간을 닮은 로봇(Humanoid)을 만드려고 하는가에 대해 한 번 곰곰이 생각해 보는 것도 재미있을 것이다. 휴머노이드 형태의 로봇이 어떤 경우이건 좋은 것은 아니다. 예를 들어 하늘을 나는 무인항공기는 인간 형태보다는 새의 형태로 만드는 것이 좋고 물속을 움직일 때는 유선형의 물고기 형태가 더 좋을 것이다. 땅 위를 움직이는 로봇도 인간 형태의 로봇보다는 바퀴벌레 형태의 로봇이 더 효율적이지 않을까?

왜 인간은 인간을 닮은 로봇을 만들려고 할까? 이에 대한 필자의 개인적인 생각은 인간이기 때문이 아닐까싶다. 만일 우리가 인간이 아닌 다른 형태의 생물체였다면, 예를 들어 개미라면 인간이 아닌 개미와 비슷한 형태의 로봇을 만들려고 하지 않았을까? 이럴 경우 휴머노이드가 아닌 앤토이드 Ant+oid라고 불러야 하지 않았을까?

1 | 로봇은 모든 공학의 집합체이다.

*로봇 공학 : Robotics
*기계 공학 : Mechanical
Engineering
*전기 공학 : Electrical
Engineering
*전자 공학 : Electronics
Engineering
*제어 공학 : Mechatronics
Engineering
*컴퓨터 공학 : Computer
Engineering
*소프트웨어 공학 : Software
Engineering

로봇 공학*이란 로봇을 만들거나 연구하는 학문 체계로서 기계 공학*, 전기 공학*, 전자 공학*, 제어 공학*, 컴퓨터 공학*, 소프트웨어 공학* 등의 총 집합체이다.

  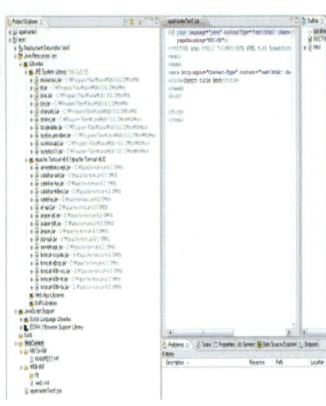

➲ 로봇은 각종 기계, 전자,
소프트웨어 등 여러
공학의 집합체이다.

메모리에서만 존재하는 특별한 형태의 로봇도 있으나 대개 로봇은 바퀴가 있다거나 사람 형태, 혹은 곤충 형태 등 어떠한 "형태"를 가진다. 이러한 형태를 가지기 위해서 기본적으로 기계 공학에 대한 이해가 필요하고, 움직이기 위해서 제어 공학이 필요하다.

근래의 로봇은 대개 전기의 힘으로 움직이므로 전기/전자 공학이 필요하고 로봇의 두뇌에 해당하는 부분을 만들기 위해 컴퓨터 공학, 소프트웨어 공학이 필요하다.

간혹 "로봇은 전기로만 움직이나요"와 같은 질물을 받곤 하는데 로봇이 반드시 전기의 힘으로만 움직일 필요는 없다. 전기의 힘이 아닌 알코올, 공기의 힘, 태양의 힘, 단백질을 원료하여 움직이는 로봇도 있다. 그러나, 현재 컴퓨터와 같

은 많은 디지털 시스템이 전기의 힘으로 움직이고, 전기로 제어하는 것이 효율이 높고 편리하기 때문에 전기를 이용할 뿐이다. 만일 유전공학적인 요소로 로봇을 만드는 것이 더 편리하고 우수하다면 전기 대신에 유전공학적으로 로봇을 설계할지도 모른다. 전기의 힘으로 모터를 움직이는 대신에 DNA를 재구성함으로 부품을 만들지도 모른다.

2 │ 공학이 아닌 다른 학문과의 융합도 머지 않았다.

로봇 공학은 나날이 진보하고 있지만 아직까지 이렇다 할 명확한 체계가 갖추어지지 않은 상태에서 각종 공학과 다른 학문이 결합 혹은 융합되고 있는 추세이다. 예를 들어 초기의 로봇은 디자인적인 요소가 중요하지 않았으나 현재는 디자인적인 측면이 매우 강하게 요구되고 있다는 점 그리고 의학이나 심리학 등과도 직·간접적으로 연관된다는 점으로 미루어 알 수 있다. 너무 섣부른 판단일지 몰라도 후에는 윤리학이나 철학과도 연관될지도 모른다.

어릴적 보았던 만화나 영화를 보면서 느꼈던 "신체의 많은 부분이 인공 장기인 사람은 로봇인가, 사람인가"와 같은 문제가 영화가 아닌 실제로 발생할지도 모른다.

➡ 인조인간과 인간의 관계를 다룬 영화 블레이드 러너*(1993)와 신체의 많은 부분을 인공 장기로 대체하여 특별한 능력을 갖게 된 600만불의 사나이*

＊블레이드 러너:
　Blade Runner
＊600만불의 사나이:
　Six Million Dollar Man

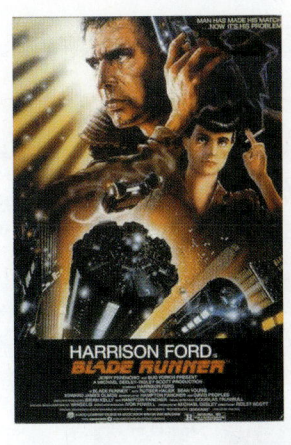

현재 인공 장기의 기술은 고도로 발전하여 인공 관절, 인공 심장 이외 인공 귀나 인공 안구 등에서도 괄목할 만한 성장을 이루고 있다. 600만불의 사나이는 인간이라고 쉽게 말할 수도 있으나 수십 년 혹은 다음 세대에 뇌를 대체하거나

혹은 뇌의 일부분이 전자 장치라면 이는 인간인가 아닌가와 같은 윤리, 철학적인 문제가 대두될지도 모른다. 이러한 것은 공상과학 영화에 나오는 것이 아니라 현재도 뇌와 전자장치간의 인터페이스가 활발하게 연구되고 있다. 과학 기술의 발전으로 인간을 어떻게 정의해야 하는가와 같은 윤리적 · 철학적 기준이 애매모호 해질 수도 있다.

3 │ 로봇에 적용되는 공학 요소

어찌됐건 현재까지는 이러한 윤리적인 문제를 논의하기에는 시기 상조이므로 일단은 우리가 접하는 공학적인 측면만을 살펴보아도 충분할 것이다. 즉, 현재까지 로봇에 있어 가장 중요한 측면은 의학, 윤리학, 철학적인 측면보다 공학적인 요소가 압도적으로 중요하다는 의미이다.

로봇은 하나의 분야만을 알아서는 만들기가 힘들기 때문에 공학의 여러 분야를 폭넓게 알아야 한다. 특정 분야만 공부한다고 하여 로봇을 만들 수 있는 것이 아니다.

왜냐하면 로봇의 두뇌(프로그램)가 아무리 우수하다 하더라도 움직일 수 있는 팔다리가 없다면 무용지물이고, 로봇의 기구부인 팔다리가 아무리 훌륭하다 하더라도 이를 움직이게 하는 명령을 내릴 수 없다면 이 역시 무용지물이기 때문이다.

➲ 일본 교토 대학 내 차고라는 벤처 회사에서 개발한 로피드* 로봇

＊로피드 : Ropid

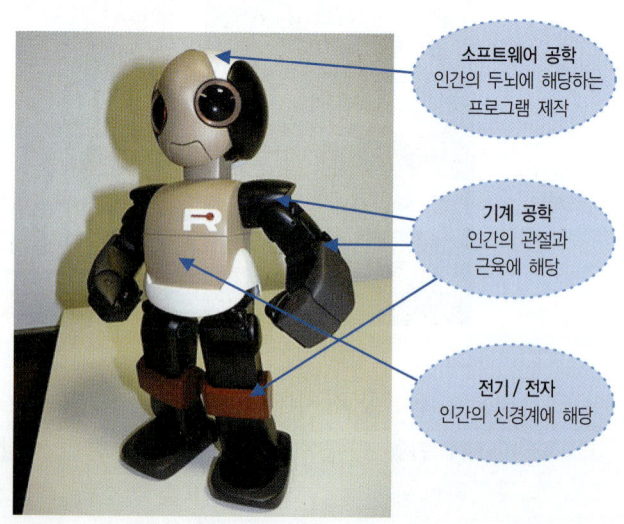

소프트웨어 공학
인간의 두뇌에 해당하는
프로그램 제작

기계 공학
인간의 관절과
근육에 해당

전기 / 전자
인간의 신경계에 해당

그런데 음악도 악보로 표현되고, 영문학이 영어로 표현되듯이 공학은 수학 또는 물리학으로 표현되기 때문에 로봇에 접근하기란 쉽지 않고 이러한 각각의 공학의 분야 또한 그 깊이가 깊으므로 모두 이해하기란 불가능하다. 그러나 로봇의 특정 분야에 참여하더라고 어느 정도 전체적인 흐름을 아는 것이 중요하다. 예를 들어 소프트웨어 프로그래머도 하드웨어에 대한 흐름 정도는 파악해야 한다는 말이다.

1 │ 로봇 산업의 성장

*마이크로소프트 : Microsoft
*빌 게이츠 : Bill Gates

마이크로소프트*사의 빌 게이츠*는 로봇을 21세기의 중요한 산업이라 지목하며 다음과 같이 말했다.

"The next hot field will be robotics. The robot industry is currently in its early state, like the PC industry in th 70s. In the future, we will have similar growth in the robot industry"
(다음 관심 분야는 로봇이 될 것이다. 로봇 산업은 초기 단계이며 70년대의 PC 산업과 유사하다. 장래에 로봇 산업도 비슷한 성장을 할 것이다)

굳이 빌 게이츠의 말을 인용하지 않더라도 로봇 산업이 21세기의 중요한 핵심 산업이 될 것이라는 사실은 자명하다. 이는 과거의 몇몇 사례를 통해서도 예측할 수 있다.

첫 번째 사례로 제조용 로봇은 기존에서도 충분한 시장성이 있었고 지금도 여전히 성장하고 있다.

두 번째 사례로 근래에 등장한 군사용 로봇은 기존의 유인(有人) 장비에 비해 매우 저렴하여 시장이 커지고 있다. 세 번째 사례로 바다 깊은 곳, 화재 지역, 혹은 방사능이 존재하는 등 인간이 근접하기 어려운 환경에서 로봇이 각광받고 있다. 이러한 사례를 비추어 볼 때 현재까지는 일부 특수한 환경에서만 로봇이 사용되고 있으나 점차 시장의 확대가 기대된다.

*스피릿 : Sprit

군사용 로봇, 제조용 로봇, 스피릿*(나사에서 개발한 화성탐사 로봇) 등의 로봇은 평범한 일반인에게는 별로 쓸모가 없다. 이러한 로봇은 일반 사람에게 필요하지 않으므로 로봇 산업이 성장하지 않을 것이라 속단할 수도 있다.

그러나 전세계적으로 인간은 고령화 되어가는 중이며 또 삶의 질 향상에 대한 욕구가 날로 증가하고 있다. 이는 기존 서비스에 비해 보다 양질의 서비스를 받고 싶어하는 욕구로 이어지고 이러한 욕구는 서비스 로봇의 수요를 증가시킨다.

여기에서 말하는 서비스 로봇이란 위에서 언급한 특수한 환경에서 적용되는 로봇이 아닌 인간에게 어떠한 서비스를 제공하는 로봇을 말한다. 그렇다고 특수한 환경의 적용에서 로봇의 수요가 감소한다거나 줄어들지는 않을 것이다. 결론적으로 산업 및 군용 목적의 특수한 환경에 적용되는 로봇 시장과 함께 일반 사람에게 서비스를 제공하는 로봇의 수요와 공급 즉, 시장이 커지리라 예상된다.

2 | 해외 로봇 산업 동향

기존의 세계 로봇 시장 규모는 제조용 로봇을 중심으로 성장하여 81.3억불('07) 규모이다. 이후 국방 로봇, 의료 로봇 등으로 분야가 다양해 지면서 서비스 분야 로봇 시장도 역시 성장하고 있다. 현재까지 서비스 분야의 로봇이 매우 크다고 볼 수는 없으나 향후 10년 내로 대규모 시장이 형성되리라 예상한다.

◑ IFR, World robotics, 2007 및 Ministry of Knowledge Economy

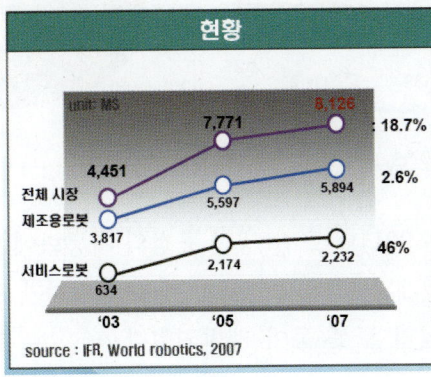

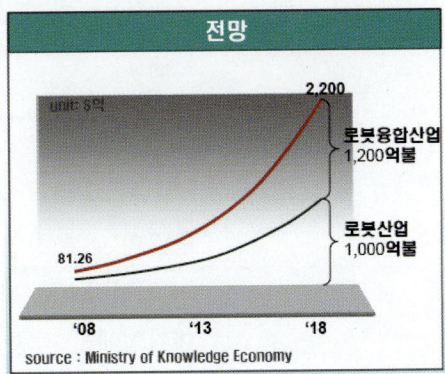

＊EU : European Union

로봇 시장을 선도하는 나라는 미국, EU＊, 일본 등이 있다. 미국의 경우 인공지능, 이동 기술, 센싱 분야에 강세를 보이고, 유럽의 경우 로봇팔, 로봇손에 강세를 보이는 특징이 있다. 일본의 경우 2족 로봇의 대명사인 혼다의 아시모와 같이 생활 가전에 중점을 두는 성향이 있다.

● 미국의 군용 로봇, 일본
혼다의 아시모, 유럽의
DLR 로봇팔

3 | 국내 로봇 산업 동향

국내 로봇 시장은 8,268억원('08) 다음해에 10.5% 성장한 9,137억원('09) 정도
의 규모이다. 산업용 로봇 시장은 미국＞일본＞독일＞이탈리아＞한국(IFR,
'07년)이며 국내 로봇 기업은 총 204개로서 매출액 50억 미만이 전체에서 88%를
차지하고 있다.

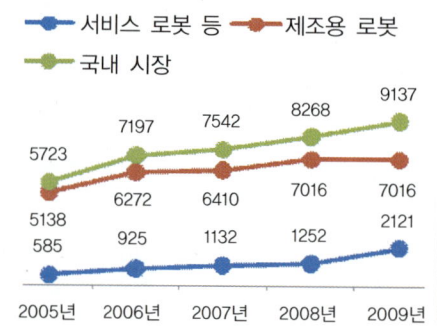

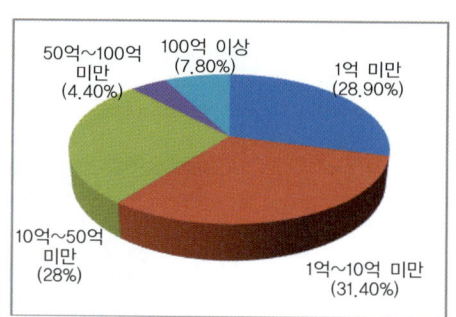

국내의 로봇 산업은 90년대 초반 생산 공정의 자동화에 따른 제조용 로봇 시장
의 급성장으로 산업계와 학계의 연구가 매우 활발하게 진행되었다. 이 즈음에
대기업에서 각종 산업 로봇 등이 개발되었다.

그러나 이후 97년경 IMF 여파로 대기업이 제조업 로봇 사업을 중단하여 제조
용 로봇에 대한 연구가 활발히 이루어지지 못하고 퍼스널 로봇 기반 기술이 성
장하게 되었는데, 정부는 이러한 지능형 로봇을 10대 차세대 성장 동력으로 선
정하고 정책적으로 지원하였다. 또한 제조용 로봇에서 지능형 로봇으로 패러다
임이 전환되면서 중소기업 중심의 지능형 로봇 시장이 성장하여 오늘날에 이르
게 되었다.

그러나 국내 로봇 시장은 해외에 비하여 많은 부족한 점이 있는데 이는 다음과 같다.

- 해외에 비하여 R&D가 많이 부족한 점
- 민간 수요 부족으로 인한 시장 규모가 협소함
- 로봇 개발 인력의 부족
- 로봇 연구 개발 인력이 매우 부족하다.
- 명확한 서비스 로봇의 수요가 불확실

국내 로봇 산업은 이러한 복잡한 문제를 내포하고 있다. 그러나 국내 로봇 시장은 나날이 성장세에 있으며 이러한 문제점을 극복할 때 분명 국내에서도 로봇 시장의 활성화가 이루어지리라 예상된다.

1 | 로보이드의 문맥적 의미

*로보이드 : Roboid
*로보이드 프레임워크 :
  Roboid Framework
*로보이드 스튜디오 :
  Roboid Studio
*로보이드 : Roboid
*접미사 : Suffix

앞으로 다루게 될 로보이드* 혹은 로보이드 프레임워크*, 로보이드 스튜디오*의 로보이드*란 단어의 사전적 의미는 다음과 같다. "-oid"란 무엇을 닮았다는 의미의 접미사*이다. 위키 대백과의 영문 설명을 보자.

-oid : a suffix to indicate a similarity or resemblance to something else

*휴머노이드 : Humanoid

일례로 휴머노이드*란 Human + oid의 합성어로 인간을 닮은 로봇이라는 뜻이다. 로보이드란 Robot + oid의 합성어로 로봇을 닮고 싶은 장치를 말한다.

➲ 일본의 여성 휴머노이드
  로봇과 로보이드

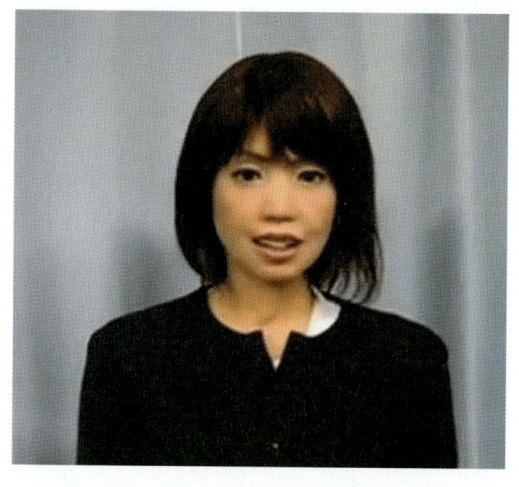

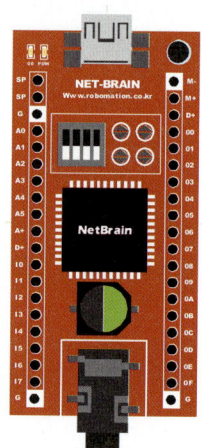

휴머노이드 = Human + oid = 인간을 닮은 로봇
로보이드 = Robot + oid = 로봇을 닮은 장치

| 휴머노이드와 로보이드의 비교 |

2 | 이미지 처리 기반의 로보이드 프레임 웍

＊즉석사진 : SnapShot

인간은 데이터를 연속적으로 받아들이나 특정한 순간에는 하나의 즉석사진＊으로 인식하여도 크게 무리가 없다.

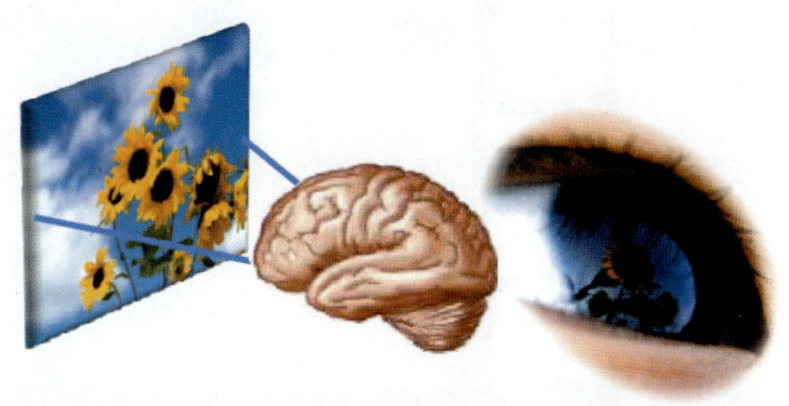

＊로보이드 프레임워크 :
　Roboid Framework: RFW

＊애니메이션 : Animation

＊일렉트로닉스 : Electronics

로보이드 프레임워크＊란 비트맵 제어 방식으로 동작하는 로봇을 위한 통일된 소프트웨어 프레임워크이다. 로봇의 움직임을 여러 프레임으로 나누어 찍어 움직이게 하는 것이 애니메이션＊과 유사하다. 단, 애니메이션은 비트맵 이미지를 화면에 나타내지만 로보이드 프레임워크는 화면이 아닌 로봇에 나타낸다는 점이 다르다. 그래서 애니메이션＊과 일렉트로닉스＊의 합성어인 애니메트로닉이라고 부르기도 한다.

보통 로봇을 제어하는데 사용되는 기존의 방법은 이미지 기반 제어(Image Based Control) 방식이 아닌 명령어 기반 제어(Command-based Control) 방식을 많이 사용한다. 이에 대한 설명은 다음 장을 보도록 하자.

이미지 기반 제어(Image Based Control) 방식과 명령어 기반 제어(Command-based Control) 방식을 비교해 보면 다음과 같다.

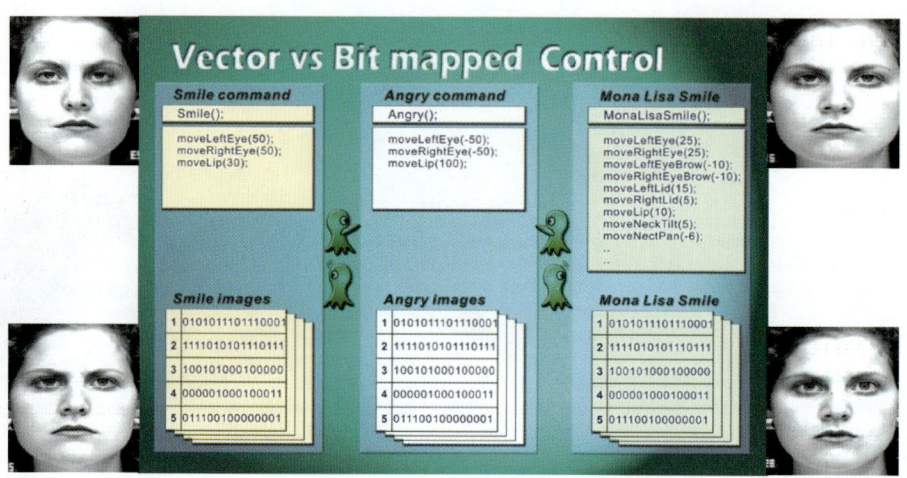

로보이드는 명령어 기반 제어가 아닌 이미지 기반 제어 방식을 사용하는데 두 가지 방법 모두 각기 장·단점이 있어 어느 하나가 절대적으로 우수하다고 말할 수는 없다. 두 방법의 특징을 비교해 보자.

*명령 기반 제어:
Command Based Control
(CBC)

- 정밀도에서는 명령 기반 제어*가 우수하다.

  이는 이미지 기반 제어 방식이 시간에 비례하기 때문이다. 즉 시간 간격이 좁으면 더욱 세밀한 제어가 가능하지만 네트워크 속도의 한계상 시간 간격을 무작정 좁힐 수는 없다.

- 데이터의 전송의 양은 이미지 기반 제어 방식이 더 많다.

  그러나 항상 그런 것은 아니며 경우에 따라서 명령어 기반 제어 방식이 더 많을 수도 있다.

- 호환성 측면에서는 이미지 기반 제어가 매우 우수하다.

  명령 기반 제어*는 로봇 플랫폼에 의존적이기 때문에 호환성이 매우 부족하다.

- 명령 기반 제어*는 동기화 측면에서 비트맵 제어에 비해 매우 어렵다.

  이미지 기반 제어의 경우 완전히 동기화가 되지 않는다 하더라도 동작 가능하나 명령 기반 제어의 경우 동기화가 이루어지지 않으면 동작 자체가 되지 않는다.

4 | 꼭두각시 인형과 네트워크 기반 로봇

*마리오네트 : Marionette

마리오네트*라고도 불리는 꼭두각시 인형은 실을 매달아 조작하는 인형이다. 꼭두각시 인형은 역사가 꽤 오래되었는데 르네상스 때부터 발달했으며 유럽에서 많은 인기를 끌었다. 프랑스 황제의 군대 이야기나 롤랑의 전설, 펀치와 주디쇼 같은 인형극을 했다고 한다. 꼭두각시 인형극은 조작하는 사람의 능력이나 인형에 따라 사람의 움직임과 제법 유사하게 움직일 수 있다고 한다.

◐ 독일 넴머*사의 꼭두각시 인형

*넴머 : Nemmer

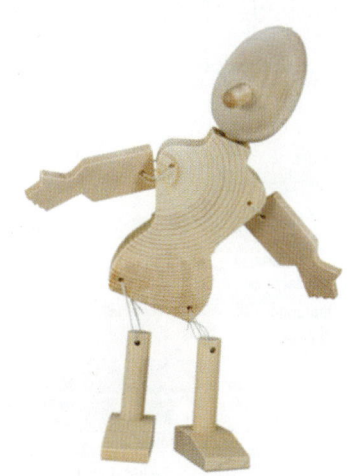

뜬금없이 꼭두각시 인형에 대한 내용이 나왔는데 꼭두각시 인형과 로보이드가 무슨 연관이 있느냐라고 반문할 수 있을 것이다. 그러나 꼭두각시 인형과 지금 설명할 네트워크 기반 로봇*은 매우 비슷하다. 네트워크 기반 로봇이 무엇인지 설명하기 전에 꼭두각시 인형과 비교해 보면 네트워크 기반 로봇이 무엇인지 쉽게 알 수 있을 것이다.

*네트워크 기반 로봇 :
Network Based Robot

꼭두각시 인형은 매우 정교하게 움직임을 표현할 수 있지만, 조종하는 사람이 없다면 꼭두각시 인형은 움직일 수 없다. 즉, 인형이 움직이기 위해서 누군가가 반드시 조종해야 한다. 꼭두각시 인형과 네트워크 기반 로봇을 비교해 보면 다음과 같다.

| 꼭두각시 인형과 네트워크 기반 로봇의 비교 |

항목	조작	판단
꼭두각시 인형	사람의 손	사람의 두뇌
네트워크 기반 로봇	네트워크	서버

5 | 로보이드는 이미지 기반의 네트워킹

네트워크 기반 로봇은 네트워크를 기반으로 하는 로봇을 말한다. 꼭두각시 인형이 조작하는 사람의 손과 연결되어 있고 사람이 조작하는 것처럼 네트워크 기반 로봇도 항상 네트워크와 연결되어 있고 이 네트워크에 연결된 컴퓨터(서버)가 제어한다는 점이 유사하다. 이러한 점에서 꼭두각시 로봇과 네트워크 기반 로봇은 매우 유사하다. 로보이드 프레임워크는 이미지 기반의 네트워킹으로 이루어져 있는데 이에 대한 설명으로 다음의 귀여운 개구리 그림을 보자.

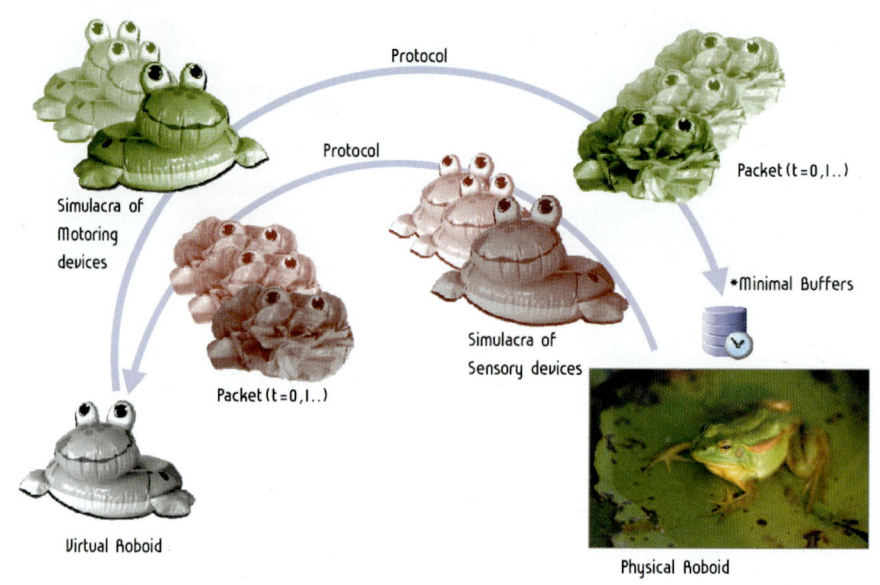

★물리적인 로보이드:
Physical Roboid
★가상 로보이드:
Virtual Roboid

오른쪽 아래의 실제 물리적인 로보이드★의 입력(적색부분)은 프로토콜을 통해 가상 로보이드★로 전달되고 이에 대한 출력(녹색부분)은 다시 프로토콜을 통해 실제 물리적인 로보이드로 전달된다.

바꾸어 말하자면 입력을 업-링크(Up-link), 출력을 다운-링크(Down-link)와 같이 표현하기도 하고 조금 더 상위 개념으로 입력을 Simulacra of Sensory device, 출력을 Simulacra of motoring device와 같이 부르기도 한다. 이에 대한 설명은 이 장의 끝부분에서 다루기로 한다.

*통통한: Fat
*마른: Thin

*통통한 로봇: Rich Client Robot
*마른 로봇: Thin Client Robot

➲ 씬 클라이언트 로봇과 리치 클라이언트 로봇 전체 연산량을 어느쪽에서 더 많이 처리하는가

6 | 통통한* 로봇과 마른* 로봇

네트워크 기반 로봇은 다시 통통한 로봇*과 마른 로봇*으로 나뉜다. (실제 통통하다거나 마르다고 표현하지는 않는다. 필자가 재미있게 표현하고자 적은 것이다.) 리치 클라이언트 로봇과 씬 클라이언트 로봇을 나누는 기준은 판단하는 정보량을 누가 더 많이 가지고 있느냐에 따라 나뉜다.

예를 들어 꼭두각시 인형은 조작자(판단하는 사람)와 정보를 주고 받는 것이 전혀 없다. 사람은 꼭두각시 인형에게 실을 이리저리 움직여 정보를 전달하고 눈으로 확인할 뿐이지 꼭두각시 인형이 제공하는 정보는 없다. 예를 들어 인형을 불에 던진다고 하더라도 인형이 사람에게 아프다거나 싫다거나 하는 정보를 전달해 주지는 않는다.

네트워크 기반 로봇은 현재 어떤 상태인지 혹은 데이터를 잘 받았는지 혹은 현재 온도가 얼마인지 등과 같은 정보를 서버에 알려준다. 위와 같이 로봇을 불에 던진다면 지금 로봇의 상태가 심각하다는 것을 서버에게 알려줄 수 있다.

이러한 연산량을 로봇이 더 많이 한다면 리치 클라이언트 로봇, 서버에서 더 많이 한다면 씬 클라이언트 로봇이라 부른다. 하지만 판단량이 많다, 적다는 상대적인 개념이지 절대적인 개념은 아니다. 꼭두각시 인형과 씬 클라이언트 로봇, 리치 클라이언트 로봇을 나눠보면 다음과 같다.

| 꼭두각시 인형과 씬 클라이언트, 리치 클라이언트 로봇의 비교 |

항목	로봇의 연산량	판단
꼭두각시 인형	없다.	사람의 두뇌가 한다.
씬 클라이언트 로봇	적다.	서버가 담당한다.
리치 클라이언트 로봇	많다.	로봇이 담당한다.

*씬 클라이언트 네트워크 기반
 로봇: Thin Client Network
 Based Robot
*넷브레인 : NetBrain

앞으로 우리가 다루게 될 로봇은 씬 클라이언트 네트워크 기반 로봇*의 하나인
넷브레인*이다. 넷브레인은 판단 및 연산량을 최소화하여 로봇의 부담을 줄인
것이다.

그렇다면 왜 씬 클라이언트 로봇을 사용할까? 로봇은 현재 매우 고가의 물건이
라고 할 수 있다. 그러나 로봇의 개념을 이해하고 로봇 공학에 입문하기 위해
누구나 고가의 로봇을 사용하기는 어렵다. 바로 여기에 씬 클라이언트 로봇의
필요성이 대두된다.

네트워크 기반 로봇은 인터넷 환경하에서 PC에 연결되어 그동안 고가의 로봇
에서만 볼 수 있었던 기능들을 책상 위에 구현시킨다는데 큰 의미가 있다. 내
책상 위의 로보틱스! 씬 클라이언트 로보이드가 이제 여러분의 손안에 들어있
게 되었다.

05 | 로보이드 프레임워크 및 특징

1 | 로보이드의 구성

앞장에서 로보이드 프레임워크의 개념과 필요성을 간단히 알아보았다. 이제 씬 클라이언트 로보이드인 넷브레인*에 대해서 알아보기로 한다.

로보이드는 하드웨어*, 컨트롤*, 네트워크* 세 부분으로 나뉜다. 하드웨어는 동작에 필요한 액츄에이터*와 외부의 입력을 받아들이는 센서*, 그리고 통신을 위한 통신 인터페이스*로 구성되어 있다. 컨트롤은 비트맵 데이터를 받아 처리하도록 구성되어 있으며, 네트워크는 로보이드의 디바이스를 제어하는 통신 정보를 다루고 있다.

*넷브레인: NetBrain

*하드웨어: Hardware
*컨트롤: Control
*네트워크: Network
*액츄에이터: Actuator
*센서: Sensor
*통신 인터페이스:
　　Communication Interface

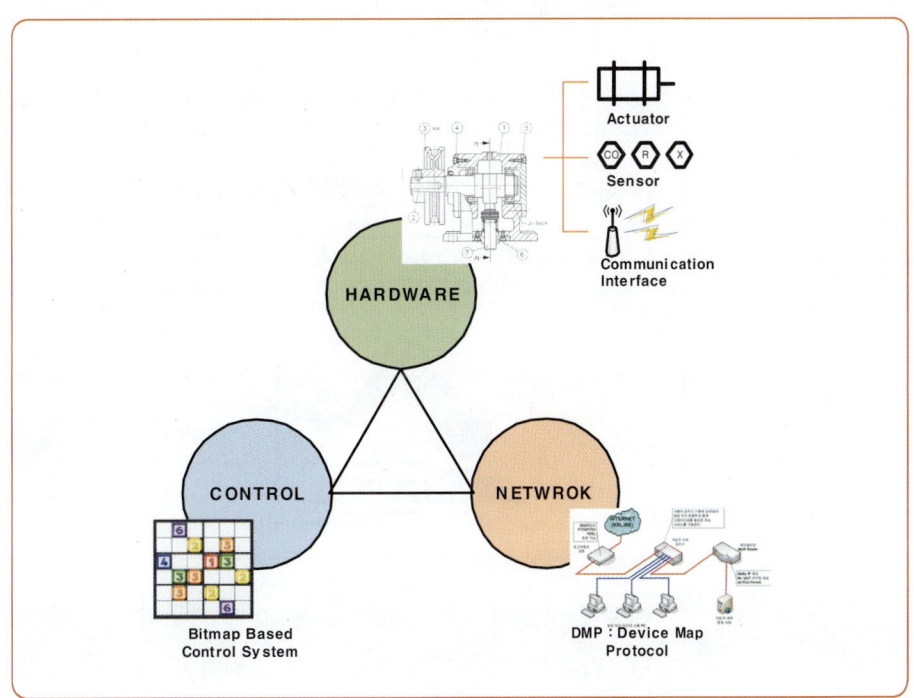

2 | 로보이드의 특징 : 시뮬레이크럼

＊클론：Clone

＊매트릭스：Matrix

시뮬레이크럼이란 라틴어로 이미지 혹은 거울에 비친 상을 말한다. 좀더 쉽게 말하자면 복제라는 의미인데, 클론＊과는 좀 다르다. 클론은 "유전적으로 원본과 완벽하게 동일한 존재"이지만, 시뮬레이크럼이란 원본 이미지의 상(象)을 의미한다. 영화 매트릭스＊에서 매트릭스 내부에 존재하는 인간은 원래 인간의 시뮬레이크럼이라고 할 수 있다. 시뮬레이크럼에 대한 영어 원문 정의는 아래와 같다.

> Simulacrum "Something having merely the form of appearance of a certain thing, without possessing its substance or proper qualities"

시뮬레이크럼은 게임이나 철학에서도 사용되지만 우리는 이러한 의미보다는 로봇 시뮬레이크럼에 대해서만 국한시켜 생각해 보자. 로보이드에서의 시뮬레이크럼의 다음과 같은 의미이다.

＊시뮬레이크럼：Simulacrum

> 시뮬레이크럼＊이란 로봇의 현재 상태를 오차 없이 정확하게 기술하는 것

그런데 여기서 한 가지 의문이 생긴다. 로봇의 현재 상태를 오차 없이 기술하는 것은 이해가 되지만 로봇의 종류가 워낙 많다는 데 있다. 아래 왼쪽 그림의 로봇과 오른쪽 그림의 로봇은 갖고 있는 정보, 제어해야 할 정보가 다르다.

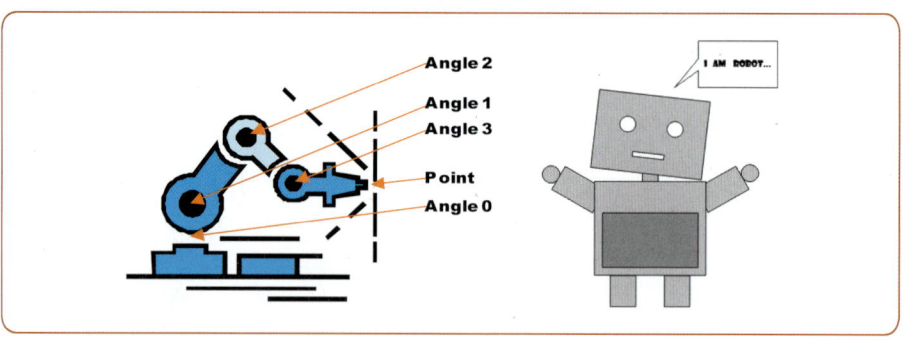

이렇게 로봇이 모두 동일하지는 않기 때문에 시뮬레이크럼 역시 달라질 수 있다. 따라서 기존 방식과는 달리 엄밀하고 통일된 규칙 혹은 표준이 필요하게 된다. 디지털 이미지도 JPEG, GIF, PNG와 같은 형식이 필요하듯이 시뮬레이크럼도 이러한 표준 혹은 형식이 필요하다.

3 | 시뮬레이크럼 : 모터링 시뮬레이크럼

모터링 시뮬레이크럼이란 "서버에서 로보이드로 전달되는 시뮬레이크럼"을 말한다. 모터링 시뮬레이크럼은 다른 말로 다운 링크 시뮬레이크럼[*]이라고도 한다. 아래 그림은 모터링 시뮬레이크럼을 나타낸다. 시간 t_0, t_1, t_2, $\cdots$ t_N, t_{N+1}이 지남에 따라서 전송되는 시뮬레이크럼(비트맵 데이터)을 나타낸다.

*다운 링크 시뮬레이크럼:
Down-link Simulacrum

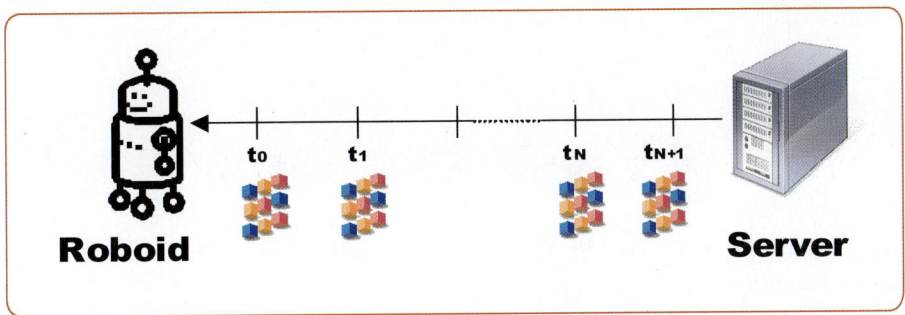

한 가지 용어에 대해 더 설명하자면 시뮬레이크럼의 집합을 시뮬레이크라[*]라고 한다. 로보이드는 서버로부터 시간에 따른 시뮬레이크라를 전송받아 동작하게 된다.

*시뮬레이크라 : Simulacra

➡ 시뮬레이크라는 시뮬레이크럼의 집합을 말한다.

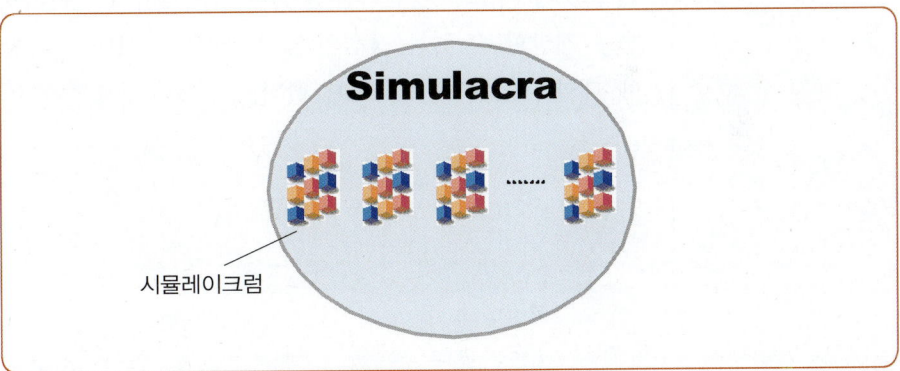

시뮬레이크럼

4 | 시뮬레이크럼 : 센서리 시뮬레이크럼

씬 클라이언트 로봇은 앞서 설명했듯이 로봇의 상태를 서버로 전송하는 방식인데 전송과정 중에서 예기치 못한 문제가 생길 수 있다. 이는 시뮬레이크럼의 문제가 아니라 네트워크의 문제인데 다음과 같다.

- 네트워크 특성상 센서리 시뮬레이크럼이 모두 전송되지 못할 수도 있다.
- 특정 시뮬레이크럼이 늦게 도착하거나 순서가 뒤바뀔 수 있다.

이렇게 서버로부터 데이터가 제때 도착하지 못할 경우 로봇은 판단이 지연되거나 못할 수 있고 이러한 경우 로봇의 움직임이 부자연스럽거나 심지어 위험한 상황을 인식하지 못해 로봇이 망가질 수도 있다.

5 │ 로보이드와 통신 : DMP

*디바이스 맵 프로토콜:
Device Map Protocol

*URC : Uniform Resource Characteristics

DMP란 디바이스 맵 프로토콜*의 약자로서 로보이드를 통일적으로 제어하기 위한 모델이다.

DMP는 네트워크를 통해 URC* 서버로부터 로보이드로 데이터를 전송하며 로보이드는 URC 서버에서 서비스 콘텐츠를 받아 음성, 영상, 동작 등의 작업을 수행한다. 이러한 DMP를 규격화 함으로서 로봇을 개발하는 개발 회사는 다양한 로봇과 다양한 콘텐츠를 로봇의 하드웨어에 의존하지 않고 플랫폼을 독립적으로 개발할 수 있는 장점이 있다. DMP는 상당한 기반 지식이 필요하므로 이에 대한 내용은 생략하도록 한다.

논문의 출처

- Kyoung Jin Kim, Il Hong Suh, and Kwang-Hyun Park, "Roboid Studio: A Design Framework for Thin-Client Network Robots," Proceedings of IEEE International Conference on Advanced Robotics and its Social Impacts (ARSO 2008), Taipei, Taiwan, August 23~25, 2008
- K. J. Kim, I. H. Suh, S. H. Kim, and S. R. Oh, "A novel real-time control architecture for internet-based thin-client robot: Simulacrum -based approach," Proceedings of the 2008 IEEE International Conference on Robotics and Automation, Pasadena, CA, USA, May 19~23, 2008
- Kyoung Jin Kim, Il Hong Suh, and Kwang-Hyun Park, "A Software Platform for Control, Communication, and Contents Composition for Thin-Client Robots," Proceedings of the 4th Full-day Workshop on Software Development and Integration in Robotics (SDIR), in 2009 IEEE International Conference on Robotics and Automation (ICRA 2009), Kobe, Japan, May 12~17, 2009

Memo

NETBRAIN

PART 02
NETBRAIN
Project

로보이드 스튜디오
및 넷브레인 소개

01 : 로보이드 스튜디오

1 | 로보이드 스튜디오* 시작하기

*로보이드 스튜디오: Roboid
Studio

로보이드 스튜디오*는 자바실행환경(JRE : Java Runtime Environment)이 설치된 모든 운영체제(OS : Operating System)에서 실행될 수 있지만, 오디오 장치, 플래시 연동 등 부가적인 몇 가지 요소들 때문에 현재는 윈도 XP와 윈도 비스타 32비트 에디션만 지원하고 있다.

먼저 로보이드 스튜디오 홈페이지 http://www.roboidstudio.org/kr/downloads 에서 가장 최신 버전의 로보이드 스튜디오를 다운로드 받는다.

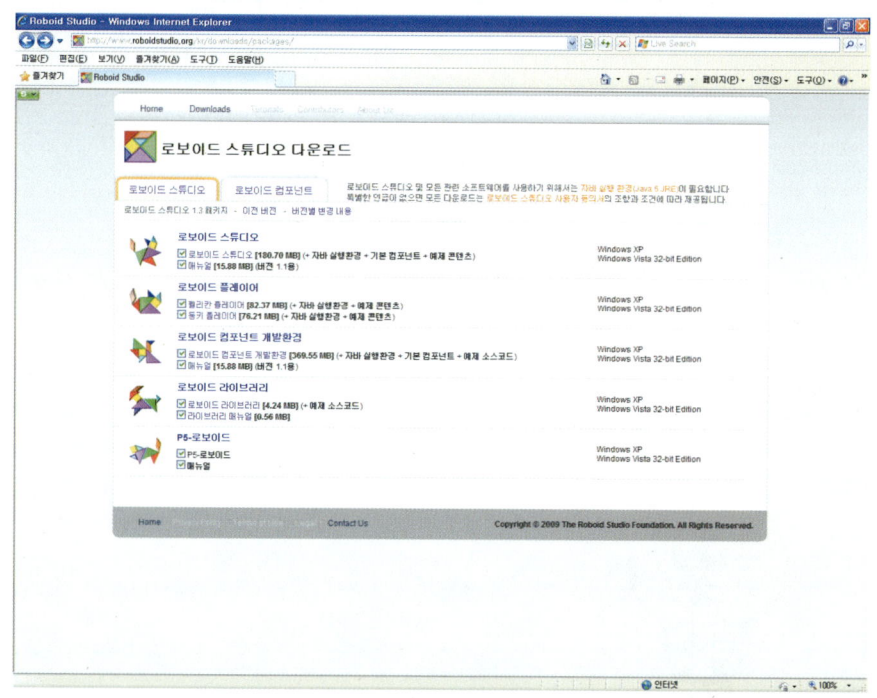

다운로드 받은 로보이드 스튜디오 설치 파일을 더블클릭하여 설치한다. 이때, 다음 그림과 같은 화면이 나타나면 '실행' 버튼을 누른다.

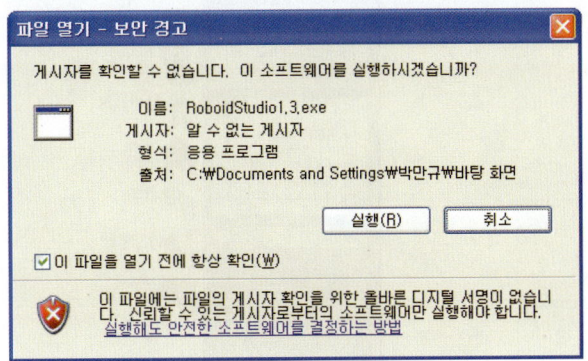

다음 그림과 같이 로보이드 스튜디오가 C:₩RoboidStudio1.3 폴더에 설치된다.

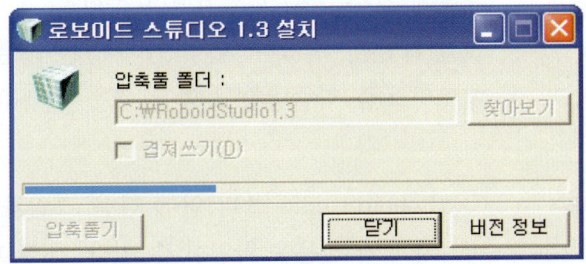

*로보이드 스튜디오 :
 Roboid Studio

설치가 완료되면 C 디렉토리에 로보이드 스튜디오* 폴더가 생겼음을 확인할 수 있다.

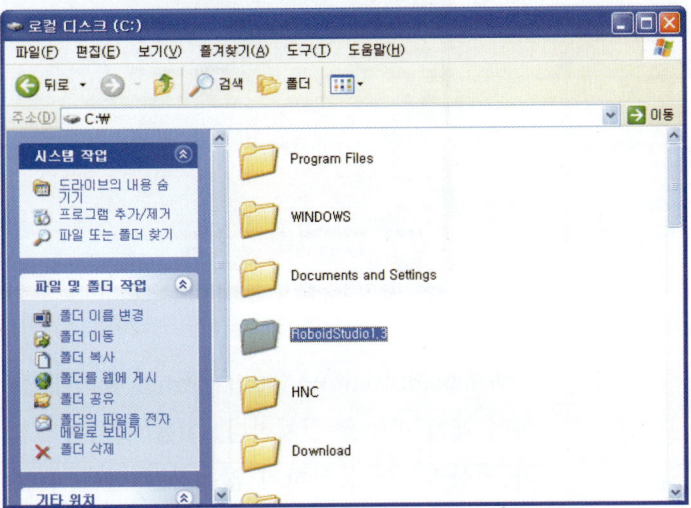

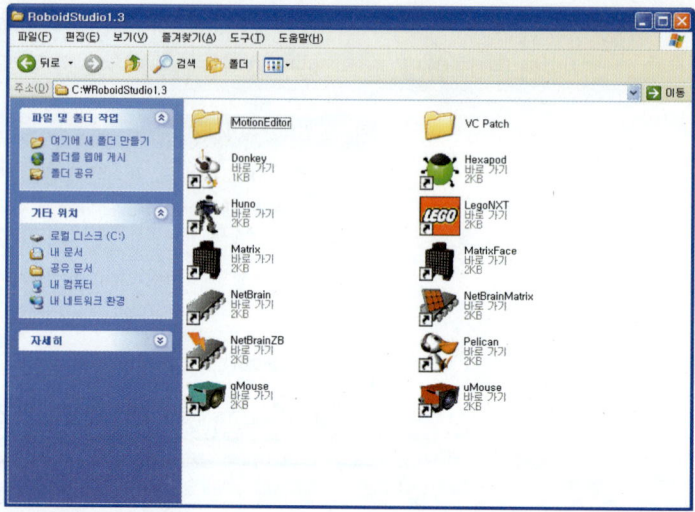

처음에 압축을 풀고 설치했던 폴더로 가면 앞에서 처럼 잘 설치가 되어 있는 것을 확인할 수 있다. 폴더 안에 있는 많은 실행 파일 중 넷브레인과 넷브레인 매트릭스 중 학습방향에 맞는 것을 실행하여 사용하면 된다.

＊윈도 버스타는 패치 프로그램을 실행해야 한다.

C:\RoboidStudio 폴더 안에 다음 그림과 같이 2개의 폴더와 'Roboid Studio 바로가기'가 있음을 확인할 수 있다. 윈도 비스타의 경우 앞의 과정과 동일하지만 패치를 실행한다는 점이 다르다.

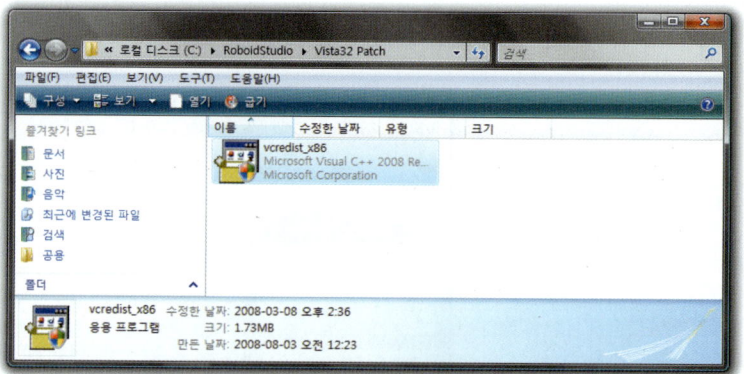

C:\RoboidStudio\Vista32 Patch 폴더에 있는 vcredist_x86.exe를 더블클릭하여 패치 파일을 설치한다. 이를 설치하지 않는 경우에는 로보이드 스튜디오가 정상적으로 동작하지 않는다는 점을 주의하자.

2 | 로보이드 스튜디오의 실행

C:₩RoboidStudio 폴더에 있는 "Roboid Studio 바로가기"를 더블클릭하여 로보이드 스튜디오를 실행한다. 다음 그림은 로보이드 스튜디오를 실행한 화면이다.

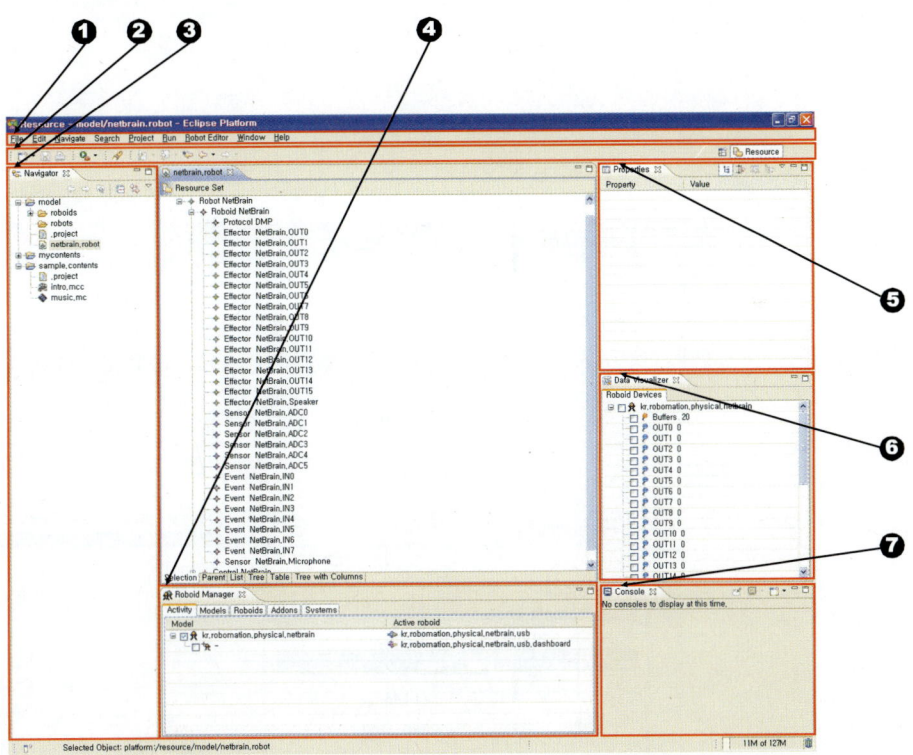

❋메뉴바: Menubar

❋도구바: Toolbar

❋네비게이터 뷰: Navigator View

❋속성 뷰: Property View

❋데이터 비쥬얼라이저: Data Visualizer

❋콘솔 뷰: Console View

❶ 메뉴바* : 로보이드 스튜디오의 메뉴

❷ 도구바* : 메뉴의 일부를 아이콘으로 구성한 윈도

❸ 네비게이터 뷰* : 로봇의 모델 파일과 로봇 콘텐츠를 위한 파일

❹ 로보이드 매니저 : 로보이드 시스템에 대한 정보를 보여줌

❺ 속성 뷰* : 아이템을 클릭했을 때 해당 아이템의 정보나 속성을 보여주거나 수정함

❻ 데이터 비쥬얼라이저* : 연결되어 있는 로보이드의 입·출력 상태를 보여줌

❼ 콘솔 뷰* : 여러 정보를 문자열로 출력함

*모델 파일 : Model File
*모델링 도구 : Modeling
　Tool
*모션 클립 파일 : Motion
　Clip File
*타임 라인 에디터 : Time
　Line Editor
*모션 콘텐츠 파일 : Motion
　Contents File
*콘텐츠 컴포저 : Contents
　Composer

메인창은 네비게이터 창에서 선택한 파일의 종류에 따라 다양한 화면을 보여준다. 모델 파일*을 연 경우 모델링 도구*를 보여주고, 모션 클립 파일*을 연 경우 타임 라인 에디터*를 보여주고, 모션 콘텐츠 파일*을 연 경우 콘텐츠 컴포저*를 보여준다.

툴에 익숙하기 위한 가장 좋은 방법은 최대한 많은 예제를 작성해 보는 것이다. 따라서 툴에 대한 세부적인 설명보다는 먼저 무언가를 만들어 보도록 하자.

3 │ 콘텐츠 폴더 만들기

'Project …' 메뉴를 선택한다. 네비게이터 뷰에서 마우스 우측 버튼을 클릭한 후, 팝업 메뉴가 나타나면 New Project 메뉴를 선택하거나 메뉴바에서 File → New → Project 메뉴를 선택한다.

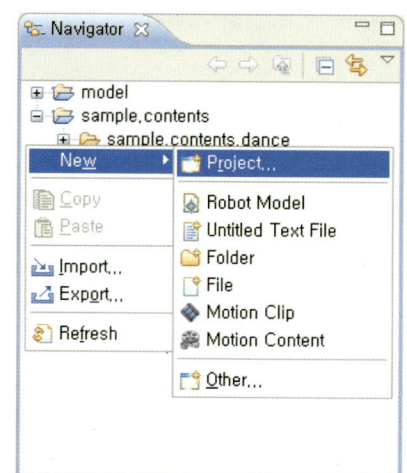
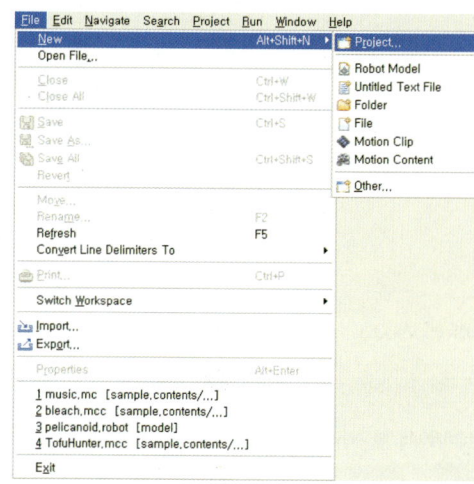

'New Project' 대화상자가 나타나면, 'Project'를 선택하고 'Next' 버튼을 누른다.

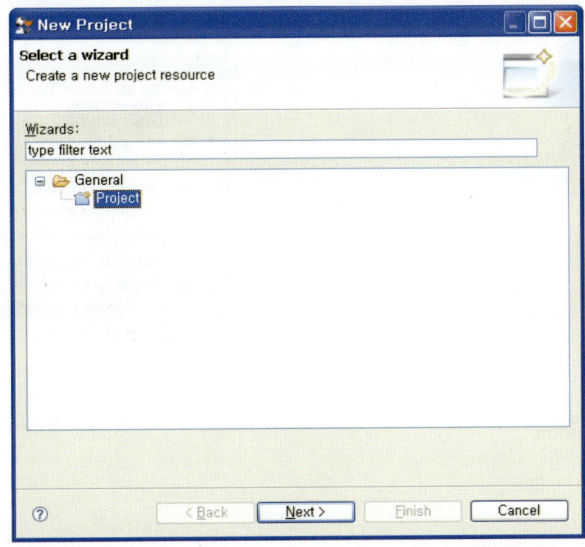

'Project name'에 생성할 폴더의 이름을 입력한다. 다음 그림에서는 폴더의 이름을 'mycontents'로 하였다.

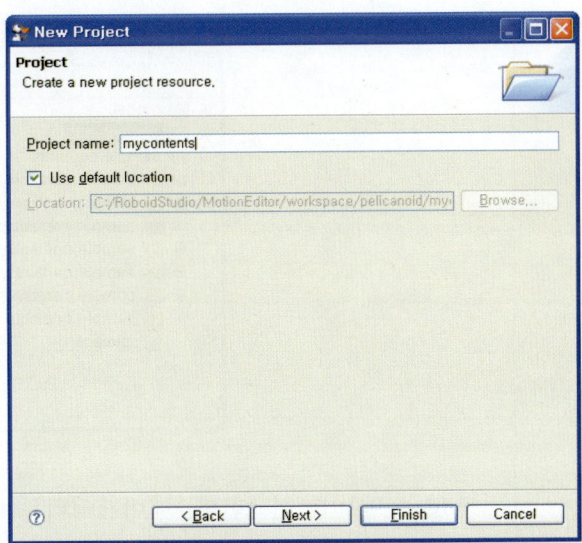

'Finish' 버튼을 누르면 네비게이터 뷰에 'mycontents'라는 최상위 폴더가 생성됨을 확인할 수 있다.

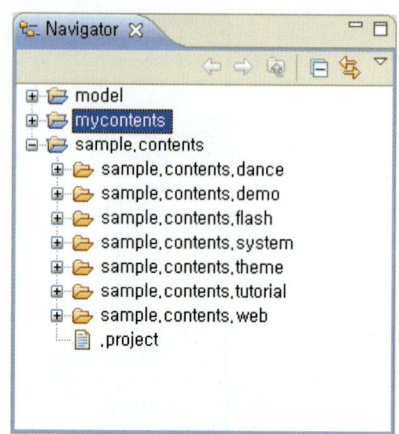

4 | 하위 폴더 만들기

네비게이터뷰에서 하위 폴더를 생성할 부모 폴더를 선택한다.

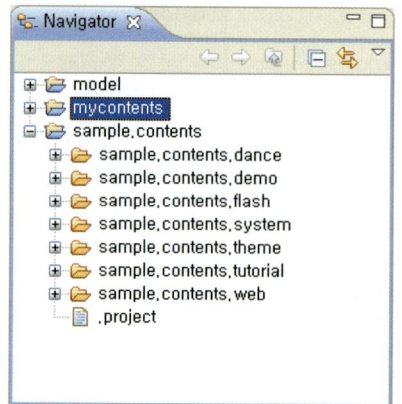

'Folder' 메뉴를 선택한다. 네비게이터뷰에서 하위 폴더를 생성할 부모 폴더에 마우스 우측 버튼을 클릭한후, 팝업 메뉴가 나타나면 New → Folder 메뉴를 선택하거나 메뉴바에서 File → New Folder 메뉴를 선택한다.

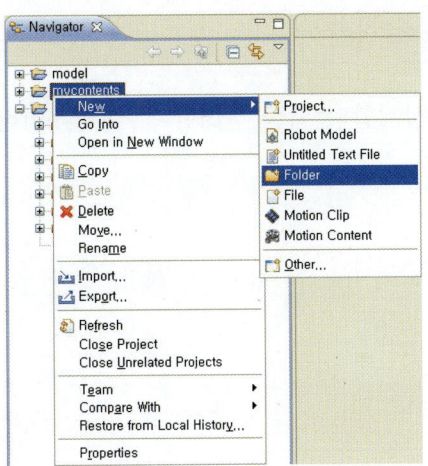
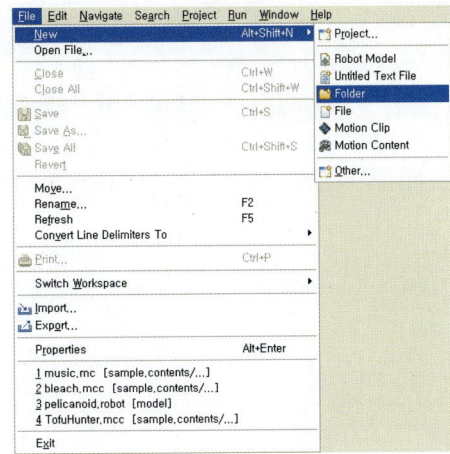

'New Project' 대화상자가 나타나면, 부모 폴더의 위치를 트리에서 선택하고 생성할 하위 폴더의 이름을 입력한다. 다음 그림에서는 하위 폴더의 이름을 'dance'로 하였다. 'Finish' 버튼을 누르면 네비게이터뷰에 'dance'라는 하위 폴더가 생성됨을 확인할 수 있다.

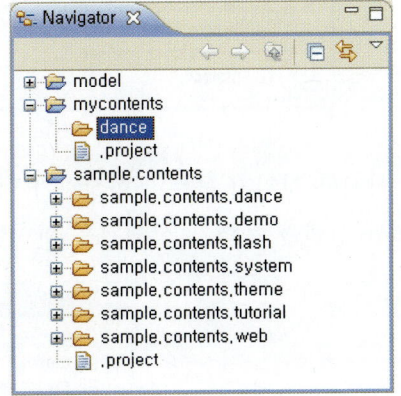

새로 생성된 폴더에 새로운 모션 클립이나 모션 컨텐트 파일을 추가할 수 있다. 또한, 폴더들을 트리 구조로 만들면 모션 클립이나 모션 컨텐트 파일을 종류에 따라 분류하여 정리할 수 있다.

5 | 콘텐츠 폴더 삭제하기

네비게이터뷰에서 삭제할 폴더를 선택한다. 네비게이터뷰에서 삭제할 폴더에
마우스 우측 버튼을 클릭한 후, 팝업 메뉴가 나타나면 Delete 메뉴를 선택
한다.

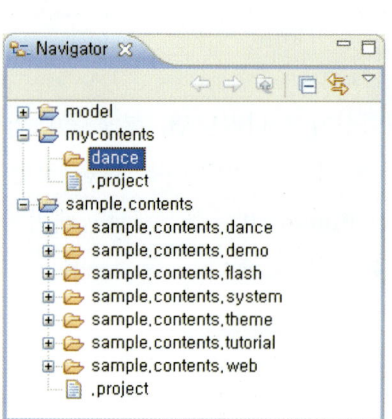
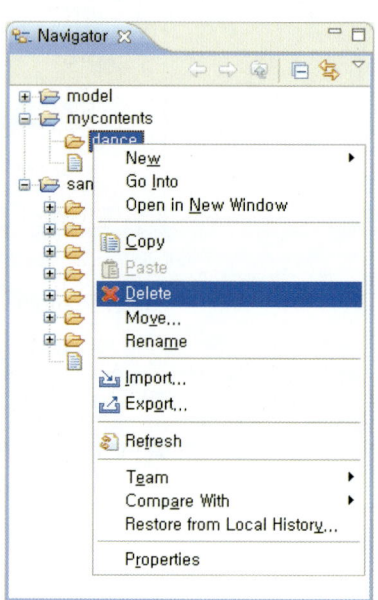

삭제할 것인지 묻는 대화상자가 나타나면 'Yes' 버튼을 누르면 네비게이터뷰에
서 선택한 폴더가 삭제됨을 확인할 수 있다.

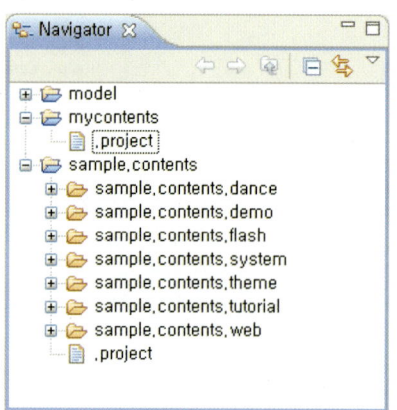

02 넷브레인과 키트 설명

ection

1 │ 넷브레인 소개

1.1 넷브레인 구성

앞에서 언급했던 넷브레인은 다음과 같이 패키지 형태로 공급된다. 이 중에서 가장 중요한 부품은 뭐니뭐니 해도 넷브레인이다. 넷브레인 패키지는 넷브레인 보드와 USB 케이블로 동작 가능하지만 LED 및 스위치 등을 실험해 보기 위해 브레드보드와 점퍼 케이블도 같이 제공한다.

- 넷브레인 보드 : 가장 핵심이 되는 보드
- USB 케이블 : 넷브레인과 컴퓨터를 연결하기 위한 케이블
- 부품 상자 : 넷브레인과 몇 가지 부품이 담겨있는 상자
- 브레드보드 : 실험하기 위해 넷브레인과 다른 부품을 연결하기 위한 보드
- 점퍼 : 실험 부품과 넷브레인을 연결하기 위한 점퍼 선들

➡ 넷브레인 구성

| NetBrain Board |

| USB Cable |

| IC Case |

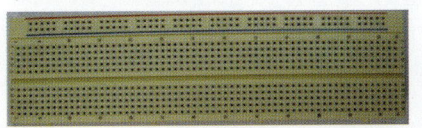

| Bread Board |

| Wire Jumper Set |

1.2 넷브레인* 블록도

넷브레인*의 블록 다이어그램*은 다음과 같다. 처음에는 각각의 블록이 어떤 의미인지 이해하기 쉽지 않지만 이는 차츰 실험을 통해서 알아보도록 하고 이러한 것이 있다는 정도만 살펴보자.

➲ 넷브레인의 블록 다이어 그램

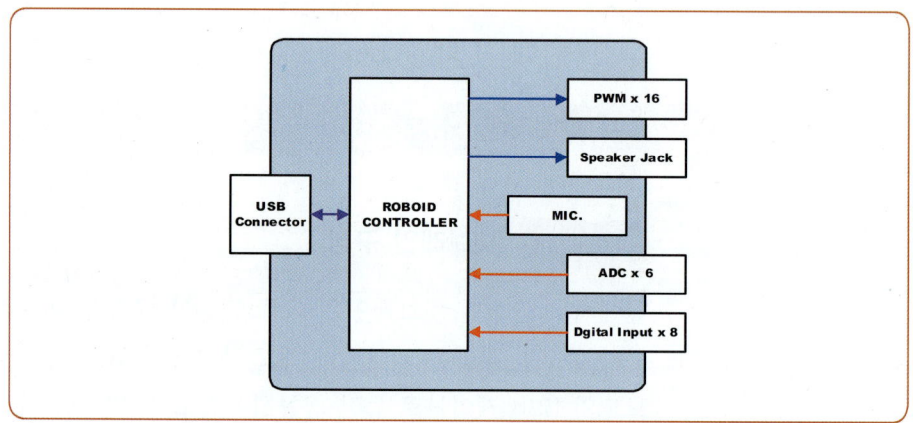

1.3 넷브레인* 부분별 설명

넷브레인* 보드에 대해서 살펴보자. 넷브레인*의 외관은 다음과 같이 간단하다. 각각의 세부 명칭 및 간략한 기능 설명은 다음과 같다. 외부 입출력 인터페이스로 USB 커넥터와 확장 커넥터가 있다.

➲ 넷브레인의 외관

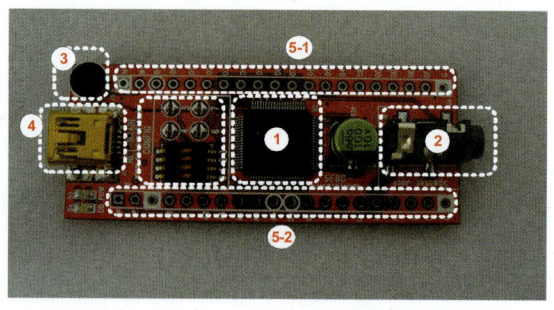

❶ 로보이드 컨트롤러
❷ 스피커 잭*
❸ 마이크로폰*
❹ USB B 타입 커넥터
❺ 확장 커넥터*(펄스 폭 변조 출력 및 디지털 입력과 ADC)

1.4 넷브레인 입출력 핀 설명

넷브레인은 외부와 연결하기 위해 많은 수의 핀들이 존재하는데 각각의 핀에 대해 설명하기 이전에 이러한 핀이 있다는 정도만 알아두도록 하자.

NAME	PIN NO.	I/O/Z	PU/PD	DESCRIPTION
SPKP	J2-1	O	—	External Speaker Output
SPKN	J2-2	O	—	External Speaker Output
G	J2-3	—	—	Negative Power Supply, Ground
A0	J2-4	I	—	Analog Input0
A1	J2-5	I	—	Analog Input1
A2	J2-6	I	—	Analog Input2
A3	J2-7	I	—	Analog Input3
A4	J2-8	I	—	Analog Input4
A5	J2-9	I	—	Analog Input5
A+	J2-10	—	—	Analog +5V Positive Power Supply
D+	J2-11	—	—	Digital +5V Positive Power Supply
I0	J2-12	I	PU	Digital Input0
I1	J2-13	I	PU	Digital Input1
I2	J2-14	I	PU	Digital Input2
I3	J2-15	I	PU	Digital Input3
I4	J2-16	I	PU	Digital Input4
I5	J2-17	I	PU	Digital Input5
I6	J2-18	I	PU	Digital Input6
I7	J2-19	I	PU	Digital Input7
G	J2-20	—	—	Negative Power Supply, Ground
M-	J4-1	I	—	Microphone Negative Pin Input
M+	J4-2	I	—	Microphone Positive Pin Input
D+	J4-3	—	—	Digital +5V Positive Power Supply
O0	J4-4	O	PU	PWM Output0
O1	J4-5	O	PU	PWM Output1
O2	J4-6	O	PU	PWM Output2
O3	J4-7	O	PU	PWM Output3
O4	J4-8	O	PU	PWM Output4
O5	J4-9	O	PU	PWM Output5
O6	J4-10	O	PU	PWM Output6
O7	J4-11	O	PU	PWM Output7
O8	J4-12	O	PU	PWM Output8
O9	J4-13	O	PU	PWM Output9
O10	J4-14	O	PU	PWM Output10
O11	J4-15	O	PU	PWM Output11
O12	J4-16	O	PU	PWM Output12
O13	J4-17	O	PU	PWM Output13
O14	J4-18	O	PU	PWM Output14
O15	J4-19	O	PU	PWM Output15
G	J4-20	—	—	Negative Power Supply, Ground

2.1 넷브레인 매트릭스* 소개

*넷브레인 매트릭스:
 Netbrain MATRIX

*센서: Sensor

*확장 보드: Extended
 Board

*도트 매트릭스: Dot MATRIX
*2축 가속도 센서: 2-Axis
 Acceleration Sensor
*광 센서: Photo Sensor
*온도 센서: Thermistor
 Sensor
*버튼: Tact Switch

➜ 넷브레인과 연결되어 있
 는 넷브레인 매트릭스의
 외관

➜ 넷브레인 매트릭스의 실
 제 사진과 그림

넷브레인은 기본적으로 LED 하나 이외에는 주변 부품이 없어 다양한 실험 혹은 작업을 하기가 쉽지 않다. 물론 추가로 부품을 구매하여 회로를 구성하면 되지만 처음 접하는 초보자는 이마저도 쉽지 않다. 따라서 여러 가지 센서* 및 부품을 장착한 확장 보드*를 제공한다. 이를 넷브레인 매트릭스*라 하는데, 넷브레인 매트릭스는 넷브레인에 맞추어 설계되었기 때문에 바로 끼워서 사용하면 넷브레인 매트릭스의 센서들을 사용할 수 있게 된다.

넷브레인 매트릭스*에는 8×8 도트 매트릭스*, 2축 가속도 센서*, 광 센서*, 온도 센서*, 버튼*이 장착되어 있어 이를 이용해서 여러 가지 실험을 해볼 수 있다. 기본적으로 움직임을 알아낼 수 있는 가속도 센서의 측정, 온도 측정, 광량 측정 등을 할 수 있을 뿐만 아니라, 여러 가지 센서의 조합으로 다양하고 재미있는 실험도 가능하다.

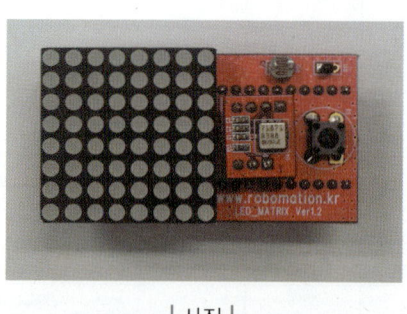

| 사진 |

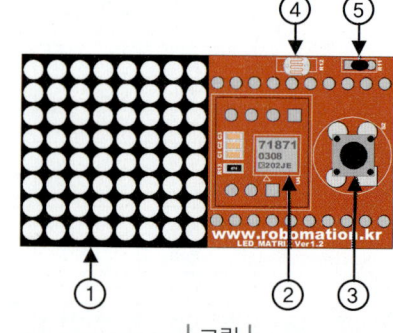

| 그림 |

번호	센서 및 출력 장치 이름	설명
①	8×8 도트 매트릭스*	LED를 다양한 조합으로 점등하여 모양을 만들 수 있다.
②	2축 가속도 센서*	손으로 흔들거나 하는 움직임을 잡을 수 있다.
③	광 센서*	형광등 혹은 햇볕 등의 광량을 측정할 수 있다.
④	온도 센서*	온도를 측정할 수 있다.
⑤	버튼*	사용자의 입력을 받을 수 있다.

*도트 매트릭스: Dot MATRIX
*2축 가속도 센서: 2-Axis Acceleration Sensor
*광 센서: Photo Sensor
*온도 센서: Thermistor Sensor
*버튼: Tact Switch

2.2 넷브레인 매트릭스 구성

넷브레인 매트릭스에 장착되어 있는 부품에 대해 간략하게 설명하면 다음과 같다. 각 부품에 대한 설명은 해당 부품이 나타나는 장에서 자세하게 설명하기로 하고 일단은 간략하게 어떤 특징이 있는지만 알아보도록 하자.

● 8×8 도트 매트릭스*
- 패턴을 나타내기에 적합한 고휘도 적색 LED 장착(super red dot matrix modules ideal for graphic panels)
- 저전력과 명암 대비 우수(low power and high ambient intensities)
- 백그라운드는 흑색이고 사이즈는 32×32mm(black color background size : 32×32(mm))

앞에서는 8×8 도트 매트릭스에 관한 설명이다. 내용을 살펴보면 8×8 적색 LED로 64개의 Red LED가 가로 8개, 세로 8개씩 배치되어 있고 적은 전력에도 구동 가능하며 전체적인 크기는 가로 32mm, 세로 32mm이다.

● 디지털 출력의 가속도 센서(Acclerometers with Digital Output)
- 2축 가속도 센서(2-Axis Acceleration Sensor)
- 정적 가속도값 측정 및 동적 가속도값 측정 가능(Measures Static Acceleration as Well as Dynamic Acceleration)
- 0.6mA 미만의 저전력 소모(Low Power<0.6mA)
- 적용 사례 : 2축 기울기, 관성 항법, 차량 보안 시스템(2-Axis Tilt Sensing, Inertial Navigation, Vehicle Security System)

이 가속도 센서는 2축 가속도 센서인데, 2축이란 말은 x, y축 측정이 가능하다는 뜻이다. 만일 3축 가속도 센서라면 x, y, z축의 각도를 측정할 수 있다는 뜻이다. 또 적은 전류에서 동작이 가능하며, 내부적으로 안정을 시키는 시스템이 장착되어 있다.

가속도 센서이기 때문에 이 가속도를 이용해서 각도의 측정이 가능하다. 자세한 내용은 뒤에서 다루도록 한다.

나머지로는 광 센서, 온도 센서, 버튼이 있는데 이것은 그다지 어렵지 않으므로 후에 자세히 알아보도록 한다.

● 넷브레인 매트릭스 블록도

➲ 넷브레인 매트릭스의 블록 다이어그램

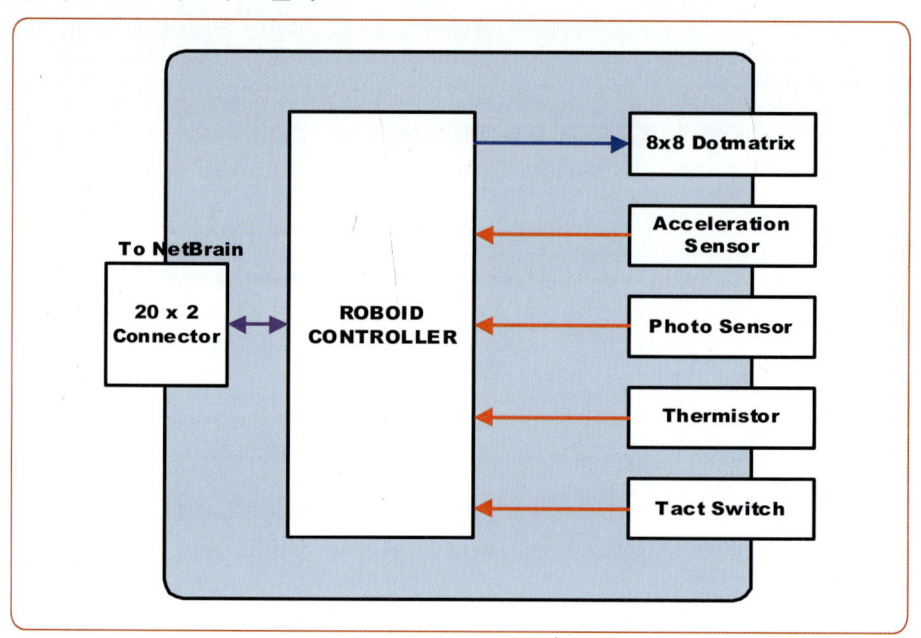

2.3 넷브레인 매트릭스 부분별 설명

● 넷브레인 매트릭스 입출력 핀 설명

센서 주변 회로는 그 센서에 대해 다뤄볼 때 살펴보기로 하고 여기서는 핀이
어떻게 연결되었는지 살펴보자.

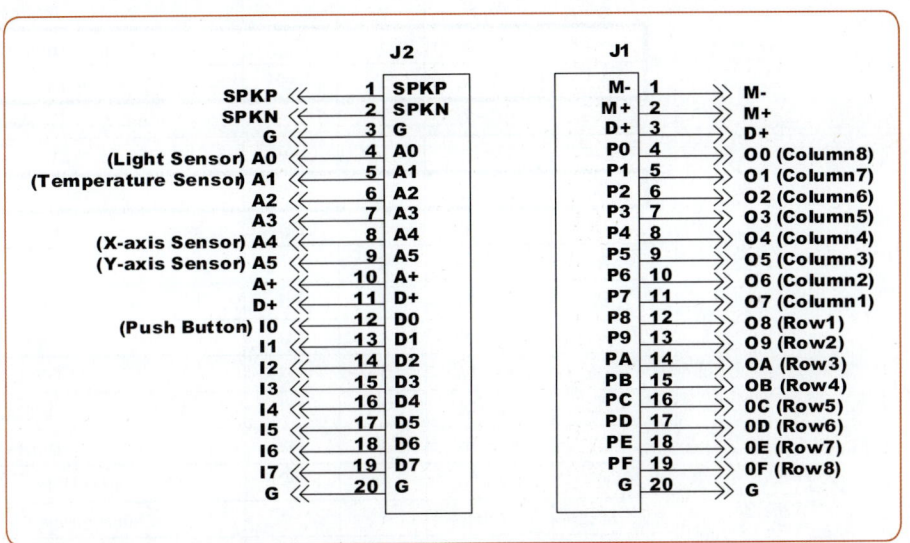

위의 회로를 잘 살펴보면 넷브레인 매트릭스에 있는 센서가 넷브레인의 어느
포트에 연결되어 있는지를 확인할 수 있다.

넷브레인과 결합하는 방법은 다음과 같다. 넷브레인 밑면의 커넥터와 넷브레인
매트릭스 밑면의 커넥터와 결합하면 된다.

NAME	PIN NO.	I/O/Z	PU/PD	DESCRIPTION
SPKP	J2−1	O	−	External Speaker Output
SPKN	J2−2	O	−	External Speaker Output
G	J2−3	−	−	Negative Power Supply, Ground
A0	J2−4	I	−	Analog Input0(Light Sensor)
A1	J2−5	I	−	Analog Input1(Temperature Sensor)
A2	J2−6	I	−	Analog Input2
A3	J2−7	I	−	Analog Input3
A4	J2−8	I	−	Analog Input4(X−axis Sensor)
A5	J2−9	I	−	Analog Input5(Y−axis Sensor)
A+	J2−10	−	−	Analog +5V Positive Power Supply
D+	J2−11	−	−	Digital +5V Positive Power Supply
D0	J2−12	I	PU	Digital Input0(Push Button)
D1	J2−13	I	PU	Digital Input1
D2	J2−14	I	PU	Digital Input2
D3	J2−15	I	PU	Digital Input3
D4	J2−16	I	PU	Digital Input4
D5	J2−17	I	PU	Digital Input5
D6	J2−18	I	PU	Digital Input6
D7	J2−19	I	PU	Digital Input7
G	J2−20	−	−	Negative Power Supply Ground
M−	J1−1	I	−	Microphone Negative Pin Input
M+	J1−2	I	−	Microphone Positive Pin Input
D+	J1−3	−	−	Digital +5V Positive Power Supply
P0	J1−4	O	PU	Column8
P1	J1−5	O	PU	Column7
P2	J1−6	O	PU	Column6
P3	J1−7	O	PU	Column5
P4	J1−8	O	PU	Column4
P5	J1−9	O	PU	Column3
P6	J1−10	O	PU	Column2
P7	J1−11	O	PU	Column1
P8	J1−12	O	PU	Row1
P9	J1−13	O	PU	Row2
PA	J1−14	O	PU	Row3
PB	J1−15	O	PU	Row4
PC	J1−16	O	PU	Row5
PD	J1−17	O	PU	Row6
PE	J1−18	O	PU	Row7
PF	J1−19	O	PU	Row8
G	J1−20	−	−	Negative Power Supply Ground

앞의 표는 넷브레인 매트릭스의 핀의 연결 상태를 나타낸 표이다. 굵은 선으로 표시한 부분을 주의 깊게 봐야 하는데, 이유는 센서와 연결된 곳이기 때문이다. 만약 센서를 사용하고자 한다면, 넷브레인을 결합한 후 해당 포트를 제어해야 할 것이다.

3 │ 넷브레인 연결하기

- 넷브레인 연결하기
- 연결 시 주의할 점
- 도트 매트릭스 연결하기

넷브레인과 컴퓨터와의 연결은 매우 간단한데, USB 커넥터를 컴퓨터와 넷브레인과 연결하면 그것으로 끝이다.

● 넷브레인과 컴퓨터와 연결한 모습

넷브레인과 컴퓨터를 연결하면 컴퓨터는 새로운 장치를 찾으면서 다음과 같은 메시지가 출력된다. 이 모든 과정이 자동으로 진행되기 때문에 사용자가 특별히 신경 쓸 것은 없다.

이렇게 연결된 이후에 제어판에서 오디오의 기본 장치가 'UR'로 시작하는 장치로 변경되었음을 확인할 수 있다. 'UR'로 시작하는 장치는 로보이드의 오디오 장치를 의미하며, 로보이드의 마이크와 스피커를 기본 오디오 장치로 사용한다는 뜻이다. 즉, 윈도의 경고음, 멀티미디어 재생 프로그램의 소리 등이 로보이드의 스피커를 통해 출력되고, 녹음기 프로그램 등에서 외부의 소리가 로보이드의 마이크를 통해 입력된다.

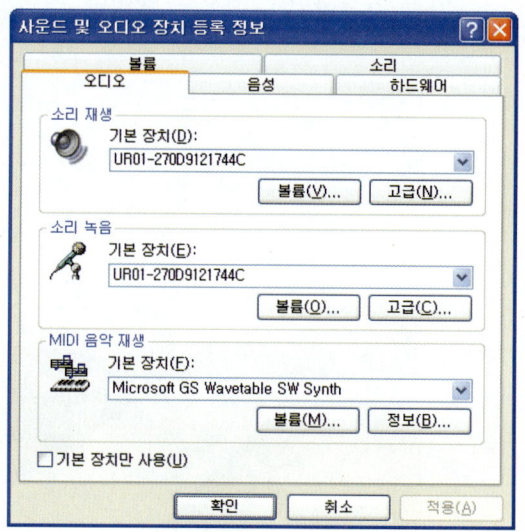

컴퓨터에 연결된 외부 스피커나 마이크를 사용하고 싶을 때에는 제어판에서 오디오의 기본 장치를 다음 그림과 같이 컴퓨터에 설치된 원래의 오디오 장치로 변경하면 된다. 이는 로보이드 스튜디오 외의 다른 프로그램에서 사용하는 오디오 장치를 설정하기 위한 것이다. 제어판에서 오디오의 기본 장치를 로보이드의 오디오 장치로 설정하든, 컴퓨터의 오디오 장치로 설정하든 상관 없이 로보이드 스튜디오에서 사용하는 소리는 로보이드의 스피커와 마이크를 통해 입출력된다.

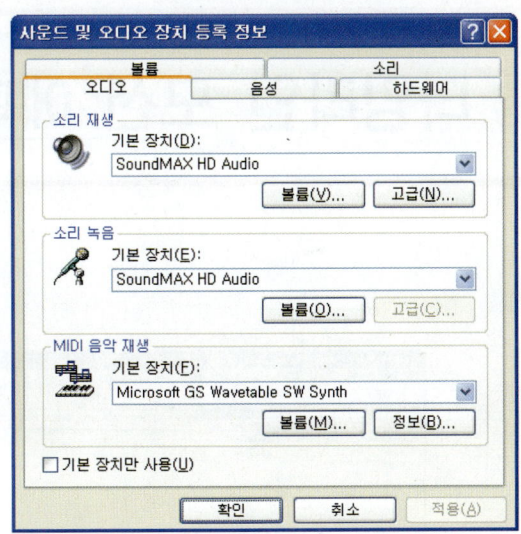

⊃ 타임라인 모션 에디터

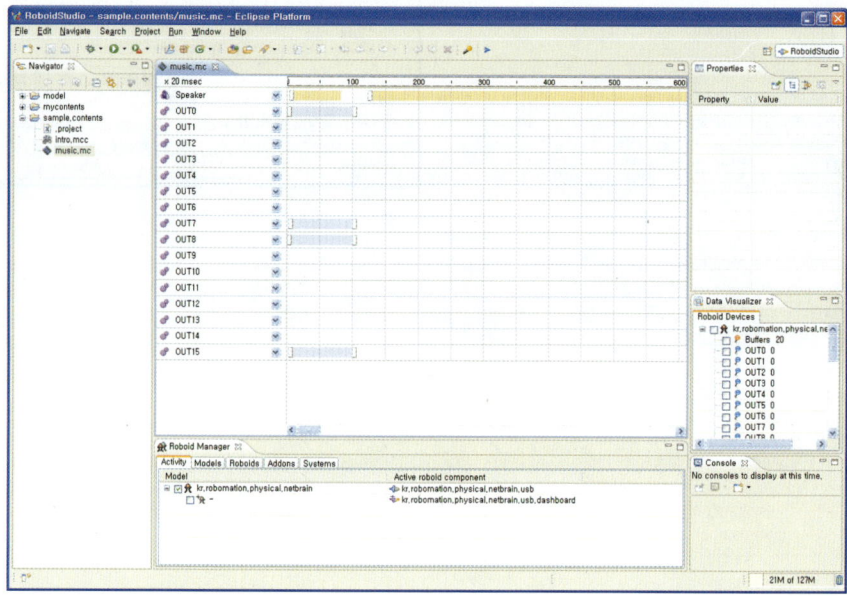

＊**타임라인 모션 에디터 :**
Time Line Motion Editor

타임라인 모션 에디터＊는 말 그대로 시간 순서대로 행동을 제어하는 방법이다. 매우 쉽게 동작을 정할 수 있고 한눈에 볼 수 있기 때문에 보통 음악에 맞춘 행동이라든지, 간단한 동작을 할 때 많이 사용된다.

04 | 콘텐츠 컴포저

⊙ 콘텐츠 컴포저

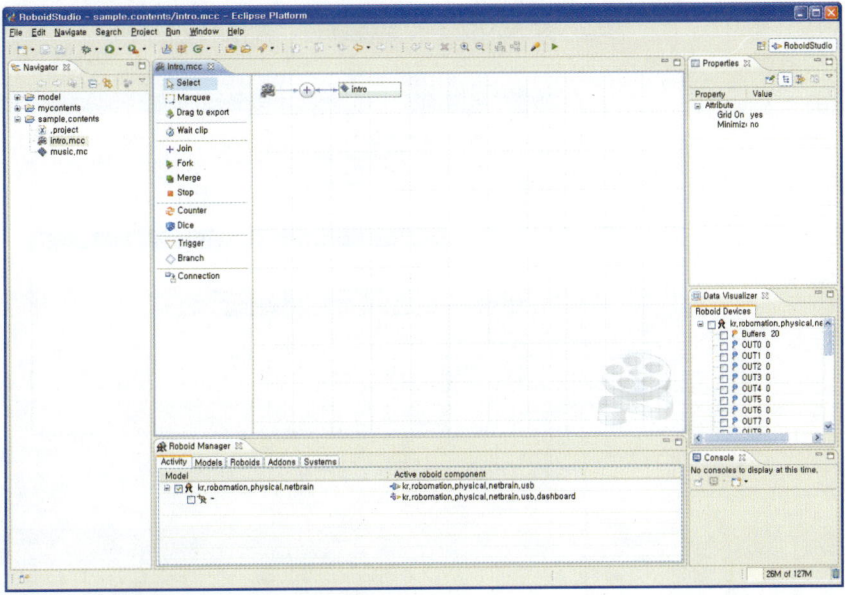

콘텐츠 컴포저 : Contents Composer

콘텐츠 컴포저*는 아이콘을 이용해서 동작을 제어하는 방법이다. 순서도를 생각하면 이해가 쉬울 것이다. 동작 순서대로 화살표가 되어 있으며 조건문, 분기문 등과 난수를 발생시키는 부분, 일정시간을 지연시키는 부분 등 많은 역할을 할 수 있는 아이콘이 존재한다. 이러한 아이콘들을 순서대로 배치하고, 동작 순서대로 화살표를 연결해주면 그 순서대로 실행이 된다.

Section 05 | 로보이드 스크립트

로보이드 스크립트:
Roboid Script

➡ 로보이드 스크립트

1 | 로보이드 스크립트* 실행하기

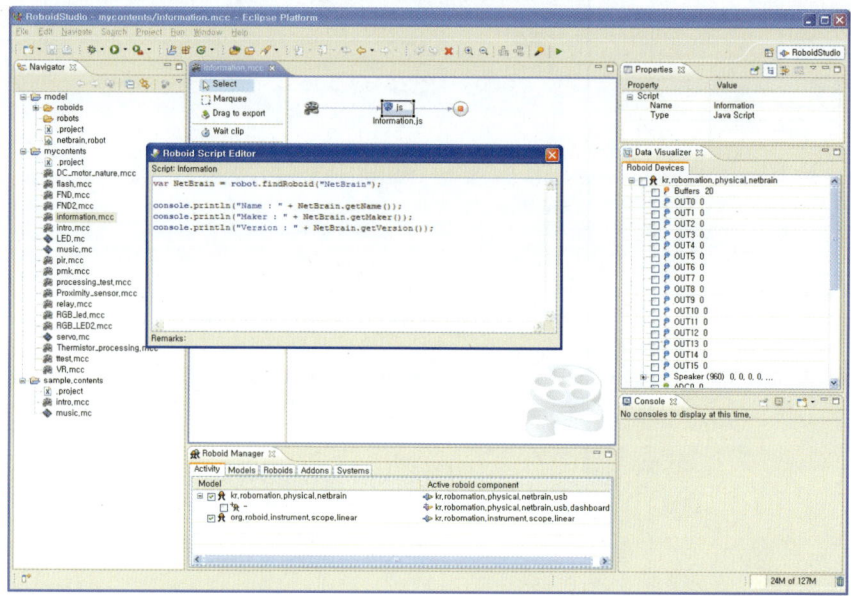

로보이드 스크립트는 스크립트 언어를 이용해서 동작을 기술하는 방법이다. 언어를 이용해서 기술한다는 것이 어렵지만, 코드 자체가 그리 길지 않고, 또 어렵지 않아서 처음 접하는 사람들도 쉽게 적용할 수 있다.

이 로보이드 스크립트를 사용하면 앞에서 알아보았던 타임 라인 에디터, 콘텐츠 컴포저에서 구현하지 못한 모든 행동들을 구현할 수 있는 장점이 있다. 하지만 활용범위가 넓은 만큼 앞의 방법보다는 조금 복잡한 것이 단점이다.

06 첫 번째 예제 작성

1 │ LED 회로 구성하기

간단한 LED 점등 실습을 위해서 LED를 점등하는 회로를 구성해야 하나, 이는
뒤에서 자세히 다루기로 하고, 먼저 넷브레인에 기본적으로 있는 LED를 이용
해서 간단한 실습을 해 보겠다.

❯ 넷브레인*에 있는 LED의
위치

2 | 타임 라인 모션 에디터를 이용한 LED 점등하기

⊙ 타임 라인 에디터 실습

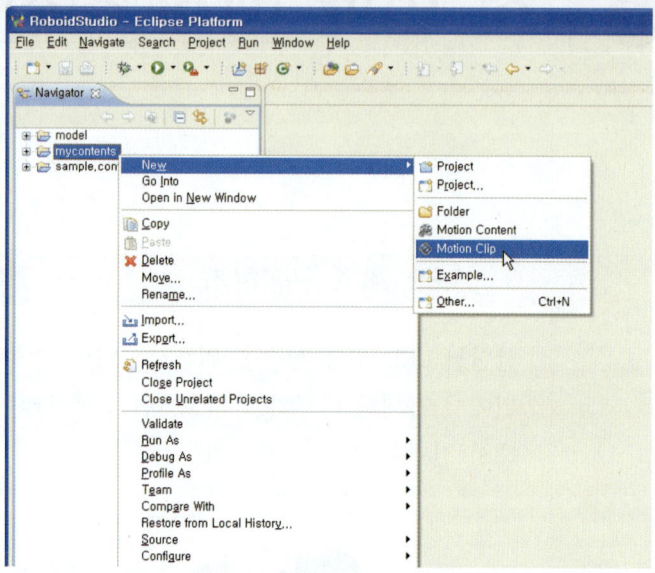

먼저 모션 클립을 하나 생성하도록 한다.

⊙ 타임 라인 에디터 실습

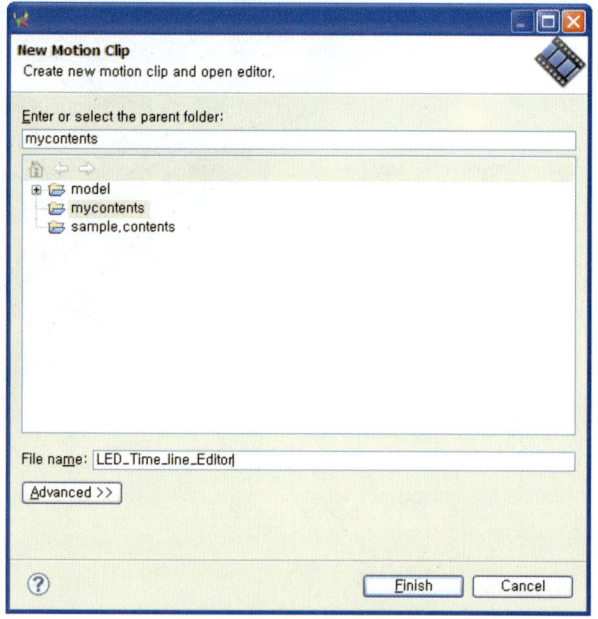

파일 이름을 정하고 "Finish"를 누른다.

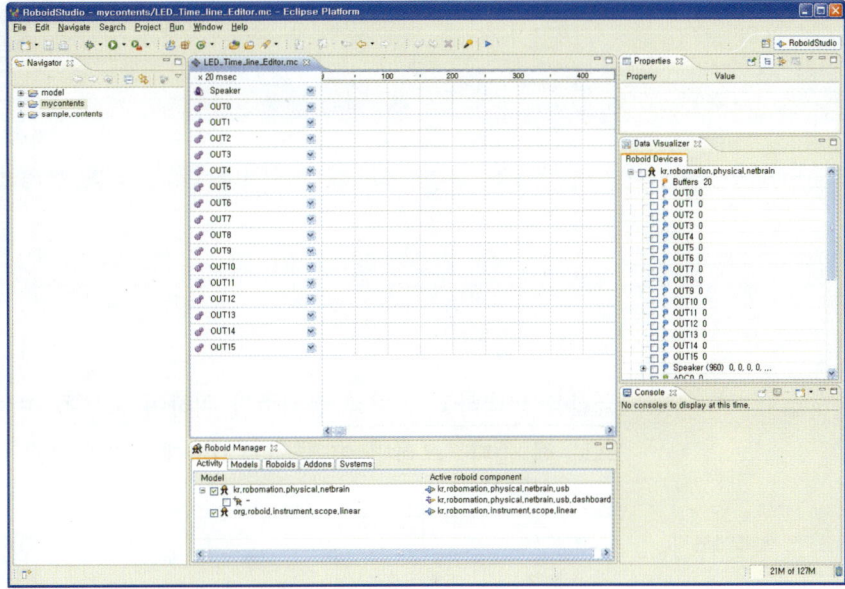

생성된 타임 라인 에디터 창이다.

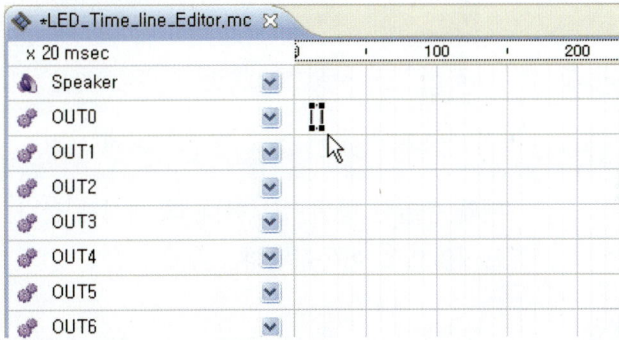

LED가 OUT0에 연결되어 있으므로 OUT0번 라인 아무 곳에 클립을 하나 생성
한다.

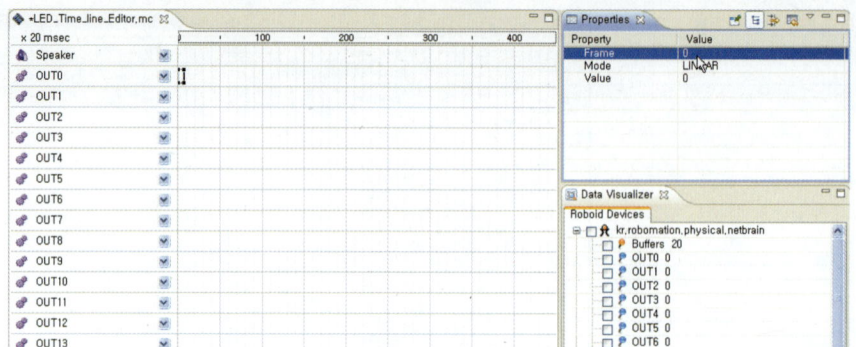

● 타임 라인 에디터 실습

*속성 : Properties

클립을 선택하고 위치를 정해주기 위하여 오른쪽 속성* 창에 있는 프레임을 0 으로 해 준다. 그러면 이 클립은 0번째 프레임으로 이동한다.

● 타임 라인 에디터 실습

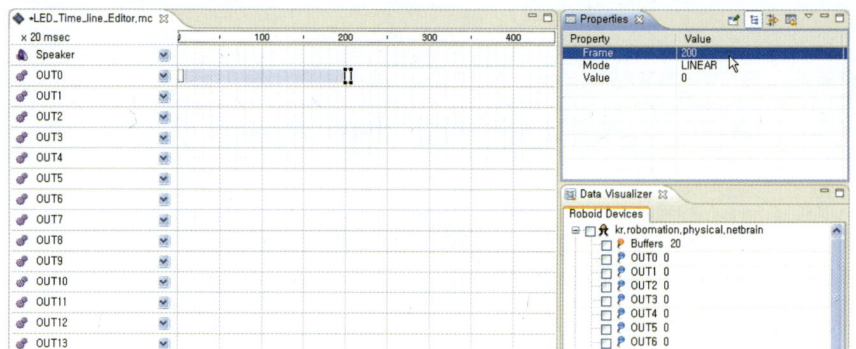

위와 동일한 방법으로 하나 더 생성해 준다. 두 번째로 생성한 클립은 200번째 프레임으로 이동시킨다.

● 타임 라인 에디터 실습

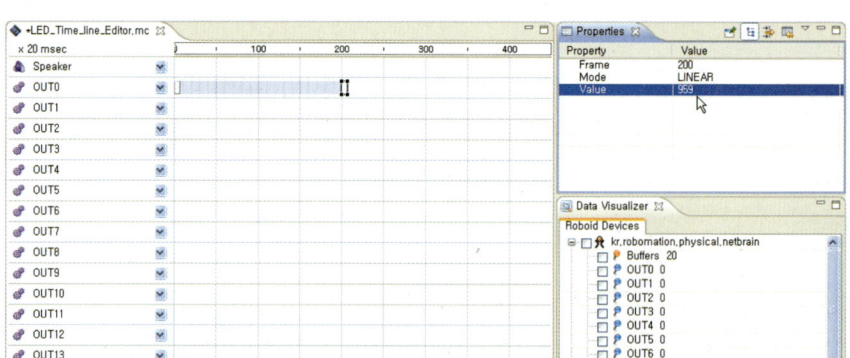

이렇게 해서 생긴 두 개의 클립에 이제 출력값을 적어보자. 두 개의 클립 모두 같은 출력을 주면 0~200프레임 동안 같은 밝기로 LED가 켜지겠지만, 이것보

다는 두 개 클립에 다른 출력을 줘서 LED의 밝기를 변화시켜 보자.

먼저 첫 번째 클립을 클릭한 후 속성* 창에서 value값을 "0"으로 입력하고 두 번째 클립에는 "959"를 입력한다.

＊속성 : Properties

❍ 타임 라인 에디터 실습

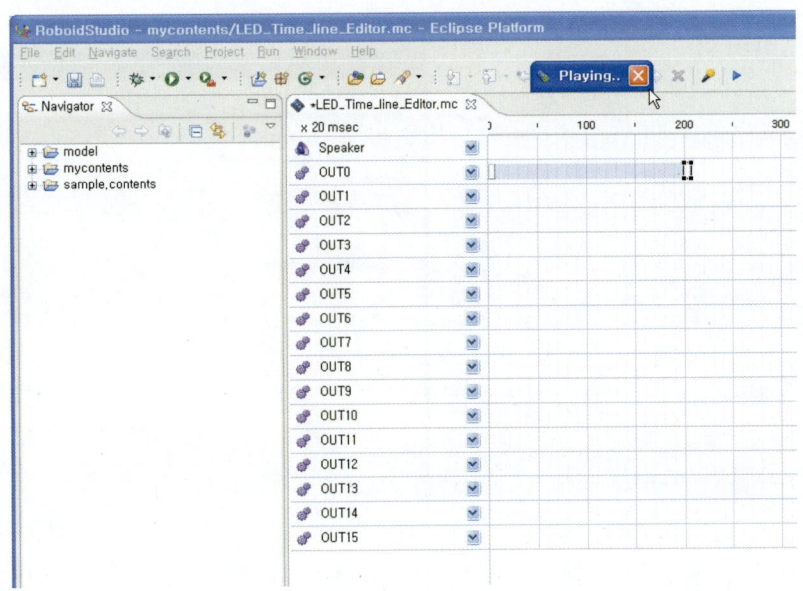

그리고 로보이드 스튜디오 상단에 재생 버튼을 누르도록 한다.

❍ 타임 라인 에디터 실습

위와 같이 Playing 창이 뜨면 제대로 실행되고 있다는 뜻이다.

3 | 콘텐츠 컴포저를 이용한 LED 점등

● 콘텐츠 컴포저 실습

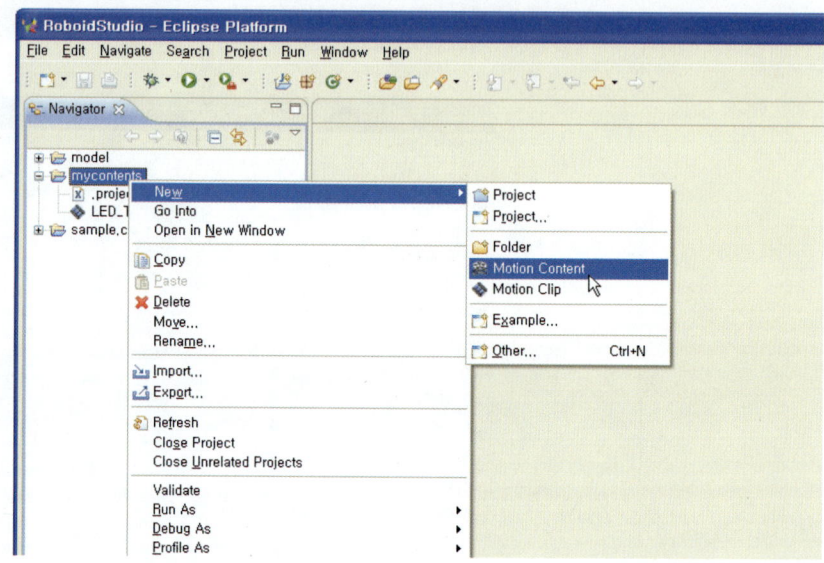

먼저 모션 콘텐츠를 하나 생성하도록 한다.

● 콘텐츠 컴포저 실습

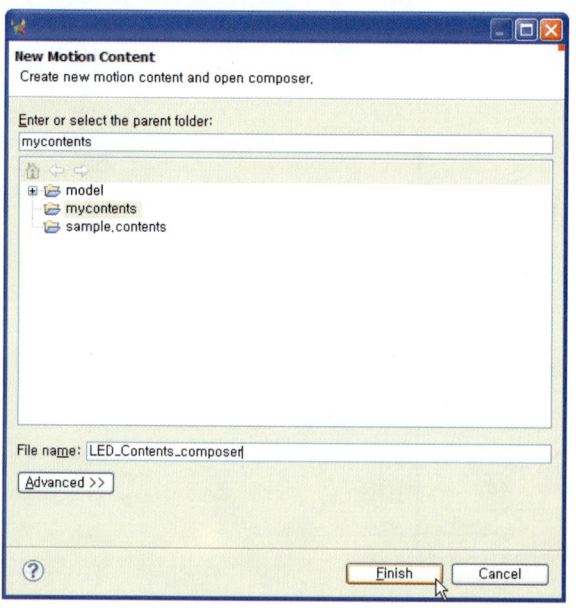

파일 이름을 정해주고 "Finish"를 누른다.

● 콘텐츠 컴포저 실습

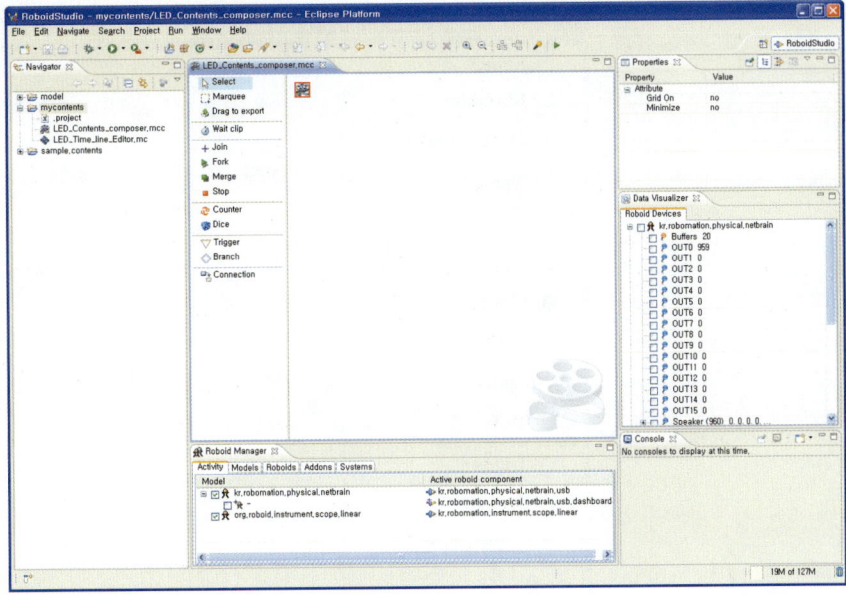

생성된 콘텐츠 컴포저를 보면 타임 라인 에디터와 달리 블록과 그 블록을 배치
할 수 있는 뷰가 생성된 것을 확인할 수 있다.

● 콘텐츠 컴포저 실습

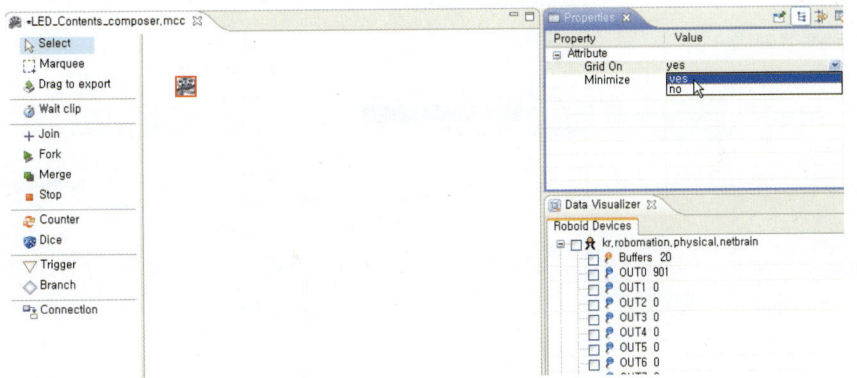

먼저 블록의 배치를 위해서 격자를 만들도록 하는데 흰 바탕을 누른 후 위와
같이 설정하도록 한다.

● 콘텐츠 컴포저 실습

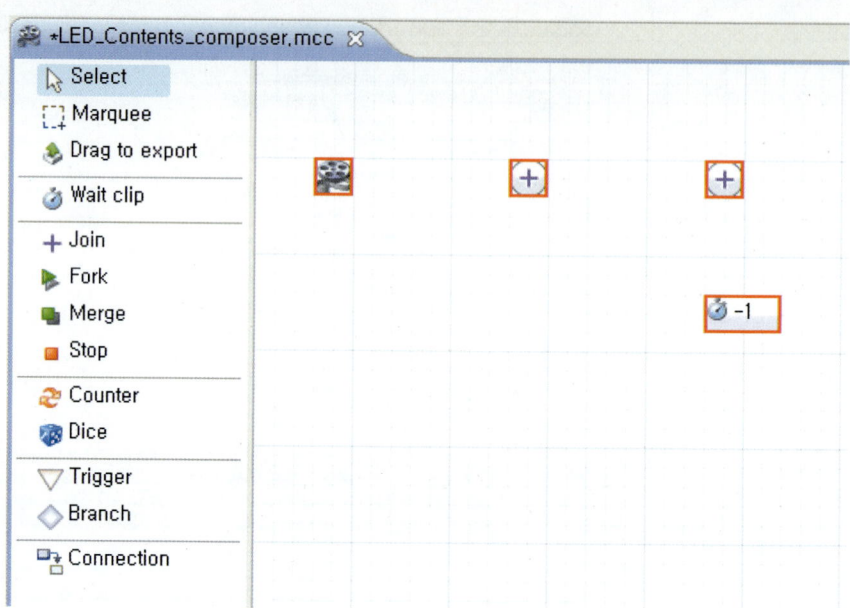

격자가 생긴 것을 확인할 수 있고 이제 사용할 블록들을 화면에 배치하자.

● 콘텐츠 컴포저 실습

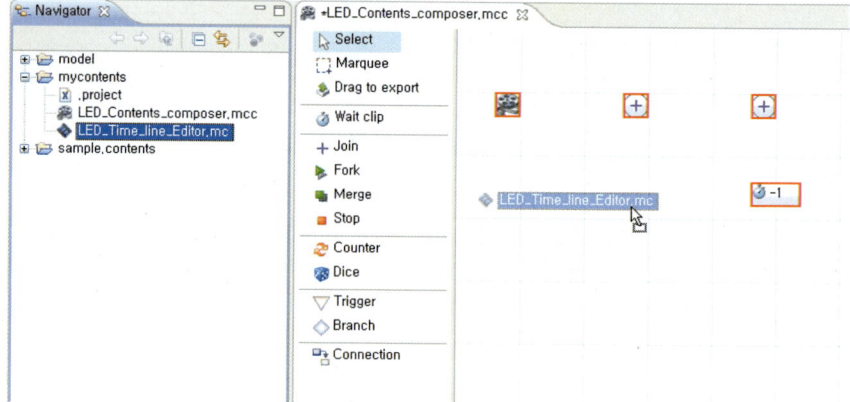

LED를 점등하는 부분은 앞에서 제작한 LED_Time_line_Editor.mc 파일을 끌어다 블록 옆에 놓는다.

콘텐츠 컴포저 실습

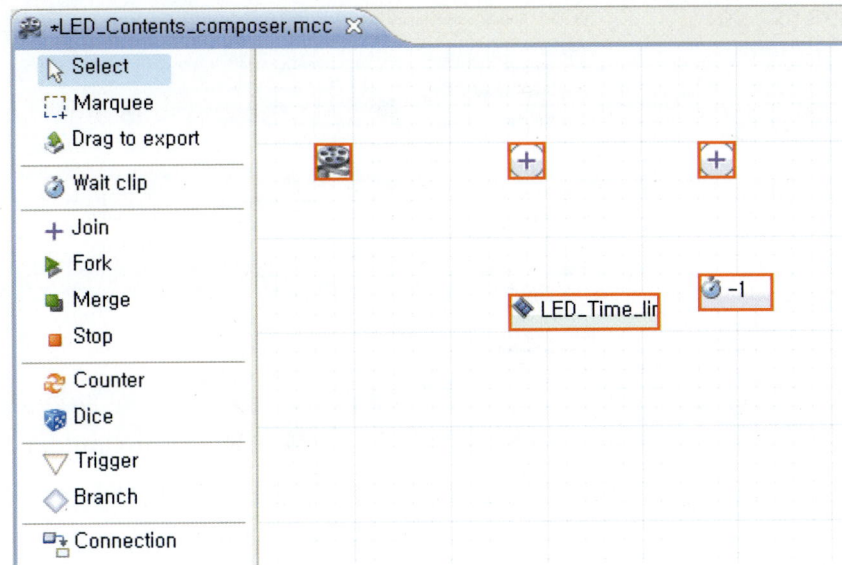

필요한 블록들을 모두 배치하였다. 이제 순서대로 이어주면 된다.

콘텐츠 컴포저 실습

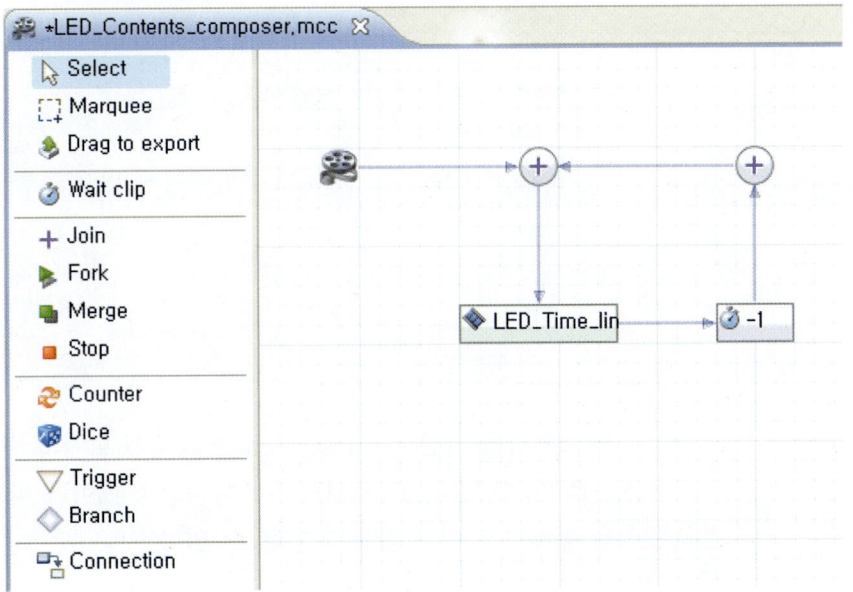

위의 그림과 같이 연결해 보자. 제일 좌측에 있는 영화 필름 같이 생긴 블록부터 시작인데, 화살표를 따라가면 앞에서 만든 모션 콘텐츠가 무한 반복된다는 것을 알 수 있다.

콘텐츠 컴포저 실습

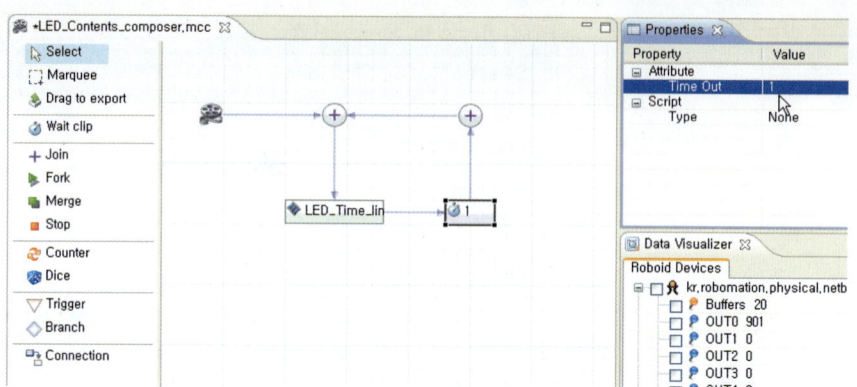

이제 깜박이는 주기를 조절해 볼텐데 Wait Clip의 Time Out값을 변경해 주면 된다. 1로 입력하면 1초 동안 대기한 후 다시 동작을 반복하게 된다. 만약 -1을 입력하게 되면 다음 동작으로 넘어가지 않게 된다.

콘텐츠 컴포저 실습

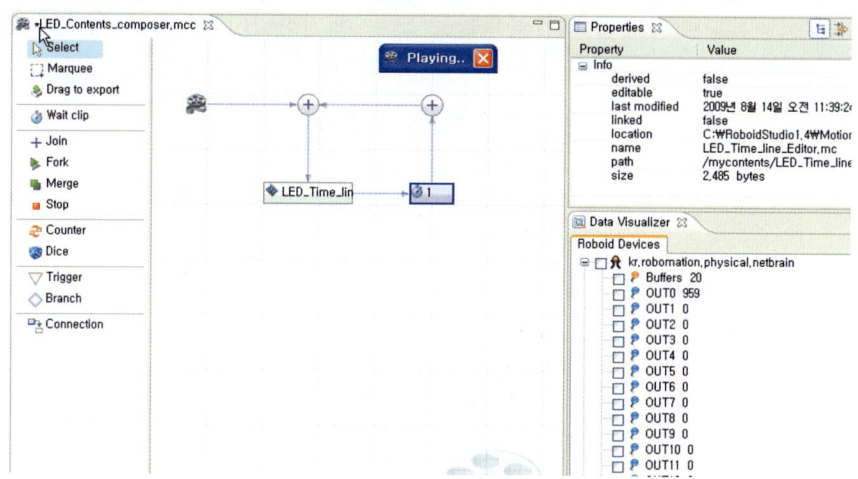

모두 입력을 마친 후 재생을 누르면 LED의 밝기가 변화하는 동작이 무한 반복 됨을 알 수 있다. 또 로보이드 스튜디오의 데이터 비쥬얼라이저 창의 OUT0값 을 통해서도 이 동작을 확인할 수 있다.

4 | 로보이드 스크립트를 이용한 LED 점등

● 로보이드 스크립트 실습

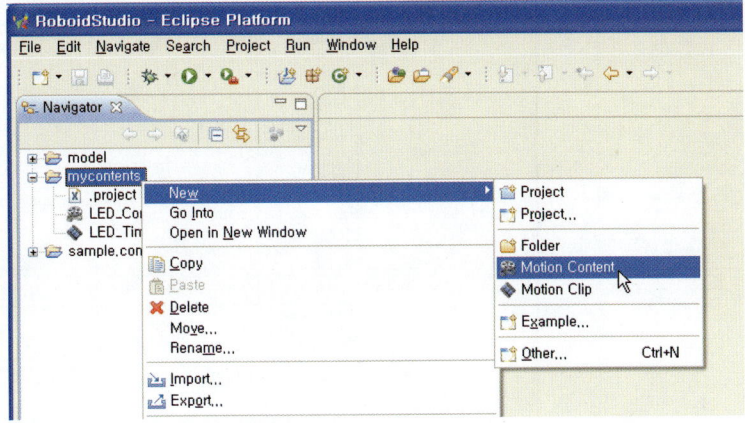

로보이드 스크립트는 콘텐츠 컴포저 기반이기 때문에 앞에서와 마찬가지로 모션 콘텐츠를 생성한다.

● 로보이드 스크립트 실습

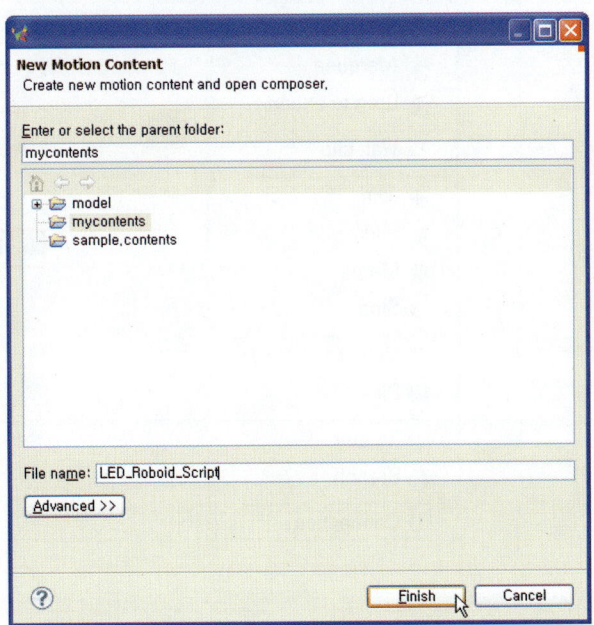

이 부분도 역시 파일 이름을 정해주고 "Finish"를 누른다.

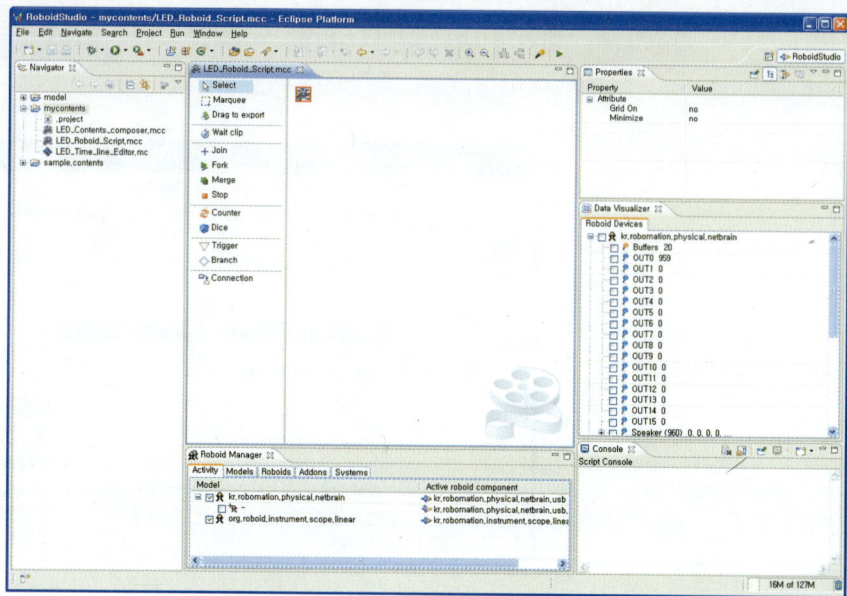

로보이드 스크립트 실습

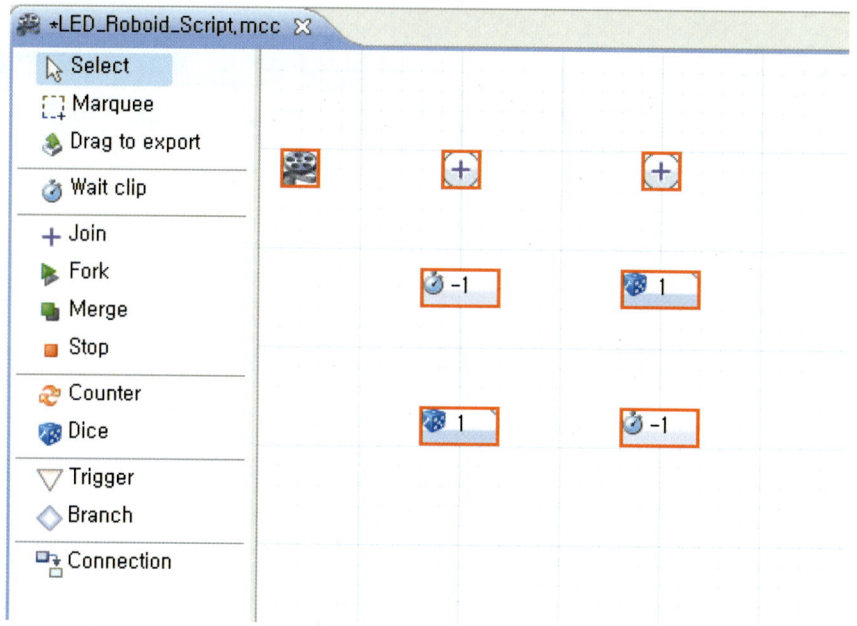

사용할 블록들을 위와 같이 배치한다.

● 로보이드 스크립트 실습

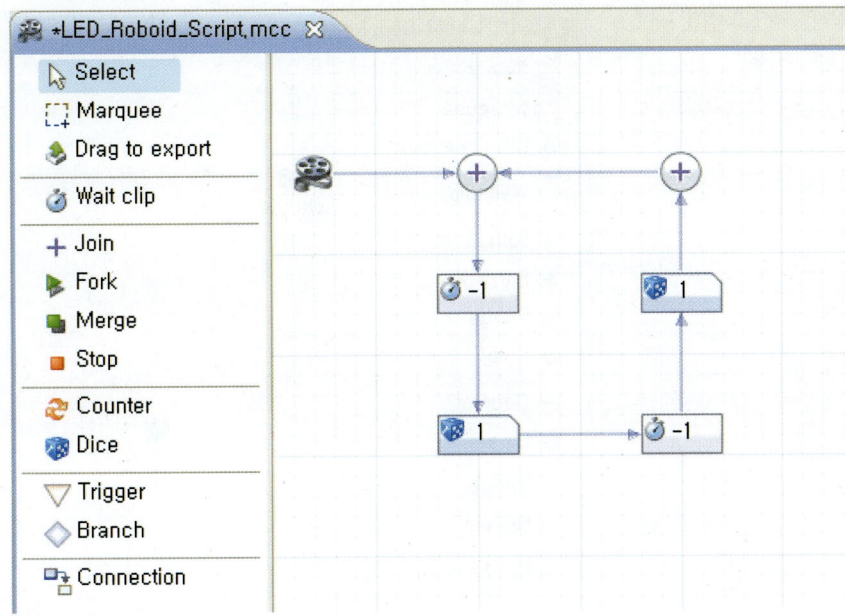

연결도 역시 위와 같이 한다.

● 로보이드 스크립트 실습

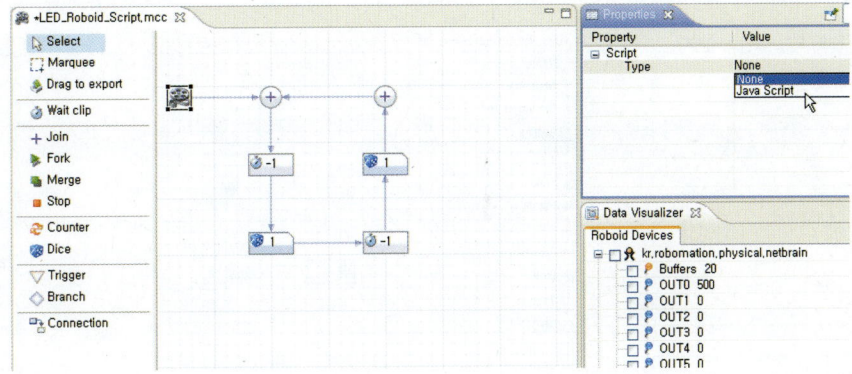

이제 스크립트를 입력할 수 있도록 세팅해야 되는데 그 방법은 먼저 시작이 되
는 블록의 속성에서 타입을 Java Script로 해 준다.

● 로보이드 스크립트 실습

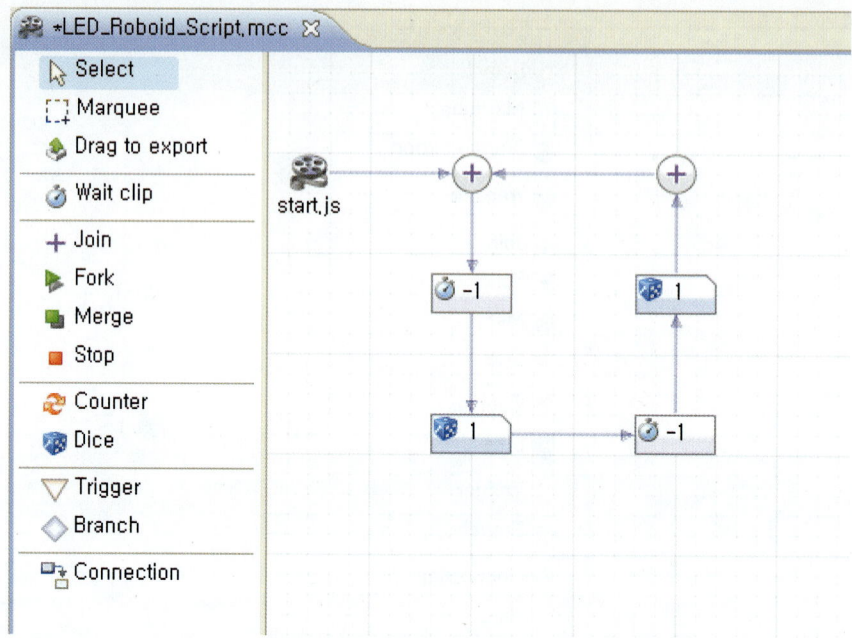

성공적으로 세팅이 되었다면 위와 같이 Start.js가 생길 것이다.

● 로보이드 스크립트 실습

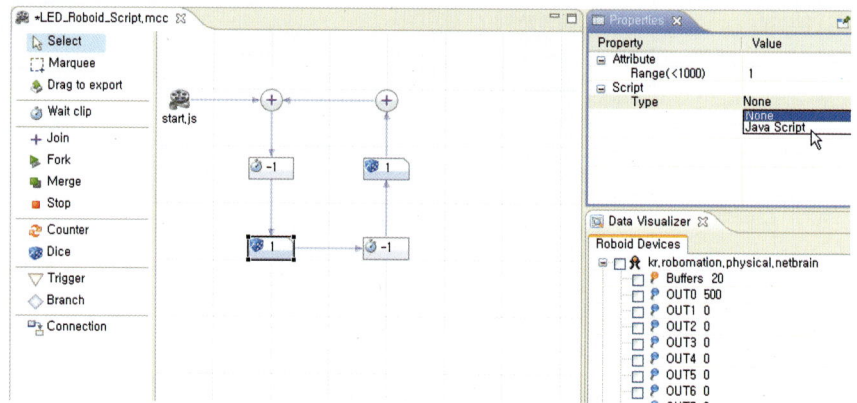

마찬가지로 Dice 블록도 속성을 Java Script로 바꿔주도록 한다.

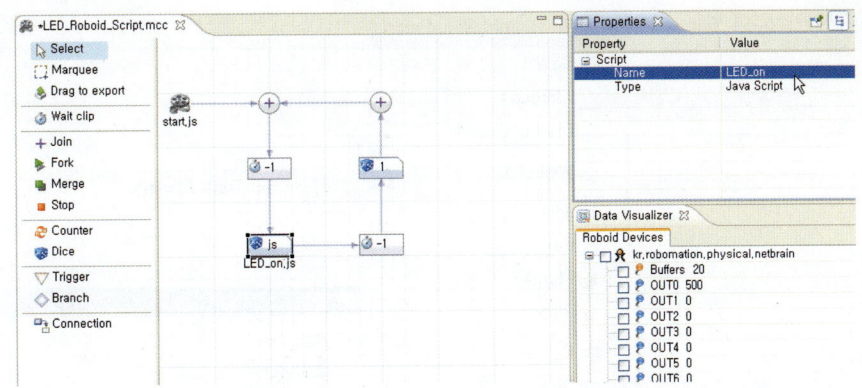

로보이드 스크립트 실습

처음의 시작 블록은 저절로 Start.js가 생성되었지만 나머지는 속성을 변경했을 때 .js라고 밖에 나오지 않는다. 그래서 속성에서 이름을 입력해 줘야 하는데, 먼저 LED_on.js로 입력하자.

로보이드 스크립트 실습

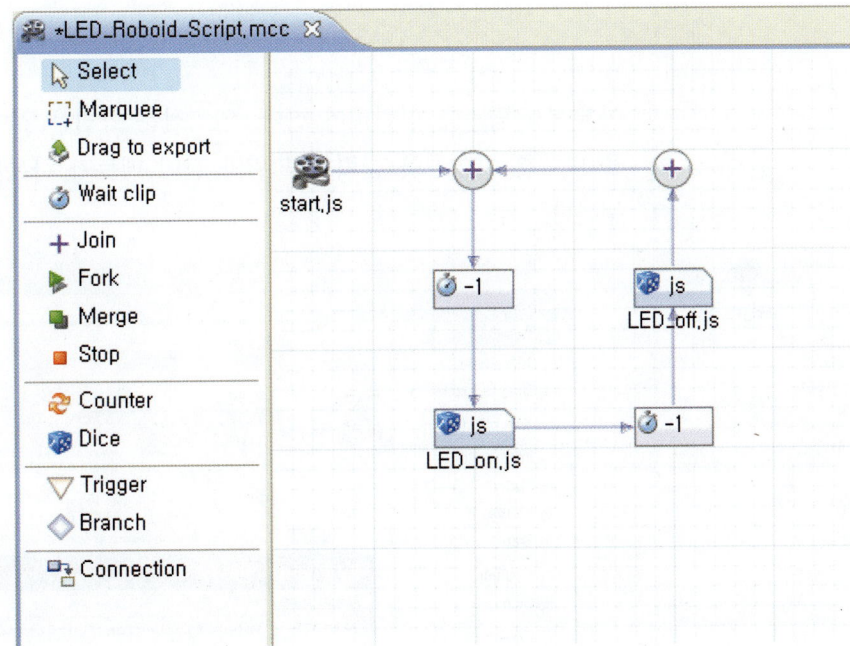

나머지 Dice 블록도 역시 속성을 바꿔주고 이름을 LED_off.js로 입력해 준다.

○ 로보이드 스크립트 실습

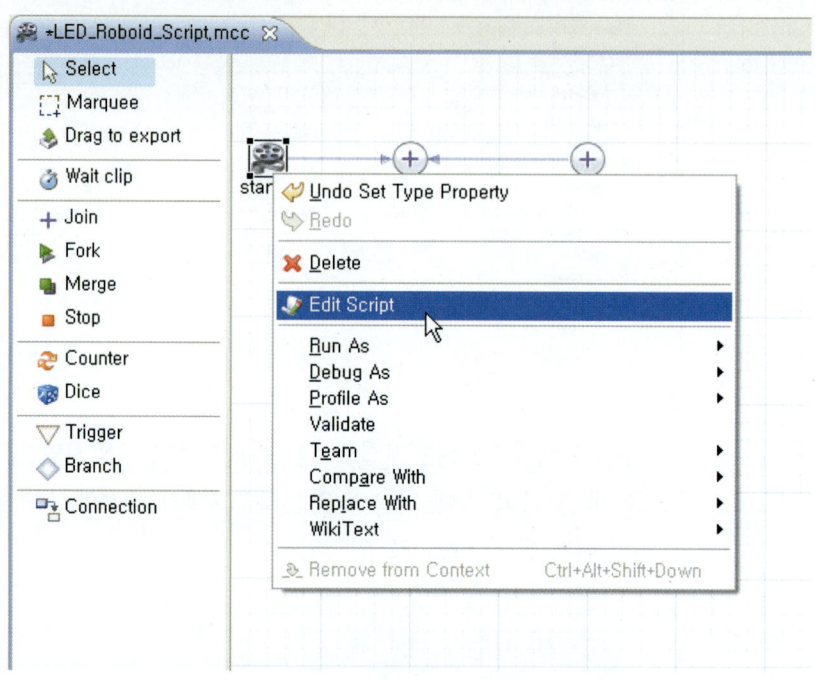

이제 스크립트를 입력해야 한다. 입력하는 방법은 앞에서 Java Script로 속성을 바꿔준 아이콘을 클릭하면 위와 같이 메뉴가 나온다. 그 중 Edit Script를 누른다.

○ 로보이드 스크립트 실습

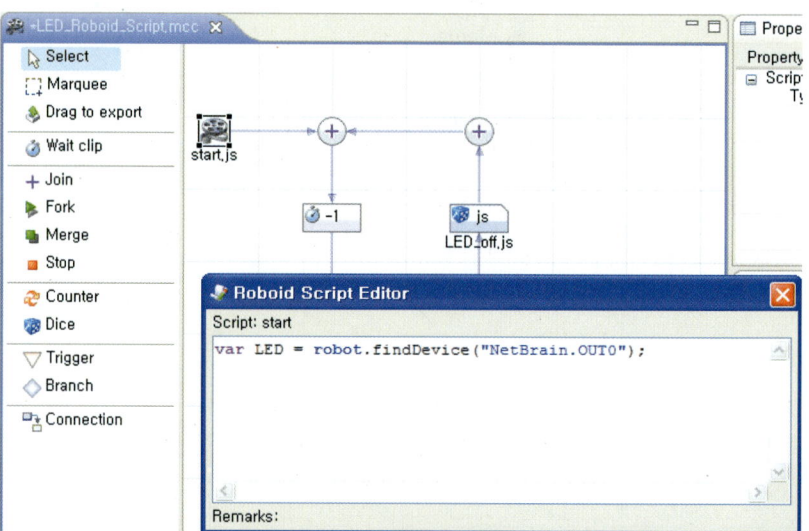

누르면 위와 같이 편집창이 나오는데 그곳에 똑같이 입력하도록 한다. 이때 문법은 뒤에서 다루도록 하자.

● 로보이드 스크립트 실습

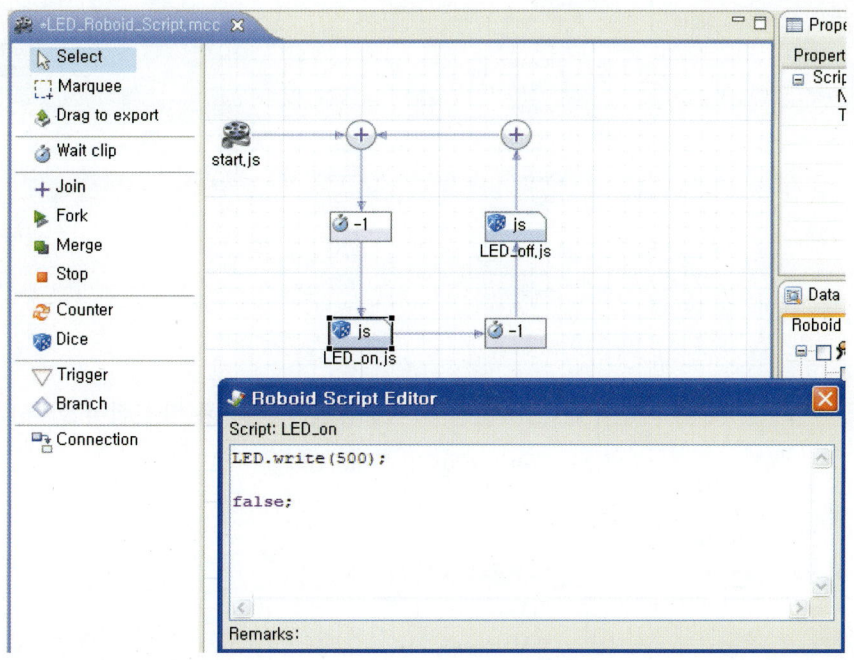

마찬가지 방법으로 LED_on.js에도 위와 같이 입력하도록 한다.

● 로보이드 스크립트 실습

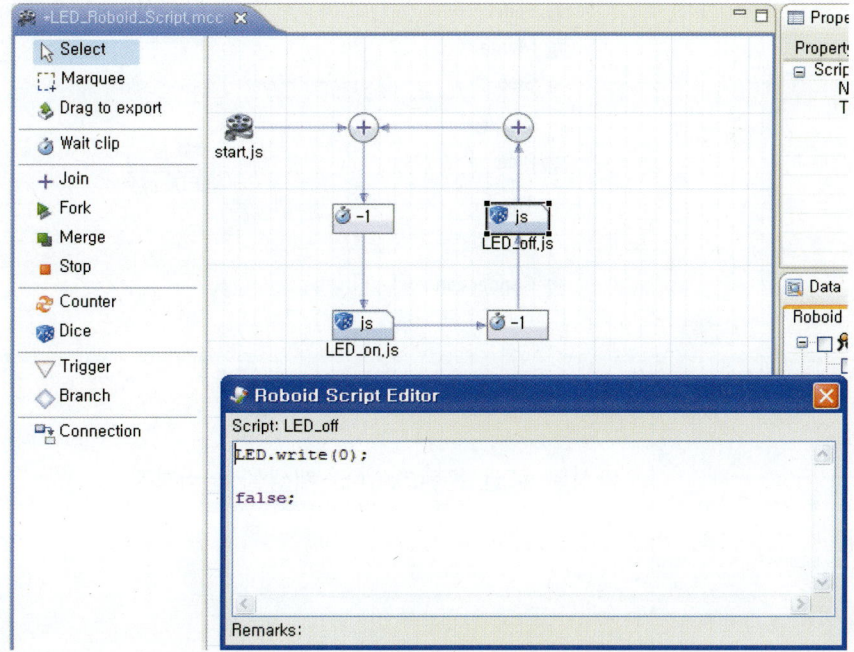

나머지 LED_off.js도 입력하도록 한다.

◑ 로보이드 스크립트 실습

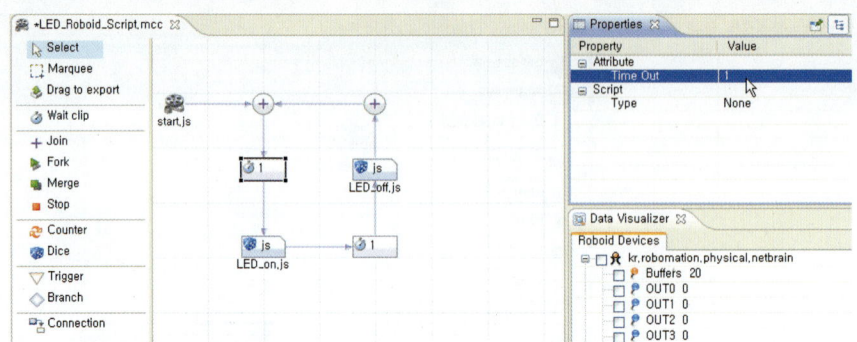

이제 LED가 점등과 소등되는 주기를 바꿔줘야 한다. 앞에서 했던 것과 마찬가지로 Wait clip의 Time out을 1로 입력한다.

◑ 로보이드 스크립트 실습

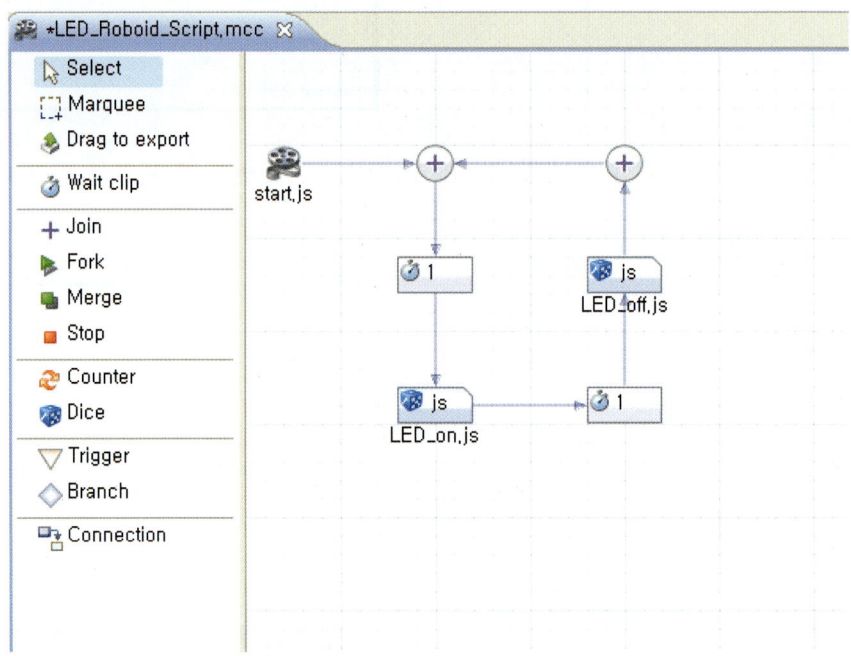

완성된 모션 콘텐츠이다. 재생을 눌러보자.

로보이드 스크립트 실습

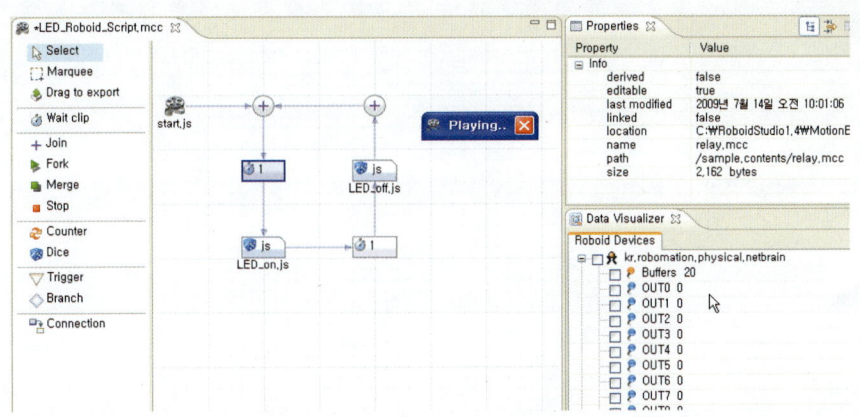

재생을 누르면 위와 같이 동작과 함께 LED가 깜빡거리는 것을 확인할 수 있다.

NETBRAIN

준비해야 할 것들

01 전자회로와 실제구현

1 | 기초적인 전자 공학

★피지컬 컴퓨팅: Physical Computing
★전자 공학: Electronics

제어 공학을 하건 피지컬 컴퓨팅★을 하건 기본적인 전자 공학★에 대한 이해는 필수적이다. 구구단을 모르고 미적분을 할 수는 없는 노릇이다. 그러나 전자 공학은 그 자체가 하나의 학문으로 몇 페이지를 읽어보거나 혹은 며칠의 시간을 투자한다고 하여 전적으로 이해할 수 있는 학문은 아니다. 따라서 책에서는 아주 기초적인 내용만 이야기 하고 세부적인 내용이나 전문적인 부분을 원하는 독자는 전공 서적을 참조하도록 하자.

2 | 전자의 개념

★원자: Atom
★원자핵: Nucleus
★전자: Electron
★양성자: Proton
★중성자: Neutron

건축 공학이 건축에 대해 다루고, 토목 공학이 토목에 대해 다루듯 전자 공학은 전자(電磁, Electron)를 다루는 학문이다. 원자★는 원자핵★과 전자★로 구성되는데 원자핵은 다시 양성자★와 중성자★로 이루어져 있다.

> 원자＝원자핵＋전자
> 원자핵＝양성자＋중성자

★쿨롱: Coulomb

양성자는 전기적으로 양(+)의 성질을 가지고 중성자는 단어 그대로 중성의 성질을 가지고 있다. 이러한 경우 원자가 양전하의 성질을 가져야 하겠으나 전자가 음전하(-)의 성질을 가지고 있으므로 전체적으로 원자는 중성의 성질을 가진다. 전자는 원자핵과 전기적인 힘인 쿨롱★의 힘으로 연결되어 있어 핵 주의를 벗어나지 못하고 원자핵 주위를 뱅글뱅글 돈다. 이러한 비유가 정확하게 맞다고 볼 수는 없지만 마치 태양 주위를 돌고 있는 지구와 같다라고 연상하면 될 것이다.

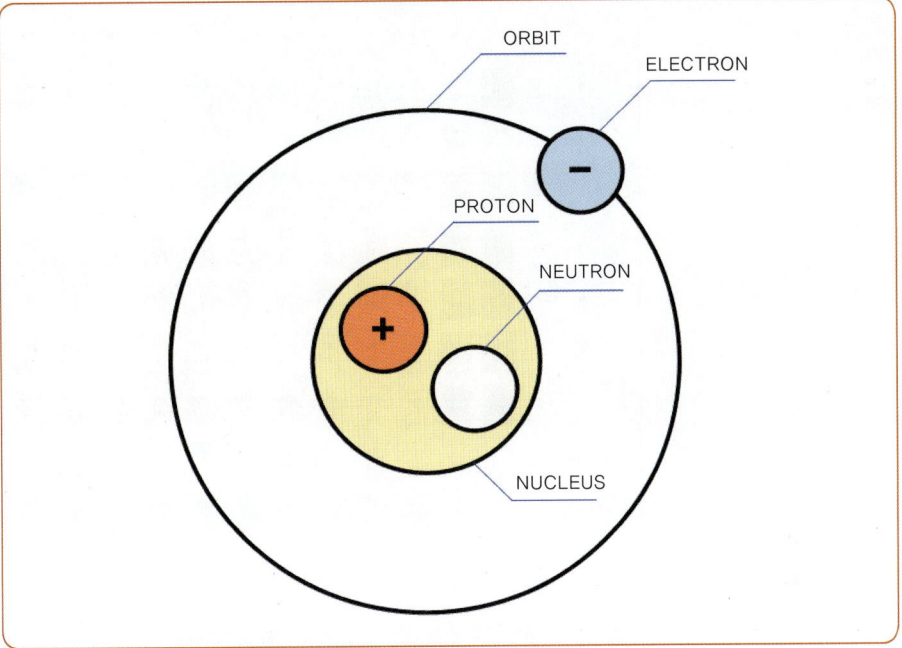

● 원자를 개념적으로 나타
낸 그림

실제 원자는 위와는 모양이 조금 다르긴 하다. 예를 들어 원자의 크기에 비해 전자의 크기는 대단히 작다. 그러나 개념적으로 위와 같이 이해해도 무방할 것이다.

3 | 주기율표

또한 원자는 위의 그림과 같이 반드시 양성자가 1개, 중성자가 1개, 전자가 1개인 경우 이외에 수많은 종류의 원자가 있는데 다음은 다양한 종류의 원소를 나타내는 표이고 이를 주기율표(週期律表, Periodic table)라 부른다.

주기율표란 이러한 원소의 구분을 쉽게 알아보기 위해 배치한 표로서 러시아의 멘델레예프가 처음 제안했다. 1913년 헨리 모즐리(헨리 귄 제프리스 모즐리, Henry Gwyn Jeffreys Moseley, 1887~1915년)는 멘델레예프(드미트리 이바노비치 멘델레예프, Дмитрий Иванович Менделэев, 1934~1907년)의 주기율표를 개량시켜 원자번호 순으로 배열하였고 이것이 바로 현재의 원소 주기율표와 거의 동일하다.

4 | 전하의 기본적인 성질

전자는 원자핵으로부터 다양한 거리의 궤도상에 존재하는데 제일 바깥에 존재하는 전자(이를 보통 최외각 전자라고 부른다.)의 성질이 매우 중요하다. 제일 바깥에 존재하는 이 최외각 전자는 에너지의 작용(에너지를 얻거나 잃게 되는 경우)에 따라 전자를 얻거나 잃게 되는 경우가 있다.

만일 전자를 잃게 되면 양의 성질을 띠는 양전하*가 되고, 전자를 얻게 되면 음의 성질을 띠는 음전하*가 된다. 이 양전하와 음전하는 재미있는 성질이 있는데 같은 성질끼리는 서로 밀어내는 성질(척력 : Repulsive force)이 작용하고 서로 다른 극끼리는 끌어당기는 성질(인력 : Attractive force)이 작용한다.

그런데 이 최외각 전자를 떼는데 드는 힘은 원자마다 다른데, 전자를 떼는 것이 쉬운 원자도 있고 아주 어려운 경우도 있다. 쉽고 어렵다는 의미는 떼는데 드는 에너지가 적거나 많다는 것을 의미한다. 에너지가 많이 들수록 떼기가 어렵다. 만일 전자를 떼어내기가 쉽다면 이 전자는 쉽게 원자로부터 떨어져 돌아다니게 될 것이고 떼어내기가 어렵다면 쉽게 떨어지지 못할 것이다. 그러나, 떼어내는게 아무리 어렵다 하더라도 에너지를 충분히 공급한다면 어떠한 전자이든 원자로부터 떼어낼 수 있다. 이렇게 원자로부터 떨어져 돌아다니는 전자를 자유 전자*라 한다.

*양전하 : Positive Electric Charge
*음전하 : Negative Electric Charge

*자유 전자 : Free Electron

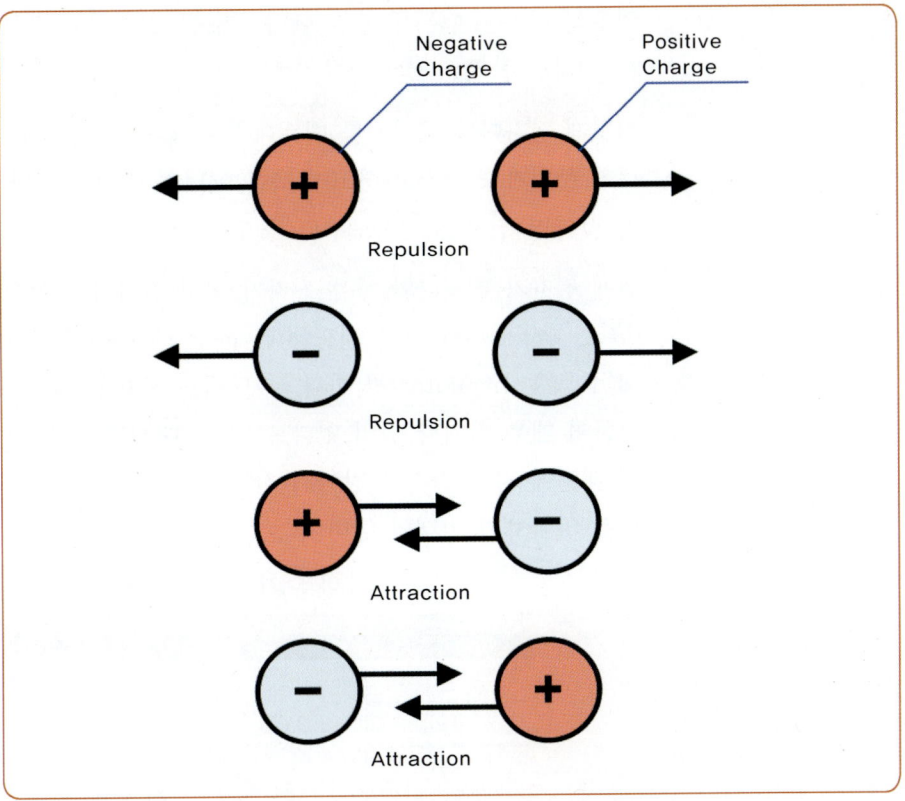

5 │ 도체와 부도체 및 전기 전도도

앞서 얘기했듯이 최외각 전자를 떼는데 드는 에너지는 원자마다 다르다. 아래 그림에서 푸른 공이 벽을 넘어서 바깥으로 나가기 위한 모델을 보여준다. 왼쪽 그림의 공은 높은 벽을 넘어가야 하기 때문에 많은 에너지가 필요하고 오른쪽 공은 낮은 벽을 넘어가야 하기 때문에 에너지가 조금 필요하다.

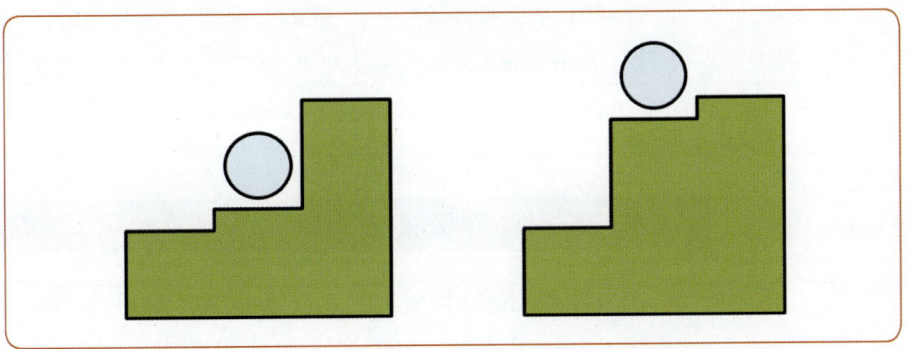

왼쪽의 전자는 떼는데 드는 에너지가 큰 경우이고 오른쪽의 전자는 떼는데 드는 에너지가 작은 경우이다.

이렇게 전자마다 에너지를 떼는데 드는 값을 에너지 준위라고 한다. 좌측은 에너지 준위가 높다라고 하고 우측은 에너지 준위가 낮다라고 한다. 에너지 준위가 낮다면 전자는 원자로부터 쉽게 떨어질 수 있다는 뜻이다.

쉽게 전자가 뛰쳐나와 자유 전자가 되어 전자가 원활하게 흐르는 물질을 도체(導體, Conductor 혹은 전도체)라 하고 전자를 쉽게 떼기 어려운 물질을 부도체(不導體, Insulator)라 한다. 부도체는 전자를 떼기가 어렵기 때문에 전자의 이동이 매우 작거나 거의 없다. 그러나 대개의 금속 물질은 전자를 떼기가 쉽기 때문에 자유 전자가 많아서 전기가 잘 흐른다. 여러가지 물체의 전기 전도도를 알아보면 아래와 같다.

| 여러가지 종류의 도체와 부도체 |

물질	전기 전도도
은	
구리	좋다 ↑
금	
알루미늄	
텅스텐	
철	
니크롬	
유리	
종이	↓
기름	
공기	나쁘다

도체와 부도체 이외 매우 중요한 물체인 반도체라는 것이 있다. 반도체(半導體, Semiconductor)는 도체와 부도체의 성질을 모두 갖고 있는 물체이다.

6 | 도체와 부도체 및 전기 전도도

전기를 잘 흐를 수 있느냐 없느냐에 따라 나뉜 도체와 부도체 이외에 반도체가 있다고 얘기하였다. 반도체는 어떤 경우에는 도체, 어떤 경우에는 부도체로 동

작한다. 반도체는 현대 전자 공학의 기본이 되는 매우 중요한 개념으로 확실하게 이해해야 한다.

반도체로 사용되는 물질은 게르마늄(Ge) 혹은 실리콘(Si)이 많이 사용된다. 자연에 존재하는 게르마늄과 실리콘은 불순물이 매우 많기 때문에 반도체를 만들기 위해서 게르마늄, 실리콘의 순도를 높여야 한다. 게르마늄은 99.999999999%의 순도를 갖도록, 실리콘은 99.99999999999의 순도를 갖도록 만든다.

이렇게 정제된 게르마늄과 실리콘은 진성 반도체라고 부르는데 이는 부도체이다.

여기에 일부러 약간의 불순물을 첨가하여 반도체를 만든다.

N형의 물질을 넣어 자유 전자를 증가시켜 만드는 N형 반도체가 있고 P형의 물질을 넣어 홀을 증가시켜 만드는 P형 반도체가 있다.

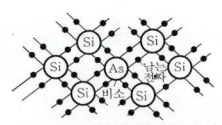 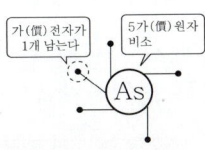 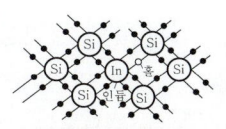 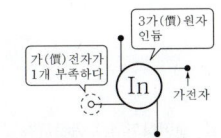

원소명	원소 기호	원자 번호	원소명	원소 기호	원자 번호
인	P	15	붕소	B	5
비소	As	33	알루미늄	Al	13
안티몬	Sb	51	인듐	In	49

● N형 반도체

실리콘 + 5가 원소 (예를 들면 인, 비소, 안티몬)를 첨가하여 만드는데 남은 전자를 과잉 전자라고 한다. 5가의 원소를 도너(공급자)라 한다. 다수 캐리어는 자유 전자 소수 캐리어는 홀이다.

● P형 반도체

실리콘 + 3가의 원소(예를 들면 붕소, 알루미늄, 인듐)을 첨가하여 만드는데 전자가 부족하여 홀이 생긴다. 이를 정공이라 한다. 홀을 만들기 위해 공급되는 원소를 억셉터라 한다. 다수 캐리어는 홀, 소수 캐리어는 자유 전자이다.

7 | 전기의 기본적 성질 : 전압과 전류

그릇에 있는 물은 흐르지 않는다. 폭포의 위에 있는 물은 굉음을 내면서 아래로 떨어진다. 왜 그릇의 물은 흐르지 않고 폭포의 물은 아래로 흐를까? 이는 높은 곳에서 낮은 곳으로 흐르려는 물의 성질 때문이다.

전기의 흐름인 전류도 마찬가지이다. 전류가 흐르기 위해서는 (자유 전자가 이동하기 위해서는) 반드시 두 점 사이에 전기적 위치에너지 (줄여서 전압, 電壓, Voltage라고 표기한다.)가 있어야 한다.

그릇의 물에 존재하는 물은 높이가 동일하기 때문에 (즉 위치에너지가 0이기 때문에) 흐르지 않는다. 폭포 및 강물이 흐르는 것은 물이 높은 곳에 있기 때문이다.

전위차란 전기적인 위치에너지를 말하는데 이 차이가 바로 전압이다. 아래 그림과 같이 평면상에 있는 공은 위치에너지가 없기 때문에 구르지 않는다. 전자도 이와 마찬가지로 전위차가 없다면 흐르지 않는다.

평면상의(위치에너지가 같은) 공은 구르지 않는다.

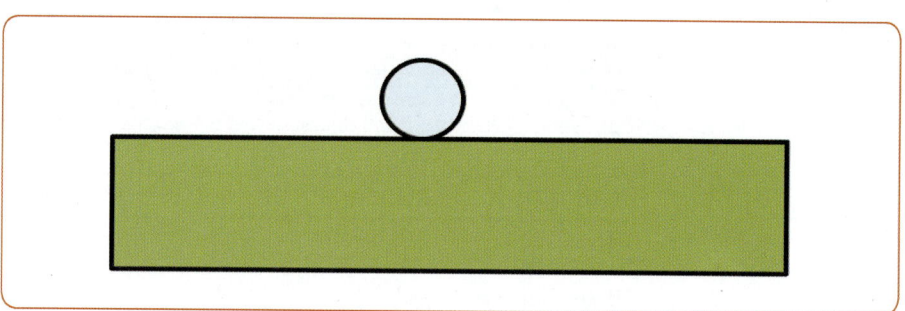

만일 아래 그림과 같이 전위차가 발생한다면 공은 구르기 시작할 것이다. 이러한 전위차(電位差, potential difference)를 다른 표현으로 전압차(voltage difference) 혹은 전압 강하(voltage drop)라고 부르는데 모두 같은 의미이다.

경사면에 있는 (위치에너지가 다른) 공은 구른다.

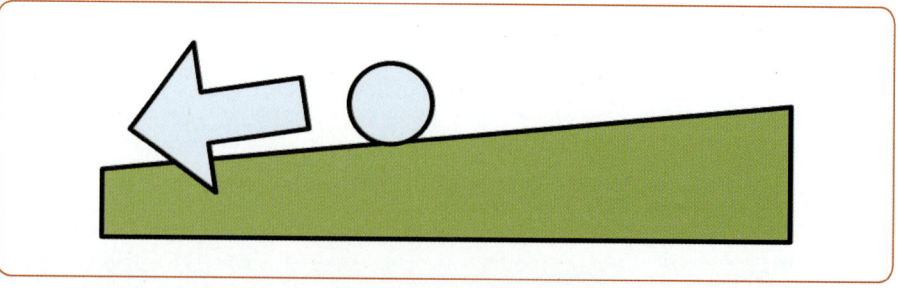

또한 경사가 급하다면 공은 더욱 빨리 구를 것이다. 즉 1V의 전위차보다 10V의 전위차를 가지면 더욱 전류가 빨리 흐른다. 전위차가 가장 낮은 곳은 지구 그 자체이기 때문에 그라운드*라고 부른다. 전류는 전압이 높은 곳에서 전압이 낮은 곳으로 흘러가면서 여러 가지 일을 한다.

*그라운드 : Ground

간단하게는 전구 및 청소기를 돌린다든지 혹은 복잡하게는 핸드폰을 동작시킨다든지 컴퓨터를 동작시킨다. 그러나 이러한 모든 전자 제품의 원리는 위와 같은 전기의 흐름이다.

한 가지 유의할 점은 전압이란 "반드시 두 지점 사이를 전압을 의미한다"는 점이다. 예를 들어 "어떤 건물의 높이가 5m이다"라고 하는 말은 묵시적으로 "지면으로부터의 높이가 5m이다"라는 뜻이다. 층 사이의 높이가 1m라면 "4층에서 5층까지의 높이는 1m이다" 5m가 아니다!

*접지 : Ground

전위차도 이와 마찬가지로 "5V이다"라는 말은 "접지*로부터 5V이다"라는 뜻이다.

전압은 양이 아닌 음전압도 가질 수 있는데, 다시 건물을 예로 들어보자. 건물이 모두 시공되지 않아 1층만 있다 하더라도 "지하 4층부터 높이가 5m이다"라고 말할 수 있다. 같은 의미로 0V라 하더라도 "−5V로부터 5V의 전위차를 갖는다"라고 말할 수 있다. 또한 전자가 흐를 수 있는 경로가 여러 개 있다면 하나가 있다면 선택의 여지가 없겠지만 저항이 가장 낮은 곳으로 흐르려는 성질을 갖고 있다. 물을 예로 들더라도 여러 경로가 있다면 가장 빨리 흐를 수 있는 경로로 흐르는 것과 마찬가지이다.

8 | 전기의 단위

*A : Ampere

앞서 설명했듯이 전자의 흐름을 전류(電流, Current)라 하고 A* 혹은 I로 표기한다.(전압은 V로 표기한다.) 그런데 전자 하나가 운반하는 양(이를 전하량이라 한다.)은 너무 작기 때문에 여러 개를 묶어서 표현한다.

*쿨롱 : Coulomb

예를 들어 1A란 1쿨롱*의 전하가 1초 동안 한 점을 지날 때 전류의 양을 말한다. 1쿨롱이란 2.4×10^{18}개의 전자가 가지는 전체 전하량) 공학적인 논의는 전자공학의 세부적인 사항에서 알아보도록 이 정도에서 전압과 전류에 대한 설명을 마치도록 하자.

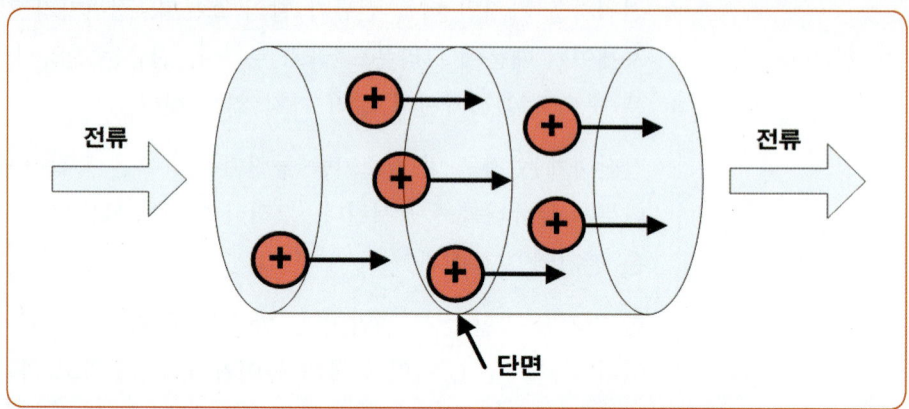

끝으로 전압과 전류를 보통 물에 비유하는데 모두 들어맞지는 않는다 하더라도 개념적으로 이해하기 편하다. 아래 그림을 살펴보면 높은 위치에 있는 물은 파이프를 따라 흐르면서 수차를 돌린다. 꼭 수차가 아니라도 상관없다. 무언가 일을 한다는 것이 중요하다. 바닥(0m)에 떨어진 물은 위치에너지가 존재하지 않으므로 수차를 돌릴 수 없다. 그러나 펌프는 이 물을 다시 높은 위치로 끌어올린 다음에 다시 흘려 수차를 돌릴 수 있게 한다. 전기도 이와 마찬가지이다. 물의 위치에너지에 해당하는 부분이 전압이고 바닥을 그라운드로 나타내고 흐르는 유량을 전류라 생각하면 된다.

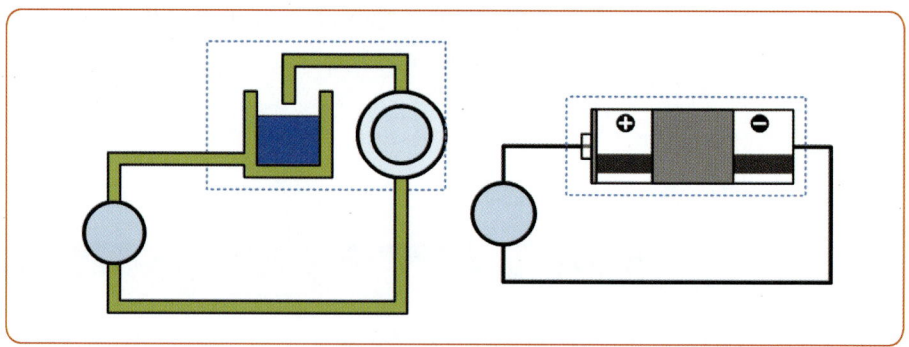

이렇게 전류를 계속적으로 흘려줄 수 있는(공급할 수 있는) 펌프와 같은 역할을 하는 것을 전압원이라고 한다. 전지 혹은 발전기가 이러한 역할을 하는 것이다. 그러나 펌프가 영구히 돌 수 없듯이 전지도 화학적인 에너지의 변환이 종료되는 순간 힘을 잃게 되어 더 이상 전류를 흘릴 수 없게 된다.

● 전자부품 사용시 유의 사항

전자부품에 대해 조금 더 설명해 보자. 어떠한 전자 부품이건 간에 모두 나름대로의 특성을 가진다. 예를 들어 건전지는 공급할 수 있는 전압과 전류가 있다. 물론 여러 개를 직렬로 연결한다거나 병렬로 연결하면 전압 혹은 전지의 용량을 늘릴 수 있기는 하다. 또 다른 예로 전구는 공급되어야 하는 전압 혹은 전류가 있을 것이다.

이러한 모든 것이 균형이 맞지 않을 때 전자 부품은 제대로 동작하지 않을 것이다. 전구에 필요 이상의 높은 전압을 인가할 경우 전구는 열이 발생하거나 오작동할 것이며 필요 이하의 전압을 인가하면 전구는 제대로 켜지지 않을 것이다.

만일 수력발전소(엄청나게 높은 전압이 인가되는 곳에)가 필요한 곳에 떡방아간의 수차(적은 전압으로 동작되는 전자 부품)를 연결한다면 수차는 연결되자마자 산산조각이 날 것이다. 또한 졸졸 흐르는 시냇물에 발전소의 터빈을 연결한다면 아무런 동작도 하지 않을 것이다.(터빈을 돌리기에 시냇물의 에너지는 너무 작기 때문이다.)

그렇다면 전자 부품의 이러한 전압 및 전류를 어떻게 알 수 있을까? 모든 전자 부품이 자신에게 공급되어야 할 전압 혹은 전류에 대해 정보에 대한 문서를 가지고 있다. 이를 데이터 시트라고 한다.

➔ 데이터 시트

Philips Semiconductors   Product specification

Quad buffer/line driver; 3-state   74HC/HCT125

FEATURES
- Output capability: bus driver
- I_{CC} category: MSI

GENERAL DESCRIPTION

The 74HC/HCT125 are high-speed Si-gate CMOS devices and are pin compatible with low power Schottky TTL (LSTTL). They are specified in compliance with JEDEC standard no. 7A.

The 74HC/HCT125 are four non-inverting buffer/line drivers with 3-state outputs. The 3-state outputs (nY) are controlled by the output enable input (nOE). A HIGH on nOE causes the outputs to assume a HIGH impedance OFF-state.

The "125" is identical to the "126" but has active LOW enable inputs.

QUICK REFERENCE DATA
GND = 0 V; T_{amb} = 25 °C; t_r = t_f = 6 ns

SYMBOL	PARAMETER	CONDITIONS	TYPICAL		UNIT
			HC	HCT	
t_{PHL}/ t_{PLH}	propagation delay nA to nY	C_L = 15 pF; V_{CC} = 5 V	9	12	ns
C_I	input capacitance		3.5	3.5	pF
C_{PD}	power dissipation capacitance per buffer	notes 1 and 2	22	24	pF

Notes
1. C_{PD} is used to determine the dynamic power dissipation (P_D in μW):
   $P_D = C_{PD} \times V_{CC}^2 \times f_i + \Sigma (C_L \times V_{CC}^2 \times f_o)$ where
   f_i = input frequency in MHz
   f_o = output frequency in MHz
   C_L = output load capacitance in pF
   V_{CC} = supply voltage in V
   $\Sigma (C_L \times V_{CC}^2 \times f_o)$ = sum of outputs
2. For HC the condition is V_I = GND to V_{CC}
   For HCT the condition is V_I = GND to V_{CC} – 1.5 V

ORDERING INFORMATION
See '74HC/HCT/HCU/HCMOS Logic Package Information'

데이터 시트는 이러한 내용 이외에 제조사의 이름, 제품의 번호, 제품의 외관에 대한 설명, 부품에 대해 반드시 알아야만 하는 중요한 기능, 동작 환경, 공급 전압 및 입력 전류에 대한 설명 등에 대한 내용이 적혀 있다.

대개 전자 부품의 설명은 영문과 숫자로만 이루어져 딱딱한 데다가 그리 친절하지도 않다.

9 | 전력이란?

*전력 : Power
*W : Watt

전력*이란 시간당 전기가 하는 일의 양(Joules/sec)이고 단위는 W*로 나타낸다. 전력은 전압과 전류의 곱이다. 전위차가 크다면(전압이 높다면) 당연히 전력도 높아진다.

> 공의 개수가 같을 때는 높이 있는 골프공이 더 아프다.

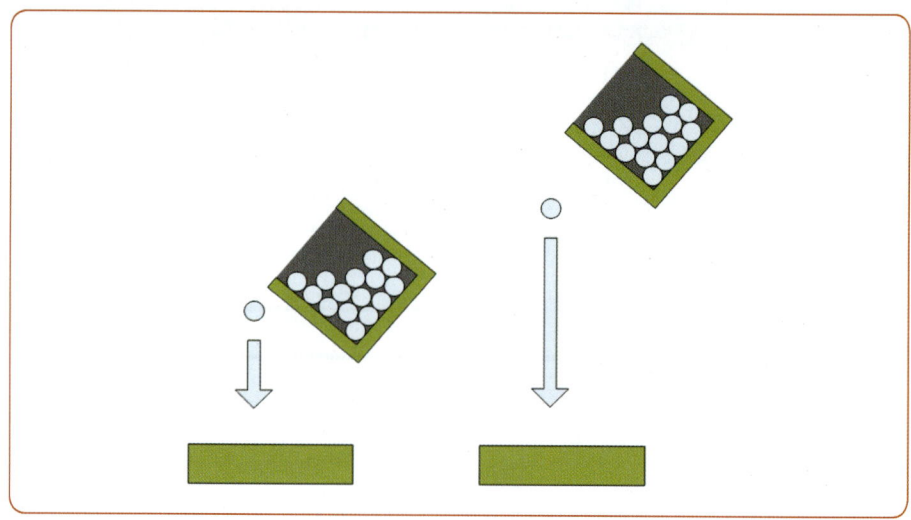

그러나 전압이 낮아도 전류가 많다면 전력은 같을 수도 있다. 즉, P = 2×5나 5×2가 동일하니까. 쉽게 예를 들어 1층에서 100개의 골프공을 던지나 10층에서 1개의 골프공을 던지나 아프기는 매한가지라는 뜻이다. 1층에서 던지는 한 개의 골프공은 당연히 10층에서 던지는 골프공보다 덜 아프지만 100개씩 던지면 아픈 것은 똑같다는 뜻이다.

공의 개수가 다르지만 아
픈 정도는 같다.

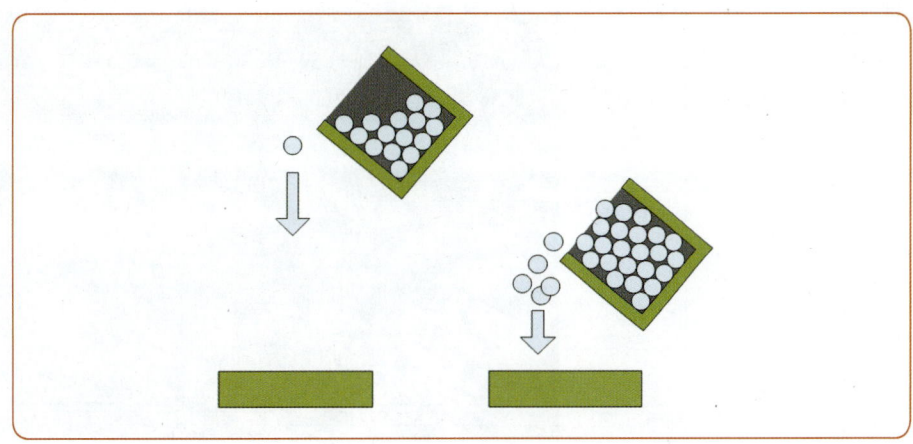

10 | 회로도란?

회로도는 영어로 Circuit라 하는데 이는 전자의 흐름이라는 의미로 circular flow에서 유래되었다. 전류는 높은 전압에서 낮은 전압으로 흐르면서 여러 가지 일을 한다. LED를 밝히거나 모터를 돌리거나 프로세서를 동작시키는 일을 한다.

이렇게 전류가 흐르는 길을 나타낸 도면을 회로도라 하는데 실제 그림으로 나타낼 경우 매우 복잡해지기 때문에 기호*로서 나타낸다. 건축 도면이나 지도 역시 실제 사진으로 나타낼 경우 지나치게 복잡하고 의미전달이 쉽지 않은 것과 마찬가지이다.

*기호 : Symbol

실제 사진은 의미전달이
어렵기 때문에 보통 기호
로서 나타낸다.

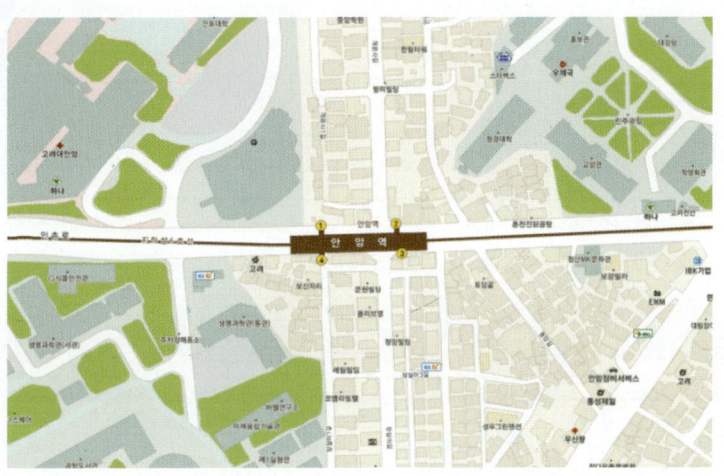

아래 그림은 회로도와 실제 제작된 모습이다. 회로도는 부품과 연결선으로 이루어진다. 그런데 회로도에서 가장 중요한 점은 부품의 크기나 모양이 아니라 어떠한 부품인지 또한 속성값은 얼마인지와 어떻게 연결되어 있는지만 명확하면 된다. 그 이외의 사항은 필요치 않다.

이러한 기호와 선을 이용하여 회로를 그리면 아래와 같다. 이 연결되어 있는 선을 따라서 전자가 이동하면서 회로가 구성된다. 아래 회로는 어떤 회로 (NAND 회로)를 그린 후 실제 제작한 것이다.

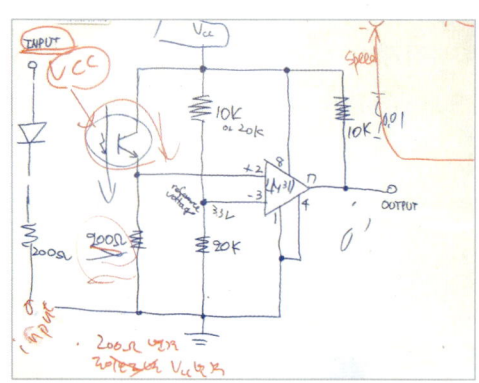

11 | 회로를 그리는 방법

그런데 회로도를 그릴 때 선이 교차하는 아래와 같은 경우를 생각해 보자. 선이 연결되어 있는지 아닌지 판단하기가 애매모호하다. 그래서 연결되어 있는 경우를 확실하게 나타내기 위해 가운데 그림과 같이 나타낸다. 맨 우측의 그림은 연결되어 있지 않다는 것을 확실하게 나타내기는 하지만 잘 사용되지는 않는다. 보통 연결되어 있지 않다는 의미는 좌측의 그림으로 나타낸다.

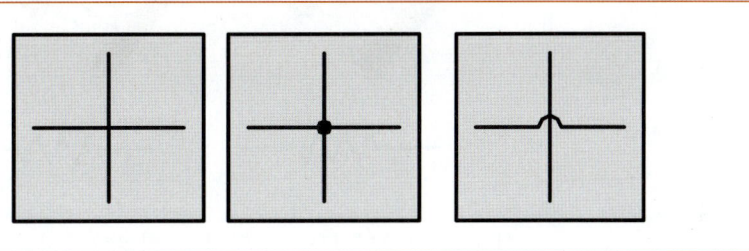

모든 부품은 당연히 전류가 흘러야 한다. 경우에 따라 일부러 전류가 거의 흐르지 않게 만드는 경우도 있지만 상식적으로나 회로적으로나 거의 모든 부품에 전류가 흐르는 것이 이치에 맞을 것이다. 그런데 간혹 전압원이 되는 VCC와 접지점인 GND를 생략하고 그리는 경우가 있다. 이는 실제로 연결을 시키지 말라는 의미가 아니라 생략하고 그린 것일 뿐이다.

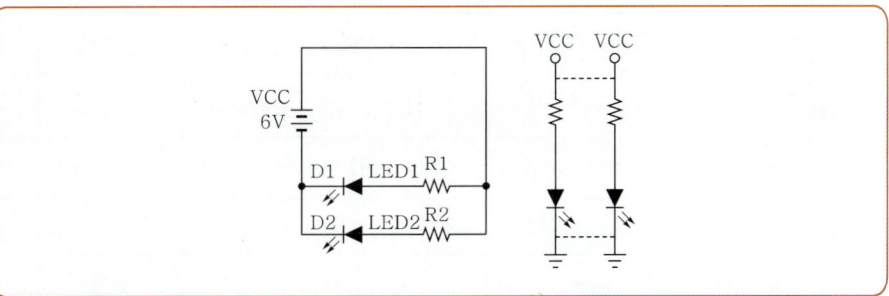

왼쪽과 오른쪽의 회로는 둘 다 동일한 회로이다. 보통 우측의 그림에서 점선은 생략하고 그린다. 점선이 생략되어 있다 하더라도 두 개의 VCC는 동일하게 연결하면 된다. 그리고 하단의 그라운드 역시 마찬가지이다.

예를 들어 저항이라는 부품을 회로도에 그릴 때는 해당 부품이 저항인가와 저항값은 얼마인지와 어디와 연결되어 있는지 선만 표기하면 된다. 세세하게 색상을 입혀 그릴 필요가 없다는 뜻이다.

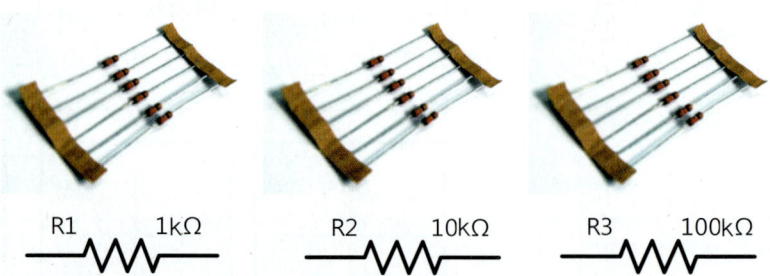

실제로 저항의 모양은 달라도 회로도에서는 색상이나 모양을 넣을 필요는 없다. 그래서 위와 같이 간략하게 표기한다. 몇 가지 부품 기호를 소개하면 아래와 같다. 실제 전자 부품의 개수는 수만 가지가 될 정도로 많지만 이들 모두를 일일이 그림이나 사진으로 그려서 나타낼 수가 없기 때문에 아래와 같은 간략한 기호를 사용한다.

명칭	부호	명칭	부호
저항	―W―	모터	―(M)―
가변저항	―W―	전류계	―(A)―
콘덴서	―||― ―□―	전압계	―(V)―
가변 콘덴서	―||―	교류 발전기	―(∼)―
배터리	―||||―	교류	AC
어스(접지)	⏚	직류	DC
양극	+	발전기	―(G)―
음극	−	퓨즈	―o―o―
스위치	―o o―	다이오드	―◄―
코일	―ᴑᴑᴑᴑ―	기동 모터	―(ST)―

13 | 브레드보드 및 사용법

＊브레드보드 : Breadboard

브레드보드＊는 구성하고자 하는 회로의 부품들을 납땜하지 않고 연결시켜 손쉽게 회로를 구성할 수 있도록 만들어진 제품이다. 소위 빵판이라고도 불리는데 그 이유는 알 수 없다. 아마 Bread는 빵이고 Board는 판이라는 의미에서 빵판이라고 불리우지 않았나 싶다. 브레드보드는 크기별로 다양한 제품이 있는데 본인에게 맞는 적당한 크기의 제품을 구하여 사용하면 된다. 브레드보드가 너무 작으면 부품을 많이 꽂을 수 없고 너무 크면 가격이 비싸지기 때문이다. 아래 그림은 브레드보드의 실제 외관과 구성 예를 나타낸다.

● 브레드보드의 실제 외관 과 사용 사례

| 실제 외관 |

| 사용 사례 |

브레드보드는 다음과 같이 연결하는데 손이 좀 가는 것 이외에 특별하게 어려운 것은 없다. 다음 그림에서 몇 가지 전자 부품을 삽입하는 방법을 나타내었다. 전선의 경우 적당한 두께의 전선을 고른 후 피복을 벗겨내고 이를 꺾어 브레드보드에 꽂으면 된다.

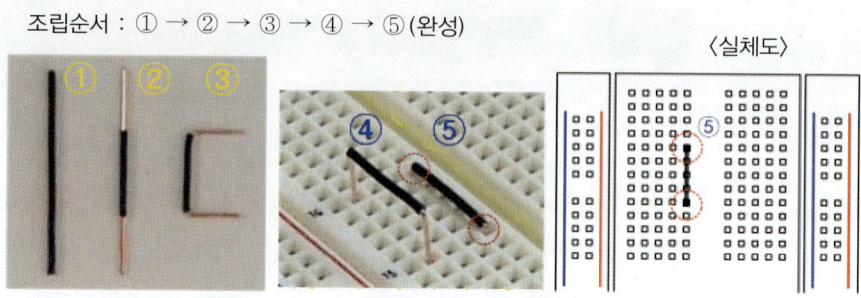

조립순서 : ① → ② → ③ → ④ → ⑤ (완성)

〈실체도〉

○가 브레드보드와 연결된 부분이다.

모든 부품을 다 해볼 수 없으므로 간단하게 저항 하나만 예를 들어 보도록 하자.

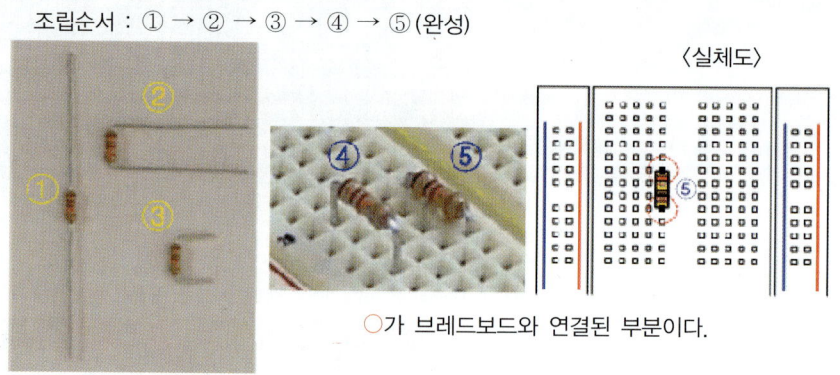

조립순서 : ① → ② → ③ → ④ → ⑤ (완성)

〈실체도〉

○가 브레드보드와 연결된 부분이다.

전선 및 저항은 방향성이 없으나 어떤 전자 부품은 극성이 있는 경우가 있다. 예를 들어 LED는 다리가 긴쪽에 +, 다리가 짧은 쪽에 −를 연결해야 한다. 이러한 점을 유의하여 부품을 삽입해야 할 것이다.

14 | 브레드보드 및 사용시 주의할 점

브레드보드를 사용할 때 한 가지 주의할 점은 전원 라인은 세로로 연결되어 있고 가운데 부분 (A-J)까지는 가로로 연결되어 있다는 점이다. 아래 그림에서 세로로 5번부터는 가로로 연결선이 그려져 있지 않지만 이 역시 모두 가로로 연결되어 있다.

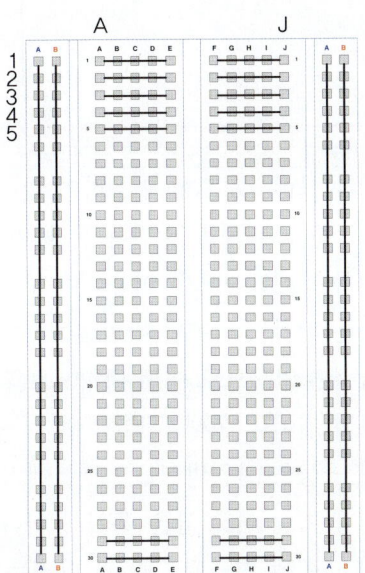

만일 저항을 연결하고 싶다면 삽입할 때 반드시 2번과 같이 연결해야 한다. 1번은 저항 밑으로 모두 연결되어 있으므로 전류가 저항을 통과하지 않는다. 왜냐하면 전류는 저항이 낮은쪽으로 흐르려는 성질 때문이다. 즉 저항을 연결하지 않은 것과 마찬가지이다. 이 점을 유념하기 바란다.

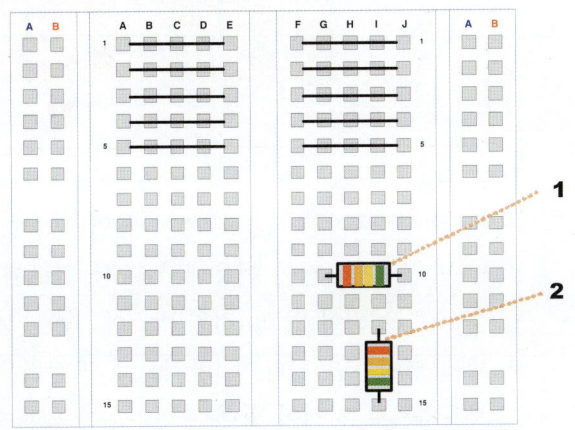

브레드보드를 통해 만들
어 볼 매우 간단한 회로도

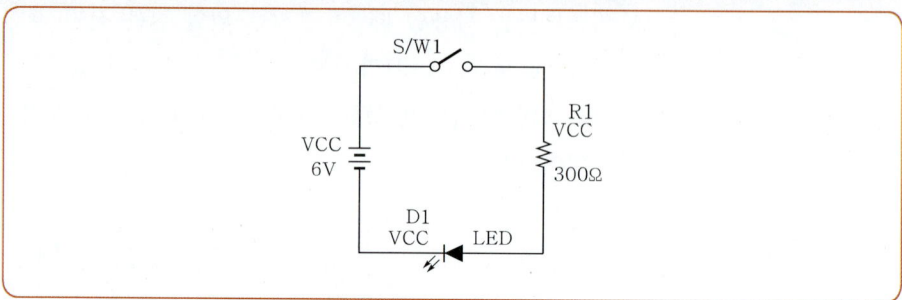

이제 브레드보드를 이용하여 간단한 회로를 구성해 보도록 하자. 위에 있는 회로도는 스위치를 켜거나 끌 때마다 LED를 끄거나 켜는 아주 간단한 회로인데 이를 브레드보드를 이용하여 구성해 보자. 회로를 구성할 때 가장 주의해야 할 점은 앞서 언급했던 바와 같이 소자의 극성에 유의를 해야 한다. 위에서 저항은 극성이 없으므로 어떤 방향으로 달아도 상관없지만 LED는 극성이 있다. 이것은 다리 길이를 통해 구별할 수 있는데 다리가 긴 쪽이 +이고 짧은 쪽이 −이다. 이 극성은 전원의 +, −부분에 맞춰서 달아야 한다. 6V 전원 기호에서도 역시 긴 쪽이 +이고 짧은 쪽이 −이다. 그렇기 때문에 실제 회로를 구성할 때 전원의 −쪽에 연결된 LED의 다리는 짧은 쪽이 되어야 할 것이다. 실제 브레드보드에 구성한 모습은 다음과 같다.

회로 구성

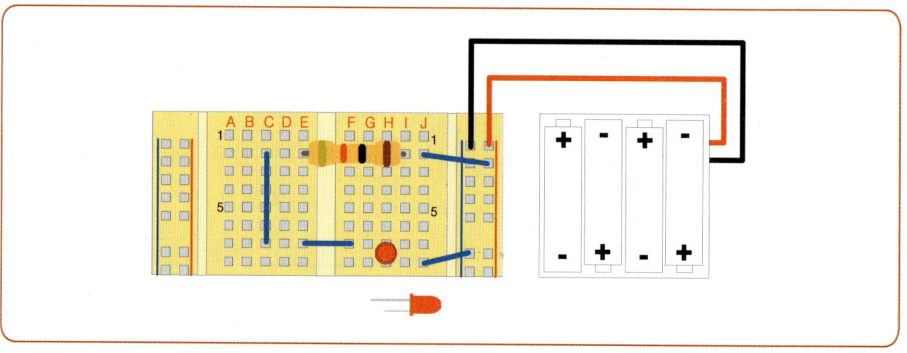

간단한 회로이고 직렬로 소자가 연결되어 있기 때문에 그리 복잡하지는 않다. 1.5V 건전지 4개를 이용해서 6V를 회로에 인가해 주었다. 건전지 4개의 연결은 직렬로 되어 있고, 전원 박스에 +, −선이 나와 있으므로 이 선을 브레드보드에 넣어주면 된다. 일반적으로 +전원은 빨간색 선, −전원은 검정색 선을 사용하므로 전원이 반대로 인가되지 않도록 유의하고, 혹시 나중에 전원을 인

가할 때는 이 색깔을 맞춰주는 것이 복잡한 회로를 해석할 때 도움이 되기 때문에 중요하다고 할 수 있다.

6V 전원의 +전원이 저항에 흐르게 되고 저항을 통해서 LED의 +쪽(다리가 긴 쪽)에 연결이 된다. 그리고 LED의 −쪽(다리가 짧은 쪽)이 전원의 −쪽에 연결되어 LED는 점등되는 것을 확인할 수 있다.

■ 결론

위에서 회로도를 읽고, 그 회로도에 맞는 회로를 구성하는 법에 대해서 배웠다. 실제 납땜을 통해서 할 수도 있지만, 브레드보드를 이용하여 손쉽고 빠르게 회로를 구성하는 법을 알아보았다. 브레드보드는 회로를 간단하게 구성할 수 있는 장점이 있지만, 회로도와 일치하는 부품의 배치가 어렵기 때문에 복잡한 회로를 구성했을 때 회로의 가독성이 떨어지는 단점이 있다. 하지만 간단한 실험용으로서는 매우 유용하므로 사용법을 잘 알아둬야 한다.

회로도의 소자를 어떻게 배치해도 상관은 없지만, 위에서 설명한 것처럼 소자는 되도록이면 회로도와 비슷한 배치를 하고 전원선과 소자 사이의 연결선을 색깔을 통해서 구분해 놓는 것이 중요하다. 이는 나중에 회로가 동작하지 않을 때 문제점을 쉽게 찾을 수 있도록 도움을 준다.

이처럼 회로도를 읽고 회로를 구성하는 일은 매우 까다로운 작업이라고 할 수 있다. 차근차근 연결하고 앞에서 설명한 주의사항을 지켜준다면, 쉽고 빠르게 회로도와 맞는 회로를 구성할 수 있을 것이다.

전자부품은 일일이 셀 수 없을 정도로 수 천~수 만 가지의 종류가 있다. 이러한 전자부품을 모두 적을 수는 없기 때문에 이번 장에서는 주로 사용되는 부품들만을 다루었다. 전자부품은 크게 능동 소자와 수동 소자로 나뉜다.

*능동 소자: Active Elements

*수동 소자: Passive Elements

능동 소자*란 에너지 증폭 기능을 하는 소자를 말하고 수동 소자*란 에너지 증폭 기능을 하지 않는 소자를 말한다. 예를 들어 트랜지스터는 작은 신호를 넣어 큰 신호로 증폭할 수 있는 증폭 기능을 가지고 있으므로 능동 소자라고 할 수 있다. 그런데 한 가지 착각을 불러 일으킬만한 문구가 바로 "증폭 기능"이라는 말이다. 실제로 어떠한 에너지이건(에너지 보존의 법칙에 의하여) 10을 입력했는데 100이 나올 수는 없는 법이다. 위의 트랜지스터도(입력된 전원 공급원을 기반으로 했을 때) 작은 신호를 크게 증폭하는 것이지 무조건 증폭한다는 의미가 아니다.

전자부품을 처음 시작할 때는 수많은 부품에 질려 어떤 것을 사야할지 모르는 것이 당연하다. 앞에서 언급한 것처럼 필요한 때에 필요한 부품을 구매하면 된다. 처음부터 모든 부품을 구매할 수도 없고, 구매할 필요도 없다. 처음 구매할 때 실수하기 쉬우니 주변 전공자의 도움을 받는 것도 좋은 방법 중의 하나다.

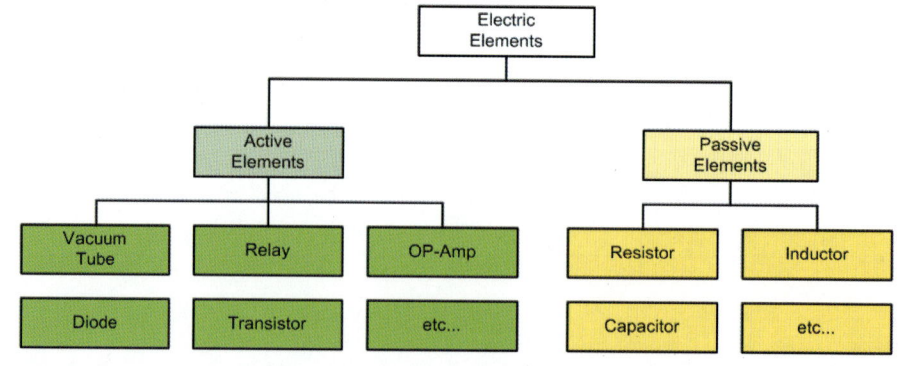

*저항: Resistor

*옴: Ohm

1 | 저항*에 대하여

저항은 전기의 흐름을 방해하는 소자로 단위는 옴*으로 읽는다. 예를 들어 10kΩ 이라면 "10킬로옴"이라고 읽는다. 숫자값이 높을수록 저항값도 높으며 회로에서는 R로 표기한다. 매우 많은 종류의 저항이 있지만 보통 다음 그림처럼 생긴 저항을 많이 사용한다.

➡ 널리 쓰이는 탄소 피막저항과 기호

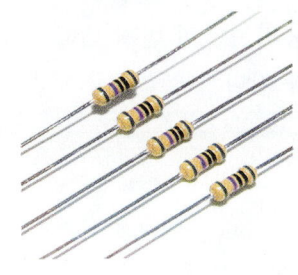
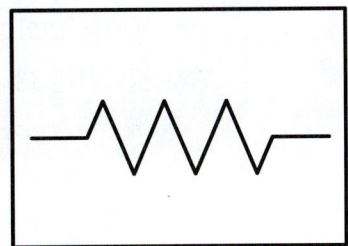

*와트: Watt

또한 저항이 받아들일 수 있는 최대 전력을 나타내는 와트*값이 정해져 있는데 우리가 교재에서 실습하기 위해 만드는 회로들은 대부분 적은 전력만을 사용하는 회로이므로 1/4와트나 1/8와트를 사용해도 무방하다.

*고정저항: Static Resistor
*어레이저항: Array Resistor
*가변저항: Variable Resistor
*서미스터: Thermistor
*배리스터: Varistor

*색띠: Color Band

저항의 종류로는 고정저항*, 어레이저항*, 가변저항*, 서미스터*, 배리스터* 등 수많은 저항이 있지만 양이 너무 많으므로 자주 사용되는 것은 탄소 피막저항이다.

저항은 크기가 상당히 작기 때문에 저항 안에 10kΩ과 같이 써놓기가 매우 불편하다. 따라서 저항의 표면에 색띠*를 이용하여 저항값을 적어 놓은 경우도 있고 문자나 숫자를 이용하여 적어 놓을 수도 있다. 그런데 보통은 4개 내지 5개의 색띠를 이용하여 저항값을 나타낸다. 문자와 수치로 표시하는 방법은 문자로 저항의 재질 및 오차를 나타내고, 용량과 저항값은 수치를 이용하여 나타낸다.

색상을 몰라도 저항값을 알아낼 수 있는데 계측기 중의 하나인 멀티미터를 이용하면 된다. 양극과 음극의 구분이 없이 무극성을 띄기 때문에 멀티미터의 프로브를 저항의 양 끝에 대고 멀티미터의 값을 읽어내면 된다. 회로에 연결할 때에도 극성을 따질 필요가 없다.

저항은 탄소 피막저항, 금속 피막저항 등 여러 종류가 있는데 이 정도에서 마치도록 한다.

*색띠 : Color Code

● 저항의 색띠*에 다른 저항값 읽기

색띠를 이용하여 나타낼 경우 4개의 색띠를 표시하여 저항값을 나타낸다. 왼쪽으로부터 첫 번째 색띠는 저항값의 첫 번째 수, 두 번째 색띠는 두 번째 수, 세 번째 색띠는 10의 자승의 수, 네 번째 색띠는 오차의 범위를 나타낸다. 이를 간단히 정리하면 다음과 같다.

$$\{(첫 \; 번째 \; 띠의 \; 수) \times 10 + (두 \; 번째 \; 띠의 \; 수)\} \times 10^{(세 \; 번째 \; 띠의 \; 수)} \pm (오차의 \; 범위)$$

예를 들어, 앞의 그림과 같이 적색, 황색, 녹색, 은색과 같이 되어 있다면 저항값은 다음과 같다.

$$\{(2 \times 10) + 4\} \times 10^5 \pm 10\% = 2.4M \pm 5\%$$

저항값이 큰 경우 "0"을 반복적으로 사용하는 것을 피하기 위해 1000은 "k", 1,000,000은 "M"으로 표시하기도 한다. 앞의 예에서 43700Ω을 43.7kΩ으로 기록하여도 된다. 색띠에 따른 부호값은 다음과 같다.

*은색 : Silver
*금색 : Gold
*흑색 : Black
*갈색 : Brown
*빨간색 : Red
*오렌지색 : Orange
*노란색 : Yellow
*초록색 : Green
*청색 : Blue
*보라색 : Purple
*회색 : Gray
*흰색 : White

색	첫 번째	두 번째	세 번째	승수	다섯 번째
은색*				0.01	±10%
금색*				0.1	±5%
흑색*	0	0	0	1	
갈색*	1	1	1	10	±1%
빨간색*	2	2	2	100	±2
오렌지색*	3	3	3	1K	
노란색*	4	4	4	10K	
초록색*	5	5	5	100K	
청색*	6	6	6	1M	
보라색*	7	7	7	10M	
회색*	8	8	8		
흰색*	9	9	9		

2 | 커패시터*에 대하여

*커패시터 : Capacitor

*용량 : Capacitance

커패시터*란 전하를 축적하는 성질을 가지고 있는 소자이다. 즉 축전지와 비슷하다고 생각하면 된다. 축적되는 전하량이 얼마인지를 용량*이라 하고 단위는 F(Farad, 패럿)를 사용하며 회로의 심볼은 다음 그림과 같다. 다음 그림은 커패시터 중의 하나인 전해 커패시터의 사진이다. 커패시터는 극성이 있는 소자와 극성이 없는 소자가 있는데 회로도는 다음과 같이 그려 극성의 유무를 표기하고 실제 소자에서는 다리가 긴쪽을 ＋라고 생각하면 된다. 커패시터를 컨덴서 혹은 콘덴서와 같이 발음하는 경우도 있는데 정식 명칭은 커패시터이므로 가급적 정식 명칭을 따르도록 하자.

 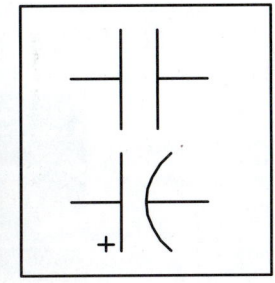

커패시터는 전하를 충전하는 즉 충전기와 같은 성질을 갖는데 이의 원리는 다음과 같다. 양쪽 전극 사이에 전기를 공급하면 두 전극은 한쪽 중 ＋, 한쪽은 － 극을 띄게 된다. 커패시터는 전극의 면적이 넓을수록 거리가 짧을수록 축적되는 전하량이 높아지는데(즉, 축전지의 용량이 높아지는데) 이에 대한 전자공학적인 설명은 생략한다.

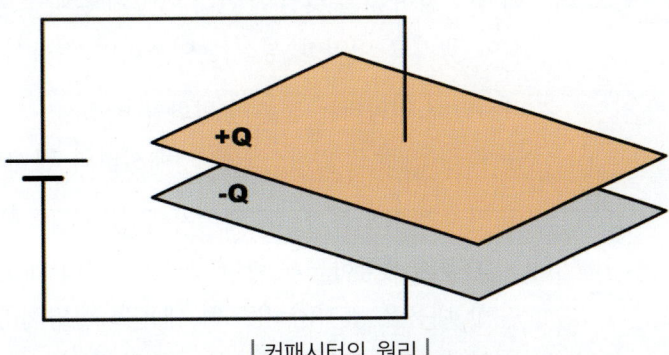

| 커패시터의 원리 |

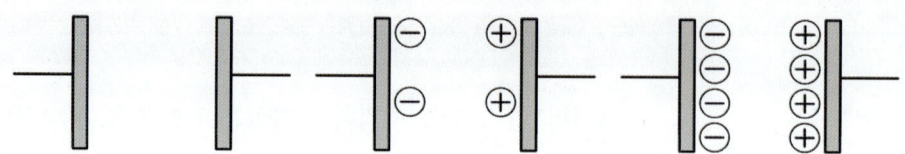

| 양측에 전원을 인가하면 가운데 전하가 모인다. |

3 | 인덕터*

*인덕터 : Inductor
*코일 : Coil

인덕터*라고도 불리는 코일*은 도선을 원형으로 감아놓은 것이다. 기호로는 L이라 표기하고 단위는 요셉 헨리의 이름을 따서 헨리라 읽고 H로 표기한다. 다음 그림은 원형 형태로 트로이달 형태의 인덕터 그림을 나타낸다.

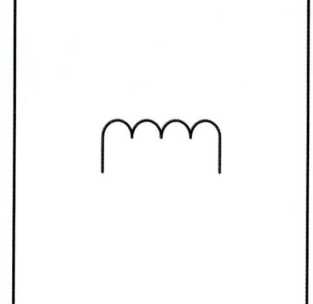

도선은 전류가 흐르면 주위에 자기장이 생긴다는 것은 익히 알고 있을 것이다. 전기와 자기장은 매우 밀접한 관계를 가진다. 코일이란 단지 원통형에 도선을 빽빽이 감아놓은 것일 뿐인데 이렇게 감아놓으면 전자기 유도라는 재미있는 성질이 생기고 이러한 성질을 이용하여 전자석도 만들 수 있다.

다시말해 인덕터는 전류의 변화를 안정시키고 상호 유도작용을 하며 공진을 하는 특징을 갖고 있다. 또한 커패시터와 반대되는 특징을 갖고 있다.

❖ 전자기 유도는 한 두 페이지에 걸쳐 설명할 내용이 아니기 때문에 공학적인 설명은 생략하도록 한다. 또한 코일이 왜 전류의 변화를 안정시키는지에 대한 내용은 전자기 유도의 내용을 설명해야 하므로 이 또한 설명하기 쉽지 않다. 개략적으로 코일이 이러한 특징을 갖고 있다는 것만 알아두도록 하고 더욱 많은 정보를 원한다면 전자공학 서적을 참조하길 바란다.

코일은 커패시터와 같이 전극이나 유전물질에 따라 나누기 보다 코일을 감는

*액시얼 : Axial
*드럼 : Drum

구조 및 모양에 따라 나누는 경우가 대부분이다. 몇 가지 예를 들어 보면 액시얼*형, 나사형, 드럼*형, 포트형 등이 있다. 그런데 이러한 분류는 원통형에서 코일을 감느냐, 트로이달(도너츠를 생각하면 된다)에서 감느냐 등으로 나뉜다.

구리선이 감겨 있는 전자부품을 접할 경우 코일이라고 생각하면 거의 맞을 것이다. 간혹 코일이 패키지화 되어 안 보이는 경우도 있으므로 이럴 경우 회로도를 참조해야 한다.

끝으로 모든 전자부품이 중요하겠으나 저항, 커패시터, 코일, (후에 나올)트랜지스터는 매우 중요한 소자이다. 각각의 소자가 어떠한 기능을 하는지 정확하게 이해하기는 쉽지 않아도 어떠한 특징이 있는지 정도는 외워두도록 하자.

4 | 반도체*

*반도체 : Semiconductor

4.1 트랜지스터*의 이론적 배경

*트랜지스터 : Transistor

*증폭 : Amplifier
*스위칭 : Switching

트랜지스터란 증폭* 및 스위칭* 작용을 하는 소자이다. 이 외에도 발진, 스위칭, 정류, 검파 등의 기능을 가지기도 하지만 주된 용도는 증폭과 스위칭이다. 트랜지스터는 저전압, 소전력으로 동작시킬 수 있다는 점, 외관이 매우 작다는 점, 수명이 매우 길다는 장점을 가진다. 그러나, 온도 특성이 있다는 점, 고온에서 동작이 어렵다는 점, 초고주파 및 대전력 제어가 힘들다는 단점도 있다.

트랜지스터가 어떻게 동작을 하는지 원리에 대해 배우기 전에 다양한 트랜지스터를 구경해 보자. 좌측 상단에 있는 그림은 근래에는 거의 사용되지 않는 진공관이고 우측 상단에 있는 그림은 예전에 개발된 트랜지스터를 나타낸다. 물론 이제 이러한 트랜지스터는 구조 및 성능상의 이유로 잘 사용되지 않는다. 예전에 트랜지스터가 이러한 모양이었다는 것 정도만 알기 바란다. 근래 사용되는 트랜지스터는 우측 하단에 있는 모양을 많이 사용한다. 전압 및 전류 용량에 따라서 다양한 외관을 가지고 있으므로 이 중에서 적절한 소자를 선택하여 사용하면 될 것이다.

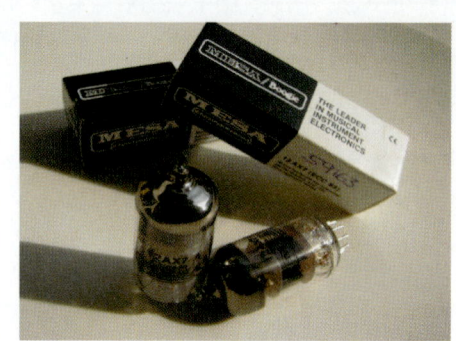

● 트랜지스터로 대체된
  진공관과 1947년 개발된
  트랜지스터

● 메사 트랜지스터와
  근래에 사용되는 여러
  모양의 트랜지스터

＊**포레스트**: L.D. Forest
＊**벨**: Bell
＊**윌리엄 쇼클리**: Wiliam
  Shockley
＊**존 바딘**: John Bardeen
＊**월터 브래튼**: Walter
  Brattain

1907년 미국의 더 포레스트＊가 진공관을 개발한 이후에 1948년 미국 벨＊ 연구소의 윌리엄 쇼클리＊, 존 바딘＊, 월터 브래튼＊은 반도체 격자구조의 시편(試片)에 가는 도체선을 접촉시켜 주면 전기 신호의 증폭작용을 나타내는 것을 발견하여 이를 트랜지스터라 명명하였다.(TR은 Tranfer＋Register의 합성어이다) 이것이 그동안 신호 증폭의 구실을 해 오던 진공관과 대치되는 트랜지스터의 시초(始初)가 된 것이다. 트랜지스터 그 자체가 소형이어서 이를 사용하는 기기는 진공관을 사용할 때에 비하여 소형이 되며, 가볍고 소비전력이 적어 편리하다.

초기의 트랜지스터는 잡음, 주파수 특성이 나쁘고 증폭도도 충분하지 못하였으나, 그 후 많이 개량되어 대전력을 다루는 특수한 경우를 제외하고는 진공관을 대치하게 되었다.

4.2 트랜지스터의 증폭 및 스위칭 원리

＊게르마늄 : Ge
＊실리콘 : Si
＊진성 반도체 : Intrinsic
　　Semiconductor
＊P : Positive
＊N : Negative

➜ PNP 타입의
　트랜지스터와 NPN
　타입의 트랜지스터

트랜지스터는 동작시의 전류방향으로 크게 나누면, 컬렉터에 음전압을 걸어 사용하는 PNP형과 양전압을 걸어 사용하는 NPN형이 있으며, PNP형은 주로 게르마늄＊, NPN형은 실리콘＊(또는 규소)이 주원료가 된다. 게르마늄이나 실리콘 등 진성 반도체＊를 순도 99.9999999999(ten nine이라 부른다) 이상의 고순도로 정제하여 이를 모체로 하여 P＊형 또는 N＊형이 되는 불순물을 섞어가며 단결정으로 성장시켜 P형 또는 N형의 반도체를 만든다. 다음 그림은 PNP형과 NPN형의 그림을 나타낸다.

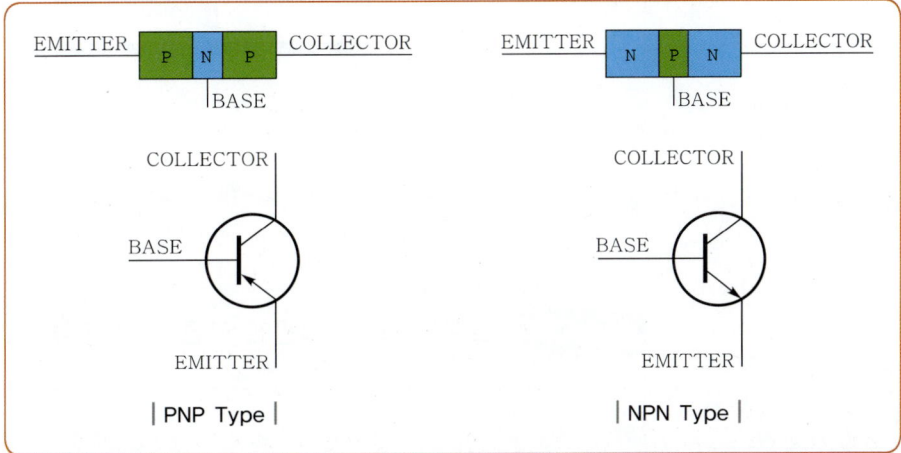

| PNP Type |　　　| NPN Type |

트랜지스터의 기능을 수도관에 비유해 보면 이해하기가 쉽다. 트랜지스터에는 3개의 핀이 있는데 이를 각각 이미터, 베이스, 컬렉터라고 한다. 베이스는 수도밸브이고, 컬렉터는 물이 나오는 수도꼭지, 이미터를 수도 배관에 비유한다. 작은 힘(베이스 입력신호)으로 수도밸브를 조절함으로 수도꼭지에 나오는 많은 물(컬렉터에 흐르는 전류)을 제어한다고 이해하면 정확하다. 즉, 베이스에 흐르는 미세한 전류의 양으로 이미터에서 컬렉터로 나오는 많은 전류를 쉽게 제어할 수 있다는 의미이다.

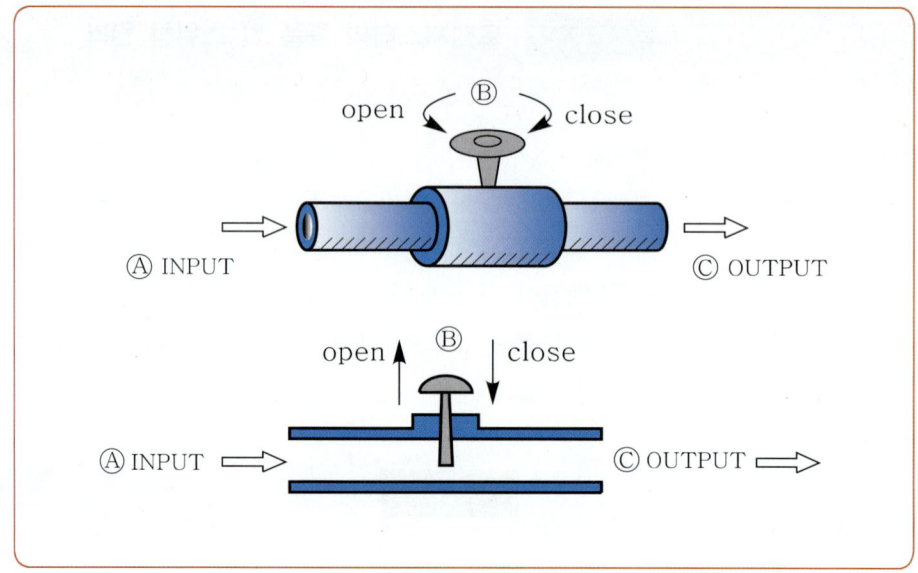

4.3 트랜지스터의 외관에 따른 여러 종류

○ 외형에 따른 다양한
트랜지스터의 종류

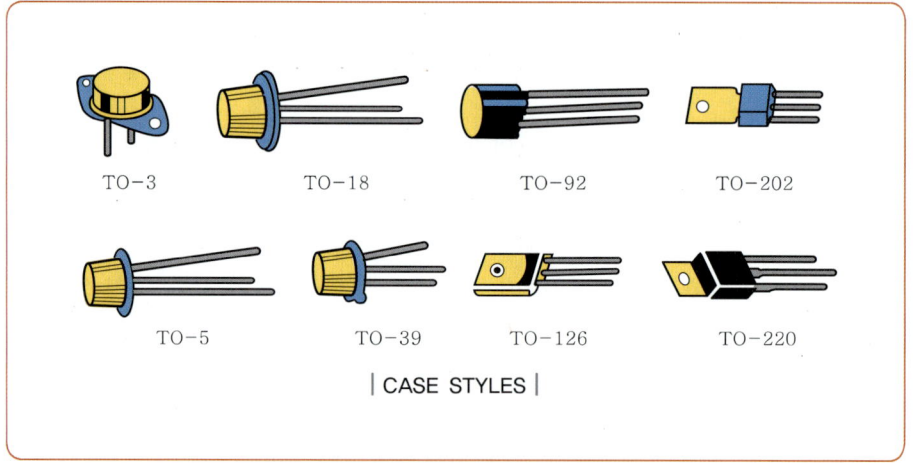

TO-3   TO-18   TO-92   TO-202

TO-5   TO-39   TO-126   TO-220

| CASE STYLES |

5 | 기타 소자

＊수정 발진자 : Crystal
X-tal

5.1 수정 발진자＊

수정 발진자란 수정의 결정을 매우 얇은 판 모양으로 잘라 낸 조각 양끝에 금속 박막을 붙인 구조를 한 전기 소자이다. 이 두 금속 박막을 통해 수정 조각에 교류 전장을 인가하면 어느 일정한 진동수로 진동하게 된다. 이렇게 해서 특정한 주파수의 전압 또는 전류를 발생시키게 된다.

➲ 〈출처〉
http://www.eetkorea.c
om/ART_8800326788_
839578_NP_262bc16f.H
TM

＊스피커 : Speaker

5.2 스피커＊

스피커란 확성기의 의미를 가지고 있는 Loud Speaker에서 나온 말이다. 초기에는 사람의 목소리를 크게 하였지만 지금은 앰프로부터의 증폭된 전기 진동을 기계 진동으로 바꿔주는 출력 변환기이다. 일반적으로 콘형의 스피커가 있는데 이는 원통형의 영구 자석 둘레에 보이스 코일을 감아서 전류를 흘려보내면 보이스 코일이 앞뒤로 움직이게 된다. 이때 보이스 코일에 붙어있는 진동판도 같이 움직이게 된다. 이렇게 움직이는 진동판이 공기를 밀거나 당기면서 발생된 공기의 변화가 음파가 되어 우리에게 전달되게 된다.

◆ 토글 스위치
  〈출처〉
  http://www.joytuning.co.
  kr /pricetable.php3?
  cate=08
◆ Tact 스위치
  〈출처〉
  http://www.dohan.co.kr
  /zena/bbs/board.php?
  bo_table=z1_3

◆ 푸시 스위치
  〈출처〉
  http://www.soriaudio.
  com/menu/products_p
  arts2.htm
◆ 슬라이드 스위치
  〈출처〉
  http://www.roboblock.
  co.kr/mall/m_mall_list.
  php?ps_ctid=21110000
  &PHPSESSID=6fe496a
  815bd2389ba925b7275
  f55a35

5.3 **Tact 스위치, 푸시 스위치, 토글 스위치, 슬라이드 Toggle Switch**

회로의 연결 상태를 변경하는 기구로서 종류가 다양하다.

| 토글 스위치 |

| Tact 스위치 |

| 푸시 스위치 |

| 슬라이드 스위치 |

6 | 논리 소자(Logical Element/Device/Parts)

6.1 **AND Gate**

논리 곱셈을 의미하며, 모든 입력이 High일 때만 High를 출력하게 되고, 입력 중 하나라도 Low일 때는 Low를 출력이 된다. IC로는 74LS08, 74HC08이 AND Gate에 해당하며, 기호와 진리표는 다음과 같다.

◆ AND Gate의 기호

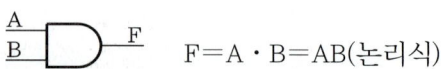

$$F = A \cdot B = AB (논리식)$$

| 진리표 |

입력		출력
A	B	F
0	0	0
0	1	0
1	0	0
1	1	1

6.2 OR Gate

논리 덧셈을 의미하며 입력 중 하나라도 High가 있으면 High를 출력한다. 입력 모두 Low일 때 Low를 출력한다. IC로는 74LS32, 74HC32가 OR Gate에 해당한다.

→ OR Gate의 기호

$$F = A + B (논리식)$$

| 진리표 |

입력		출력
A	B	F
0	0	0
0	1	1
1	0	1
1	1	1

6.3 NOT Gate

*인버터 : Inverter

인버터*라고도 불리는 NOT Gate는 논리적인 부정을 의미한다. 입력이 Low이면 High가 출력되고, High이면 Low가 출력된다.

→ NOT Gate의 기호

$$F = \overline{A} (논리식)$$

| 진리표 |

입력	출력
A	F
0	1
1	0

6.4 NOR Gate

NOR Gate는 만능 논리 소자로 사용되는 게이트로 NOT Gate와 OR Gate의 조합이라고 할 수 있다. NOR를 이용해서 AND, OR, NOT 연산을 수행할 수 있으며, 출력은 OR Gate의 반대이다. 입력 중 하나라도 High이면 Low 출력이 나오고 모든 입력이 Low일 때 출력은 High이다.

→ NOR Gate의 기호

$$F = \overline{A + B} = \overline{(A + B)} \,(논리식)$$

| 진리표 |

입력		출력
A	B	F
0	0	1
0	1	0
1	0	0
1	1	0

6.5 NAND Gate

NAND Gate는 NOR Gate와 마찬가지로 만능 게이트이며, AND Gate와 NOT Gate의 조합으로 이루어져 있다. NOR Gate와 마찬가지로 조합을 하면 다양한 논리 Gate들의 역할을 수행할 수 있다. 출력은 AND Gate의 반대이며 모든 입력이 High일 때만 출력이 Low이고, 입력 중 하나라도 Low가 있으면 출력은 High가 된다.

NAND Gate의 기호

$$F = \overline{A \cdot B} = \overline{AB} \, (논리식)$$

| 진리표 |

입력		출력
A	B	F
0	0	1
0	1	1
1	0	1
1	1	0

6.6 집적 회로*

*집적 회로 : Integrated Circuit

집적 회로는 특정 기능을 수행하는 전기 회로와 반도체 소자를 기판 위에 분리가 불가능한 상태로 결합되어 있는 것을 말한다. 복합적 전자 소자 또는 시스템이라고 말할 수 있다. 집적 회로가 구성되는 기판은 두께 1mm, 한 변이 5mm정도 되는 실리콘의 얇고 작은 조각 위에 올라가게 되는데, 이때 칩들에 올라가게 되는 소자의 수와 집적도에 따라서 SSI, MSI, LSI, VLSI, UVLSI로 나눌 수 있다. SSI는 약 100개 미만이고, VLSI는 10만개 이상의 소자가 집적되어 있다. 이렇게 구성된 집적 회로는 어떻게 포장하느냐에 따라서 DIP, TO, SIP 등으로 나눌 수 있다.

〈출처〉
http://ko.wikipedia.org
/wiki/%EC%A7%91%EC
%A0%81%ED%9A%8C
%EB%A1%9C

＊OP Amp： Operational
Amplifier

6.7   OP Amp＊

OP Amp는 연산 증폭기로 두 개의 입력 단자와 한 개의 출력 단자를 갖는다.
이 두 입력 전압간의 차이를 증폭하여 출력을 하게 되므로 입력단은 차동 증폭
기로 되어 있다. 이 연산 증폭기를 이용하면 사칙연산이 가능하기 때문에 연산
증폭기라고 부른다. 사칙연산 이외에 미분기, 적분기도 구현할 수 있어 많은
곳에서 사용되고 있다.

$+Vcc$

$-INPUT$
$+INPUT$

OUTPUT

$-Vcc$

7 | 기 타

7.1 전원 관련 소자

● 레귤레이터＊

레귤레이터란 입력 전압에 관계 없이 해당 레귤레이터가 가지는 특정 출력 전압으로만 출력해 주는 것이다. 일정한 전압 및 전류만 출력하기 때문에 안정화 소자라고도 한다. 소자 이름은 보통 78－－, 79－－으로 78은 ＋전압으로 79는 －전압으로 출력한다는 뜻이고 뒤에 두 자리는 출력 전압을 나타낸다. 만약 7805 레귤레이터라면 입력 전압에 관계 없이 ＋5V의 출력을 만들어준다는 뜻이다.

〈출력〉
http://forums.benheck.
com/viewtopic.php?t=
26943&sid=a48d76b07
63440d9455bceb41689
d11f

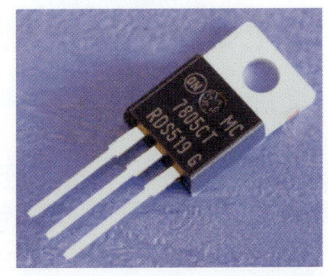

● 계전기＊

릴레이는 '전기를 연결한다'라는 의미로 전자계전기라고 불린다. 일종의 전기적인 스위치인데, 서로 다른 일을 하는 회로를 연결해 준다. 전기적 입력의 유/무, 대/소 등을 식별하여 동작을 수행한다. 최근에는 가격도 저렴하고, 고성능인 반도체 스위치가 보급되어 릴레이의 사용 빈도가 점차 줄고 있다.

〈출처〉
http://www.zeilcar.co.
kr/shop/shopdetail.ht
ml?brandcode=005013
000003

● 프린트 기판＊

프린트 기판 즉 PCB는 실제 회로를 구성할 때 연결할 필요 없이 자체적으로 연결되어 있는 것을 말한다. 만능기판 같은 경우는 소자를 배치한 후 전선으로 연결해 주어야 하지만 PCB는 소자만 배치하면 자체적으로 연결되기 때문에 손쉽고 깔끔하게 회로를 꾸밀 수 있다.

＊전선 : Wire

● 전선＊

전선으로 많이 알고 있는 선재는 아날로그 및 디지털 회로 구성 시에 각각의 부품들을 전기적으로 연결해 주기 위하여 사용하는 부품이다. 선재 표면은 고무 등의 절연체로 싸여져 있으며, 흐르는 전류가 많아질수록 전선의 굵기는 굵어지고 가닥의 수도 많아진다. 선재는 도선 하나로 이루어진 단선과 여러 갈래의 도선으로 이루어진 연선으로 나눌 수 있다.

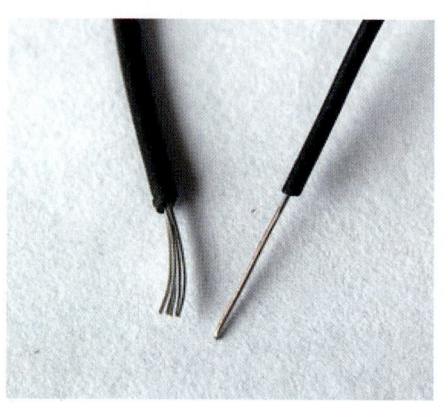

*마이크로 컨트롤러 : Micro
  Controller

*MCU : Micro Controller
  Unit

7.2 마이크로 컨트롤러*

마이크로 컨트롤러*는 여기에서 다루는 내용 중 가장 핵심적인 부품이다. 간단하게 말하자면 마이크로 컨트롤러 유닛(MCU*, 축약해서 마이크로 컨트롤러* 혹은 MCU라 부름)이라 불리는 마이크로 컨트롤러*는 CPU 기능에 RAM 및 ROM의 메모리 장치를 추가하고, 외부 입출력 장치를 추가하여 구성된 집적 회로 소자이다.

이름에서 알 수 있듯이 "제어"를 목적으로 설계되어 있기 때문에 센서 제어 혹은 모터 제어와 같이 어떤 기능에 특화되어 있다. 마이크로 컨트롤러*는 다양한 회사에서 다양한 제품들이 나오고 있다. 8051, PIC, AVR 등이라 할 수 있고, 피지컬 컴퓨팅에 맞는 MCU도 나와 모듈로 제작되고 있다. 대표적으로 Arduino가 있다. 보통의 전자공학을 전공한 사람이면 AVR 같은 MCU를 선호하는 편이고, 비전공자는 사용하기 쉽고, 성능도 좋은 Arduino 같은 것을 선호한다.

마이크로 컨트롤러*를 좀더 살펴보면 CPU와 메모리 그리고 가장 중요한 주변 장치 또 입출력 포트가 있다. 주변 장치는 보통 타이머/카운터, 아날로그 비교기, 아날로그 변환기, SPI, USART 등이 있어 많은 것을 할 수 있다. 입출력 포트는 아날로그 입력과 디지털 입력이 있으며, 출력도 마찬가지이다. 이것이 일반적으로 마이크로 컨트롤러*의 구성이며, 목적에 따라서 몇 가지 기능이 특화되어 설계될 때도 많다. 예를 들어 NetBrain에 들어가는 마이크로 컨트롤러* 같은 경우에는 PWM 출력 포트가 특히 많아서 PWM을 통한 제어에 특화되어 있다고 할 수 있다.

그리고 마이크로 컨트롤러*는 크기가 매우 작기 때문에 직접 사용하긴 어렵고, 보통은 마이크로 컨트롤러*가 있는 모듈을 사용하는 것이 대부분이다. 사용 목적에 따라서 모듈 자체적으로 마이크로 컨트롤러*의 일부 기능만 지원하는 경우도 있고, 학습을 위해서 모든 기능을 제공하는 경우도 있다. NetBrain 같은 경우는 마이크로 컨트롤러*에 있는 디지털 출력 포트를 지원하지 않는 모듈이다.

8 | 부품 구매하기

● 구로 유통 상가
1호선 구로역에 있는 구로 유통 상가

● 세운 상가
1호선 종로 3가역에 있는 세운 상가

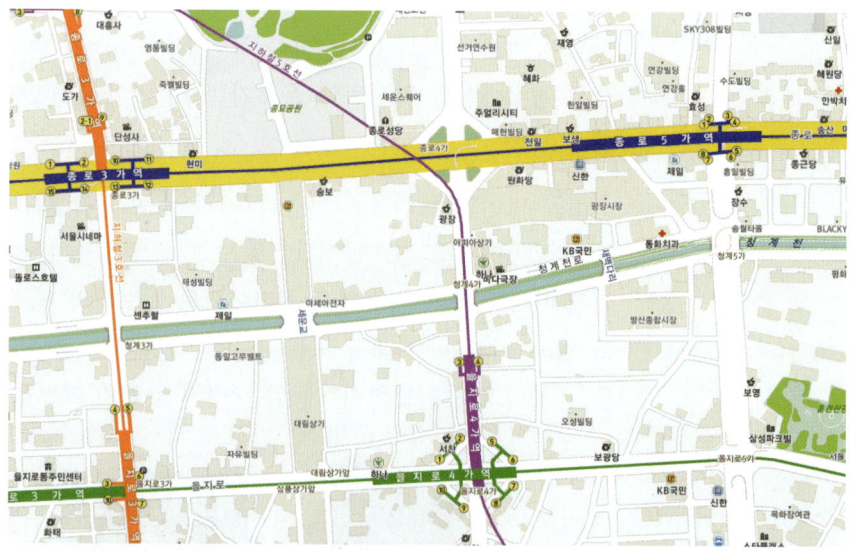

● 용산 전자 상가

1호선 용산역에 있는 용산 전자 상가

1 | 공구* 모음

*공구 : Tool

여기에서는 많은 공구 중에서 일부분만 설명한다. 사용되는 공구는 한 두 가지가 아니며 수십, 수백 종류가 있지만 모두 구매할 필요가 없으며 필요에 따라 차근차근 구입하면 된다.

만원 이하의 저렴한 공구도 있는 반면 수십, 수백 만원의 고가의 공구도 있다. 따라서 공구 구매 시 경험자 혹은 주변의 전문가에게 도움을 얻어 구매하는 것이 좋겠다.

공구 중에는 인두기와 같이 전자 분야에 필요한 공구 이외에도 드라이버 혹은 니퍼와 같이 일반적인 공구가 있는데 가정에 있는 것은 가급적 새로 구매하지 말고 사용하는 것이 좋겠다.

니퍼, 롱 노우즈 플라이어와 같은 기본적인 공구들은 한 번 구매하면 거의 평생 사용하므로 처음 구입할 때 무조건 저렴한 제품보다는 어느 정도 괜찮은 제품을 구매하도록 하자. 또한 전자분야 이외에도 가정에서 물건을 수리하거나 고칠 때도 사용되므로 유용하게 활용할 수 있다.

1.1 절단에 필요한 공구

⬤ 니퍼/롱 노우즈 플라이어/펜치

*니퍼: Nipper

니퍼*는 가장 흔히 쓰이는 공구 중에 하나로써 무언가를 자르거나 구부리기 위해 사용된다. 여러가지 다양한 크기가 있지만 손바닥 정도의 크기이면 충분하다. 주로 전선을 자르거나 다리가 긴 소자의 리드* 선 등을 절단할 때 사용된다.

*리드: Lead

니퍼는 날이 생명이므로 두껍거나 강도가 높은 것을 절단할 때는 니퍼가 아닌 펜치를 사용하도록 한다. 또 금속이기 때문에 오래 사용하지 않으면 마모되거나 녹슬어 버리기 때문에 가끔 기름칠을 해 주는 것이 좋다. 사용법은 절단할 위치를 가위로 자르듯이 하면 쉽게 절단되는 것을 확인할 수 있다. 날이 날카로우므로 손을 다치지 않도록 조심해야 한다.

*롱 노우즈 플라이어: Long Nose Pliers

롱 노우즈 플라이어* 역시 널리 쓰이는 공구로서 자르거나 집거나 구부릴 때 사용된다. 안쪽에 자를 수 있도록 만들어져 있기는 하지만 니퍼가 있기 때문에 자르는 용도로는 잘 사용되지 않는다. 이와 비슷한 도구로 펜치가 있지만 펜치는 작은 부품을 다루기에는 부피가 크고 불편하므로 잘 사용되지 않는다.

롱 노우즈 플라이어*는 니퍼와 크기가 비슷하며 일자 형태와 끝이 굽은 형태도 있다. 끝이 굽은 형태는 널리 사용되지 않지만 좁은 간격에서 사용할 때 가끔 편할 때도 있다. 두 개의 롱 노우즈 플라이어*는 각각의 장·단점이 있으므로 용도에 맞게 적절히 선택하여 사용한다.

⬤ 펜치

목적은 니퍼와 동일하지만 크기가 크거나 두꺼운 재질로 작업할 때 사용되는 공구이다.

＊리드 커팅기: Lead Cutter

⬤ 리드 커팅기

리드 선을 자를 때 니퍼도 많이 사용되지만 리드 커팅기＊가 더욱 많이 사용된다. 앞에서 설명했듯이 전자부품의 크기가 워낙 작으므로 니퍼로 자르기도 불편할 때가 많다. 이런 경우 사용되는 공구이다.

⬤ 커터칼

딱히 설명할 필요가 없는 커터칼이 있다. 일반 사무용품의 커터칼도 있지만 사무용 커터칼은 크기가 작고 무엇보다 칼날이 들어가서 다칠 위험이 있다. 종이 등을 자르는데는 문제가 없지만 종이가 아닌 재질을 깎거나 자르거나 할 경우 위험하다. 그러므로 조금더 크기가 크고 칼날을 고정할 수 있는 제품을 고르는 것이 좋다.

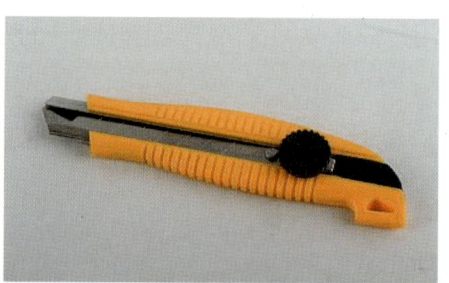

🔵 와이어 스트립퍼*

*와이어 스트립퍼: Wire Stripper

와이어 스트립퍼*는 와이어(전선 혹은 선재)의 피복을 벗겨낼 때 사용되는 도구이다. 많이 사용되는 도구로서 롱 노우즈 플라이어와 니퍼의 기능도 어느 정도 할 수 있기 때문에 많이 유용하다.

크기는 니퍼 보다 약간 크며 작은 펜치와 비슷하다. 보통 와이어 스트립퍼*는 와이어의 규격에 따라서 분류되는데, 일반적으로 전자공학에서는 0.25~0.65 사이즈의 와이어 피복을 벗겨낼 수 있을 정도면 무리 없이 사용할 수 있다. 사용법은 매우 간단한데, 와이어 스트립퍼*의 끝 부분의 와이어 규격을 확인하고 피복을 벗겨낼 부분을 갖다 댄 다음 니퍼로 자르듯이 자르고 반대쪽으로 벗겨내면 된다.

만약 규격에 맞지 않는 와이어를 사용한다거나 다른 용도로 사용할 경우 날 부분이 마모되어 와이어 스트립퍼*의 기능을 상실할 수도 있으니 정확하게 사용하여야 한다.

와이어 스트립퍼는 엄밀하게 절단 도구는 아니지만 딱히 분류하기가 애매하여 절단 도구에 넣었다. 와이어 스트립퍼는 있으면 매우 편리하나 없을 경우 니퍼로 조심 조심 절단하면 된다.

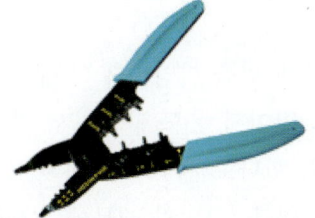
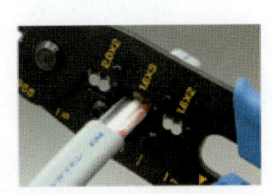

🔵 기타 공구

절단용 공구 이외에도 유리를 자를 수 있는 유리용 커터, 아크릴을 자를 때 이용하는 아크릴 커터 혹은 다목적용의 쇠톱 등이 있다. 그러나 이러한 공구는 별로 필요치 않고 필요하더라고 어쩌다 간혹 사용된다.

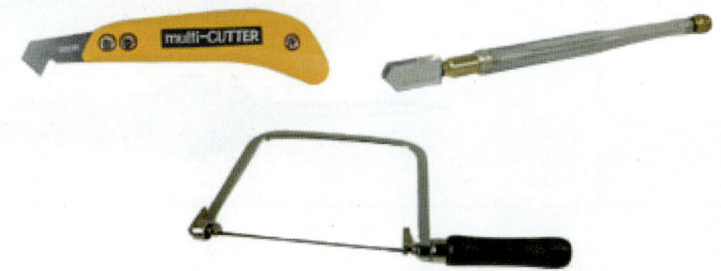

1.2 물건을 연결하기 위해 필요한 공구

○ 납땜 인두 및 인두기 받침대

인두는 납땜을 할 때 땜납을 녹여 전자부품을 고정하고 전기적으로 연결하기 위해 사용되는 장비이다. 인두기의 끝은 수백 도의 고온이기 때문에 다칠 위험도 크기 때문에 사용할 때 매우 주의해야 한다. 또한 인두기는 종류가 매우 다양하고 가격 또한 천차만별이므로 처음 구매할 때 본인의 목적에 맞는 제품을 잘 골라야 한다. 또한 니퍼와 드라이버와 같은 기계적인 공구는 기름칠 정도만 해 주면 오래도록 사용할 수 있으나 인두기는 보관 시에도 약간의 주의가 필요하다.

인두는 전원을 넣어주게 되면 끝에 인두팁이 가열된다. 그 끝에 납을 대면 납이 녹는데 이 녹는 납을 이용해서 기판 혹은 와이어에 소자를 연결하는 것을 납땜이라고 한다. 인두가 가열되었을 때 실수로 손이 닿게 되면 화상을 입게 되므로, 조심하여야 한다.

인두는 크게 온도조절이 되는 인두와 그렇지 않은 인두로 나뉘게 된다. 인두가 과잉 과열되면 그만큼 낭비가 되므로, 온도조절이 되는 인두가 좋다고 할 수 있다. 하지만 납땜을 많이 하지 않는 사람이라면 일반 인두로도 충분히 잘 사용할 수 있다.

또 인두는 인두 끝에 팁을 다양하게 교체해 줄 수가 있다. 대부분 송곳 모양의 팁이지만, 칼팁도 있어서 용도에 따라서 갈아 끼우면서 사용하면 된다. 이 인두팁이 관리하기가 까다로운데, 오래도록 사용하지 않게 되면 녹슬어버려서 나중에 사용할 수가 없다. 그렇기 때문에 납땜을 마친 후 인두팁에 납을 녹여 발라주면 팁이 보호되어서 오래도록 사용할 수 있다.

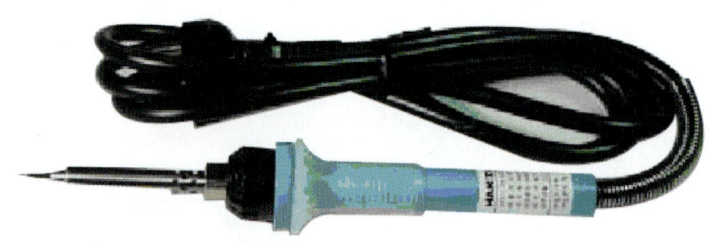

＊ 페이스트 : Paste

🔵 페이스트＊

페이스트＊는 납땜을 할 때 인두 팁에 붙어 있는 납을 제거시켜 주는 도구이다. 납땜을 하다 보면 인두 팁에 납이 오래 가열되어 붙어있는 경우가 있다. 팁에 타버린 납이 붙어있으면 납땜이 잘 안 될뿐더러 깔끔하게 안 된다. 그러므로 이 납을 계속 제거하면서 납땜을 해야 되는데, 납을 제거하는 약품으로 많은 것이 있지만 대표적으로 사용되는 것이 이 페이스트이다.

페이스트를 열어보면 어두운 색깔의 고체가 있는데, 여기다 가열된 인두를 담그게 되면 납이 타면서 떨어져나간다. 이때 연기가 많이 발생하게 되는데 이 연기를 마시지 않도록 유의해야 한다. 성능은 매우 좋으나 인두 팁을 상하게 해서 오래 사용하지 못하도록 하므로 너무 자주 사용하지 않도록 한다. 만약 사용할 때는 납이 붙어있는 부분만 살짝 담궈 납을 태운 다음 물 묻은 스펀지로 닦는다.

이 페이스트는 납을 태우는 용도이지만, 인두 팁에 납이 붙지 않도록 하는 성질이 있기 때문에 납땜을 할 때 끝에 살짝 바른 다음에 납땜을 하면 깔끔하게 되는 것을 알 수 있다. 하지만 이 역시 자주 사용하는 것은 좋지 않으니 필요할 때만 사용하는 것이 좋겠다.

🔵 땜납 흡입기

흡입기는 납을 빨아들이는 데 사용되는 기구이다. 납땜을 하다 보면 잘못 납땜하는 경우가 종종 생기는 데, 이때 소자를 떼어낼 때 사용되는 기구이다.

다음 사진을 보면 주사기에서 피스톨 부분과 비슷한 것이 흡입기에도 있는데, 이 부분을 제일 안으로 밀어넣으면 딸깍 소리가 나면서 고정된다. 그리고 떼어낼 소자에 있는 납을 인두로 녹인 후 흡입기를 가져다 댄다. 그 후 버튼을 누르면 납이 빨려 들어가게 되고, 다시 뒤에 나온 것을 누르면 안에 빨려 들어간 납이 나오게 된다. 이 동작을 반복하면 기판에 붙어 있는 납이 사라지게 되고, 다시 납땜을 하거나 소자를 떼어낼 수 있다.

납을 녹이고 떼어내는 과정에서 시간이 너무 지체되면 가열된 인두로 인해 소자가 망가질 수도 있으므로 신속하게 납을 떼어내는 것이 중요하다. 그리고 사용 후 보관을 할 때는 흡입기 안에 있는 스프링이 늘어날 수 있으니 다음 사진과 같은 상태로 보관을 해야 오래 사용할 수 있다.

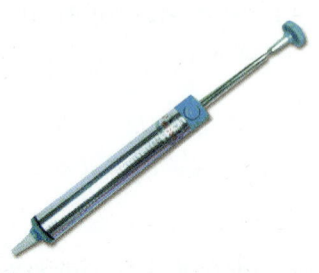

🔵 땜납

*땜납: Solder
*납: Pb
*주석:Sn

땜용 합금이라고도 불리는 땜납*은 고온의 인두기로 원하는 전자부품을 고정하고 전기를 통하는 역할을 하는 금속이다. 땜납은 보통 납*과 주석*의 합금으로 구성되어 있는데 이 비율에 따라서 몇 가지 종류로 나뉜다.

땜납은 고온의 인두기로 적당히 녹인 다음 만능기판에 소자를 고정시키거나 연결할 때 사용된다. 전자공학을 공부하는 사람이라면 누구나 다루게 되는 용품이다.

납을 실처럼 길게 해서 사용하기 좋게 만들어져 있으며 종류에 따라서 실납, 무연납, 유연납, 크림납으로 나뉘게 된다. 실납은 땜납의 굵기가 1mm 안팎의 얇은 납이다. 납땜을 할 때 땜납의 굵기가 굵으면 작은 소자의 납땜 시 납 조절이 안 되기 때문에 나온 땜납이다. 무연납과 유연납은 연기의 발생 유무에 따라 나눈 것이다. 납땜을 할 때 인두기의 열때문에 납이 녹으면서 연기가 나게 되는데 이 연기는 몸에 해롭다. 그러므로 무연납이 나오게 되었는데 가격이 유연납에 비해 고가이기 때문에 납땜을 많이 하는 사람들에게 선호된다고 할 수 있다. 마지막으로 크림납은 크림형태로 된 납으로서 인두기가 필요 없다는 장점이 있다. 하지만 소자의 납땜 같은 부분에는 사용이 어렵고 전기공사를 할 때 사용되는 편이다.

＊글루건：Glue Gun

글루건＊

글루건＊이란 접착을 할 때 사용되는 것으로써 접착력이 좋고 사용하기 편하다는 장점이 있다. 일반적으로 플라스틱 및 나무, 직물 등의 접착에 사용되고 있으며, 실험할 때는 전자부품을 고정시키는 데 많이 사용된다.

접착의 용도로 많이 사용되는 글루건이지만 시간이 지나면 굳어버리는 특성 때문에 고정시킬 때도 많이 사용된다. 예를 들어 납땜을 하다가 보면 전선이 너무 얇아서 쉽게 끊어질 때도 있고, 소자가 너무 작아서 납땜 후 소자가 작은 충격에 떨어져나갈 수도 있다. 또 자주 뺐다, 꼈다를 반복하는 커넥터부분은 특히 잘 끊어진다. 이런 부분들에 글루건으로 적당히 발라준 다음 시간이 지나면 훌륭하게 고정되는 것을 확인할 수 있다. 후에 글루건으로 발라진 것은 떼어낼 수 없는 단점 때문에 주의해서 발라야 한다.

＊글루스틱：Glue Stick

글루건의 사용법은 간단하다. 글루건은 글루스틱＊을 녹여서 바르는 것이기 때문에 규격에 맞는 글루스틱을 뒤에 꽂은 후 전원을 연결하면 서서히 녹기 시작한다. 수 분 정도 이후 글루스틱을 녹일 수 있는 온도로 가열이 되고 손잡이를 누르면 서서히 녹은 글루스틱이 나오게 된다. 이것을 원하는 곳에 적당히 바르면 된다.

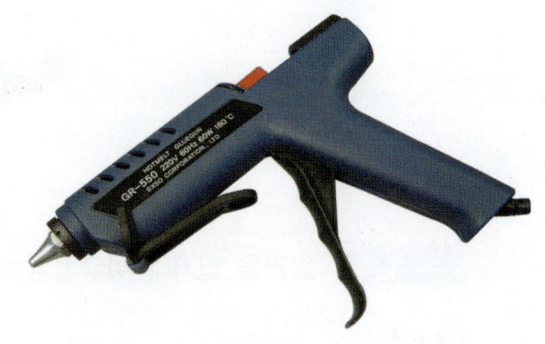

1.3 돌리기 위해 필요한 공구

십자, 일자 드라이버

나사를 회전시켜서 고정할 때 사용되는 도구이다. 나사의 머리에 있는 홈에 드라이버를 끼운 후 돌리면 된다. 홈의 모양은 십자(＋)와 일자(−) 모양이 있다. 원래는 일자(−)모양이 먼저 나왔지만 돌리는 도중 빠지거나 불편함이 있어 그것을 보완하고자 십자(＋) 모양이 나왔다. 십자(＋) 모양은 고정이 편리한 장점이 있지만 너무 세게 돌릴 경우 마모되어 돌아가지 않는 경우가 종종 생기기 때문에 무리해서 돌리지 않도록 해야 한다.

나사의 크기별로 다양한 드라이버가 있다.

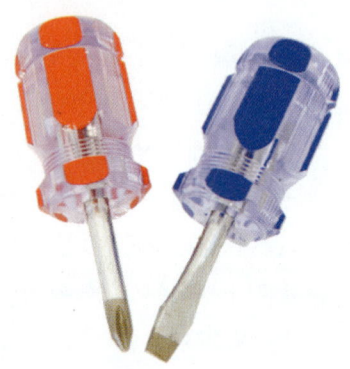

정밀 드라이버

시계나 작은 부품으로 구성된 장치에 있는 아주 작은 나사를 조이거나 풀 때 사용하는 드라이버이다. 매우 작은 부품을 다루기 때문에 끝부분이 자석으로 되어 있다.

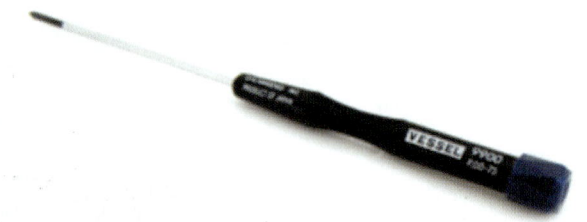

1.4 물건을 집거나 끼우기 위해 필요한 공구

핀셋

*핀셋 : Pincette

핀셋*은 두 개의 강판을 이어 물건을 잡는데 사용되는 도구이다. 핀셋은 강에 니켈 도금으로 만들어지는데 용도에 따라 의학, 화학, 기계공학, 전자공학 등 여러 분야에 널리 사용된다.

전자부품을 다루다 보면 부품이 너무 작아서 손으로 집기 곤란한 경우도 있고, 납땜을 하다 보면 부품에 열이 전달되어 뜨거운 경우 사용하면 매우 편리하다.

핀셋의 재질에 따라서 비자성체 핀셋, 세라믹 핀셋, 목재 핀셋, 플라스틱 핀셋, 청동 핀셋 등 수많은 제품이 있지만 특별하게 앞의 핀셋이 필요한 경우가 아니

라면 일반 핀셋을 사용해도 무리가 없다.

＊스트레이트 : Straight

핀셋은 그 모양에 따라 여러 종류가 있는데 스트레이트＊형 핀셋이 가장 많이 사용된다. 이 밖에 곡선형, 역작동형(일반 핀셋과는 다르게 힘을 줄 때 핀셋이 벌어지는 형태) 등 많은 종류가 있다.

품질이 불량한 핀셋의 경우 몇 번 구부렸다 펼 경우 다시 안 벌어지는 조악한 제품도 있으므로 가급적이면 양질의 핀셋을 구매하면 오랫동안 편리하게 사용할 수 있다.

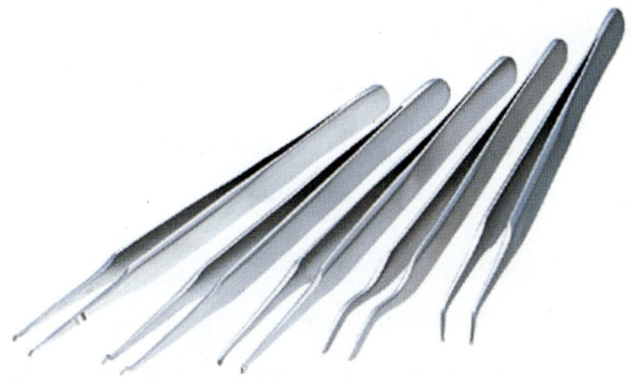

🟣 바이스＊

＊바이스 : Vise

공작을 할 때 고정을 시켜주는 도구이다. 쉽게 고정해서 작업을 할 수 있도록 도와주기 때문에 많이 사용되고 있다.

1.5 치수 마름질에 필요한 공구

● 자

길이를 재는 도구로서 공작용으로 쓰이는 자는 길이가 변하면 안 되기 때문에 금속으로 되어 있는 것이 특징이다. 한쪽 끝에서 바로 시작하기 때문에 깊이도 측정할 수 있다. 눈금을 살펴보면 한쪽은 1mm 간격으로 되어 있는 것이 일반적이고 반대쪽은 1인치 간격으로 된 것도 있고, 0.5mm 간격으로 된 것도 있다.

두 개의 면이 붙어 있을 때 직각인지 아닌지를 알아볼 수 있는 자이다. 직각만 측정하기 위해 두 개의 자가 직각으로 붙어 있다.

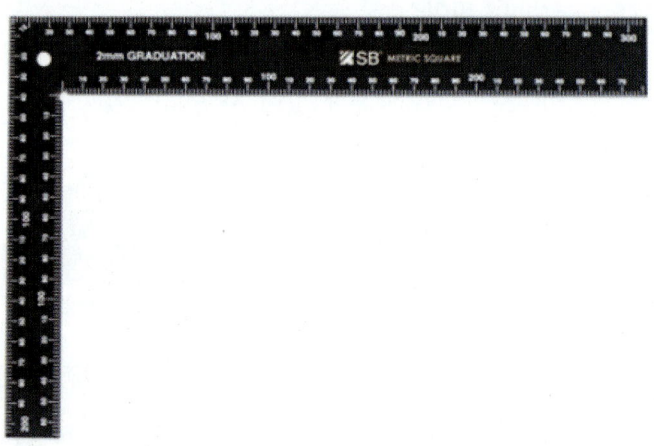

● 버니어 캘리퍼스*

*버니어 캘리퍼스 : Vernier Calipers

원형으로 된 것의 바깥지름이나 안지름 혹은 깊이를 잴 수 있는 도구로 2개의 눈금으로 된 자로 구성되어 있다. 어미자, 아들자라고 하는데 아들자가 움직이면서 길이를 재는 것이다. 어미자와 아들자의 눈금 간격이 다르기 때문에 1mm 이하의 길이도 측정할 수 있다. 보통 1/20mm 정도를 측정하고 1/50mm 정도까지 측정할 수 있는 것도 있다.

눈금을 읽는 법이 좀 까다로운데 먼저 어미자는 1mm 단위로 읽을 수 있고 아들자는 0.1mm 단위로 읽을 수 있다는 것을 알아야 한다. 읽으려고 하는 길이에서 아들자의 0이 있는 부분을 먼저 읽는다. 그 부분이 만약 15라면 길이는 15.xmm가 되는 것이다 그리고 아들자의 눈금을 보면 어미자와 눈금이 일치하지 않고 삐뚤어져 있다. 그 중 눈금이 일치하는 곳이 있는데, 그 부분 중 0과 가까운 점을 읽으면 된다. 만약 아들자의 7에서 눈금이 일치했다면 총 길이는 15.7mm가 된다.

1.6 기타 공구

루페: Lupe

◯ 루페*

어떤 물체의 미세한 부분을 관찰하기 위한 도구로 독일어로 Lufe라고 부른다. 일족의 확대경이라고 할 수 있다. 볼록렌즈로 구성된 것과 볼록렌즈와 오목렌즈로 구성된 것도 있으며 확대율은 최대 35배에 이를 정도로 성능이 우수하다.

보통 유리로 만들지만 플라스틱으로 만든 것도 있고, 조명이 달린 것, 눈금이 있는 것 등 그 종류가 다양하므로 용도에 맞게 사용해야 할 것이다.

◯ 전선

전선은 회로 구성 시 각각의 부품들을 전기적으로 연결하기 위해 사용되는 부품이다. 간단히 말해 전류가 돌아다니는 길이라고 할 수 있다.

전선의 종류 및 규격은 매우 다양하다. 일반적으로 널리 사용되는 규격은 AWG이다. 이는 전선의 굵기를 표시하는 것인데, 굵기에 따라 번호를 매겨 표시하는 것이다. 숫자가 커지면 전선은 더 가늘어지도록 표시된다.

우리가 자주 사용하는 전선은 도선 주위의 피복이 고무 등의 절연체로 싸여져 있는 절연 전선으로 래핑 와이어라고도 불린다. 절연 전선에는 단선과 연선의 두 종류가 있다.

단선은 단일 도선으로 이루어진 전선이고 연선은 여러 가닥의 도선이 합쳐져 이루어진 전선이다. 굵은 단선의 경우 단단하고 잘 휘어지지 않아 브레드보드에 꽂고 빼기 편하므로 실험용으로 회로 구성 시 사용하면 편리하다. 최근 이러한 브레드보드용 점퍼 전선 키트를 팔기도 한다.

전선은 단면적이 넓을수록 많은 전류가 흐를 수 있다. 따라서 전선의 굵기가 굵고 가닥 수가 많을수록 전선에 흐를 수 있는 전류의 양이 많아진다. 약간의 전류(수 mA~수 십정도)만 흐른다면 얇은 전선으로도 충분히 사용 가능하지만 모터와 같이 많은 전류를 사용하는 경우(모터의 스펙마다 흐르는 전류는 다름) 굵은 전선을 사용하는 것이 좋다.

또한 전원부의 전선은 가급적 두꺼운 것을 사용하는 것이 좋다.

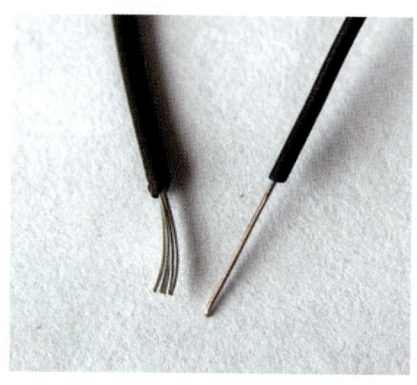

● 브레드보드

*납땜 : Soldering

하나의 회로는 적게는 수 개에서 수 십, 수 백개의 전자부품으로 연결된다. 이러한 전자부품을 연결하려면 전선과 납땜*을 이용하여 연결한 후 회로가 동작하는지 확인해 봐야 한다. 이러한 경우 납땜하는데 오랜 시간이 걸리고 간단한 회로 구성에도 상당한 시간이 걸리는 데다가 납땜에 익숙하지 못하면 손을 데거나 다칠 우려도 있다.

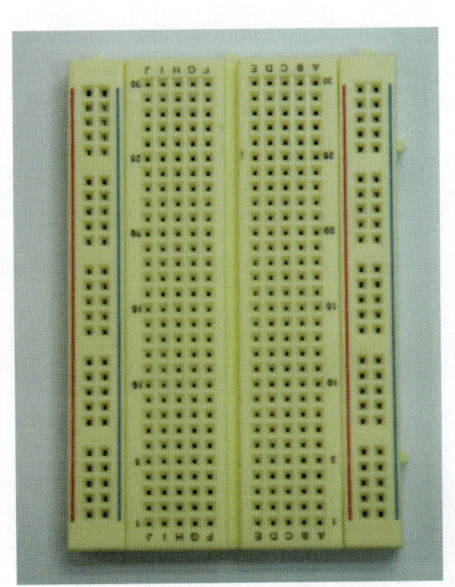

브레드보드는 우리가 실습할 때에 납땜을 하지 않고 간편하고 유용하게 사용할 수 있는 도구이다. 보통의 브레드보드는 양쪽에 전원을 연결하기 위한 긴 라인이 있다. 이를 전원 라인*이라고 한다. 전원 라인 안쪽으로는 부품들을 꼽을 수 있도록 격자형태로 배치된 수많은 구멍이 나 있다.

브레드보드는 구성하고자 하는 회로의 부품을 구멍에 꽂아 삽입한 후 이 구멍을 서로 연결하면 납땜을 한 것과 동일하게 회로를 구성할 수 있다. 또한 부품을 쉽게 꼽거나 뺄 수 있으므로 회로 구성 후 수정할 부분이 있다면 해당 부품만 뽑아내고 다른 부품으로 대체하면 그만이다. 즉, 납땜이 필요 없다는 장점이 있다.

브레드보드가 편리하기는 하나 아마도 납땜을 하는 방법은 필히 배워둬야 할 것이다. 어떠한 경우에는 납땜을 해야 할 경우도 있기 때문이다.

*전원 라인: Power Line

● 브레드보드의 외관

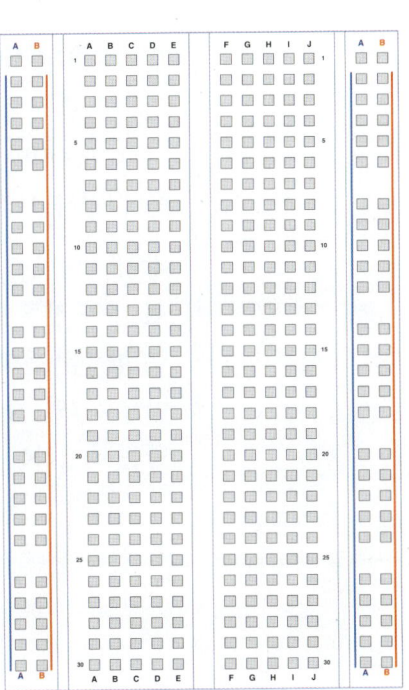

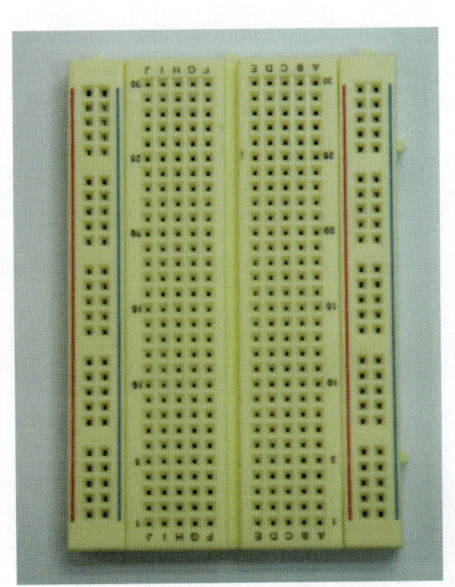

1 | 멀티미터*

*멀티미터 : Multimeter
*아날로그 멀티미터 :
　Analog Multimeter
*디지털 멀티미터 :
　Digital Multimeter

전류를 측정하기 위해서는 전류계를 사용하고 전압을 측정하기 위해서는 전압계를 사용하고 저항을 측정하기 위해서는 저항계를 사용해야 한다. 멀티미터*는 위의 장치들을 하나의 기기에 집약시켜 놓은 것을 말하며 아날로그 멀티미터*와 디지털 멀티미터*가 있다.

멀티미터는 전압, 전류, 저항 등의 부품이나 회로 내의 여러 가지 전기적인 성질들을 측정할 수 있도록 만들어진 도구이다. 또한 기기에 따라 추가 기능이 각각 다르지만 각 노드의 연결 여부를 측정하는 기능이 있는데 이 기능은 회로를 구성하고 검사할 경우 유용하게 사용될 수 있다.

각 장비마다 측정할 수 있는 전압과 전류의 범위가 제한되어 있으므로 제한 범위 내의 전류 및 전압 측정에 사용되어야 한다. 스위치를 돌려 측정하고자 하는 항목을 선택한 후에 측정을 하면 그 값이 디지털인 경우는 LCD에 출력되고 아날로그의 경우에는 바늘이 측정값을 가리킨다. 각 기기마다 전압, 전류, 저항을 측정하는 방법은 같지만 규격이 통일되어 있지 않아 측정 항목을 표시하는 부분이 다를 수 있으므로 주의하여 사용하도록 한다.

➲ 디지털 멀티미터와 아날로그 멀티미터

| 디지털 멀티미터 |

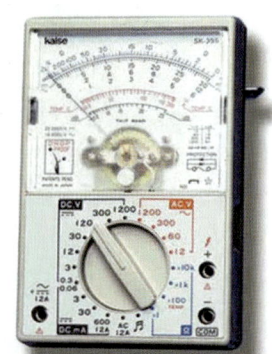

| 아날로그 멀티미터 |

2 | 오실로스코프*

오실로스코프란 어떠한 경우에 사용할까? 예를 들어 LED가 깜박깜박인다고 할 때 전압이 출력되는지 안 되는지는 멀티미터로도 확인할 수 있지만 어떤 주기로 깜박이는지는 멀티미터로는 알 수 없다. 이러한 경우 오실로스코프 장비로 측정하면 깜박이는 시간의 주기 및 주파수를 쉽게 알아낼 수 있다.

오실로스코프*란 시간의 변화에 따른 전압의 변화를 보여주는 계측기로 엔지니어에게 필수적인 장비이다. 직류 신호는 멀티미터나 다른 계측기를 이용하면 쉽게 알 수 있지만, 계속 변화하는 교류 신호는 쉽게 확인하기가 어렵기 때문에 오실로스코프*가 필수라고 할 수 있다. 오실로스코프는 간단하게 전압의 크기와 시간 정도를 알 수 있지만, 주파수나 잡음에 대한 정보도 얻을 수 있다.

오실로스코프*는 크게 아날로그* 방식과 디지털* 방식이 있다. 아날로그 방식은 측정한 전기 신호를 바로 화면에 출력해 주는 것으로서 신호의 변화를 즉각적으로 알 수 있는 장점이 있다. 디지털 방식은 측정한 신호를 샘플링 처리한 후 출력한다.

➲ 13GHz까지 측정 가능한 애질런트 인피니움 (Infinium) 80000B 시리즈 중 하나 〈출처〉 http://www. home. agilent. com/KRkor/ home.html

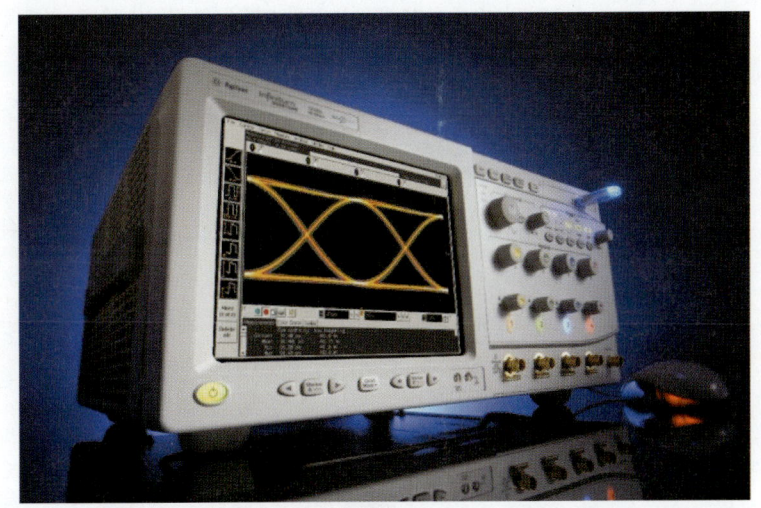

3 | 전원 공급 장치*

당연한 얘기지만 전자제품 및 전자 회로는 모두 전기로 동작된다. 대개의 전자 제품은 교류 전원이 아닌 직류 전원으로 동작되는데 이 직류 전원을 공급하는 장치가 전원 공급 장치*이다. 이 전원 장치의 중요성은 아무리 강조해도 지나치지 않다. 전원을 공급하는 방법은 여러 가지가 있다.

<aside>*전원 공급 장치: Power Supply</aside>

- 전문적인 전원 공급 장치를 이용하는 방법
- 가정에서 흔히 볼 수 있는 어댑터를 이용하는 방법
- 배터리(건전지 혹은 충전지)를 이용하는 방법
- 그 밖의 방법

가장 좋은 경우는 전원 공급 장치를 이용하는 방법이다. 디지털 회로를 다루다 보면 전원 인가 시 3.3V, 5V, 12V 등 특정 전압을 공급해 주어야 할 필요가 있다. 하지만 전원 어댑터*를 이용하는 경우 고정 전압이 출력되기 때문에 곤란한 경우가 종종 있다. 예를 들어 회로에는 3V가 필요한데 어댑터는 6V가 출력될 경우 이를 그대로 연결하면 안 된다. 이러한 경우 승압 혹은 감압 회로를 구성하여 연결해도 되지만 불편하고 어렵기 때문에 전원 공급 장치를 이용하면 편리하다. 그런데 이러한 전원 공급 장치는 강력하고 편리하지만 매우 고가라는 단점이 있다.

<aside>*어댑터: Adapter</aside>

전원 공급 장치*는 연결 후 쉽게 전원을 변화시킬 수 있고, 안정적으로 전원이 공급된다는 장점이 있다. 만약에 단락(쇼트)이 날 경우 즉시 알 수 있기 때문에 회로가 타다거나 소자에 문제가 생기는 등에 즉각 대처할 수 있다. 단락이 나게 되면 전원 공급 장치*에 있는 C.C.에 불이 들어오고 전류가 상승되게 된다. 전원 공급 장치* 내부에는 안전 장치가 있지만, 단락되게 되면 전원 공급을 중단하고 회로를 다시 살펴보아야 한다.

🔴 전원 공급 장치
〈출처〉 디바이스마트

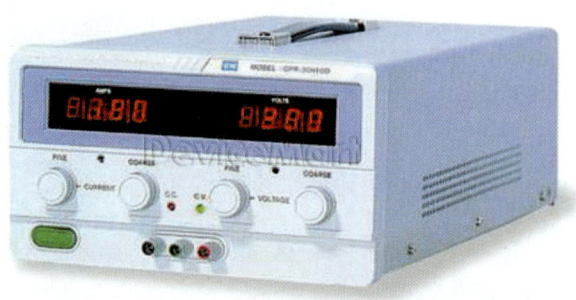

4 | 어댑터

전자 회로에서 전원의 중요성은 이루 말할 수 없이 중요하다. 전자 회로에서 전원이 필요하다는 점은 모두 공감한다. 왜냐하면 전원 없이는 컴퓨터를 켤 수도, TV를 볼 수도, 밥을 지을 수도 없기 때문이다.(물론 냄비나 압력 밥솥으로 지어 먹는 경우는 예외지만)

*교류 : AC

*직류 : DC

가정이나 사무실에서 쉽게 접할 수 있는 전원 공급선은 220V 60Hz의 교류*이다. 그러나 우리가 가정에서 사용하는 대개의 전자 제품들은 교류가 아닌 직류*를 사용한다. 따라서 교류를 직류로 바꾸어주는 변환기가 필요하다. 이 변환기를 설계 및 제작하는 일은 꽤 복잡한 일이지만 일반 가정에서 쉽게 구할 수 있는 변환기로 어댑터*가 있을 것이다. 이 어댑터가 교류를 직류로 바꾸어 주는 역할을 한다.

그러나 교류를 직류로 바꾼다고 해서 모든 문제가 끝나는 것은 아니다. 전압과 전류도 맞추어 주어야 한다. 어떤 전자제품(예를 들어 토스터기)이 12V 1A가 필요하다면, 어댑터 역시 이 정격에 맞게 공급해 주어야 한다.

그런데 12V 1A 어댑터가 없어서 24V 1A를 사용한다면 어떻게 될까? 정격 전압보다 높은 전압을 공급하므로 토스터기는 과열되거나 고장날 것이다. 그렇다면 전압은 동일하지만 전류가 높은 어댑터를 사용해도 토스터기는 고장날까? 만일 12V 2A의 어댑터를 사용한다면 토스터기는 아무런 고장을 내지 않고 잘 동작할 것이다. 그렇다면 전류가 부족하면 어떻게 될까? 12V 500mA 어댑터를 사용한다면 어떻게 될까? 이번에는 어댑터가 뜨거워 진다거나 버티지 못하고 녹아버릴지도 모른다.

모든 전자제품은 정격 전압을 맞추어야 하고, 전류는 필요한 전류보다 많이 공급해 주어야 한다는 것을 항상 명심해야 한다.

물론 어댑터 이외에도 건전지를 사용하여 전원을 공급하는 방법도 있지만 건전지의 치명적인 단점은 1회용이라는 점과 높은 전압을 만들 때 많은 수의 건전지가 필요하다는 단점이 있다.

● 어댑터

5 | 함수 발생기*

*함수 발생기: Function
  Generator
*사인파: Sine Wave
*구형파: Square Wave
*삼각파: Pyramidal Wave

함수 발생기*는 디지털 회로에서 사용되는 사인파*, 구형파*, 삼각파* 등을 만들어 주는 장비이다. 아날로그 회로에서는 많이 사용되는 장비이지만 디지털 회로에서는 그리 많이 사용되지 않는다. 하지만 어떤 소자는 이런 함수의 입력을 받아야 되기 때문에 필요한 장비라고 할 수 있다.

이 장비에서 발생되는 파형 중 제일 많이 사용되는 파형은 구형파이다. 보통 소자에서 클럭의 역할을 하기 때문에 원하는 구형파 입력을 통해서 해당 소자의 연산 속도를 증가시킬 수 있기 때문이다. 그리고 사인파는 신호의 증폭이나 반전 등의 동작을 확인할 때 많이 사용된다.

사용법은 그리 어렵지 않다. 먼저 파형을 선택하게 되는데 파형은 사인파, 구형파, 삼각파 등이 있다. 함수 발생기마다 이 3개의 파형 외에 만들 수 있는 파형이 추가되어 있는 것도 있다. 파형을 선택한 후 주파수를 옆에 숫자 버튼 혹은 다이얼을 통해서 입력할 수 있다. 그리고 파형의 Peak to Peak값을 설정해 주면 원하는 파형을 만들 수 있다. 이 파형을 원하는 곳에 입력으로 넣어주면 된다.

● 함수 발생기
  〈출처〉 http://www.home.
  agilent.com/

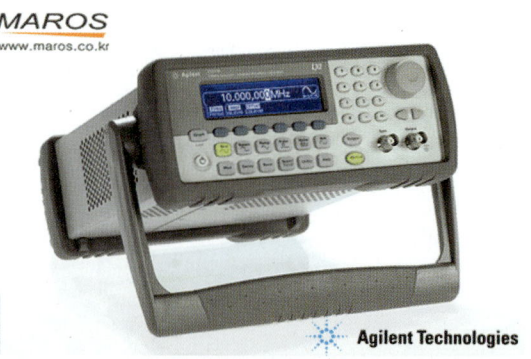

05 소프트웨어 오실로스코프

1 | 소프트웨어 오실로스코프* 소개

*소프트웨어 오실로스코프:
Software Oscilloscope
*프로브 : Probe

*소프트스코프: SoftScope

오실로스코프는 모든 실험에서 유용하고 필수적인 장비이지만 개인이 소장하기에는 가격이 상당히 높다. 또한 측정하고자 하는 위치 프로브*를 직접 연결해야 한다. 다행히 로보이드 스튜디오에는 소프트웨어로 만들어진 간단한 오실로스코프가 내장되어 있다. 이하 소프트스코프*라 한다. 제어 패널에서 측정하고자 하는 대상을 지정하여 신호의 변화를 실시간으로 알 수 있다. 소프트스코프의 사용법은 다음과 같다.

⬤ **소프트스코프 컴포넌트를 활성화시킨다.**

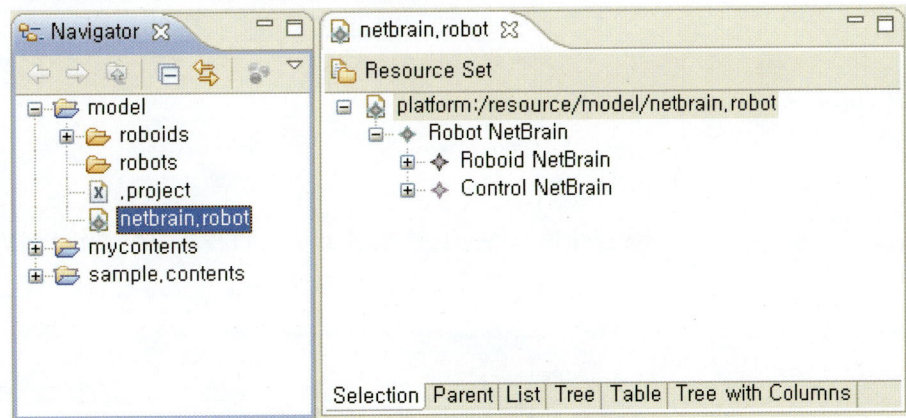

❶ 왼편의 네비게이터뷰에서 netbrain.robot를 더블클릭하여 로봇 편집기를 연다.

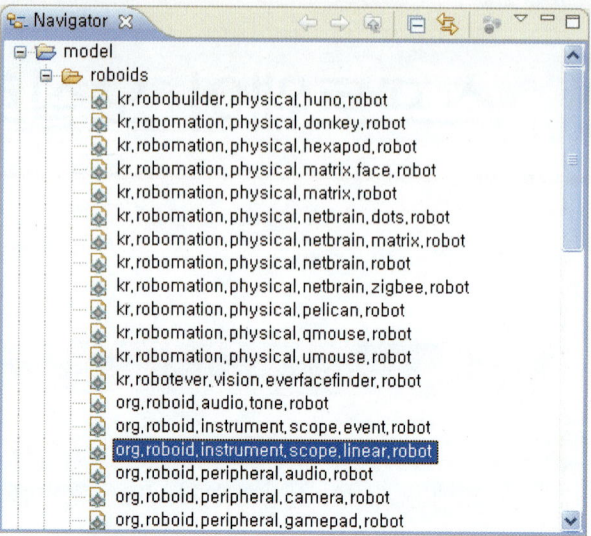

❷ Roboids 폴더를 열고 org.roboid.instrument.scope.linear.robot를 다음과 같이 편집기 내부로 드래그&드랍을 한다.

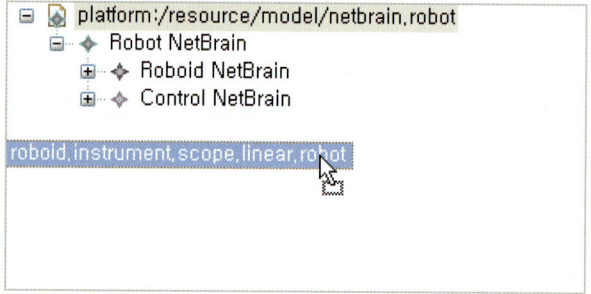

❸ 드랍 후 컴포넌트를 열면 화면은 다음과 같이 된다. 내부에 Basic Oscilloscope 라는 로보이드가 있음을 확인한다.

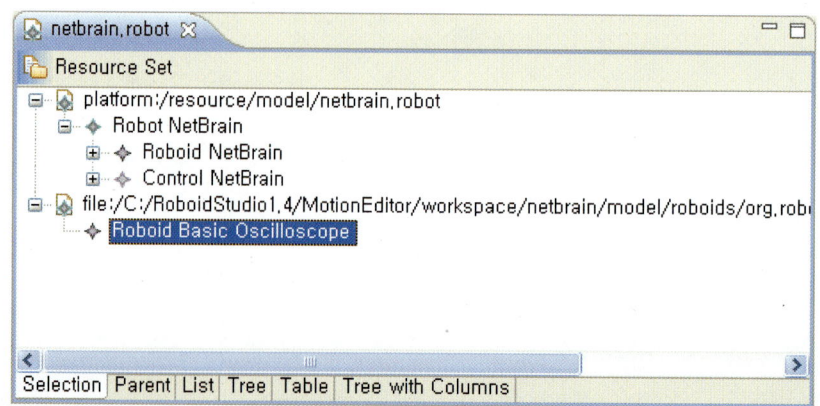

❹ 다시 Basic Oscilloscope를 드래그 & 드롭하여 Robot NetBrain 위에 드랍한다.

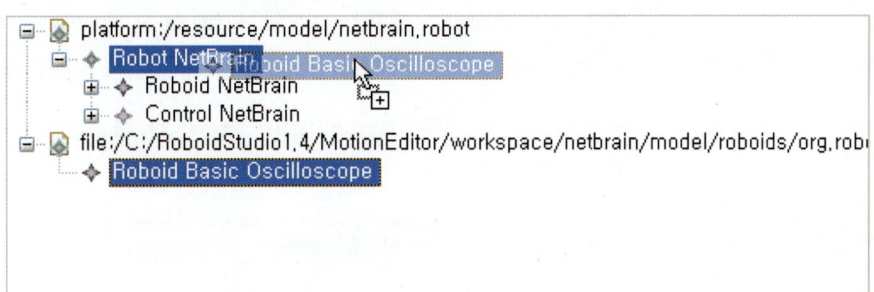

❺ 다음과 같이 NetBrain Robot에 Basic Oscilloscope가 추가된다.

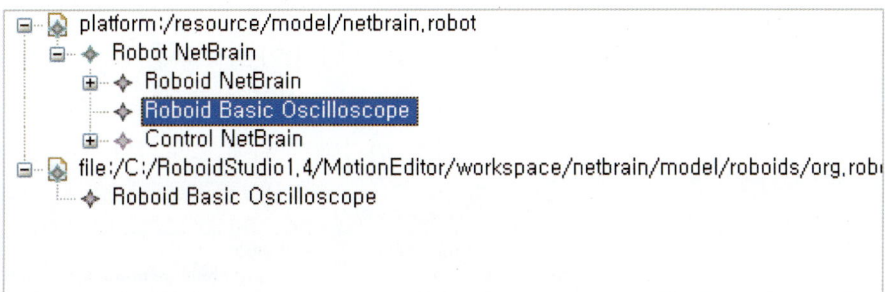

❻ 이 로봇 모델을 저장한 후, 로보이드 스튜디오를 중단하고 재실행한다.

❼ 다음과 같이 소프트스코프 창이 나타난다.

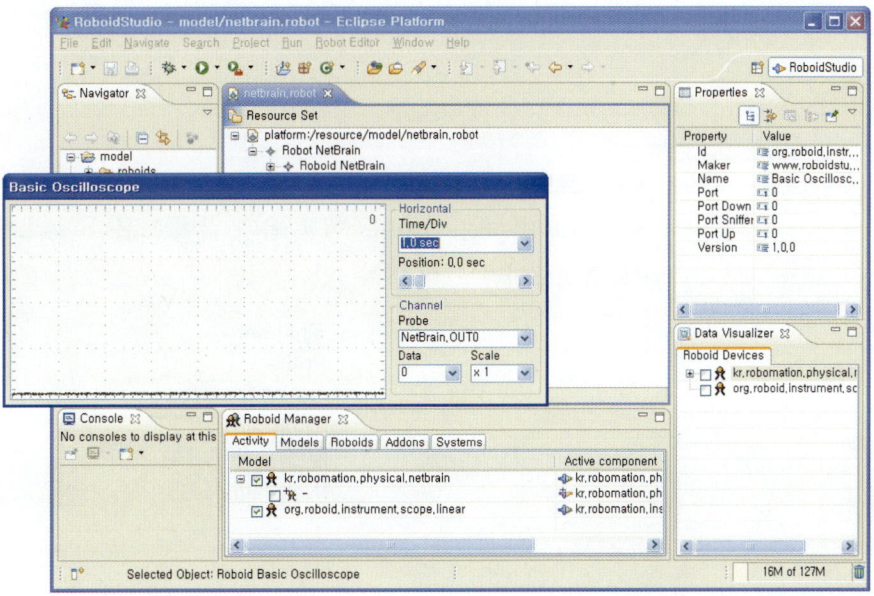

● **여러 개의 소프트스코프 창을 열고 타이틀을 다르게 설정한다.**

대부분의 오실로스코프는 2개의 입력 신호 채널을 가지고 있다. 소프트스코프는 한 창에 하나의 신호만 관측이 가능하지만 창의 수는 제한이 없다. 따라서 3개의 신호를 동시에 보고자 한다면 앞의 과정에서 세 번 드래그＆드랍을 하면 된다.

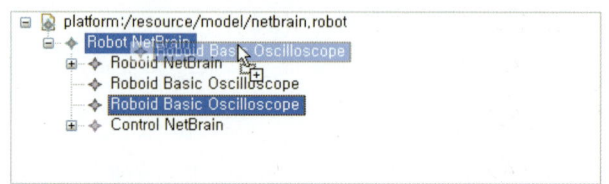

이때 소프트스코프 로보이드의 이름이 모두 같은 Basic Oscilloscope라면 구분이 안 되므로 각 창마다 서로 다른 이름을 부여 하는 것이 신호를 구분하기 편리하다. 창의 이름을 변경하기 위해 프로퍼티 뷰에서 Name을 수정한다.

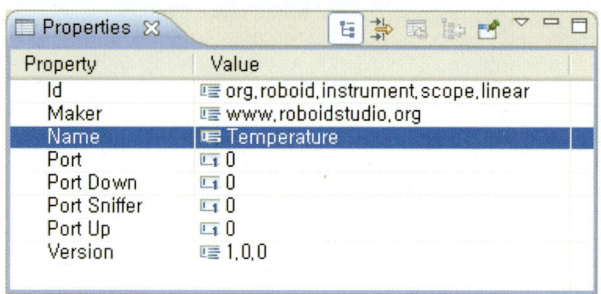

● **프로브를 설정한다.**

측정하고자 하는 디바이스를 다음과 같이 드롭다운 리스트에서 선택한다. 신호를 측정중이라도 바꿀 수 있다.

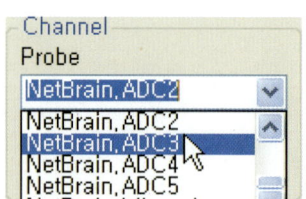

신호값의 크기를 Scale 콤보 박스에서 선택한다. 적은 신호를 크게 볼 수는 있지만 줄이지는 못한다. 역시 측정중이라도 변경이 가능하다.

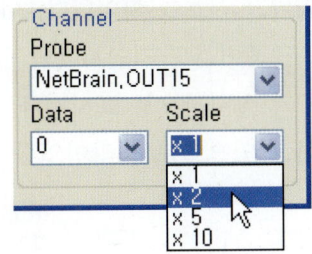

Basic Oscilloscope 컴포넌트는 한 번에 하나의 신호만 관측이 가능하다. 만약 RGB 컬러 LED 신호 중 Green값만 보고 싶은 경우, Data 콤보 박스에서 1을 선택한다. 이 숫자는 3개로 이루어진 컬러 데이터 중 2번째 데이터를 의미한다. 이 숫자는 디바이스의 데이터 사이즈에 맞게 표시되므로 마이크로폰인 경우는 320개까지 표시됨을 알 수 있다.

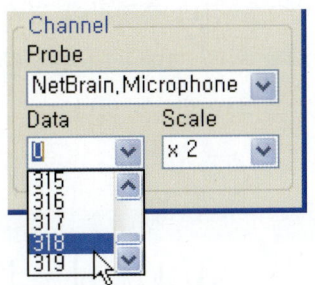

● **신호를 보는 방법을 다양하게 바꾸어 본다.**

❶ Time/Div : 일반 오실로스코프와 마찬가지로 시간축의 설정을 변경할 수 있다. 점선으로 표시된 한 구간의 시간이 1.0초부터 최대 50초까지 가능하므로 아주 느린 변화도 측정이 가능하다. 한 창에서 표시 가능한 시간은 최소 8초부터 400초(50×8)까지이다.

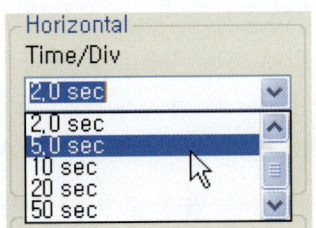

∗지연시간: Delay time

❷ **지연시간 설정** : 일반 오실로스코프와 마찬가지로 지연시간∗을 설정하여 이전에 지나간 신호를 재확인 할 수 있다. 아래의 Position Slider을 이동하여 지나간 신호를 확인한다. 이때 ﹣xx.xx sec는 지연시간의 크기를 나타낸다. 측정중이라도 지연시간의 변경이 가능하며 설정된 지연시간 만큼 지연된 신호가 실시간으로 표시된다. 실행이 중단된 후라도 이전에 측정한 값을 저장하고 있으므로 슬라이드를 이동해 보면 이전 값을 확인할 수 있다.

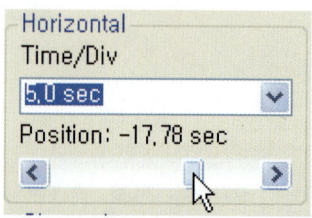

❸ **측정값 읽기** : 측정된 신호는 왼쪽에서 오른쪽으로 스크롤된다. 이때 가장 최근에 측정된 신호값이 오른쪽 상단에 숫자로 표시된다. 지연시간이 1초라면 1초 전의 측정값이 그래프와 같이 표시된다. 지연 슬라이드를 이동하면 가장 왼쪽 그래프의 측정값이 표시되므로 이를 이용하여 각 측정점의 실제 값을 확인할 수 있다.

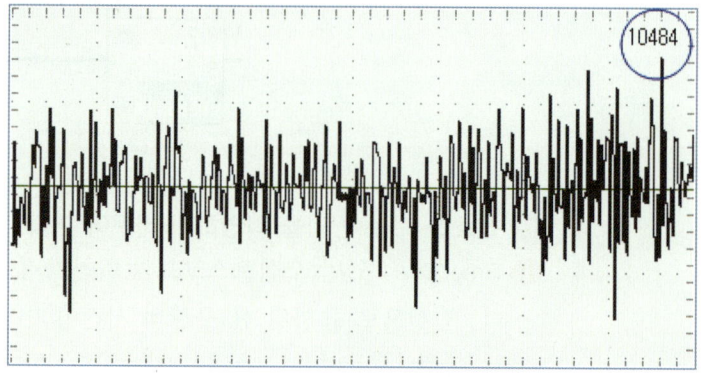

❹ **기준선의 변경** : 임으로 기준선을 변경할 수는 없지만 디바이스의 데이터 범위에 따라 자동으로 영점을 나타내는 수평 중심선이 설정된다. 예를 들면, 데이터의 범위가 0에서 1023이라면 가장 바닥으로 영점 선이 설정되며, ﹣255에서 ＋255라면 정 중앙에 설정된다. 같은 방식으로 ﹣255에서 0이라면 가장 위에 영점 선이 나타나게 된다.

● 오디오 신호인 경우

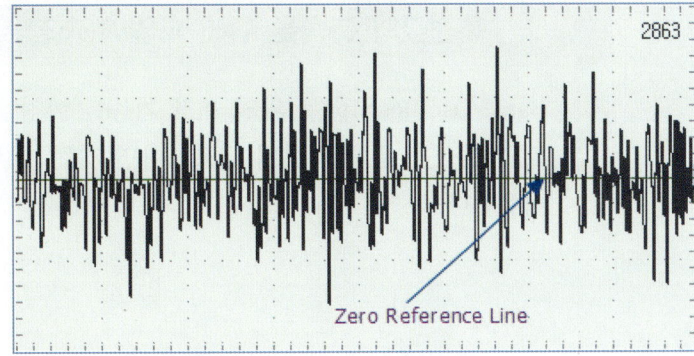

● ADC 입력 신호

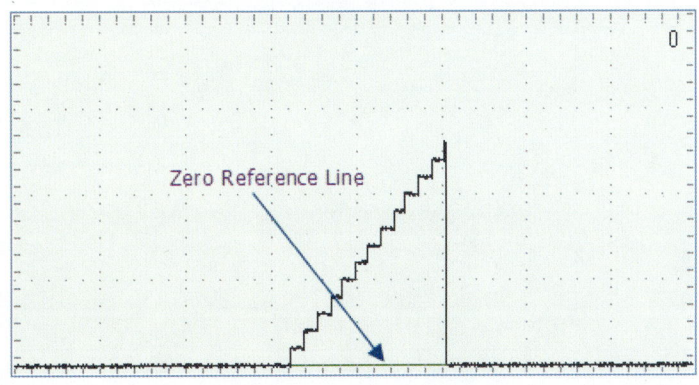

2 │ 이벤트 스코프와 차이점

Event Scope는 Oscilloscope와 동일한 사용법이지만 순간적으로 지나가는 이벤트를 캡춰하기 위해 사용한다. 프로브의 콤보 박스에는 커멘드와 이벤트 디바이스 리스트만 표시된다.

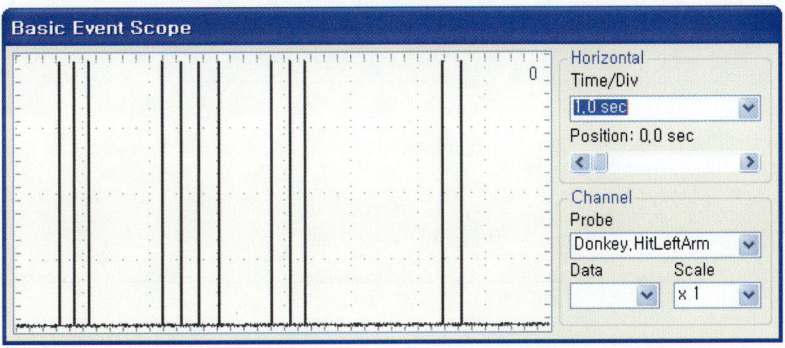

3 | 측정값의 분석을 위해 파일에 저장

Basic Oscilloscope는 파일 저장 기능을 아직 지원하고 있지 않다. 실험 데이터의 분석을 위해 저장이 필요하다면 직접 자바 스크립트로 저장하는 방법을 사용한다.

NETBRAIN

PART 04

NETBRAIN
Project

Cook Book

가변 저항을 제어해 보자

가변저항의 작동 원리를 이해하고 ADC를 통해 가변저항에 걸리는 전압을 측정해 보자.
이 때 로보이드 스튜디오에서 지원하는 다양한 측정 방법을 사용해 보자.

회로도	필요한 부품
	넷브레인 키트 ········· 1개 가변 저항 ··············· 1개 가변 저항 1kΩ ······· 1개 점퍼선 ··················· 다수

1 | 목 표

*ADC : Analog to Digital Converter

가변저항의 작동 원리를 이해하고 ADC*를 통해 가변저항에 걸리는 전압을 측정해 보자. 이때 로보이드 스튜디오에서 지원하는 다양한 측정 방법을 사용해 보자.

1.1 소개

가변저항은 값을 변화시킬 수 있게 되어 있는 저항으로 전류, 전압을 조절하거나 회로 부품의 불균형에 의한 동작상태를 조정하기 위해 사용되며, 한 번 조절하면 저항값을 바꾸지 않는 반고정저항과, 음악의 볼륨처럼 수시로 조절하는 가변저항이 있다. 이처럼 가변저항에는 두 종류가 있는데 그 모습은 다음과 같다.

● 다양한 종류의 가변저항

왼쪽에 있는 가변저항은 볼륨 타입으로 손잡이를 변화시키는 타입이다. 금속 피막형과 탄소 피막형 두 종류가 있으며 위는 탄소 피막형 가변저항이다. 그리고 오른쪽에 있는 가변저항은 드라이버 등으로 돌리는 타입으로 한번 변경하면 움직이지 않는 경우에 사용되며 보통 성능을 조정할 때 많이 사용된다. 위의 사진 중 왼쪽 상단에 있는 가변저항을 보통 많이 사용하지만 보다 정밀한 조정을 원할 때는 그 밑의 가변저항을 사용한다.

1.2 가변저항 특성

회로에서 그려지는 가변저항의 기호는 다음과 같다.

→ 가변저항의 기호

위의 둘 중 어느 것을 사용하여도 상관은 없다. 실제 가변저항을 연결할 때는 가변저항에 있는 3개 핀에 대해서 이해하고 있어야 한다. 먼저 앞에서 본 볼륨 타입 가변저항의 모습을 보자.

→ 볼륨 타입형 가변저항

위의 가변저항을 10kΩ이라고 할 때 내부 모습은 다음과 같다.

→ 가변저항의 내부

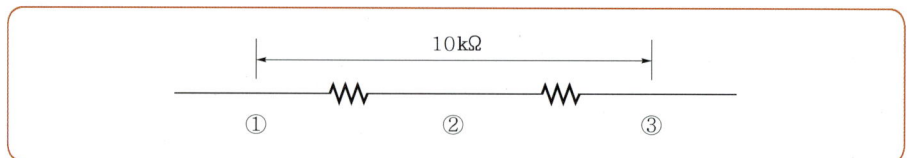

위의 그림을 보면 이해할 수 있듯이 가변저항의 핀 중 ①번과 ③번 사이에는 10kΩ으로 고정되어 있고 손잡이를 돌리면 ①번과 ②번 사이의 저항, ②번과 ③번 사이의 저항값이 변하게 되는 것을 알 수 있다. 저항의 변화를 그림으로 나타내면 다음과 같다.

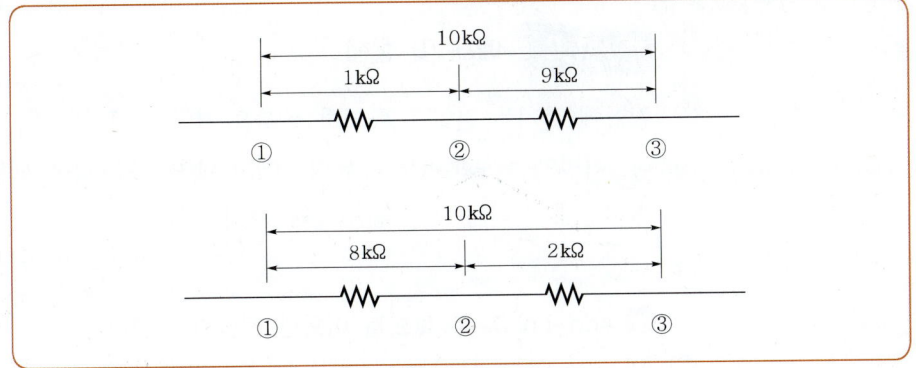

위의 그림을 보면 저항의 변화를 쉽게 이해할 수 있다. 손잡이를 돌리게 되면 한쪽의 저항이 변화하게 되는데, 저항이 증가하면 다른쪽은 감소하고, 저항이 감소하면 다른쪽은 증가하게 된다. 이때 변화하는 양은 손잡이의 회전각도에 따라서 3종류로 나눌 수 있다. 각도에 따른 저항의 변화율을 그래프로 나타내면 다음과 같다.

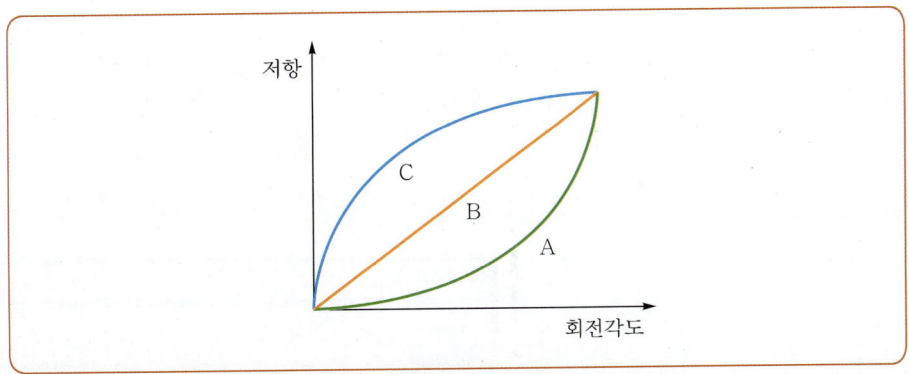

앞에서 처럼 3종류가 있으며, 보통 A형과 B형을 많이 사용한다. B형 같은 경우는 선형적인 형태로서 회전각도에 따라서 일정하게 저항이 변화하는 특징이 있다. 저항값을 설정할 때나 볼륨 조절 등 많은 곳에서 사용되고 있다. 그 다음으로 회전각도가 적을 때는 적은 변화율을 가지다가 회전각도가 커질수록 급격히 증가하게 되는 A형은 Tone 포트에서 많이 사용되고 있다. 그 이유는 저항의 변화율은 Log곡선이지만 이 곡선을 따라야 Tone이 선형적으로 증가하기 때문이다.

1.3 예제 및 실험

저항에 걸리는 전압을 확인하는 것은 어렵지 않지만 그 방법은 여러 가지가 있다. 이번에는 로보이드 슈튜디오에서 확인할 수 있는 모든 방법을 활용해서 가변저항에 걸리는 전압을 측정해 보자.

● Add-on Dash 보드를 이용한 전압의 측정

Add-on Dash 보드는 로보이드 스튜디오에서 모션 콘텐츠를 실행할 때 넷브레인의 입출력 상태를 쉽게 확인할 수 있도록 하는 것이다. 실행하는 법은 다음과 같다.

◆ 로보이드 스튜디오
　 로보이드 매니저*

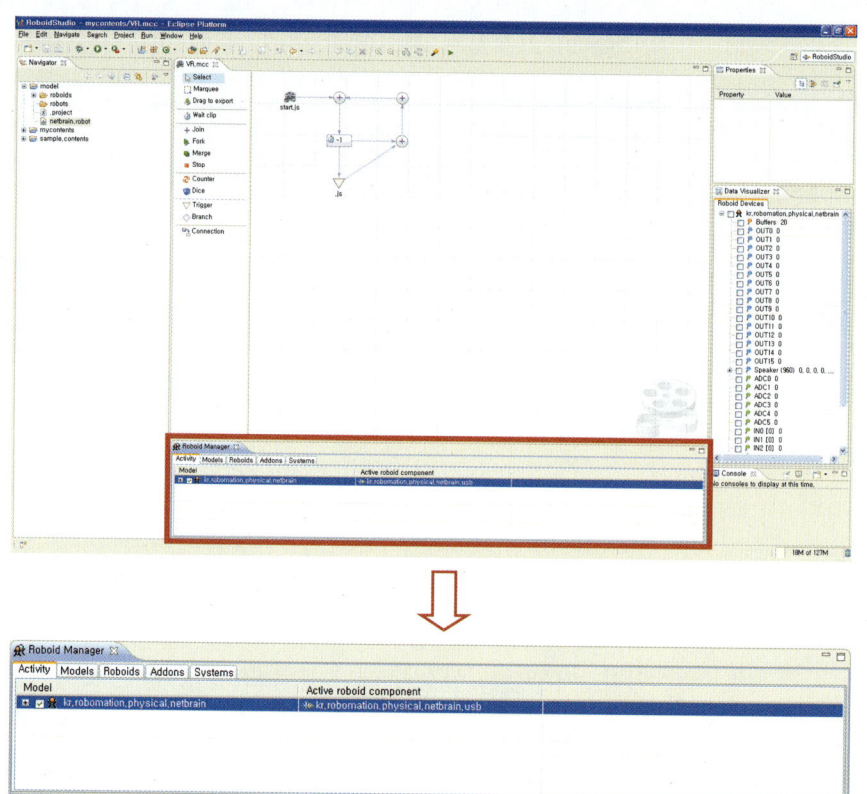

*로보이드 매니저:
　Roboid manager

로보이드 스튜디오를 실행하면 아래쪽에 로보이드 매니저*가 있는 것을 확인할 수 있다. 만약에 없다면 다음과 같이 실행한다.

● 로보이드 매니저*의
　실행

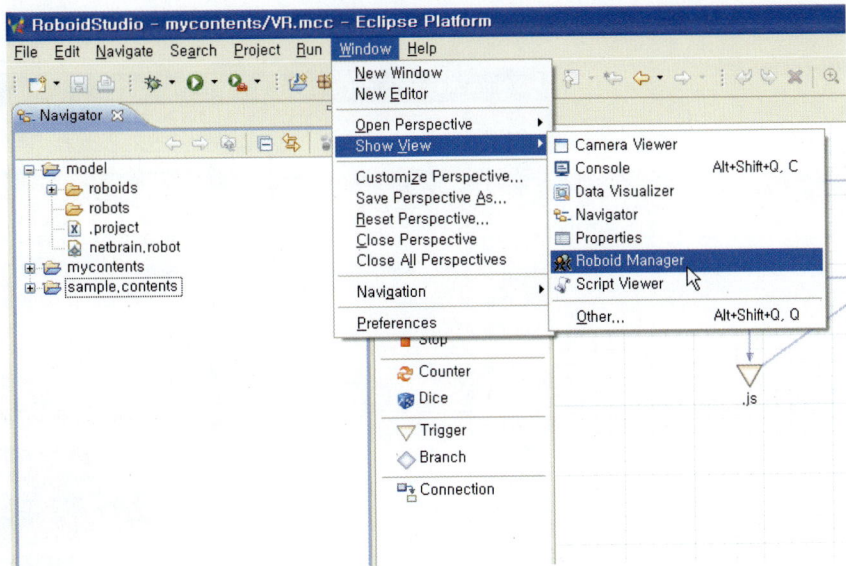

그리고 로보이드 매니저에서 자신이 사용하고 있는 로보이드를 확장한 후 체크
하도록 한다.

● Add-on Dash 보드의
　활성화

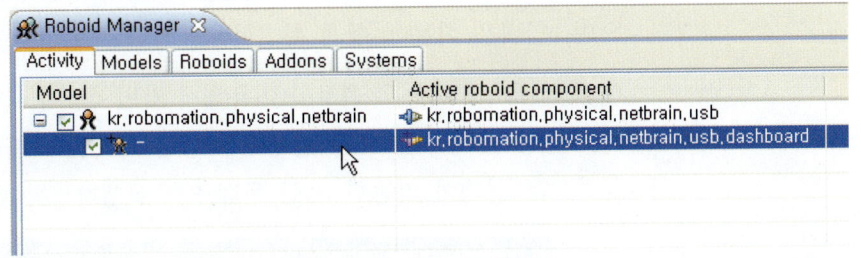

자신이 사용하고 있는 로보이드의 하위 메뉴를 보면 위의 그림에서처럼
dashboard라는 컴포넌트가 있는 것을 확인할 수 있다. 이것을 체크한 후 실행
을 하게 되면 Add-on Dash 보드가 실행되게 된다.

실행된 Add-on Dash 보드의 모습은 다음과 같다.

● Add-on Dash 보드

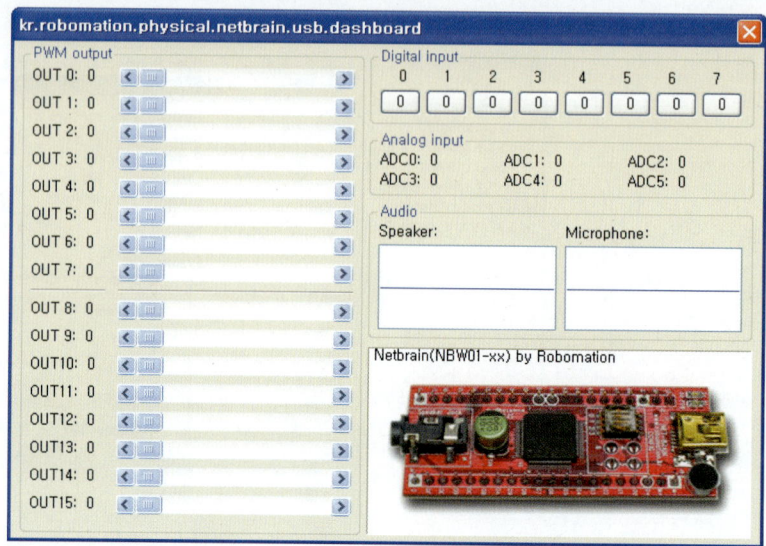

실행된 Add-on Dash 보드를 살펴보면 넷브레인에 있는 입출력 핀이 모두 있는 것을 확인할 수 있다. 출력 같은 경우는 스크롤바를 이용해서 조절할 수 있으며, 입력은 한눈에 쉽게 확인할 수 있도록 구성되어 있다.

이제 앞에서 꾸며놓은 회로를 이용해서 가변저항에 걸리는 전압을 확인하여 보자. Add-on Dash 보드는 실행이 가능한 어떠한 모션 콘텐츠에서도 사용이 가능하므로 실행이 가능한 모션 콘텐츠를 실행하도록 한다.

● Add-on Dash 보드를
이용한 전압의 측정

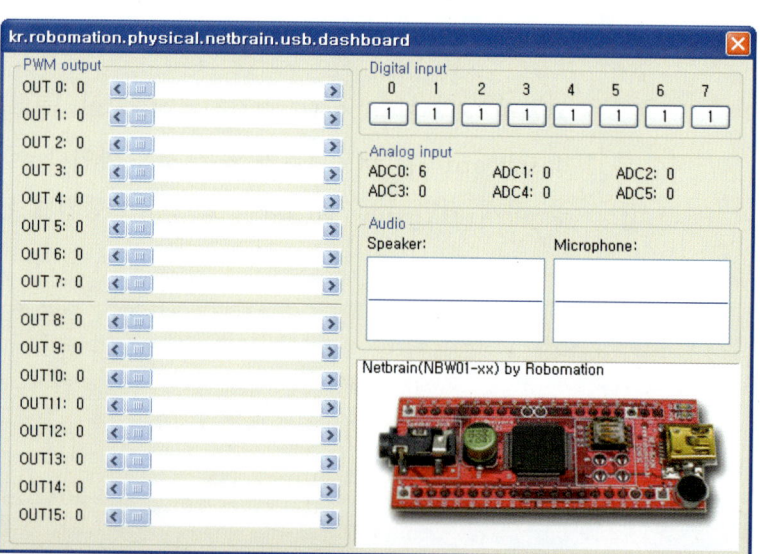

먼저 손잡이를 왼쪽으로 완전히 돌려놓은 후 측정한 값이다. ADC0에 출력되는 값을 보면 6으로 거의 전압이 걸리지 않는 것을 확인할 수 있다. 이것으로 예상할 수 있는 것은 저항값이 거의 없다는 것을 확인할 수 있다. 실제로 이때 저항을 측정해 보면 2.7Ω이 나오게 된다.

손잡이를 반대쪽으로 완전히 돌리면 다음과 같이 출력된다.

➔ Add-on Dash 보드를 이용한 전압의 측정

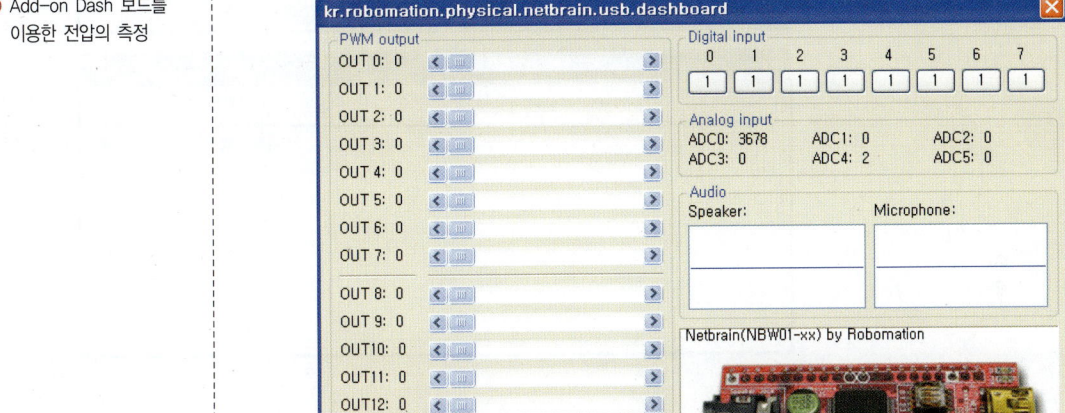

ADC0의 값을 보면 3678로 전에 비해서 매우 많이 증가한 것을 확인할 수 있다. 5V의 전압을 측정했을 때가 4000이므로 거의 5V에 가까운 전압이 걸린 것을 확인할 수 있다. 이때 저항을 측정해 보면 10kΩ인 것을 확인할 수 있다.

● 소프트 스코프를 이용한 전압의 측정

앞에서 설명한 소프트 스코프를 이용해서 가변저항에 걸리는 전압을 측정해 보자. 소프트 스코프 역시 Add-on Dash 보드와 마찬가지로 재생이 되는 모션 콘텐츠에서 실행을 하면 확인할 수 있다.

● 소프트 스코프를 이용한
전압의 측정

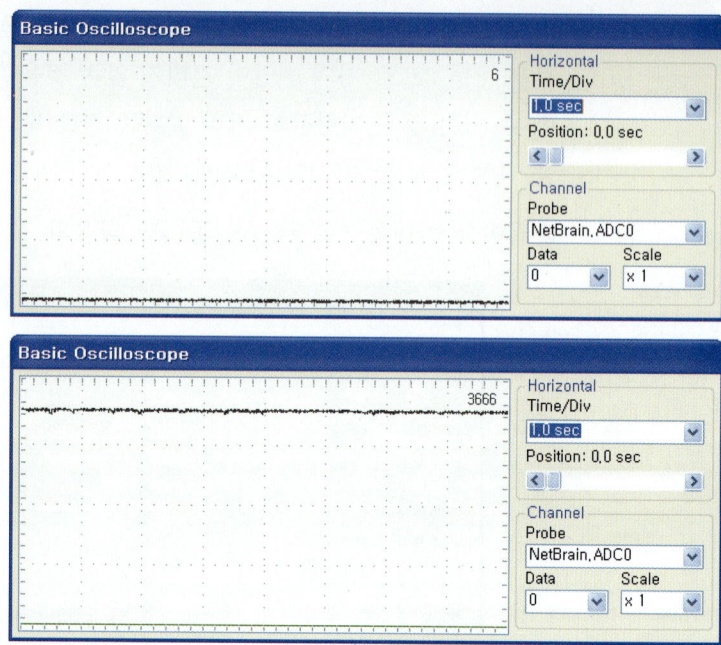

가변저항의 손잡이를 왼쪽으로 전부 돌렸을 때와 오른쪽으로 전부 돌렸을 때를
측정한 그림이다. 앞에서 했던 측정값과 거의 비슷한 값이 나온 것을 확인할
수 있다.

소프트 스코프는 Add-on Dash 보드처럼 일반적인 값의 측정이 아니라 변화한
파형을 측정하기 위한 것이기 때문에 가변저항의 손잡이를 무작위로 조작한 후
측정하였다.

● 소프트 스코프를 이용한
전압의 측정

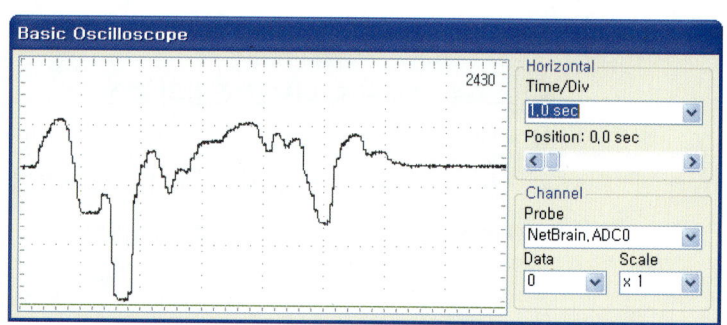

위의 파형을 살펴보면 Time/Div가 1초임을 확인할 수 있다. 이것의 의미는 가
로 눈금 하나가 1초를 의미한다는 것이다. 이를 통해 알 수 있는 것은 파형이
시작한 시간부터 2초 후 가변저항의 값은 증가했다가 감소하게 된다. 그리고
약 8~9초 사이에 최저값의 저항을 가지게 된다. 그리고 약 30초 후 저항에 걸

리는 전압은 2430을 유지하게 된다. 이런 식으로 파형을 분석함으로서 입력값의 변화를 이해하거나 예측할 수 있게 된다. 이것이 소프트 스코프의 장점이라고 할 수 있다.

데이터 비쥬얼라이저를 이용한 전압의 측정

로보이드 스튜디오에 있는 데이터 비쥬얼라이저를 이용해서 전압을 측정해 보도록 하자. 먼저 데이터 비쥬얼라이저의 모습은 다음과 같다.

로보이드 스튜디오와
데이터 비쥬얼라이저

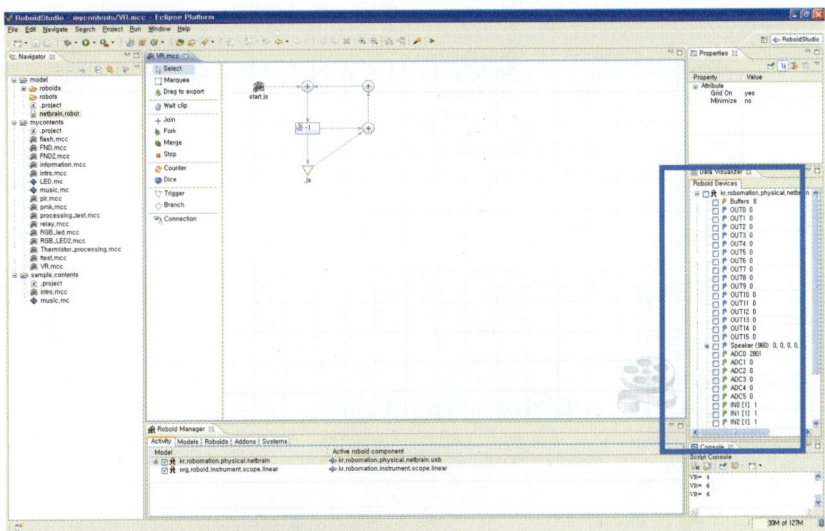

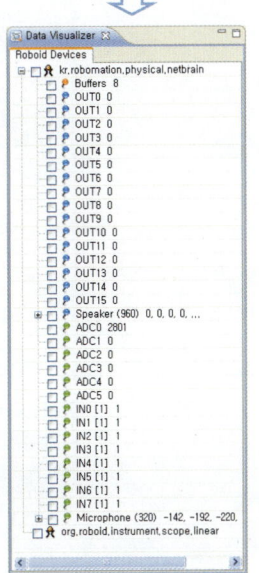

데이터 비쥬얼라이저는 로보이드 스튜디오에서 오른쪽 중간에 위치해 있으며 만약 없을 때 다음과 같이 실행하도록 하자.

● 데이터 비쥬얼라이저의 실행

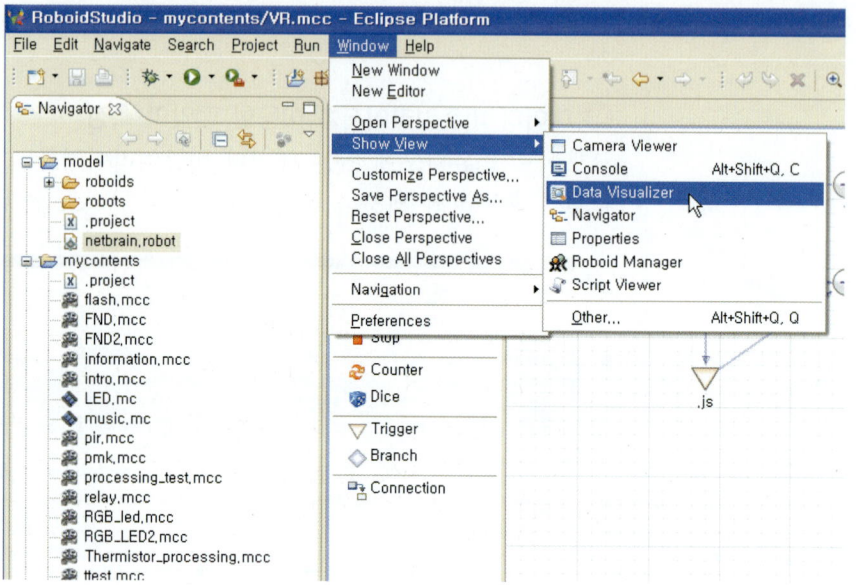

위와 같이 실행해서 데이터 비쥬얼라이저가 생겼다면 재생이 되는 모션 콘텐츠를 실행하도록 하자.

● 데이터 비쥬얼라이저를 이용한 전압의 측정

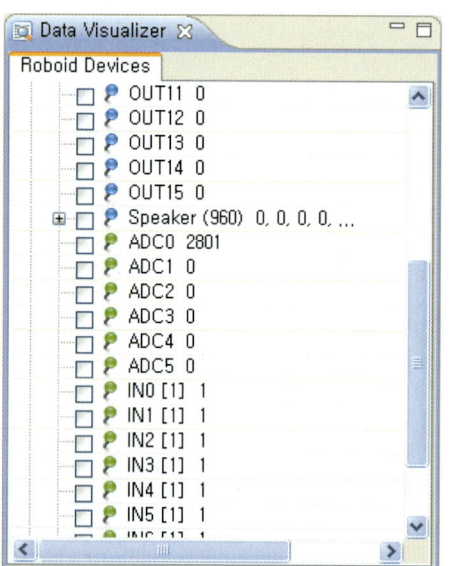

실행을 하면 앞에서 처럼 ADC0에 값을 확인할 수 있다. 앞에서 처럼 손잡이를 왼쪽과 오른쪽으로 돌린 후 측정한 값은 다음과 같다.

● 데이터 비쥬얼라이저를 이용한 전압의 측정

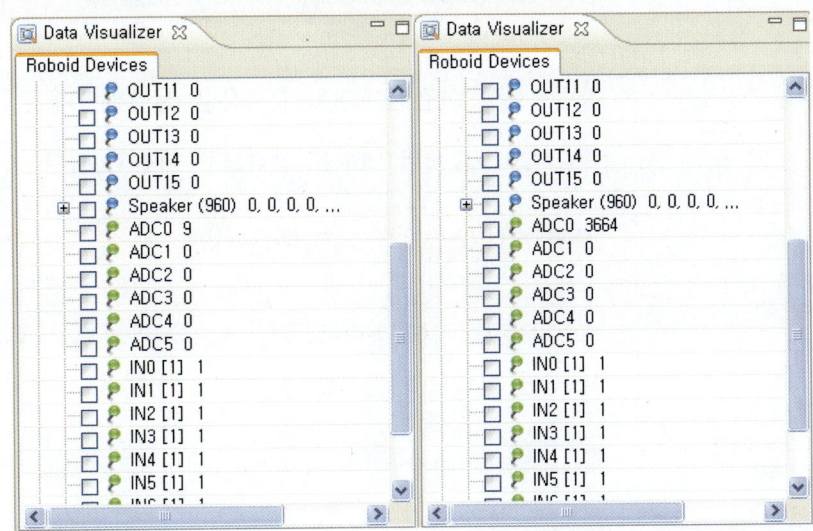

손잡이를 좌우 끝까지 돌린 후 측정한 값을 보면 앞에서 측정한 값과 거의 비슷한 값이 나오는 것을 확인할 수 있다. 이처럼 데이터 비쥬얼라이저는 Add-on Dash 보드 보다는 보기 어렵지만 실행이 간편하고, 로보이드 스튜디오 창 내에서 실행되므로 확인이 간편한 장점이 있다.

● 스크립트로 프린트하여 확인할 것

Console 창을 통해서 측정된 값을 출력하여 눈으로 확인해 보자. 먼저 Console 창을 통해서 출력하려면 자바 스크립트를 활용하여야 한다. 먼저 콘텐츠 컴포저를 이용해서 모션 클립을 다음과 같이 배치하도록 한다.

● 배치된 모션 콘텐츠

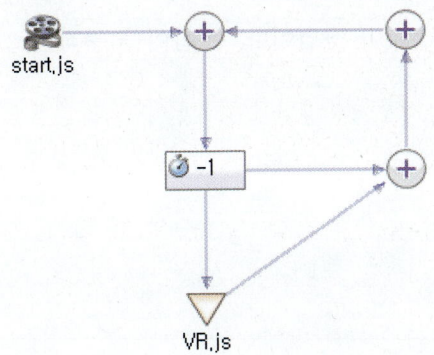

배치된 모션 콘텐츠는 위와 같고, Start.js의 내부를 살펴보면 다음과 같다.

```
var VR = robot.findDevice("NetBrain.ADC0");
```

가변저항이 연결된 ADC0의 사용을 선언하였다.

다음으로 VR.js의 내부를 살펴보면 다음과 같다.

```
console.println("VR= " + VR.read());
```

단순히 콘솔 창에 출력하는 일 빼고는 하지 않기 때문에 매우 간단하다. 앞에서 꾸민 회로도를 연결한 후 실행을 하면 다음과 같이 출력이 된다.

○ 스크립트를 이용한
전압의 측정

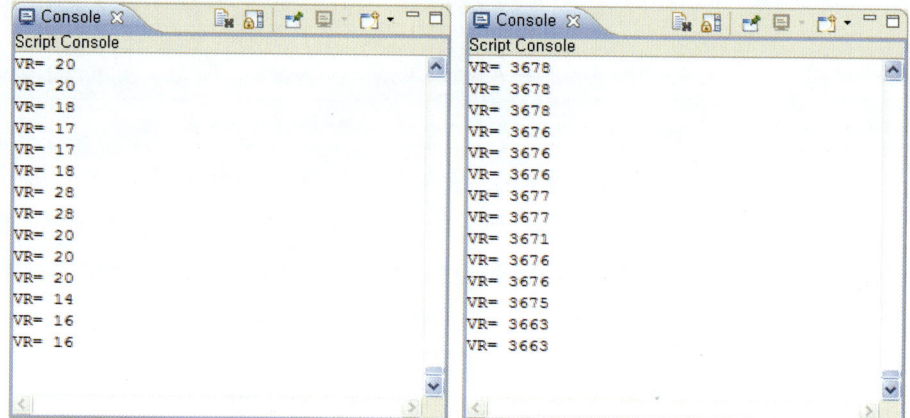

앞에서와 마찬가지로 손잡이를 좌우 끝까지 돌린 후 출력을 확인한 값이다. 여태까지와 마찬가지로 비슷한 값이 측정되는 것을 확인할 수 있다. 이 방법은 소프트 스코프와 마찬가지로 계속된 전압 측정값이 사라지지 않고 남아 있는 것이 장점이다. 손잡이를 무작위로 돌린 후 측정한 값은 다음과 같다.

스크립트를 이용한
전압의 측정

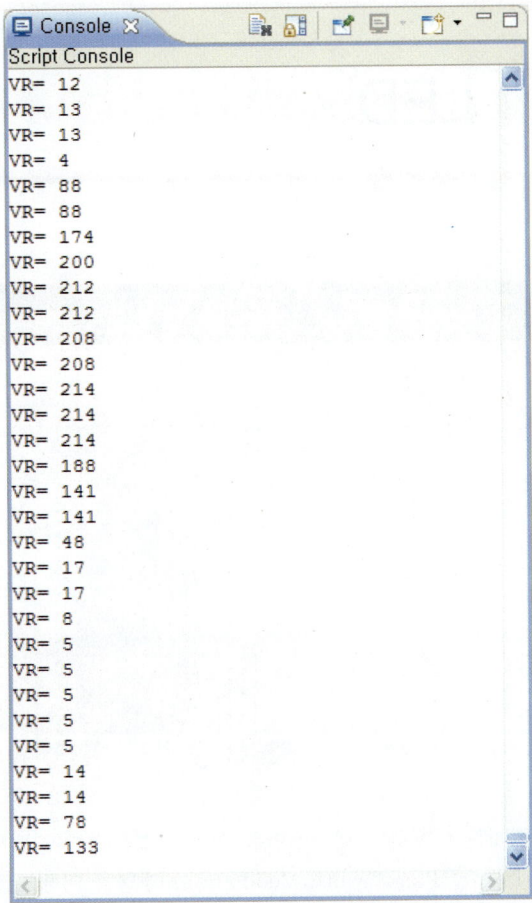

손잡이를 무작위로 조작한 후 출력된 데이터를 확인해 보면 위와 같다. 저항의
값이 증가했다가 감소한 것을 확인할 수 있다. 소프트 스코프 만큼 정확하게
시간에 따른 변화를 분석할 수는 없지만, 측정을 시작한 후 출력되기 시작한
모든 데이터는 콘솔 창에 남아있기 때문에 좀더 폭넓은 분석이 가능한 장점이
있다.

02 | LED

LED를 깜박깜박 해 보자

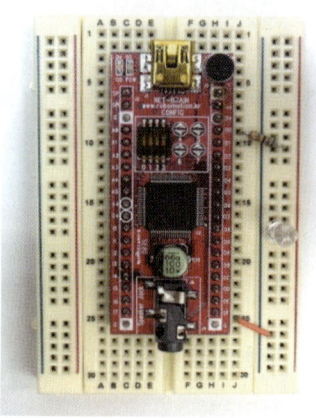

LED의 작동 원리를 이해하고 넷브레인을 이용하여 LED를 점멸해 보자.
펄스 폭 변조(PWM : Pulse Width Modulation) 개념을 이해해 보자.

회로도	필요한 부품
R1 330 D1 GND	넷브레인 키트 ········· 1개 LED ····················· 1개 저항 100~500 Ω ····· 1개 점퍼선 ···················· 다수

1 │ 목 표

- LED의 작동 원리를 이해하고 넷브레인을 이용하여 LED를 점멸해 본다.
- 펄스 폭 변조의 PWM* 개념을 이해하고 넷브레인*을 이용하여 점등 혹은 소등해 본다.

*PWM : Pulse Width Modulation

1.1 소개

LED란 쉽게 말해서 빛을 내는 전기 소자라고 생각하면 된다. 빛을 내는 방법은 여러 가지가 있는데 이 중 LED*는 발광(發光 : 빛이 남) 다이오드*의 약자로서, 반도체*의 PN 접합* 구조를 이용하여 주입된 소수 캐리어*(전자* 혹은 정공*)의 흐름을 이용하여 발광하는 소자를 말한다. 반도체에 전압을 가할 때 생기는 발광현상은 전기장 발광*이라고 하며, 1923년 탄화수소 결정의 발광 관측에서 비롯되었다.

*LED : Lumin Escent Diodeor Light Emitting Diode
*다이오드 : Diode
*반도체 : Semiconductor
*접합 : Junction
*캐리어 : Career
*전자 : Electron
*정공 : Hole
*전기장 발광 : Electric Luminescent

방출하는 빛의 색상은 반도체 칩 구성 원소의 배합에 따라 달라지는데, 고휘도 LED에 주로 사용되는 AlGaIn*(인듐갈륨 질화물)은 청색*부터 녹색*까지, 그리고 청색에 인광체* 기술을 접목하여 백색* LED가 가능해 졌다.

*AlGaIn : Aluminium Gallium Indium Phosphide
*청색 : Blue
*녹색 : Green
*인광체 : Phosphor
*백색 : White

LED는 일반 백열전구에 비해 소비 전력이 1/8, 반응시간은 백만배 이상 빠르면서 수명은 거의 반영구적인 장점을 가지기 때문에 각종 디스플레이 장치, 조명, 친환경 제품에 널리 사용되고 있다. 그러나, LED는 가격이 비싸다는 단점과 특정 영역대의 파장만이 발생한다는 점, 아직까지는 출력이 부족하여 조명 기기를 대체하기 어렵다는 단점도 있다.

➲ 아래의 모든 것이 LED 수 천, 수 십만 개의 조합으로 이루어진다.

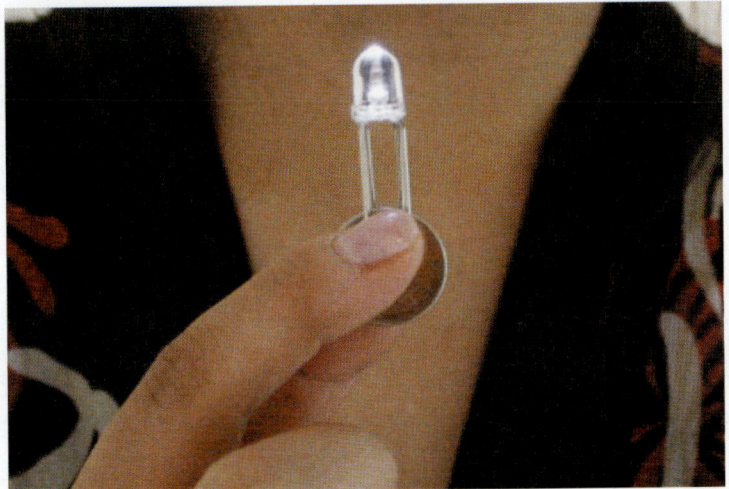

LED의 실제 사례

다음은 LED의 실제 사용 사례이다.

| LED를 이용한 실내 조명 |

| LED를 이용한 실외 조명 |

| LED를 이용한 무지개 탁자 |

| LED를 이용한 액세서리 |

다음 사진은 우리 주변에서 흔히 볼 수 있는 LED 중 하나이다. 아래 부품의 정확한 명칭은 "3 파이 고휘도 반투명 적색 LED"라 부른다. 그런데 회사에 따라서는 LED를 (가칭) ABC-123과 같이 모델명을 붙이는 경우도 있다.

LED

참고로 부품 구매 시 "LED를 달라"고 하면 판매자가 난감해 하는 경우가 많다. 왜냐하면 판매자는 구매자가 원하는 색상이나 크기, 형태 등을 모르므로 어떤 LED를 주어야 할지 알 수가 없기 때문이다. 따라서, 구매자는 구매하고자 하

＊명세 : Specification

는 부품 혹은 소자의 정확한 명세＊를 알고 있는 것이 여러모로 유용하다.

사진은 반투명형 LED이지만 불투명한 LED도 있다. 물론 이밖에 LED는 크기, 형태, 밝기에 따라 수 십, 수 백 종류의 LED로 나뉜다.

다음 그림에서와 같이 LED는 크게 색상과 크기 그리고 형태 및 밝기에 따라서 분류한다. 색상은 다양한 형태가 있으며 특별하게 설명하지 않아도 된다. 크기 에서 φ란 LED의 지름을 말하며 값이 커질수록 LED의 크기 또한 커짐을 의미 한다. 형태 역시 다양한 형태가 있는데 이 중 원형이 압도적으로 많이 사용되 나 경우에 따라서는 직사각형이나 면형 등이 사용되기도 한다. LED 구동 중 매우 중요한 요소인 밝기는 당연히 밝을수록 좋으나 가격이 매우 고가이다. 이 중 본인의 상황에 맞는 LED를 구매하여 사용하면 될 것이다.

◑ LED의 분류

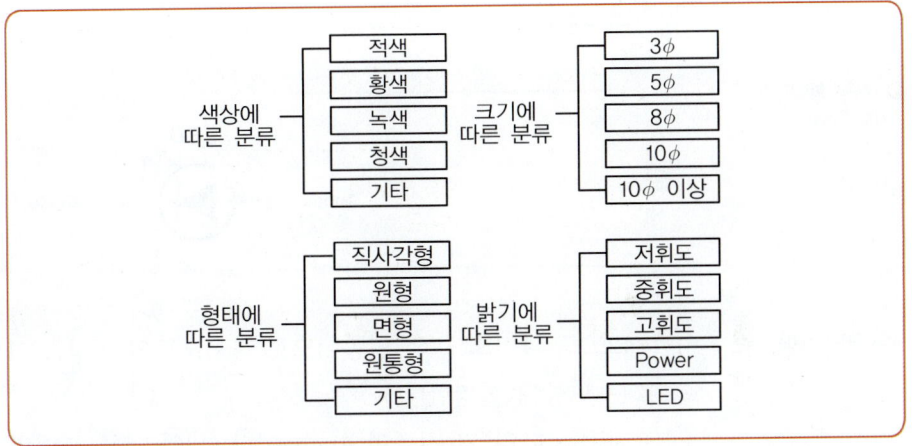

1.2 LED 특성

LED가 무엇인지, 어떠한 종류가 있는지 살펴보았으므로 이제부터는 "어떻게 LED를 제어＊하는지(켜는지, 끄는지)" 알아보도록 하자. 참고로 LED를 끄는 것을 소등(消燈)이라 하고, LED를 켜는 것을 점등(點燈)이라 하고, LED가 깜 빡깜빡이는 것을 점멸＊(點滅)이라고 한다는 것도 알아두자.

＊제어 : Control
＊점멸 : Blink

＊다리 : Lead

앞에서 살펴보았던 5 PAI LED의 구조는 다음과 같다. 다리＊가 두 개인 것도 있고, 경우에 따라 3개 이상이 되는 것도 있지만 일반적으론 두 개의 다리가 있다. 둘 중 긴 다리가 양극＊(＋)이고 짧은 다리가 음극＊(－)이므로 연결할 때 극성에 주의해야 한다. 세부적인 명칭에 대해서는 "이러한 것이 있다"는 정도

＊양극 : Anode
＊음극 : Cathode

와 몇 가지만 더 알아두자.

● LED 외관

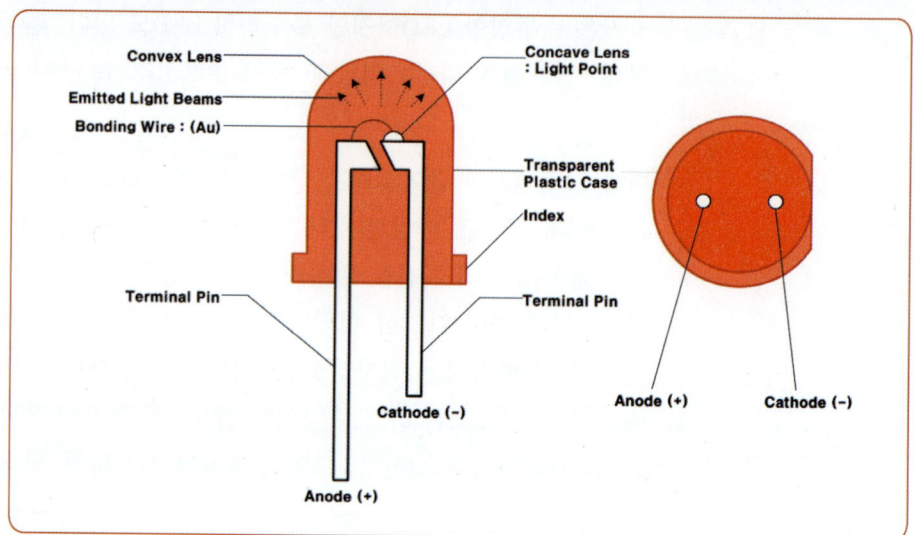

● LED의 회로도 기호*
*기호 : Symble

*다이오드 : Diode

● LED도 다이오드*의 일종이므로 다이오드의 특성을 그대로 갖는다.(다이오드는 나중에 설명한다.)

● LED는 다리*가 긴쪽이 Anode이다.(위와 다른 형태의 LED도 많다는 사실을 잊지 말자.)

*양극 : Anode
*음극 : Cathode

● 양극*(+)에는 VCC(+)를 연결하고, 음극*(−)에는 GND(−)를 연결한다. (극성에 주의한다.)

*순방향 접속 : Forward
Bias
*역방향 접속 : Reverse
Bias

● 건전지로 친다면 양극을 Anode에 연결하고, 음극을 Cathode에 연결한다. 이와 같은 연결 방법을 순방향 접속*이라 하고 이와 반대로 연결한 것을 역방향 접속*이라 한다.

● 회로도를 그릴 때는 위와 같이 기호를 이용해서 그린다. (삼각형의 모양에 주의하기 바란다.)

1.3 LED 점등

다음 그림은 LED의 연결을 나타낸 회로도이다. LED는 양극*(+)에 VCC(+)를 인가하고, 음극*(−)에 GND(−)를 인가하는 순방향 접속* 시 발광 지점*이 점 등되고 이로 인해 전체 LED가 점등된다. LED는 일반 전구가 아닌 다이오드 이기 때문에 순방향 인가 시에만 전류가 흘러 점등되고 역방향 인가 시에는 점 등되지 않는 특성이 있다. 이런 특성을 가지고 있는 LED를 제어하려고 한다면 두 가지 방법이 있다.

*발광 지점: Light Point

◉ LED의 순방향 연결과 역 방향 연결

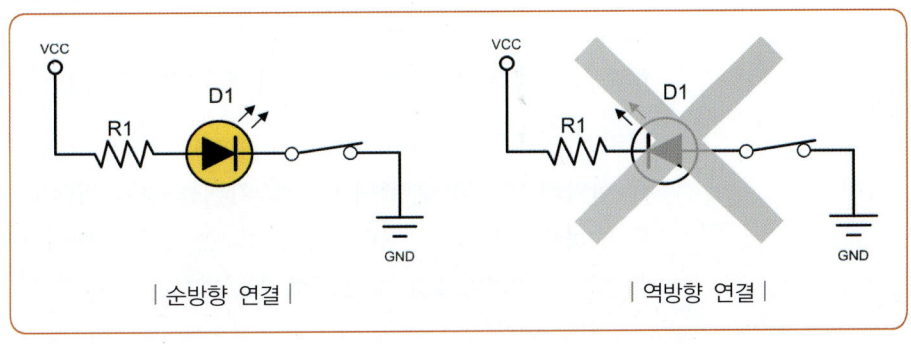

| 순방향 연결 | | 역방향 연결 |

*공통 양극 방식: Common Anode Type

*공통 음극 방식: Common Cathode Type

VCC가 공통으로 묶여 있는 공통 양극 방식*과 GND가 공통으로 묶여 있는 공통 음극 방식*이 있다. 두 가지 방법 모두 LED를 점등할 수는 있으나 공통 양극 방식은 Low를 출력하여 LED를 점등하는 방식이고, 공통 음극 방식은 High를 출력하여 LED를 점등한다는 점이 다르다. 그림으로 살펴보면 다음과 같다.

◉ 공통 음극 방식과 공통 양극 방식

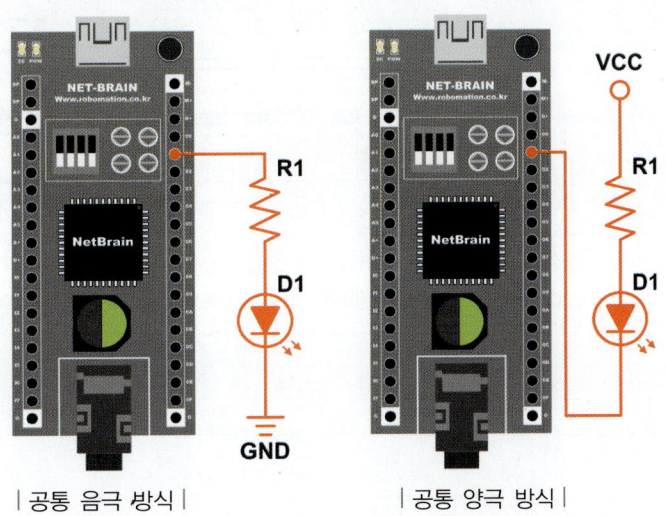

| 공통 음극 방식 | | 공통 양극 방식 |

그림을 보면 LED가 넷브레인에 연결되어 있는 것을 확인할 수 있다. 물론 다른 방법(마이크로 컨트롤러를 이용한다던가, 트랜지스터를 이용한다든지, 스위치를 이용한다든지)으로 점등을 할 수 있으므로 원리만 잘 이해하면 어느 방법으로도 LED를 점등하는데 문제는 없다. 공통 음극 방식으로 넷브레인*에서 High를 출력하는 것이 이해하기 쉬우므로 이를 기준으로 회로를 구성하자. 그러나 공통 양극 방식도 많이 사용된다는 점도 알아두어야 한다.

LED에는 저항이 연결되어 있는데 이 저항은 전류 제한 저항이라 하여 LED를 과전류로(많은 전류가 흐름)부터 보호하는 역할을 한다.

이 중 데이터시트가 있는 LB340 LED에 대해 알아본다. 다음 LED는 3.6V, 30mA에서 점등이 되는 것을 확인할 수 있다. 이것은 LED를 점등하기 위해 저항을 선택하는 과정에서 고려해야 될 가장 큰 요인이 된다.

그밖에 이 LED는 800mcd(=mili candle이라고 해서 1000mcd는 1cd이며, 촛불 하나의 밝기와 같다)의 밝기를 가지는 것과 최대로 4.1V가 인가될 때 점등되는 것을 확인할 수 있다. 만일 LED는 있는데 데이터시트를 구할 수 없는 경우 LED는 3.6V, 20mA 정도로 예상하고 동작하면 될 것이다.

1.4 LB340

→ LED 데이터시트

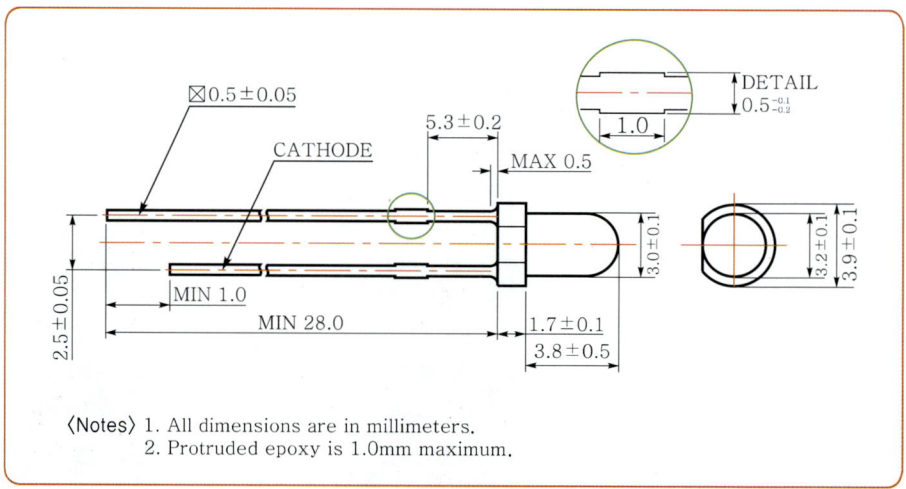

<Notes> 1. All dimensions are in millimeters.
2. Protruded epoxy is 1.0mm maximum.

항목	기호	값			단위
		최소	표준	최대	
DC Forward Current	I_F		30		mA
Forward Peak Pulse Current	I_{FP}		100		mA
Reverse Voltage	V_R		5		V
Power Dissipation	P_D		125		mW
Operating Temperature	T_{opr}		$-30\sim85$		℃
Storage Temperature	T_{stg}		$-40\sim105$		℃
Solder Temperature	T_S		260℃ for 10 second[2]		℃
Luminous Intensity	I_V	500	800	–	mcd
Dominant Wavelength	λ_d	464	470	476	nm
Forward Voltage	V_F	–	3.6	4.1	V
View Angle	$2\theta_{1/2}$		40		Deg.
Reverse Current(at V_R=5V)	I_R	–	–	10	μA

1.5 LED 저항의 계산

LED를 점등하려면 일정한 전압과 전류를 흘려줘야 하는데 이는 데이터시트를 보면 알 수 있다. 앞에 있는 데이터시트를 참고하면 정방향 직류 전류*가 30mA이고, 정방향 전압*이 일반적으로 3.6V이고, 최대값은 4.1V임을 알 수 있다. 3.6V, 30mA를 인가하면 켜진다는 것을 알 수 있다. 이상을 인가하면 LED가 고장나거나 점등되더라도 수명이 오래 가지 않는다.

*정방향 직류 전류: DC Forward Current
*정방향 전압: Forward Voltage

| 넷브레인의 출력 명세 |

항 목	정 격
Supply Voltage	VSS-0.3V to VSS+6.0V
Input Voltage	VSS-0.3V to VDD+0.3V
I_{OL} Total.	150mA
Total Power Dissipation.	500mW
Storage Temperature.	$-50℃$ to $125℃$.
Operating Temperature	$-40℃$ to $85℃$
I_{OH} Total	$-100mA$

Symbol	Parameter	Test Conditions		Min.	Typ.	Max.	Unit
		V_{DD}	Conditions				
I_{OL}	I/O Port 출력 전류	5V	$V_{OL}=0.1V_{DD}$	—	5	—	mA
I_{OH}	I/O Port 입력 전류	5V	$V_{OH}=0.9V_{DD}$	—	5	—	mA

1.6 LED 저항의 계산

이제 LED의 데이터시트에서 확인한 전류와 전압을 기준으로 LED를 점등해 보자. 앞에서 확인해 본 LED를 기준으로 하지 않고 일반적으로 LED를 점등할 때 적용되는 2V, 10mA를 기준으로 설명해 보자.

먼저 LED를 점등하는 방법에 대해서 알아보면, 넷브레인이 VCC의 역할을 하느냐 GND의 역할을 하느냐에 따라서 두 가지 방법이 있다. 이 두 가지 모두 LED를 점등하는데 문제가 없지만 넷브레인이 한 번에 입·출력을 받을 수 있는 전류의 양에 따라서 문제가 발생할 수 있으므로 이것에 대해 고민을 해 봐야 한다. 이에 대한 설명은 데이터시트에 다음과 같이 언급되어 있다.

| NetBrain의 데이터시트 |

Symbol	Parameter	Test Conditions		Min.	Typ.	Max.	Unit
		VDD	Conditions				
IOL	I/O Port 출력 전류	5V	$V_{OL}=0.1V_{DD}$	—	5	—	mA
IOH	I/O Port 입력 전류	5V	$V_{OH}=0.9V_{DD}$	—	−5	—	mA

위의 표를 살펴보면 입·출력 포트의 입력 전류*와 출력 전류*가 있는데, 여기서 출력 전류는 IC의 출력 핀이 Low일 때 IC로 흘러 들어가는 전류이고, 입력 전류는 IC의 출력 핀이 High일 때 나오는 전류이다. 이것에 대해서 그림으로 알아보면 다음과 같다.

*입력 전류 : Source Current
*출력 전류 : Sink Current

➔ 입력 전류와 출력 전류

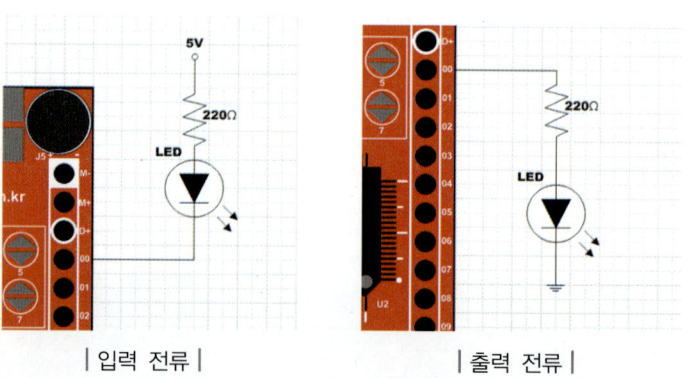

| 입력 전류 | | 출력 전류 |

위의 표에서 넷브레인의 입력 및 출력 전류가 5mA로 나와 있는데, LED를 점등할 수 있는 전류는 10mA이므로 LED를 사용 못한다고 생각할 수도 있다. 하지만 입력 및 출력 전류가 5mA로 꼭 고정되어 있는 것은 아니다. 입·출력 전류의 총합보다 적으면 사용할 수 있는 것이다. 바로 이것이 I_{OL} Total과 I_{OH} Total이라는 것이다. 이것은 모든 핀에서 사용되는 전류의 합이기 때문에 한 핀만 사용한다면 그 핀에만 적용되게 된다. 넷브레인의 경우에는 입력 및 출력 전류가 150mA/100mA이므로 LED를 어떻게 사용하여도 잘 점등되게 된다.

여기서 넷브레인의 출력 핀을 High로 놓고 사용할 때를 예로 들어 보자. 앞에서 설명했듯이 LED를 점등하기 위해 사용되는 전압과 전류는 2V, 10mA일 때 점등된다. 이때 전류는 10mA일 때 점등할 수 있다고는 하지만 20mA를 인가해도 점등되지 않는 것은 아니다. 10mA보다 밝지만 수명이 짧아지게 된다. 그렇기 때문에 보통 10mA를 인가하게 된다.

그 다음으로 넷브레인의 핀을 VCC로 사용하고 연결할 때 핀에서 나오는 출력이 5V이기 때문에 LED에 직접 연결된다면 LED가 망가지게 된다. 그렇기 때문에 LED 앞에 저항을 달아서 3V 만큼 전압강하를 시켜줘야 한다. 그림을 통해서 보면 다음과 같다.

● 전압강하

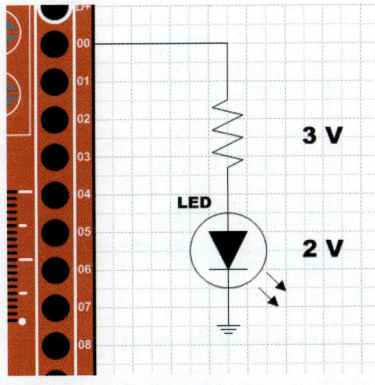

위의 그림에서 처럼 저항에 3V의 전압강하가 걸려야 LED가 점등되게 된다. 즉, 저항에 3V의 전압과 10mA의 전류가 흘려야 된다는 뜻이다. 옴의 법칙으로 설명하면 다음 식과 같다.

$$V = IR$$
$$3\,V = 0.01(=10\text{mA}) \times R$$
$$R = 300\,\Omega$$

300Ω의 저항을 연결하면 저항에 3V의 전압강하가 생기게 되어 LED에 2V의 전압이 걸린다. 이 경우에는 10mA의 전류만 사용할 생각으로 한 것이고 더 적은 전류가 흐르게 하려면 저항을 증가시키면 된다.

이것을 통해 LED에 흐르는 전류를 제어할 수 있다. 선택한 저항을 연결할 때 LED +쪽과 −쪽 어디든 연결해도 상관은 없다. 하지만 극성이 있는 소자의 경우 −쪽은 GND에 바로 연결하고 저항 같은 소자는 +쪽에 다는 것이 회로의 안정적인 동작에 도움이 되기 때문에 LED의 +쪽에 다는 것이 좋다.

1.7 예제 및 실험

*타임 라인 에디터: Time Line Editor

LED 점등 실험은 타임 라인 에디터*를 이용해서 한다. 먼저 mycontents에 LED.mc라는 Motion Clip을 생성한다.

⊃ Motion Clip의 생성

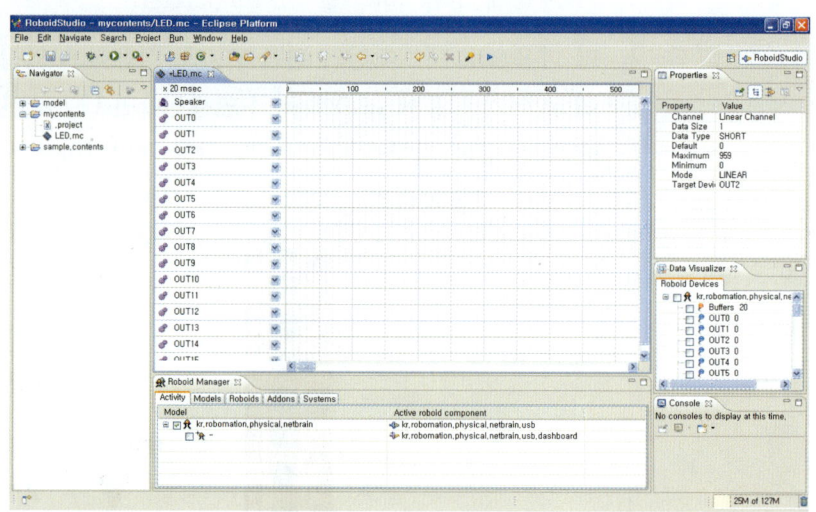

이렇게 생성된 첫 화면을 살펴보면 OUT0~OUT15까지 있는 것을 알 수 있다. LED는 OUT0에 연결되어 있으므로 OUT0에 Clip을 원하는 길이만큼 만든다. 여기서 0~500Frame까지 만들어 본다. 한 프레임*이 20ms이므로 10초임을 알 수 있다.

*프레임: Frame

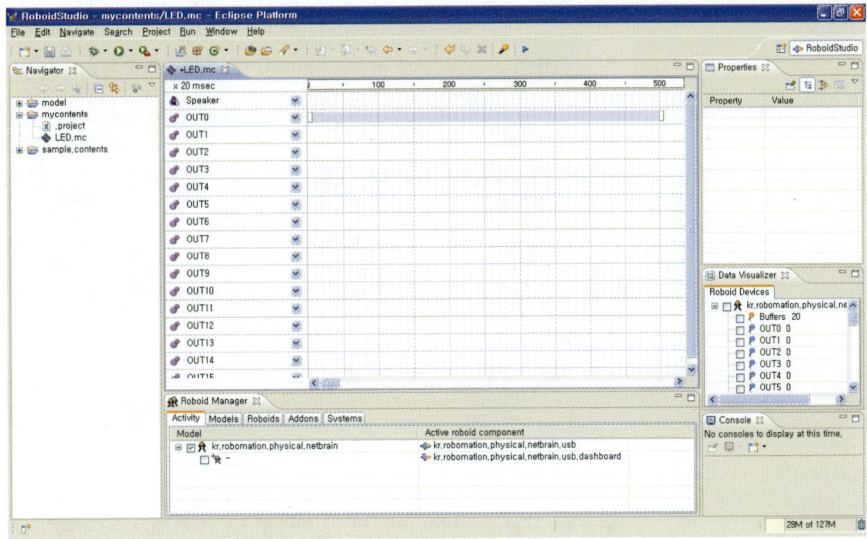

➜ 시작과 끝 Frame의 설정

Motion Clip을 0~500Frame까지 설정하였다. 이제 깜빡거리는 동작을 위해서 100Frame 마다 추가로 제어점*을 만들어 준다.

＊제어점 : Control Point

➜ 동작 Frame 추가

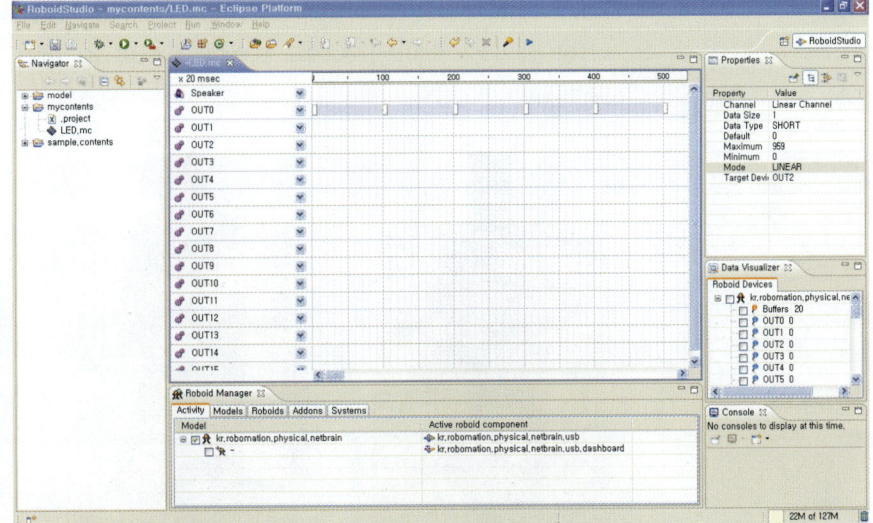

이제 원하는 출력값을 설정해 줌으로써 LED를 점등시킬 수 있다. 제어점을 하나 선택하면 우측에 Properties가 있는데 Value값을 입력해 주면 된다.

● NetBrain의 출력값 설정

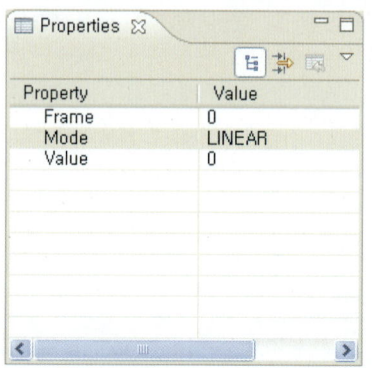

좌측은 Value값을 0으로 입력해 준 것이고, 우측은 NetBrain 출력의 최대값인 959를 입력해 준 것이다. Value가 0이면 LED가 점등되지 않고 959이면 점등되게 된다. 동작을 확인하기 위해서 Motion Clip 6개에 번갈아가면서 0, 959를 입력하였다. 이렇게 하면 Value가 0인 첫 번째 Frame에서 Value가 959인 두 번째 Frame까지는 Value가 서서히 증가하는 것을 확인할 수 있다. 이것은 LED의 밝기가 점점 밝아지는 것으로 확인할 수 있다. 실제 실행한 모습은 다음과 같다.

● 실행한 모습

앞에서 보면 알 수 있듯이 밝기가 변하는 것을 확인할 수 있다.

03 | RGB LED

RGB LED를 깜박깜박 해 보자

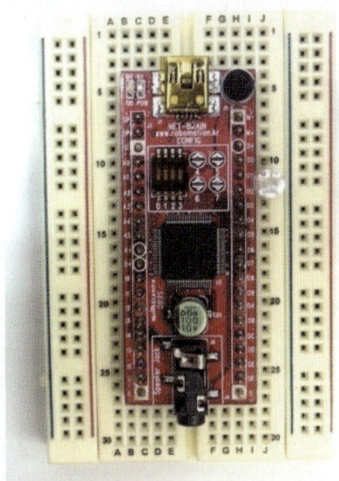

RGB LED의 동작 원리를 이해하고 PWM을 통해 RGB값을 조합해서 다양한 색상을 표현해 보자.

회로도	필요한 부품
SP SP G A0　00　RED A1　01　VCC A2　02　GREEN A3　03　BLUE A4　04　D1 A5　05 A+　06 D+　07 I0　08 I1　09 I2　0A I3　0B I4　0C I5　0D I6　0E I7　0F G　G M- M+ D+ VCC BLUE　GREEN　RED	넷브레인 키트 ········· 1개 RGB LED ················ 1개 점퍼선 ····················· 다수

1 | 목 표

＊PWM : Pulse Width
 Modulation

RGB LED의 동작 원리를 이해하고, PWM＊을 통해 RGB값을 조합해서 다양한
색상을 표현해 보자.

1.1 소개

RGB LED는 LED 중 하나로써 RGB색의 조합으로(이론적으로는) 모든 색상을
표현할 수 있는 특징을 가진 LED이다. 적색＊, 녹색＊, 청색＊ 3개의 핀이 존재
하여 적절한 값을 이 핀에 인가하면 다양한 색을 만들 수 있다. 그러나 조합된
색이 발생하는 것은 아니고 각각의 색이 합쳐져서 눈으로 볼 때, 한 가지 색이
발생되는 것처럼 보이는 것이다.

＊적색 : Red
＊녹색 : Green
＊청색 : Blue

↪ 적색, 녹색, 청색 모두 켤
   수 있는 RGB LED

LED 중 다양한 색상을 내는 것은 RGB LED 이외에도 3개의 색상을 내는 LED도
있다. 하지만 이런 LED는 단색 LED에 비해 고가이므로 필요에 따라서 사용되
는 편이다. 그 중에도 RGB LED는 단색 LED에 비해서 수 십배나 비싸기 때문
에 널리 사용되지는 않고 전광판이나 광고 등 특수한 용도로만 사용된다.

외형은 위와 같은 형태를 띠고 있으며 4개의 핀을 가지고 있는 것이 특징이다.
4개의 핀은 RGB 각각을 제어하는 3개와 나머지 하나는 모델에 따라서 VCC 혹
은 GND이다. 사용법은 일반 LED와 같으므로 어렵지는 않다. 하지만 원하는
색을 만들기 위한 방법은 쉽지 않기 때문에 데이터시트를 보고 특성을 잘 이해
해야 된다.

1.2 특성

앞에서 언급했듯이 RGB LED는 RGB색의 조합으로 제어하기 때문에 각각의 색상에 대한 특성과 RGB LED에 대한 특성을 자세히 알고 있어야 한다.

먼저 모든 색은 RGB란 가산 혼합으로써 적색*, 녹색*, 청색* 3종류의 광원을 이용하여 색을 혼합하며, 색을 섞을수록 밝아지기 때문에 「가산 혼합」이라고 한다.

*적색: Red
*녹색: Green
*청색: Blue

➡ 가산 혼합

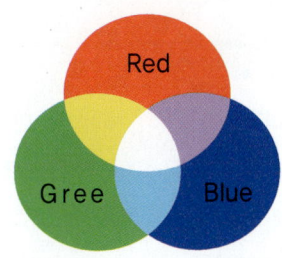

이런 RGB의 조합으로 하나의 색을 만들고자 한다면 RGB LED에서 RGB에 해당하는 3개의 핀에 적당한 신호를 인가하면 색이 켜지게 된다. RGB LED의 구조는 다음과 같다. 3개의 LED가 내장되어 있어 신호 유무에 따라 다양한 색상이 나타난다.

➡ RGB LED

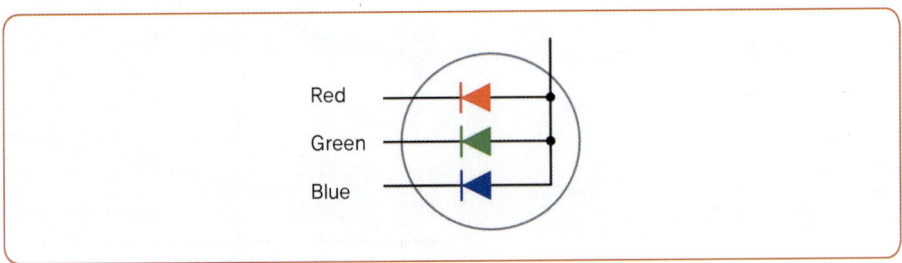

다음 그림은 [R, G, B] 신호를 [1, 0, 0], [0, 1, 0], [0, 0, 1]로 줄 때 각각 적색, 녹색, 청색이 나오는 그림이다.

➡ 여러 제어 신호에 따른 RGB LED의 색상(적색, 녹색, 청색)

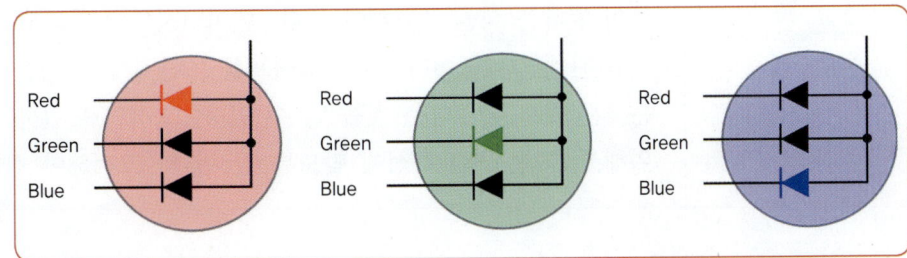

만일 황색, 분홍색, 하늘색과 같은 다른 색상을 나타내려면 어떻게 해야 할까?
[R, G, B] 신호를 [1, 1, 0], [1, 0, 1], [0, 1, 1]로 줄 때 각각 황색, 분홍색,
하늘색이 나타난다.

➔ 여러 제어 신호에 따른
RGB LED의 색상(황색,
분홍색, 하늘색)

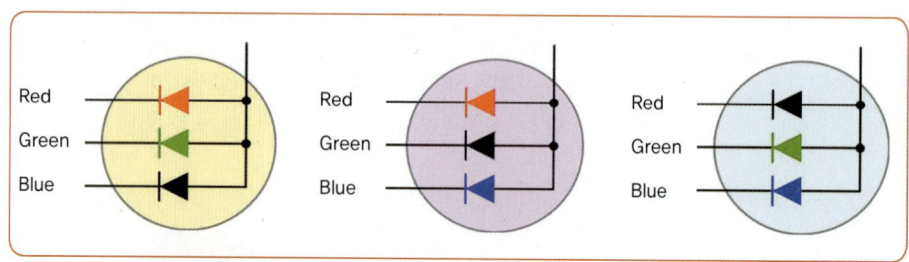

＊휘도 : Brightness

그러나 위와 같이 켜보면 생각했던 색상과 차이가 있는데, 이는 각각의 휘도＊
가 다르기 때문이다. 예를 들어 적색과 녹색을 섞으면 노란색이 켜지는 것이
맞지만 실제로는 적색에 가까운 녹색이 켜진다. 이러한 이유는 다음 표를 보면
알 수 있다.

➔ RGB 핀에 들어가는 전
류와 전압 관계 그래프

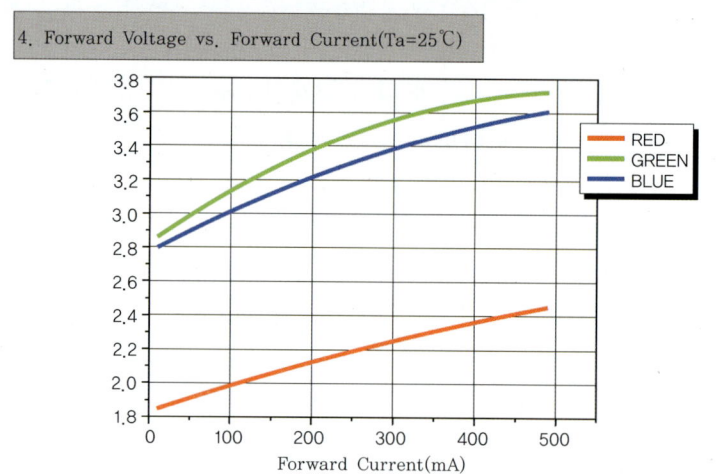

＊펄스 폭 변조 : PWM

이러한 문제를 해결하기 위해서는 각각 색상에 맞는 펄스 폭 변조＊ 신호를 만
들어 원하는 색을 조합해야 된다. 데이터시트에 나와있는 RGB 각각의 전류와
전압 관계 그래프이다. 앞의 그래프를 보면 같은 전압을 인가해도 흐르는 전류
는 색상별로 다르다는 것을 알 수 있다. 그러므로 원하는 색의 조합을 만들기
위해서 RGB LED 특성에 맞도록 한 번 더 고려해야 한다.

1.3 DG-53NRGB262C

RGB LED의 핀 배치는 다음과 같다.

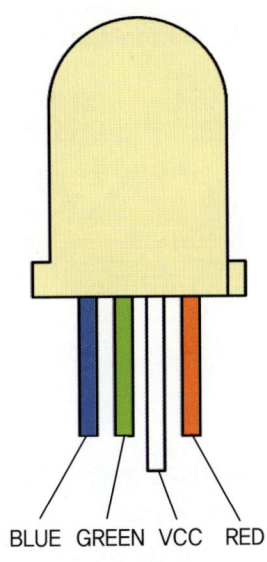

BLUE GREEN VCC RED

실제 RGB LED의 리드 선에 색상이 있는 것은 아니다. DG-53NRGB262C는
공통 양극 방식*으로써 VCC 핀에 전원을 인가하고 Red, Green, Blue 핀에 저
항과 GND를 연결하면 점등되게 되어 있다. 데이터시트를 살펴보면 Luminous
Intensity라는 용어가 나오는데 이는 광도이고, 단위는 mcd라고 한다. 이는
mili candle이라고 하는데 1000mcd는 1cd이며 촛불 하나의 밝기와 같다. 그런
데 최근에는 1cd를 가로, 세로 1cm인 백금이 융점일 때 표면에서 나오는 밝기
로 정의한다. 많이 쓰이는 Lux는 조명 단위로 절대적인 비교는 불가능하지만
단순 비교로 보면 1m 떨어진 곳에서 다음과 같다.

$$1Lux=1cd=1000mcd$$

*타임라인 모션 에디터: Time Line Motion Editor

RGB_LED.mcc

1.4 예제 및 실험

RGB LED의 점등은 타임라인 모션 에디터*로 동작시켜도 상관없지만 3가지 색상을 순서대로 점등시키기 위해서 Contents Composer를 사용하여 동작시켰다. 배치된 Motion Contents는 다음과 같다.

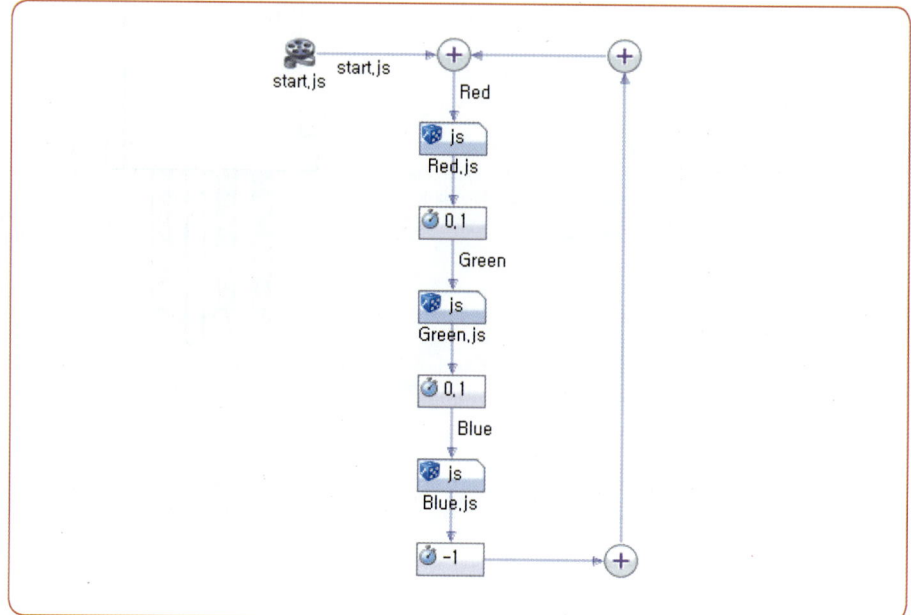

실행하게 되면 RGB LED가 Red → Green → Blue 순으로 0.1초 간격으로 깜빡거리게 된다. 먼저 start.js의 내부를 살펴보면 다음과 같다.

```
var red = robot.findDevice("NetBrain.OUT0");
        // RGB LED의 Red 단자에 연결된 OUT0선언
var green = robot.findDevice("NetBrain.OUT2");
        // RGB LED의 Green 단자에 연결된 OUT2선언
var blue = robot.findDevice("NetBrain.OUT3");
        //RGB LED의 Blue 단자에 연결된 OUT3선언
var vcc = robot.findDevice("NetBrain.OUT1");
        // RGB LED의 Vcc 단자에 연결된 OUT1선언
```

RGB LED에 연결된 넷브레인의 출력 포트를 전부 선언하였다.

Red.js, Green.js, Blue.js는 내부적으로 거의 비슷하기 때문에 Red.js의 내부만 예로 들어 살펴본다.

```
red.write(0);
green.write(100);
blue.write(100);
```

Red를 점등하기 위해 Red에만 0을 출력하고 나머지는 100을 출력하도록 하여 Red쪽만 점등되도록 하였다. 둘의 차이가 클수록 밝기가 밝아지지만 저항이 안 달려 있기 때문에 100의 차이 만큼만 출력을 줘서 RGB LED에 무리가 안 가도록 하였다. 만약에 다른 색을 점등하고 싶다면 그 단자에 0을 출력하면 된다. 실제로 실행한 모습은 다음과 같다.

● 실제 실행한 모습

실행을 하면 앞에서 처럼 적색, 녹색, 청색 순으로 색이 변하는 것을 확인할 수 있다.

Section **04** | FND

FND에 숫자를 표시해 보자

FND의 작동 원리를 이해하고 넷브레인을 통해서 원하는 숫자를 출력해 보자.

회로도	필요한 부품
	넷브레인 키트 ········· 1개 FND ····················· 1개 점퍼선 ···················· 다수

1 | 목표

*FND：Flexible Numeric Display

여러 숫자를 표현할 수 있는 FND*의 작동 원리를 이해하고 넷브레인을 통해서 원하는 숫자를 출력해 보자.

1.1 소개

7-Segment 혹은 7-Segment Light Emitting Diode라고도 불리는 FND는 숫자 형태의 조합으로 LED가 배열되어 숫자 혹은 영문자를 표시할 수 있는 부품이다. 크기, 자릿수(1, 2, 4, …, 6 등), 색상에 따라 다양한 제품이 있다.

다양한 형태의 FND
〈자료 출처〉 디바이스 마트

FND는 한글 표현이 불가능하고, 표현할 수 있는 알파벳도 제한되어 있다. 하지만, 구동 방법이 비교적 간단하고, 알아보기 쉬우므로 널리 사용된다. FND의 다양한 형태로 막대 형태의 LED인 Bar LED, 시계에 특화된 Clock LED, 알파벳의 모든 문자를 표현할 수 있는 Alpha Numeric, 사용자 주문에 의한 Custom Display 등이 있다.

FND 특성

*공통 양극 : Common Anode
*공통 음극 : Common Cathode

FND 역시 LED와 마찬가지로 회로 구성에 따라 크게 공통 양극* 방식과 공통 음극* 방식으로 나뉘는데 어떠한 것을 사용해도 무방하다. 먼저 FND의 외관은 다음과 같다.

➔ FND 핀 배치도

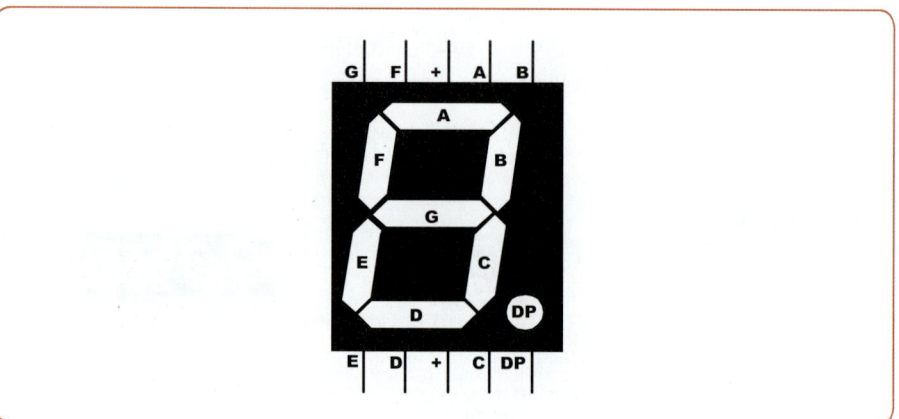

0부터 9까지의 숫자와 A, b, c, d, E, F의 문자를 나타낼 수 있는데, 이것에 대한 원리는 핀 배치를 보면 알 수 있다. 핀 하나하나에 써 있는 것과 일치하는 LED에 점등이 되기 때문에 출력하려는 숫자를 구성하는 LED에 신호를 인가하면 된다. 예를 들어 1을 나타내고자 한다면 B와 C 포트에 Low를 인가하고 +단자에 High 신호를 인가하게 된다면 FND에 B와 C만 켜져서 1처럼 보이게 된다.

➔ 1과 8을 점등한 영상

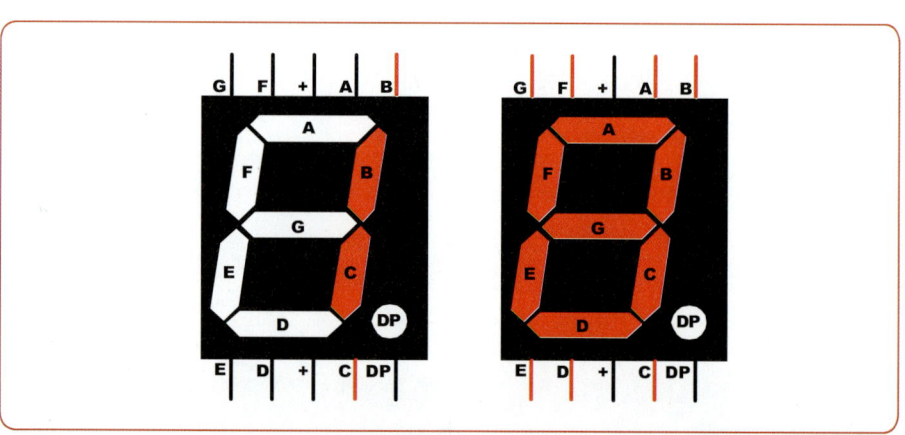

또 8을 나타내고자 한다면 DP를 제외한 핀에 Low를 인가하면 된다. 이는 이것이 공통 양극 방식이기 때문이다. 공통 음극 방식이라면 반대로 신호를 인가해 주어야 된다. 이러한 방법으로 0, 1, 2, 3, 4, 5, 6, 7, 8, 9, A ,b, c, d, E, F의 문자를 나타낼 수 있다. 또한 이렇게 직접 제어하지 않고, 드라이버 칩을 사용하는 경우가 있는데, 드라이버 칩은 구동하기가 편한 장점이 있으나, 표현할 수 있는 문자를 제한하는 단점이 있고 위의 "c"와 같은 문자를 표현할 수 없다. 이러한 드라이버는 이의 사용 역시 개발자의 선택이긴 하나 잘 사용되지 않으므로 설명은 생략한다. 참고로 FND 드라이버 칩으로는 7446/47/48/49/ 246/247/248/249 등이 있다. FND에서 글자가 표현되는 원리는 다음과 같다.

○ FND에서 숫자 및 문자
  표기

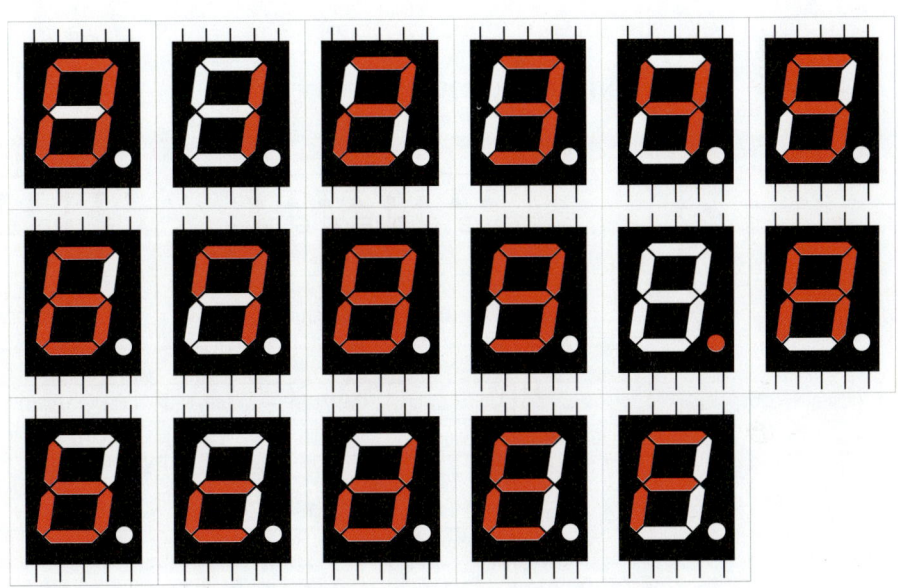

1.3 5163ASR

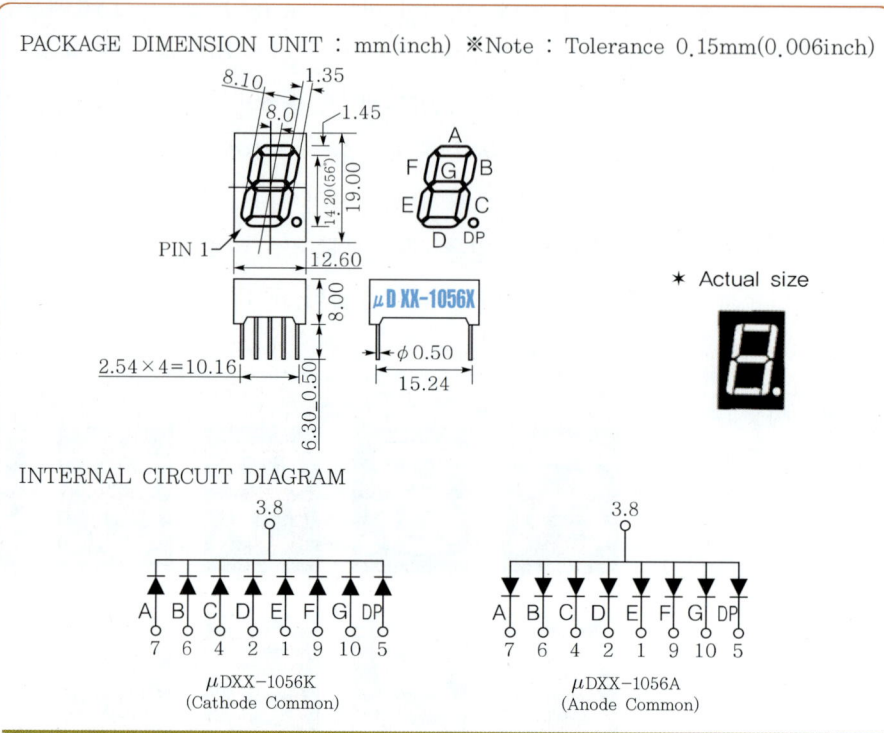

PACKAGE DIMENSION UNIT : mm(inch) ※Note : Tolerance 0.15mm(0.006inch)

INTERNAL CIRCUIT DIAGRAM

μDXX−1056K
(Cathode Common)

μDXX−1056A
(Anode Common)

* Actual size

	Device No.	R-1056X*	G-1056X*	SR-1056X*	Y-1056X*	UR-1056X*
CHIP	Materials	GaP/GaP	GaP/GaP	GaAsP/GaP	GaAsP/GaP	GaAIAs
	color	RED	GREEN	ORANGE	YELLOW	ULTRA RED
	AP	700	568	630	589	660
P_D (mW)	TPTAL	320	320	320	320	320
	SEG	40	40	40	40	40
V_F (I_F : 20mA)	Typ(V)	2.25	2.25	1.80	2.10	1.80
	Max(V)	2.60	2.60	2.10	2.60	2.00
I_R	Max(μA)	10	10	10	10	10
	VR(V)	5	5	5	5	5
I_V (I_F : 10mA)	Min(μcd)	700	800	4,000	1,000	10,000
	Typ(μcd)	1,000	1,300	6,000	1,500	12,000

※ REMARK : X*⇒A=ANODE COMMON, K=CATHODE COMMON

위의 데이터시트는 이번 실험에 사용된 FND의 데이터시트이다. FND는 공통
양극 방식으로 핀에 Low를 인가해야 점등이 된다. 밑에 나올 회로도와 비교해
서 적절이 신호를 인가해 주면 해당 LED가 켜지게 되고 그것들이 모여서 숫자
를 이루게 된다.

1.4 예제 및 실험

Contents Composer에서 FND 제어를 위해 다음과 같이 배치한다. 동작별로 하나씩 만들어서 시간 순서대로 반복하는 것이다. 자바 스크립트를 이용하며, FND가 일반적으로 사용되는 숫자 출력을 순서대로 보여주는 것을 구현하는 Motion Contents이다.

● FND 모션 콘텐츠

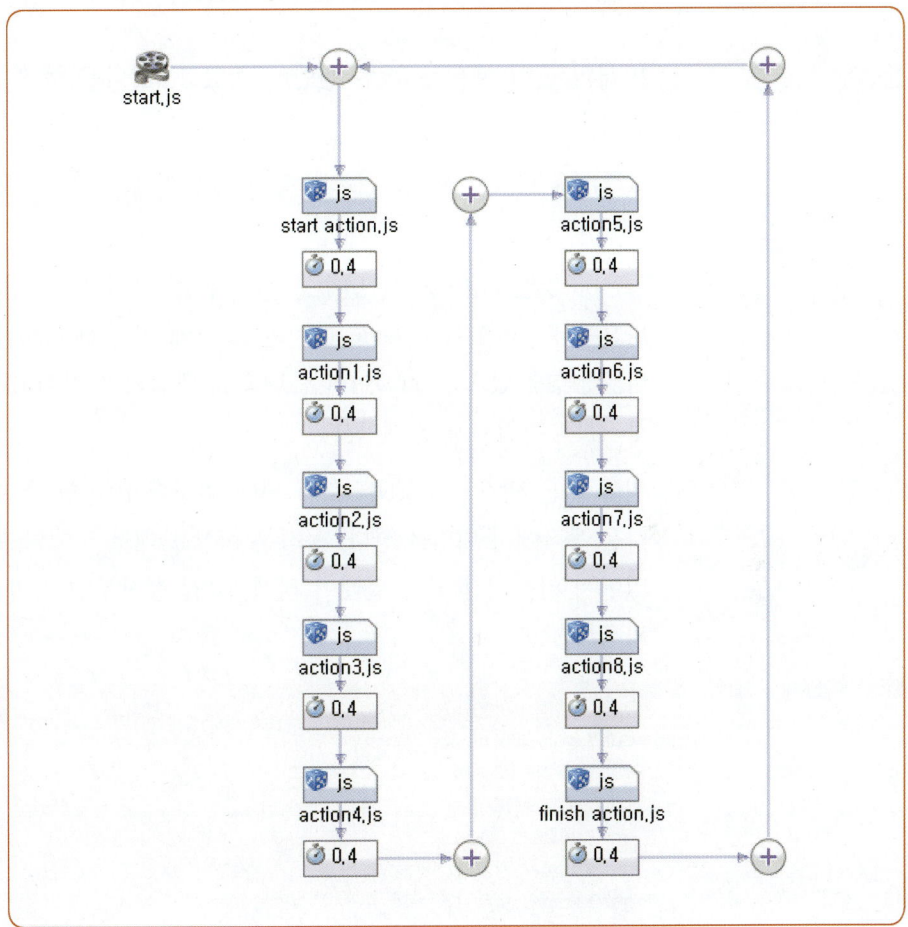

동작의 흐름을 보면 start.js에서 넷브레인의 출력 포트를 선언한다. 선언한 자바 스크립트는 다음과 같다.

→ start.js

```
var out0 = robot.findDevice("NetBrain.OUT0");
var out1 = robot.findDevice("NetBrain.OUT1");
var out2 = robot.findDevice("NetBrain.OUT2");
var out3 = robot.findDevice("NetBrain.OUT3");
var out4 = robot.findDevice("NetBrain.OUT4");
var out5 = robot.findDevice("NetBrain.OUT5");
var out6 = robot.findDevice("NetBrain.OUT6");
var out7 = robot.findDevice("NetBrain.OUT7");
var out8 = robot.findDevice("NetBrain.OUT8");
var out9 = robot.findDevice("NetBrain.OUT9");
```

16개의 출력 포트를 전부 선언해 주었고, 하나를 예로 들어 살펴보면 다음과 같다.

```
var out0 = robot.findDevice("NetBrain.OUT0");
```

var out0은 out0이라는 변수를 선언해 준 것이다. 이 변수의 정의는 오른쪽에 나오는데 robot.findDevice()는 괄호 안에 있는 Device를 robot에서 찾는 것이다. 만약에 있으면 out0이라는 변수에 대입되는 것이고, 없으면 null값 즉, 아무 값도 대입되지 않게 된다.

위와 같은 방식으로 FND 출력 핀에 연결된 10개의 출력 포트를 선언하고, 그 다음 동작에서 대입을 한다. 동작은 화살표 대로 진행되고 동작마다 Wait Clip이 있어서 일정시간 만큼 딜레이 되게 된다. 동작부의 자바 스크립트를 보면 다음과 같다.

→ 동작부의 자바 스크립트

```
out0.write(0);
out1.write(0);
out2.write(1000);
out3.write(0);
out4.write(1000);
out5.write(0);
out6.write(0);
```

9개의 출력 포트에 일정한 값을 대입하는 부분이다. 값을 대입하는 부분은 앞에 나와있는 FND 내부 회로도를 보면서 값을 넣어주면 된다. VCC 핀에 해당하는 OUT2, OUT7에는 0을 제외한 값을 넣어주었다. 크면 클수록 밝아지지만 출력할 수 있는 값이 959가 한계이므로 그 이상은 의미가 없다. 보기 편하기 위해 1000을 출력하였다. 그리고 원하는 선에 해당하는 부분에 Low를 인가하게 되면 그 부분이 켜지게 되는 것이다.

예를 들어 살펴보면 out0.write()는 out0이라는 변수에 괄호 안의 값을 대입하라는 것이다. 앞에서 out0은 출력 포트 중 첫 번째 포트를 의미하기 때문에 그곳에 괄호 안의 값을 대입하게 된다. 이러한 동작을 반복함으로써 원하는 패턴을 출력할 수 있게 된다. 실행한 모습은 다음과 같다.

◑ 숫자 2가 출력되는 모습

실행을 하면 0~9까지의 숫자가 차례대로 변하게 되고, 앞의 사진은 그 중 2가 출력되고 있는 모습이다. 만약 다른 동작을 원한다면 동작부의 패턴을 바꾸면 될 것이다.

Chapter 05 CdS

조도 센서를 이용해 광량을 입력받기

CdS의 작동 원리를 이해하고 ADC를 통해 CdS의 센서값을 읽어 현재의 조도를 표현해 보자.
또한 센서값을 읽을 때 어떠한 점을 주의해야 하는지 알아보자.

회로도	필요한 부품
	넷브레인 키트 ········· 1개 LED ···················· 1개 저항 5kΩ ·············· 1개 점퍼선 ···················· 다수

1 | 목표

* ADC : Analog to Digital
  Converter

CdS의 작동 원리를 이해하고 ADC*를 통해 CdS의 센서값을 읽어 현재의 조도를 표현해 보자. 또한 센서값을 읽을 때 어떠한 점을 주의해야 하는지 알아보자.

1.1 소개

* 광센서 : Photo Sensor

CdS는 광센서*의 일종으로 광도전셀 혹은 조도 센서라고도 불리며 빛을 감지하는 전자부품이다. 정확하게 빛의 세기에 따라 저항이 변화하는 소자이다.

* 카드뮴 : Cadmium
* 황 : Sulfur
* 광전도 효과 : Photo
  Conductive Effect

CdS는 카드뮴(Cd)*과 황(S)*의 합성어로 빛에 노출되는 양이 늘어날수록 저항의 값이 감소하는 광전도 효과*를 이용한 반도체 포토 다이오드이다.

CdS는 카드뮴과 황이 결합하여 생긴 황화카드뮴 결정에 금속 다리를 붙인 부품으로써 가시광선이 없는 어두운 곳에서는 절연체와 같이 전류가 흐르지 않다가 가시광선이 닿으면 도체와 같이 전류가 잘 흐르는 성질을 가지고 있다. 다시 말해서 CdS는 감광부가 어두워지면(혹은 감광부를 어둡게 해 주면) 저항이 수 십 kΩ으로 높아지고, 감광부가 밝아지면(혹은 감광부를 밝게 해 주면) 저항이 수 십 Ω으로 낮아지는 특성이 있다. 즉 **CdS는 빛의 밝기에 따라 내부 저항값이 변화하는 일종의 가변저항**이라 생각할 수 있다.

CdS는 감도가 매우 높고, 소형이며, 가격이 매우 낮고, 가시광선 영역에서 민감하게 반응하는 장점이 있으나 응답 속도가 0.1~10ms로 늦다는 단점이 있다. 따라서, 반응 속도가 고속인 곳에서는 적용하기가 곤란하다.

이러한 CdS의 종류는 CdS(황화카드뮴), CdSe(셀렌화카드뮴), CdSSe(황화셀렌화카드뮴) 등 여러 가지가 있는데 감지하는 파장이 다를뿐 기본 원리는 모두 동일하다.

* 광센서 : Photo Sensor
* 솔라셀 : Solar Cell
* 포토 TR : Photo TR
* 포토 다이오드 : Photo
  Diode

* ABC : Auto Brightness
  Control

빛을 감지하는 센서를 광센서라 하는데 광센서*는 CdS 이외에도 솔라셀*, 포토 TR*, 포토 다이오드* 등 여러 가지가 있다. 이러한 광센서는 주변의 밝기 변화에 따라서 어떤 '동작'을 하기 위한 용도로 많이 사용된다. 예를 들면 카메라의 자동 노출, 주변의 밝기에 따라 TV의 밝기를 조절하는 ABC* 시스템, 해가 져서 어두워지면 켜지는 가로등 시스템 등에 사용되는데 이 중 우리는 여러 광센서 중에서 CdS에 대해서 알아보자.

먼저 CdS 부품의 외관은 다음과 같다.

1.2 CdS 특성

앞에서 언급했듯이 CdS는 빛의 밝기에 따라 내부 저항값이 변화하는 일종의 가변저항이라고 하였다. 가장 중요한 것은 빛의 세기에 따라 저항값이 어떻게 변화하느냐는 것이다.

다음과 같은 질문에 대해 생각해 보자.

- 만일 현재 빛의 세기가 250lux라면 저항값은 얼마일까?
- 저항값이 15kΩ이 나왔을 때 과연 몇 lux인가?

실제 측정 시 빛은 매우 민감하여 측정값이 급격하게 변화하지만 일단은 250lux라고 가정해 보았다. 또한 저항값이 15kΩ이라고 한 것 역시 예로 든 것일뿐 5kΩ이건, 20kΩ이건 아무런 값이나 상관없다. 앞의 문제는 다음 그림에서 어떤 그래프이냐에 따라서 정확하게 알아낼 수 있다.

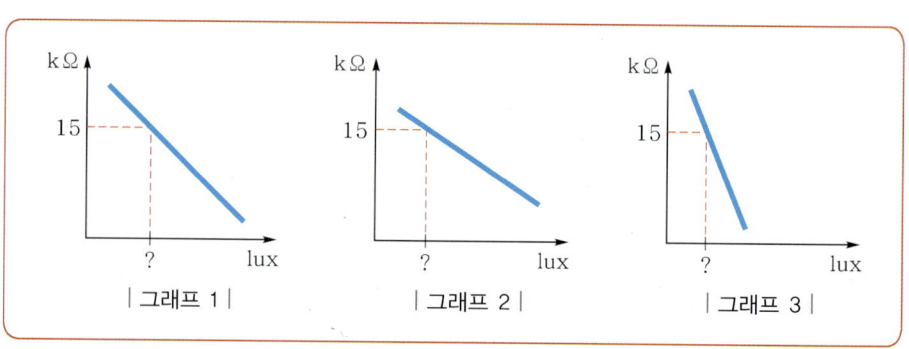

| 그래프 1 | | 그래프 2 | | 그래프 3 |

＊ 선형적：linearity

그래프를 3개나 그린 것은 실제 CdS 그래프가 위와 같이(그래프 1, 2, 3 중 어느 그래프이건 상관없다.) 완벽하게 선형적＊으로 나오는게 아니라는 점이다. 예를 들어 10lux는 20kΩ, 20lux는 20kΩ, …… 이런 식으로 나오는 것이 아니라 10lux가 18~50kΩ의 범위 중에서 출력이 나오기 때문이다. 즉, 출력이 애매하다는 뜻이다. 따라서, 실제 광량을 정확하게 알아내기는 쉽지않다.

우리가 다루는 CdS가 완벽하게 선형성을 갖지는 않지만(대개의 모든 센서가 완벽하게 선형성을 갖는 경우는 드물다.) 계산상 편리한 점을 위해 선형성을 갖는다고 가정한다.

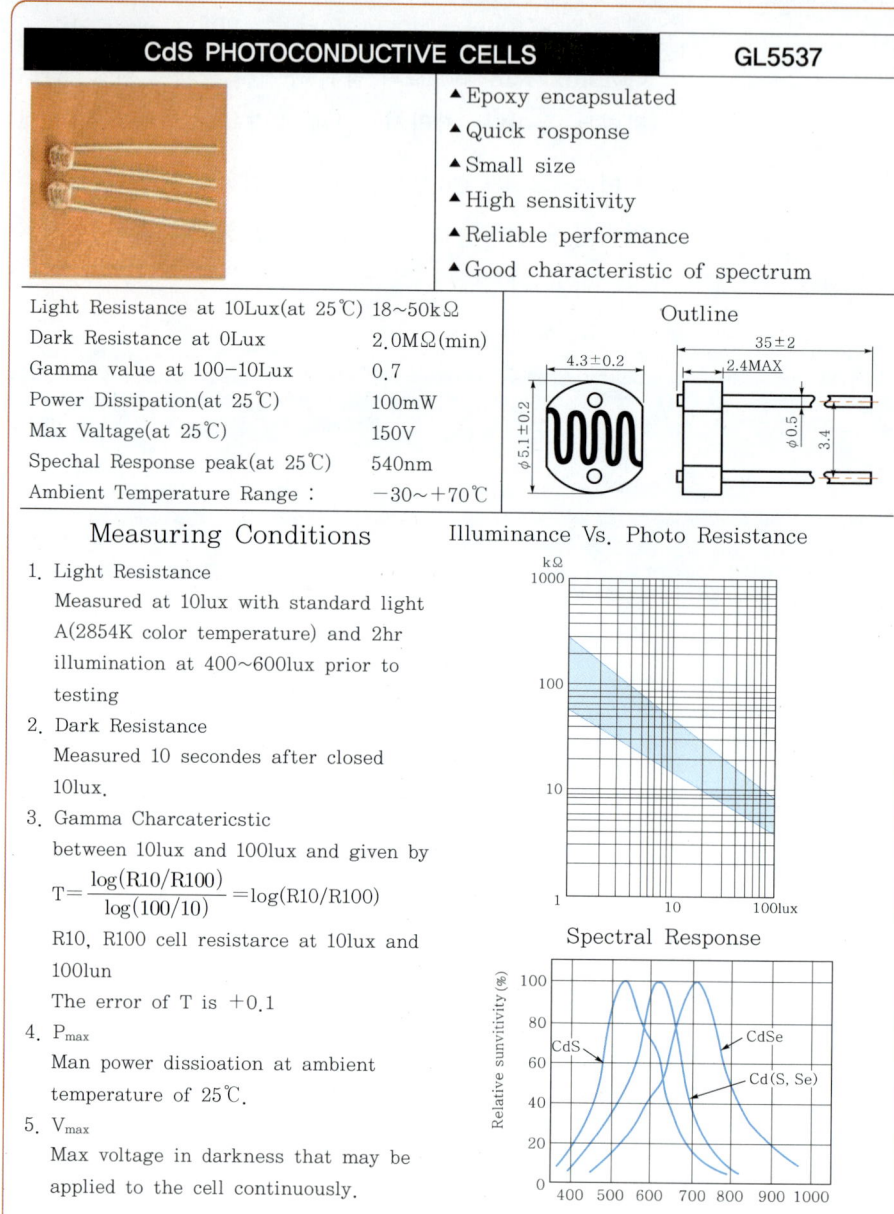

CdS PHOTOCONDUCTIVE CELLS — GL5537

▲ Epoxy encapsulated
▲ Quick rosponse
▲ Small size
▲ High sensitivity
▲ Reliable performance
▲ Good characteristic of spectrum

Light Resistance at 10Lux(at 25℃)	18~50kΩ
Dark Resistance at 0Lux	2.0MΩ(min)
Gamma value at 100-10Lux	0.7
Power Dissipation(at 25℃)	100mW
Max Valtage(at 25℃)	150V
Spechal Response peak(at 25℃)	540nm
Ambient Temperature Range :	−30~+70℃

Outline

4.3±0.2   35±2   2.4MAX   φ5.1±0.2   φ0.5   3.4

Measuring Conditions

1. Light Resistance
   Measured at 10lux with standard light A(2854K color temperature) and 2hr illumination at 400~600lux prior to testing
2. Dark Resistance
   Measured 10 secondes after closed 10lux.
3. Gamma Charcatericstic
   between 10lux and 100lux and given by
   $$T = \frac{\log(R10/R100)}{\log(100/10)} = \log(R10/R100)$$
   R10, R100 cell resistarce at 10lux and 100lun
   The error of T is +0.1
4. P_{max}
   Man power dissioation at ambient temperature of 25℃.
5. V_{max}
   Max voltage in darkness that may be applied to the cell continuously.

Illuminance Vs. Photo Resistance

kΩ

Spectral Response

Relative sunvitivity (%)

CdS   CdSe   Cd(S, Se)

Wavelength(nm)

위의 그림은 CdS 센서인 GL5537의 데이터시트이다. 이 센서에서 가장 중요하게 보아야 할 것은 밝거나 어두울 때 저항값이 얼마인가 하는 점이다. 아래 저항값을 보면 상온 25℃, 10lux에서 18~50kΩ으로 32kΩ의 차이가 있다는 것을

알 수가 있다. 이것은 10lux일 때 저항값이 18~50kΩ을 가진다는 의미인데, 상당히 범위가 크다. 또한 0lux인 어두운 곳에서 최소 2.0MΩ을 가진다.

또한, 우측 하단에 보면 CdS는 500nm 파장대의 영역을 잘 감지하고, CdSSe는 700nm 파장대의 영역을 잘 감지하는 특징이 있다. 그러나 3가지 모두 가시광선 영역이므로 그다지 신경 쓸 필요는 없다.

⬇ 광량에 따른 저항의 변화

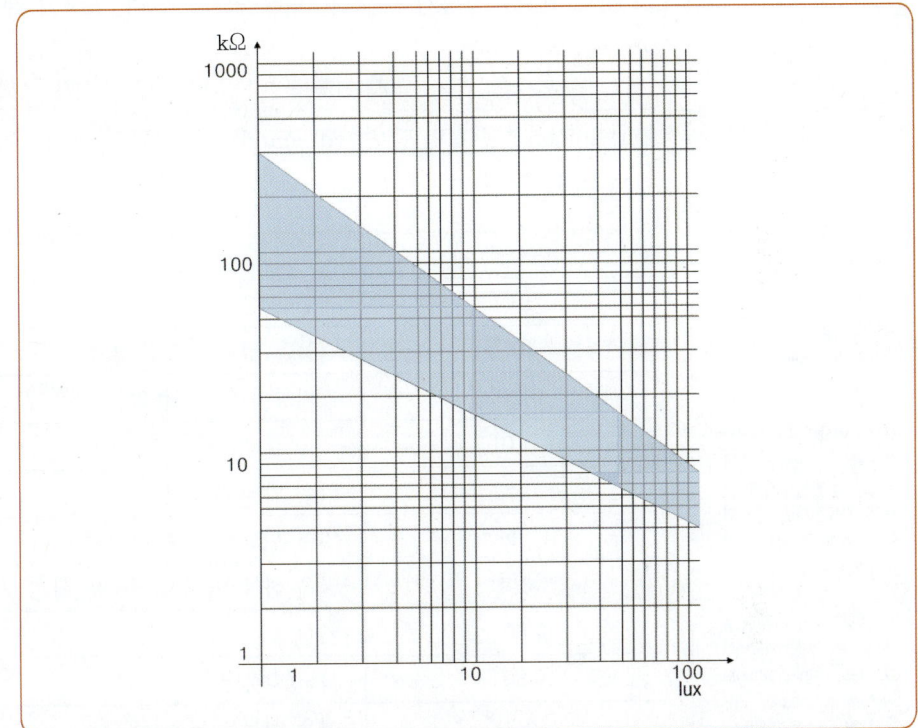

Model	Vmax (VDC)	Pmax (mW)	Ambient Temp (℃)	Spectral Peak (nm)	Photo Resistance (KΩ)		Dark Resistance (MΩ)	Gamma Value at 100~10 Lux	Response Time (ms)		Illuminance vs Photo Resistance
					R10	R100			Rise Time	Decay Time	
GL 5537	150	100	−30~+70	540	20~50	4~10	2.0	0.7	20	30	4

- Light Resistance : Measured at 10 Lux with standard light A(2854K color temperature) and 2hr illumination at 400~600lux prior testing.

- Dark Resistance : Measured 10 secondes after closed 10lux.

- P$_{max}$: Max.Power dissioation at ambient temperature of 25C.

- V$_{max}$: Max.Voltage in darkness that may be applied to the cell continuously.

lux 및 ph에 대한 보충 설명

＊룩스 : lux
＊SI : International System of Unit
＊루멘 : lumen
＊와트 : Watt

lux는 룩스＊의 약어로 럭스라고도 하며 조도의 SI＊ 단위이다. ph 역시 lux와 마찬가지로 빛이 비춰지는 단위 면적의 밝기로 $1m^2$의 면적 위에 1루멘＊의 광속 때의 조도를 말한다. 알기 쉽게 말하면 1lux란 촛불 하나의 밝기 혹은 인공의 불빛이 없는 만월 상태의 밤의 밝기를 말하기도 한다. 또는 100와트＊ 전구 바로 아래 1m의 조도가 대략 100lux라고도 한다. lux의 계산 식은 다음과 같다.

$$1lux = 1ph = 1lm/m^2 = 1cd \cdot r \cdot m^{-2}$$

(lm=lumen : 광속의 단위, cd=candela : 광도의 단위, sr=steradian : Solid의 입체 각도 단위)

＊ 광전도 효과 : Photo Conductive Effect (光傳導 現像)

＊ 광전도 현상(光傳導 現像) : 절연체나 반도체에 빛을 쬐었을 때 빛을 흡수한 원자가 자유전자로 분리되기 때문에 전기전도도가 증가하는 현상이다.

＊ SI 단위계 : 국제 단위계(Le Système International d'Unités, International System of Units)는 도량형의 하나로 MKS(Meter–Kilogram–Seconds) 시스템이라고도 불린다. 이는 현재 전 세계적으로 상업적, 과학적으로 널리 쓰이는 도량형이다. 길이(m), 질량(kg), 시간(s), 온도(K), 광도(Cd), 물량(mol), 전류(A)의 기본 단위를 사용한다.

밝기 차(lux)	예
10^{-5}	가장 밝은 별(시리우스)의 빛
10^{-4}	하늘을 덮은 완전한 별빛
0.002	대기광이 있는 달 없는 맑은 밤 하늘
0.01	초승달
0.27	맑은 밤의 보름달
1	열대 위도를 덮은 보름달
3.4	맑은 하늘 아래의 어두운 황혼
50	거실
80	복도/화장실
100	매우 어두운 낮
320	권장 오피스 조명
400	맑은 날의 해돋이 또는 해넘이
1000	인공 조명, 일반적인 TV 스튜디오 조명
10,000~25,000	낮(바로 비치는 햇빛은 없음)
32,000~130,000	바로 비치는 햇빛

1.5 예제 및 실험

실험은 넷브레인 매트릭스에 있는 CdS를 이용하였고, 콘텐츠 컴포저에서 동작을 확인하였다.

구조를 보면 다음과 같다.

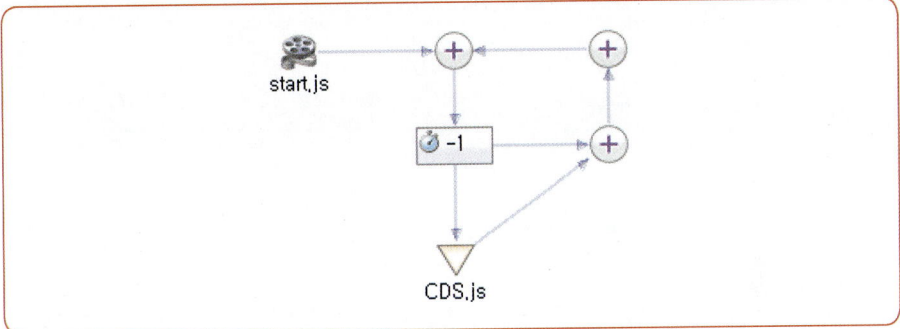

앞에서 start.js와 CDS.js는 자바 스크립트를 이용해서 만들었고, 계속해서 CDS의 동작을 확인하기 위해 나머지 Contents를 배치하였다. 먼저 start.js의 내용을 살펴보면 다음과 같다.

```
ledAr = new Array(64);
var mat = robot.findDevice("matrix.MATRIX");
var cds = robot.findDevice("matrix.ADCO");

var cds_data;
var mat_cds;
var x;
```

start.js는 Contents Composer에서 사용할 포트나 변수를 선언하였다. 실제 동작을 하는 CDS.js를 살펴보면 다음과 같다.

```
cds_data = cds.read();

console.println(cds_data);


for(var i = 0; i < 64; i++)
{
        ledAr[i] = 0;
```

```
}

mat_cds=8-(cds_data/100);


for(var b=0;b<mat_cds;b++)
{
        x=b*8;
        for(vara=x; a<x+8;a++)
        {
                    ledAr[a] = 100;
        }
}

mat.write(ledAr);
false
```

앞의 CDS.js를 보면 CDS로 들어오는 입력을 8단계로 나누어 변수에 저장하였
다. 그리고 이것을 8줄의 도트 매트릭스로 출력하게 되는데 그 모습은 다음과
같다.

● 평상 시의 모습

● 빛의 양이 적을 때

위와 같이 CDS로 측정되는 주변의 밝기를 도트 매트릭스로 확인할 수 있다.

서미스터를 이용해 온도를 측정하자

서미스터의 특성 및 동작 원리를 이해하고 현재의 온도를 측정해 보자.

회로도	필요한 부품
VCC R1 1kΩ A0 A1 Thermistor GND	넷브레인 키트 ········· 1개 LED ······················ 1개 저항 1kΩ ················· 1개 점퍼선 ····················· 다수

1 | 목 표

*서미스터 : Thermistor

서미스터*의 특성 및 동작 원리를 이해하고 현재의 온도를 측정해 보자.

1.1 소개

서미스터*란 Thermally Sensitive Resistor의 줄임 말로 일종의 감온(感溫) 저항기이다. 즉 온도에 따라 저항값이 변하는 저항기라고 할 수 있다. 서미스터는 자기 재료에 코발트*, 구리*, 망간*, 니켈*, 티타늄* 등의 불순물을 첨가해서 만든다.

*코발트 : Co
*구리 : Cu
*망간 : Mn
*니켈 : Ni
*티타늄 : Ti

➔ 서미스터의 외관 및 기호

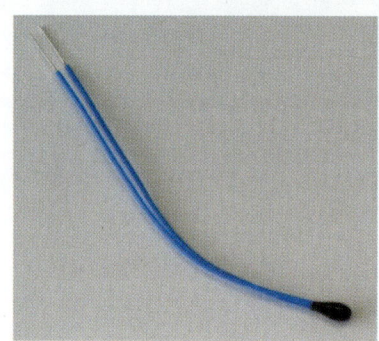 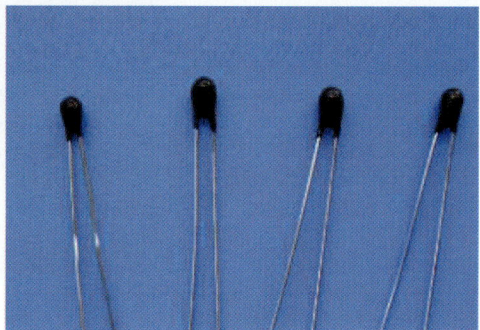

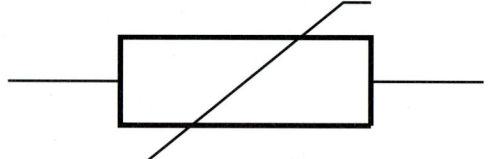

1.2 서미스터 특성

＊서미스터 : Thermistor
＊NTC : Negative
Temperature
Coefficient
＊PTC : Positive
Temperature Coefficient
＊CTR : Critical
Temperature Resistor

서미스터＊ 중에서 일반적인 금속과 달리, 온도가 높아지면 저항값이 감소하는 부저항 온도계수의 특성을 가지고 있는 것을 NTC＊ 서미스터라고 한다. 또 온도가 높아지면 저항값이 증가하는 특수한 서미스터로 정저항 온도계수를 가진 PTC＊ 서미스터도 있다. 이밖에 특정한 온도에서 저항값이 급변하는 CTR＊도 있다. 이들의 온도에 따른 저항 변화를 그래프로 나타내면 다음과 같다.

➡ 서미스터의 온도 변화에
따른 저항의 변화 그래프

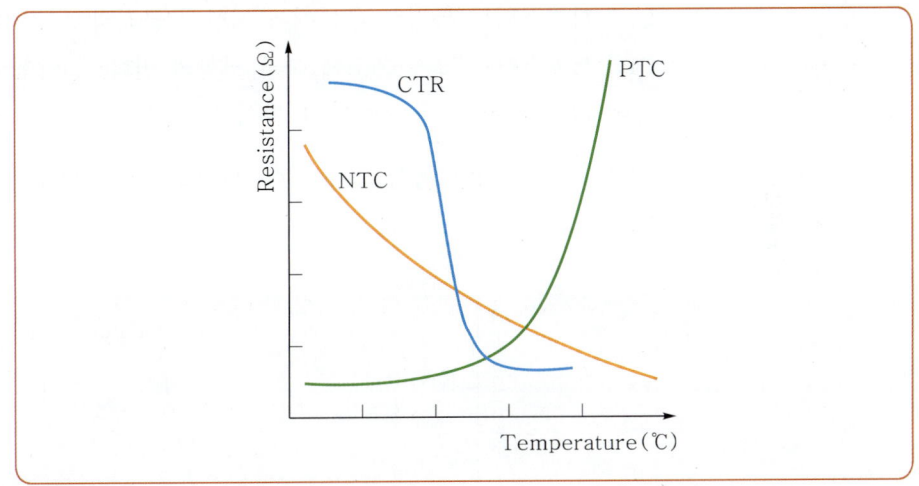

앞에서 알 수 있듯이 NTC는 온도에 따른 저항의 변화율이 좋기 때문에 주로 온도를 감지하는데 많이 사용되고, PTC는 자기 가열 효과로 인해 발열체 또는 스위칭 용도로 사용된다. 또 CTR은 특정 온도에서 변화율이 크기 때문에 화재 경보기 등에 사용된다. 앞의 설명을 보면 서미스터는 온도 센서로 착각할 수 있지만 온도에 따라 변하는 특성을 가진 저항체라고 할 수 있다. 온도 상승에 따라 저항값이 증가, 감소하느냐에 따라 분류할 수도 있고, 온도 상승에 따라 외부 가열식, 자체 가열식으로 분류할 수도 있다.

● NTC 서미스터

NTC 서미스터는 열에 민감한 저항체라는 의미로 온도 변화에 따라 저항값이 크게 변하는 반도체이다. 크기가 소형이고 값이 저렴해서 각종 온도 센서로 많은 곳에서 사용되고 있다.

이 NTC 서미스터의 특성을 살펴보면 다음과 같다.

❶ 온도에 따른 저항의 변화율이 커서 정밀한 온도를 측정할 수 있다.

❷ 변화를 즉각적으로 알 수 있기 때문에 급격한 온도 변화에 대응할 수 있다.

❸ 저항이 매우 크기 때문에 도선의 저항을 무시할 수 있다.

❹ 저항의 변화가 매우 안정되어 있어 온도값에 대한 신뢰도가 매우 좋다.

❺ 온도 이외에 물리에너지에 둔감해서 정확한 온도를 알 수 있다.

● PTC 서미스터

PTC 서미스터는 특정한 온도에서 저항이 급격하게 증가하는 특징이 있다. 이 PTC 서미스터는 크게 온도에 따른 저항의 변화, 전압에 따른 전류의 변화, 전류에 따른 시간의 변화에 따라 특성을 가진다.

PTC의 온도-저항 특성 그래프를 살펴보면 다음과 같다.

⬅ PTC의 온도 저항 그래프

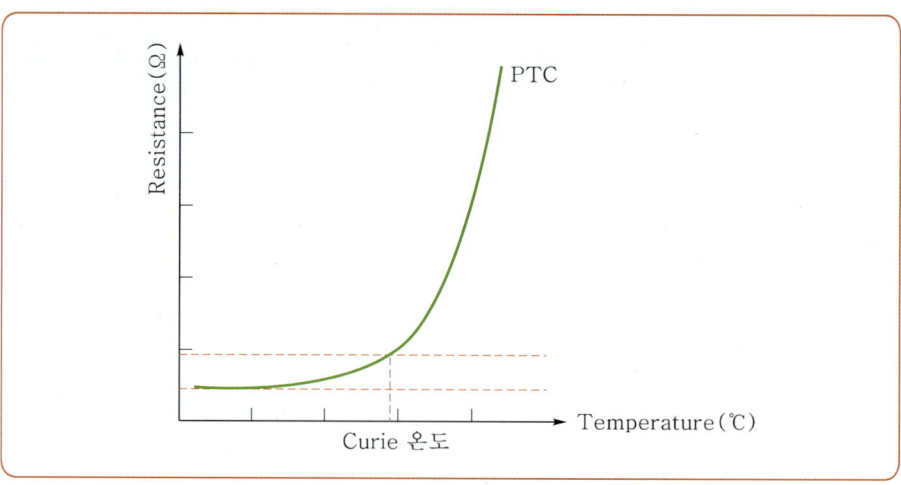

그래프를 살펴보면 저항이 서서히 증가하다가 특정 온도에서 저항이 급변하는 것을 확인할 수 있는데 이때 온도를 Curie 온도라고 하고 이 온도의 기준은 처음 저항의 2배가 되는 시점을 말한다. 이 Curie 온도를 이용해서 어떤 기기의 온도를 보상한다든지 특정 온도 이상 올라가지 않도록 과열을 막는 용도로 사용할 수 있다.

● 전압-전류 특성

PTC의 전압-전류 그래프는 다음과 같다.

● PTC의 전압-전류 그래프

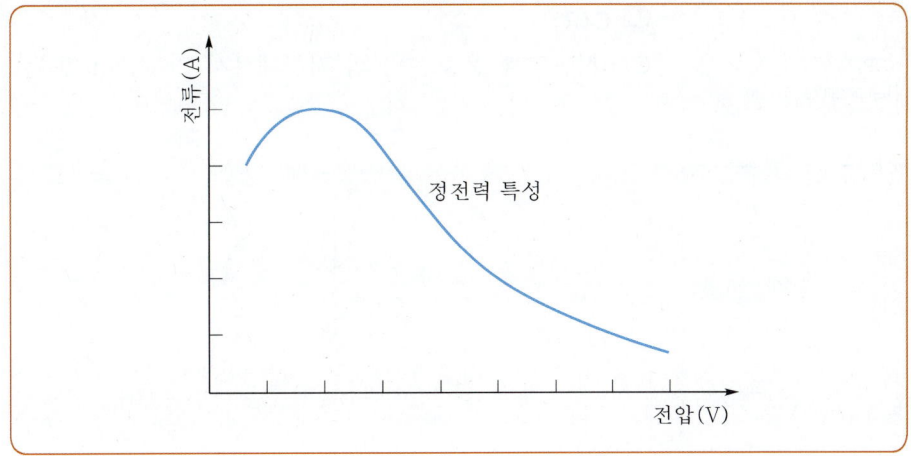

PTC 서미스터에 인가되는 전압이 서서히 증가하면 자기 발열에 의해서 소자의 온도가 상승하게 된다. 이 온도가 Curie 온도 이상이 되면 저항이 급격하게 증가하게 되고, 전류는 반대로 감소하게 된다. 이 특성을 이용해서 일정한 온도를 발열하게 한다든지 일정 전류 이상 흐르지 않도록 막는 역할 등을 할 수 있다.

● 전류-시간 특성

PTC 서미스터의 전류-시간 그래프를 살펴보면 다음과 같다.

● PTC의 전류-시간 그래프

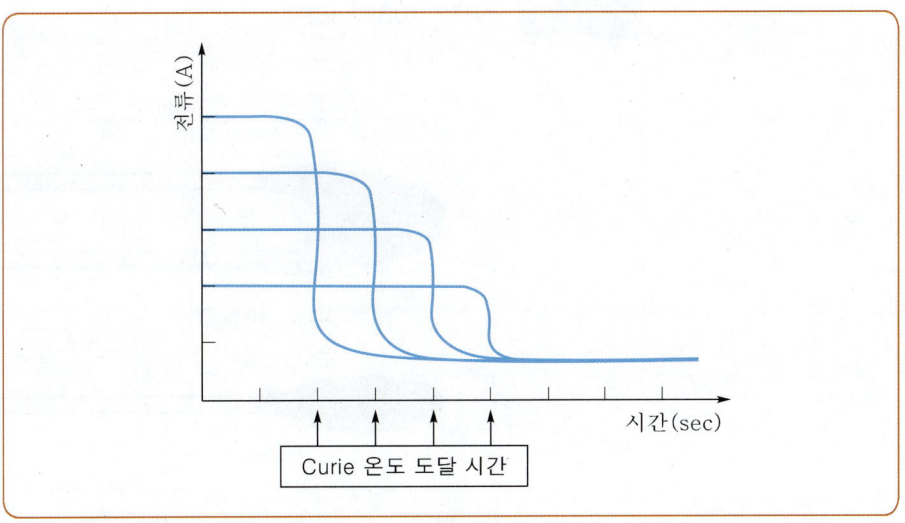

PTC 서미스터에 일정 전류를 계속 가해주면 자기 발열이 이루어지게 되고, 시간이 어느 정도 흐르게 되면 결국 Curie 온도에 도달하게 된다. 이때 저항이 급격하게 되어 전류의 흐름이 제한되게 된다. 이 특성을 이용해서 전류 제한 기능을 하는 소자로 이용할 수 있다.

➔ CTR의 저항 변화 그래프

● CTR

CTR*는 임계 온도 특성의 저항체로서 Crisistor 또는 급변 서미스터라 한다.

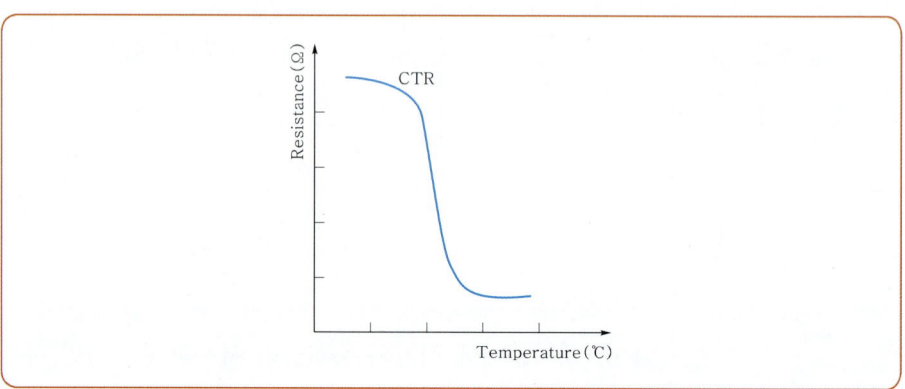

위의 그래프를 보면 CTR은 일정 온도 이하에서는 저항이 높아서 전류가 잘 흐르지 않다가 일정 온도 이상이 되면 저항이 급감소하게 되고 전류가 쉽게 흐르게 되는 특성을 가지고 있다. 이 때문에 특정 온도의 측정이나 화재경보기 등에 많이 이용된다.

1.3 NTC-103F345FC

➔ 서미스터의 외관

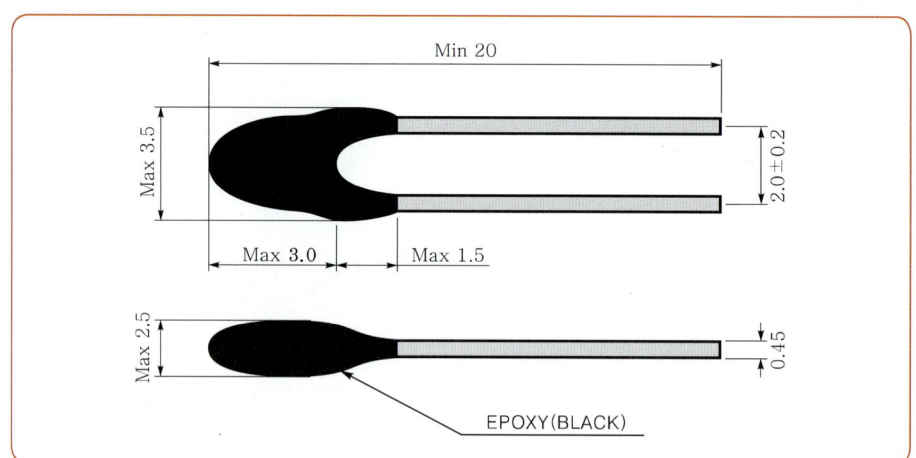

| 서미스터의 전기적 특성 |

구분	상태		사양
저항	25℃에서의 저항	R_{25}	10kΩ±1%
"B" 정수	R_{25} to R_{50}℃	$B_{25/50}$	3450K±1%
사용 온도 범위			−40 to 120℃
열방산 정수	25℃ 정지 공기중		2mW/℃
절연 저항	DC 500V		최소 100MΩ
사용 전력	25℃ 정지 공기중	mW	10mW
열 시정수	25℃ 정지 공기중		15초

앞에서 몇 가지만 설명하자면 첫 번째로 "B" 정수란 말이 있는데 이것은 어떤 작용도 없을 때 온도의 변화를 기울기로 나타낸 것으로, 임의의 두 번의 기울기로 표현한다. 앞에서 R_{25} to R_{50}℃는 25℃와 50℃ 사이의 기울기로 표현하였다.

두 번째로 열방산 정수가 있는데 이것은 전력 소비에 따른 소자 자체의 온도 변화의 비라고 할 수 있다. 즉 1℃ 상승할 때 필요한 전력을 말한다. NTC−103F345FC는 1℃ 온도를 상승시키려면 2mW의 전력을 주어야 한다는 것을 알 수 있다.

마지막으로 열 시정수가 있다. 이것은 서미스터의 열적 민감성을 나타내는 정수로서 주위에 어떤 작용이 없을 때 주위 온도를 급변시킨다. 그리고 서미스터의 온도를 측정하는데 초기 온도에서 최종 온도 차이의 63.2%가 되는 시간을 열 시정수라고 한다.

그림으로 보면 다음과 같다.

● NTC의 시간에 따른 온도 변화 그래프

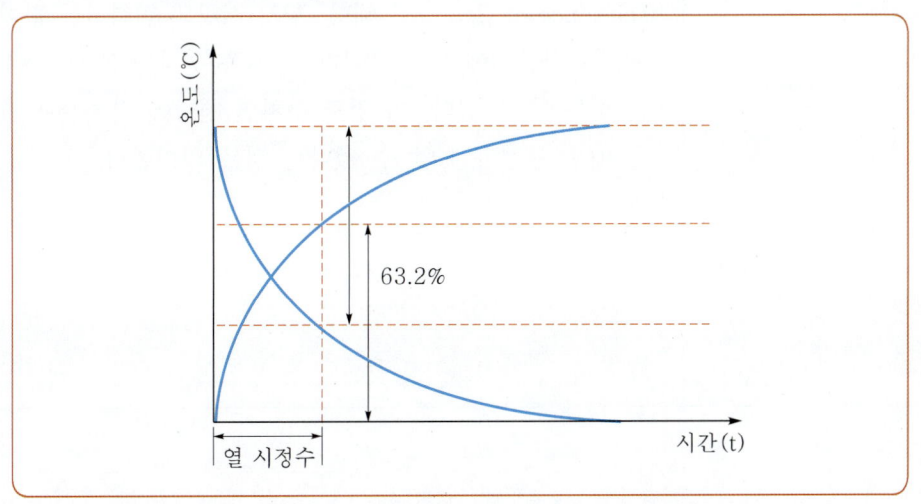

앞에서 초기 온도에서 최종 온도의 63.2%가 증가할 때 걸리는 시간을 확인할 수 있다. 저 시간이 열 시정수이고 NTC-103F345FC는 25℃ 정지 공기중에서 15초가 걸린다는 것을 알 수 있다.

● NTC-103F345FC의 저항 변화 그래프

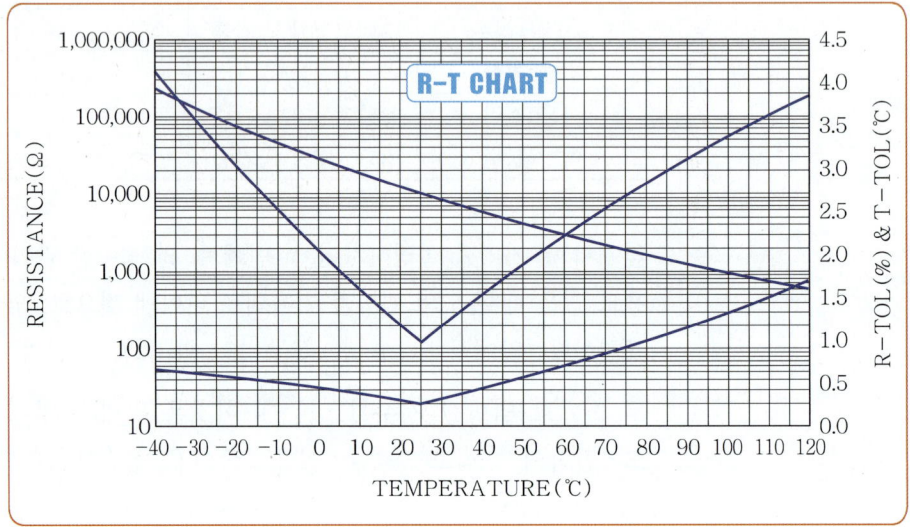

위의 표는 NTC-103F345FC의 특성을 그래프로 나타낸 것이다. NTC 서미스터 이기 때문에 온도가 증가할수록 저항이 감소하는 것을 알 수 있다.

-40℃일 때 저항은 225732.78Ω으로 대략 220kΩ이고, 120℃일 때는 588.41Ω 으로 저항의 변화가 크다는 것을 알 수 있다.

오른쪽에 R-TOL과 T-TOL은 각각 Resistor Tolerance of Center, Temperature Tolerance of Center로 해당 온도, 저항의 변화하는 값이 중간 값에서 몇 % 정도 변화하는지에 대한 값이다. 오른쪽 수치를 볼 때 0~4.0% 사이의 값을 가지는 것을 알 수 있다. 이 정도 수치면 저항에 따른 온도값, 온도에 따른 저항값을 매우 근접하게 알 수 있다는 것을 의미한다.

1.4 예제 및 실험

서미스터의 출력을 도트 매트릭스로 확인하기 위해서 Contents Composer를 사용하였다. 배치된 Motion Contents는 다음과 같다.

● 서미스터.mcc

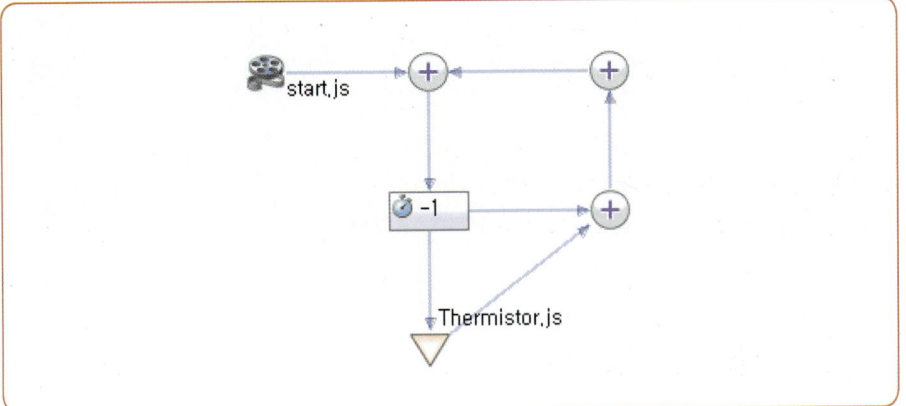

계속해서 서미스터의 출력을 확인하도록 구성되어 있으며, start.js의 내부를 살펴보면 다음과 같다.

```
var mat = robot.findDevice("matrix.MATRIX");
var thermistor = robot.findDevice("matrix.ADC1");


ledAr = newArray(64);
var temperature;
var mat_temperature;
var x;
```

넷브레인 매트릭스의 서미스터는 넷브레인의 ADC1 포트에 연결되어 있으므로 ADC1 포트를 선언하였다. 또 동작을 도트 매트릭스로 확인하기 위해서 도트 매트릭스 부분도 선언하였다. 서미스터.js의 내부를 살펴보면 다음과 같다.

```
temperature = thermistor.read();


for(vari=0;i(64;i++)
{
        ledAr[i] = 0;
}


mat_temperature=64-((temperature-350)/2);
```

```
if(mat_temperature)=64)
{
        mat_temperature=64;
}
else if(mat_temperature(=0)
{
        mat_temperature=0;
}

for(varb=0;b(mat_temperature;b++)
{
            ledAr[b]   = 100;
}

mat.write(ledAr);
false;
```

*도트 매트릭스 : Dot
 MATRIX

서미스터.js를 살펴보면 서미스터의 출력을 64단계로 나누어 도트 매트릭스*로 출력하는 동작을 하게 된다. 그런데 64단계로 나누는 부분이 서미스터의 전체 범위를 나눈 것이 아니라 상온에서 동작을 할 수 있도록 그 부분만 64단계로 나누었다.

실제 실행을 해보면 다음과 같은 모습을 보이게 된다.

● 평상 시의 모습

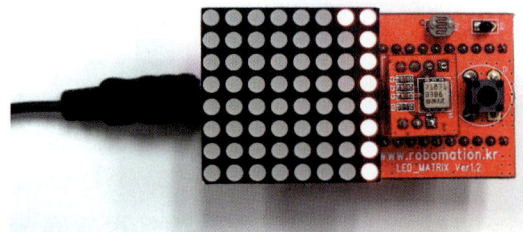

● 온도가 상승했을 때

앞에서 처럼 온도가 변함에 따라 도트 매트릭스에 점등되는 LED의 숫자가 변하는 것을 확인할 수 있다.

07 인체 감지 센서

인체 감지 센서를 이용하자

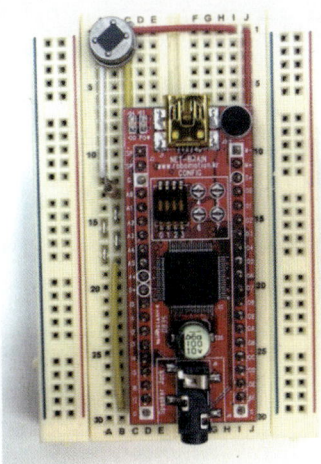

인체 감지 센서의 원리를 알아보고 센서 주위에 있는 인체를 감지해 보자.

회로도	필요한 부품
	넷브레인 키트 ········· 1개 LED ···················· 1개 저항 47kΩ ·············· 1개 점퍼선 ···················· 다수

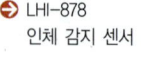

1 | 목 표

인체 감지 센서*의 원리를 알아보고 센서 주위에 있는 인체를 감지해 보자.

1.1 소개

인체 감지 센서*는 PIR* 센서라고 불리며 정확하게 말하자면 인체를 감지한다기 보다는 적외선을 받아들이는 센서라고 할 수 있다. 즉 적외선을 띤 물체가 움직이는 것을 감지한다고 할 수 있다. 그렇다면 적외선 센서라 할것이지 왜 인체 감지 센서라고 할까?

사람의 몸에서도 적외선이 방출되는데 특정 파장대의 주파수를 받아들이기 때문에 인체 감지 센서라 부른다. 보통의 적외선 센서는 이렇게 적외선의 특정 대역을 검출하지 않고 적외선 대부분을 감지한다.

LHI-878
인체 감지 센서

그런데 인체 감지 센서는 센서 자체만으로는 범위도 짧으며 제대로 동작하지 않기 때문에 표면에 필터나 렌드를 덧붙인다.

센서 외부를 살펴보면 표면에 얇은 유리막이 있는데 이것은 특정 주파수 대역만 통과시키는 편광 필터의 역할을 하고 또 F-Lens라는 것으로 센서를 덮어 감지 거리를 늘리고 감도를 높인다. 이러한 필터와 렌즈를 잘 선정하는 것이 중요하다.

1.2 인체 감지 센서 특성

인체 감지 센서는 편광 필터를 통해서 들어온 적외선을 감지하는 엘리먼트*라는 소자가 있는데 이 소자의 수에 따라서 인체 감지 센서를 분류한다.

● Single Element : 하나의 엘리먼트*로 구성되며 비접촉 온도계, 가스 분석기에 사용된다.
● Dual Element : 두 개의 엘리먼트*로 구성되며 가장 일반적인 PIR이다.
● Multi Element : 여러 개의 엘리먼트*로 구성되며 아직 많이 쓰이지 않으며 고가이다.

대부분 사용하는 인체 감지 센서는 Dual Element이며, 센서 내부를 보면 다음과 같다.

➲ Dual Element로 구성된
인체 감지 센서

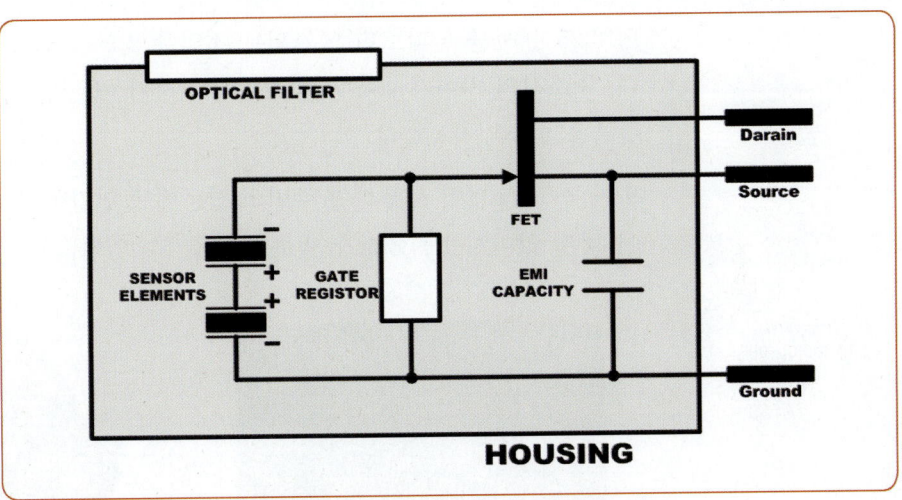

위의 그림에서 좌측을 보면 센서 엘리먼트*부가 있는데 엘리먼트가 두 개 있음을 알 수 있다. 이 엘리먼트는 적외선의 움직임을 감지하는데, 감지한다 하더라도 출력이 매우 작기 때문에 증폭한 후에 출력한다.

＊센서 엘리먼트：Sensor Element

 PIR325 데이터시트

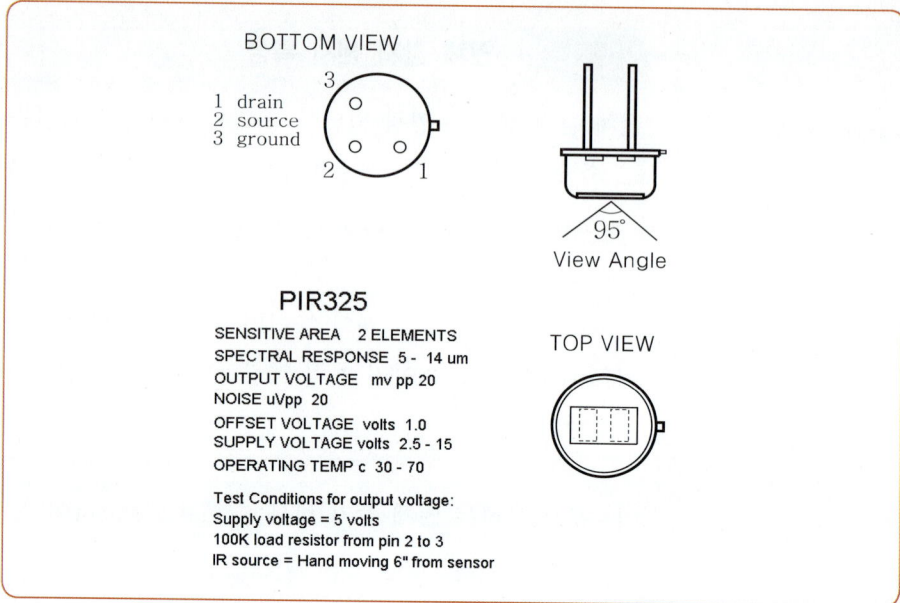

BOTTOM VIEW

1 drain
2 source
3 ground

95°
View Angle

PIR325

SENSITIVE AREA   2 ELEMENTS
SPECTRAL RESPONSE 5 - 14 um
OUTPUT VOLTAGE   mv pp 20
NOISE uVpp 20
OFFSET VOLTAGE volts 1.0
SUPPLY VOLTAGE volts 2.5 - 15
OPERATING TEMP c 30 - 70

Test Conditions for output voltage:
Supply voltage = 5 volts
100K load resistor from pin 2 to 3
IR source = Hand moving 6" from sensor

TOP VIEW

PIR325 센서를 살펴보면 인가되는 전압은 2.5~15V로 작지 않지만 출력은 최대, 최소값의 차이가 20mV 정도로 매우 작기 때문에 증폭기를 통해 다시 한 번 증폭을 한 후 사용한다.

또한 F-Lens없이 사용하면 주변의 잡음에도 민감할 뿐더러 감지 범위 및 반경이 넓지 않아서 F-Lens가 필수라고 할 수 있다.

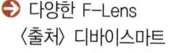 다양한 F-Lens
〈출처〉 디바이스마트

F-Lens는 규격으로 고정되어 나오는 것과 사용자가 구부림으로써 각도를 조절할 수 있는 것이 있다. 각각의 F-Lens 마다 초점, 감지 반경, 거리 등이 명시되어 있으므로 사용할 용도에 맞춰 골라야 인체 감지 센서의 성능을 극대화할 수 있다.

Parameters	LHi 874/878				
	min	typical	max	units	condition
Element size		2×1		mm^2	(2 elements)
Responsivity	3,300	4,000		V/W	100℃, 1Hz
Match		1	10	%	
Noise		20	50	μVpp	25℃, 0, 3, ···, 10Hz
Offset Voltage	0, 2		1, 55	V	Rs=47kΩ, 25℃
D*	5×10^7	19×10^7		cm√HzW	1HzBw, 100℃, 1Hz
Output Impedance		5	10	kΩ	Rs=47kΩ, 25℃
Operating Voltage	2		15	V	Rs=47kΩ, 25℃
Field of View, horizontal		95		°	unobstructed
vertical		90		°	unobstructed
Operating Temperature	−40	90	85	℃	non permanent
Storage Temperature	−40		85	℃	non permanent

1.4　적외선에 대한 보충 설명

적외선은 1800년 윌리엄 허셜*에 의해 발견되었다. 허셜*은 태양 빛을 프리즘에 통과시킨 후 각각 색깔에 대한 온도를 측정하였고 붉은색의 온도가 가장 높다는 것을 발견하였다. 이때 허셜*은 붉은색 바깥쪽의 온도가 더 높다는 것을 발견하였고 붉은색의 바깥쪽에 있다는 의미에서 적외선*이라 부르게 되었다. 이 적외선은 열적 복사를 하는 파장이기도 하며 파장의 길이는 1μm~1mm정도 이며 지상에서 관측이 가능하긴 하지만 물과 이산화탄소 등에 의해 흡수가 잘 되기 때문에 주로 높은 산이나 건조한 사막 지역에서 관측을 하는 경우가 많다. 거의 모든 물체에서 적외선을 복사하며 인간의 몸에서도 약 10μm 정도의 적외선 복사가 나오고 있다. 그렇기 때문에 적외선을 이용하면 어두운 곳에 있는 물체도 볼 수 있어 군사적인 목적을 포함해서 여러 분야에 쓰이고 있다.

1.5 예제 및 실험

넷브레인*에는 ADC 입력을 받는 곳이 A0~A5까지 6개가 있다. 그 중에 출력이 되는 Source 단자를 A0에 연결하고, D에는 2.5~12V의 전원을 인가한다. 그리고 접지를 연결하면 된다. 주의할 점은 나머지 ADC 입력을 받는 부분을 모두 접지에 연결해 주어야 된다. 이유는 이 단자들이 아무것도 연결되어 있지 않은 상태여서 플로팅* 되기 때문이다. 그런데 ADC0번 포트는 센서의 출력이 입력되기 때문에 바로 접지에 연결하면 안 되고 저항을 통해서 연결을 해야 한다. 이때 저항은 47kΩ을 달아주었는데 다른 저항을 달아주어도 상관없다. 센서를 통해서 나온 전압이 증폭되어 나온 전압이 아니므로 ADC의 변화는 미묘하나 반복되는 실험을 통해서 인체를 감지했을 때 변화율을 알 수 있다. 먼저 센서의 출력을 확인하기 위해서 Contents Composer를 사용하였다.

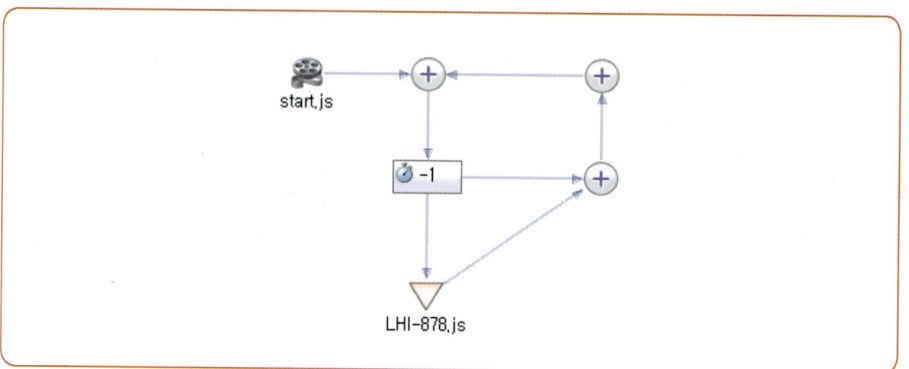

센서의 데이터를 계속 받는 동작을 하도록 배치되어 있으며, start.js의 내부를 보면 다음과 같다.

```
var led = robot.findDevice("NetBrain.OUT0");
var pir = robot.findDevice("NetBrain.ADC0");
```

먼저 LHI-878 센서의 입력이 들어오는 ADC0 포트를 선언한 후 출력에 따라 넷브레인에 기본적으로 USB 포트 왼쪽에 있는 LED를 점등시키기 위해 OUT0 포트 출력도 선언하였다. LHI-878.js의 내부를 살펴보면 다음과 같다.

*플로팅: Floating

LHI-878.mcc

```
if(pir.read()<=108)
        led.write(500);
else
        led.write(0);
false;
```

먼저 LHI-878의 센서를 읽은 후 인체가 감지되었을 때만 LED가 점등되도록 하였다. 센서가 인체를 감지할 때와 감지하지 않을 때의 차이가 매우 작기 때문에 여러 번 실험을 해본 후 그 값을 알아야 한다. 위에는 108 이하가 될 때 인체가 감지되었다고 생각하고 LED를 점등하도록 하였다. 이 값은 센서마다 약간씩 다를 수 있는데 이는 몇 번 실험을 해보면 알 수 있다. 이 값은 연결이 된 후 이 모션 콘텐츠를 실행한 후 오른쪽에 데이터 비쥬얼라이저에 ADC0을 보면 확인할 수 있다. 확인된 값을 기준으로 LED를 점등하면 된다.

앞에서 설명한 F-Lens가 없기 때문에 매우 정확한 동작은 보여주지 않지만 어느 정도는 잘 감지하는 것을 확인할 수 있다.

실제로 실행한 모습은 다음과 같다.

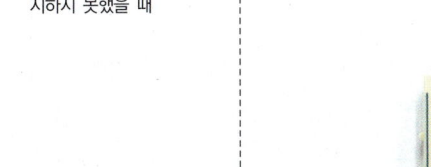
● 인체를 감지했을 때와 감지하지 못했을 때

| 인체를 감지했을 때 | | 인체를 감지하지 못했을 때 |

실행을 시킨 후 LHI-878 센서 정면에 인체가 감지되면 USB 커넥터 왼쪽에 파란 LED가 점등된다. 사진 촬영할 때 NetBrain 정면에서 촬영하였기 때문에 인체를 감지하여 LED가 점등되고, 약간 측면에서 촬영할 때는 LHI-878 정면으로 인체가 없기 때문에 LED가 소등되는 것을 확인할 수 있다.

스위치로 입력받기

스위치의 작동 원리를 이해하고 스위치를 통한 입력을 받아보자.

회로도	필요한 부품
	넷브레인 키트 ········· 1개 택트 스위치 ··········· 1개 저항 4.7kΩ ··········· 1개 점퍼선 ················· 다수

1 | 목 표

넷브레인 매트릭스에 있는 스위치의 동작을 확인해 보자.

1.1 소개

사용자로부터 입력을 받기 위한 오래된 방법으로 스위치＊가 있다. TV 리모컨 스위치 혹은 에어컨의 스위치를 연상해 보면 된다. 근래에 등장한 햅틱＊ 인터페이스란 햅틱 기술을 적용하여 사용자가 터치 패널을 통해 입력하면 이에 따른 촉감이나 힘을 느낄 수 있는 인터페이스 장치이다. 예를 들어 게임 중 내 캐릭터가 맞을 경우 게임 패드가 진동한다든지 핸드폰을 흔들어서 화면의 주사위를 굴린다든지 하는 경우이다. 이러한 햅틱 기술은 잠재력이 높기 때문에 시장성도 크고 활발한 연구가 진행 될 예정이다.

그러나 이러한 햅틱 기술을 적용하기에는 높은 기술적 난이도와 어려움이 있기 때문에 본 교재에서는 다루지 않을 것이다. 이번 장에서는 넷브레인을 통한 간단한 스위치 입력에 대해서 알아보도록 하자.

스위치란 ON/OFF를 전달하는 것으로 종류별로 수~수 십 종류가 있고, 외형에 따라 수 천 종류가 있다.

예를 들어 TV 리모컨은 "10번 채널이 눌렸다"라는 사실만 TV에 전달하면 되기 때문에 한 번만 신호를 주면된다. 따라서 OFF → ON → OFF되는 형태의 스위치이다. 또 사무실의 형광등을 켜는 스위치는 "형광등을 켜라"라는 신호를 계속 전달한다. 따라서 OFF → ON되는 형태의 스위치이다. 그러므로 상황에 따라서 적절한 종류의 스위치를 사용하면 될 것이다. 모든 스위치의 종류를 적을 수는 없지만 대략적인 스위치의 종류는 다음과 같다. 스위치는 매우 직관적인 장치이기 때문에 한 두번 작동시켜 보면 어떠한 방식으로 작동되는지 쉽게 이해할 수 있을 것이다.

스위치의 종류

*택트 : Tact
*스위치 : Switch

넷브레인에는 스위치가 한 개 장착되어 있는데 이를 통해 ON/OFF를 입력 받을 수 있다. 장착되어 있는 스위치는 소형 택트* 스위치*로서 이 부분을 이용해서 스위치를 눌렀을 때만 원하는 동작을 하도록 제어할 수 있다.

택트 스위치의 외관

1.2 예제 및 실험

콘텐츠 컴포저를 이용해서 스위치의 상태를 확인하고 도트 매트릭스의 출력을 바꿔주는 동작을 하도록 예제를 구성하였다.

Motion Contents의 배치는 다음과 같다.

switch.mcc

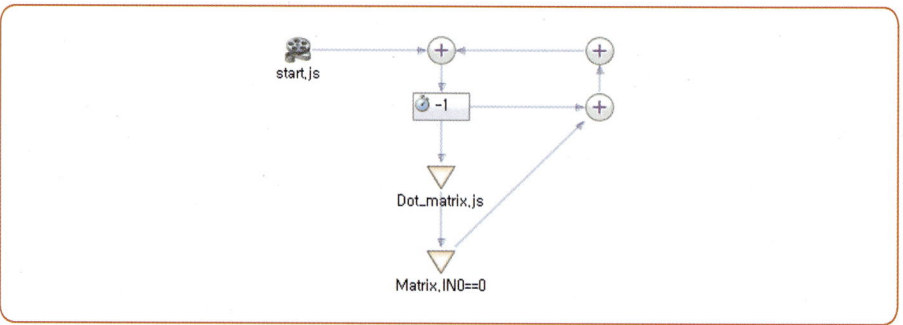

배치된 모습을 보면 Matrix.IN0이 있는데 이것은 스위치와 연결된 넷브레인의 디지털 입력 포트이다. 이 포트에 0이 들어오는 순간 스위치를 누른 순간이 되어 Dot_matrix.js의 동작을 반복하게 된다.

start.js의 내부를 살펴보면 다음과 같다.

●▶ 실행된 모습

```
ledAr = newArray(64);
var mat = robot.findDevice("matrix.MATRIX");
```

스위치의 입력은 트리거에서 확인하기 때문에 출력을 하게 되는 도트 매트릭스 부분만 선언하였다.

다음으로 Dot_matrix.js의 내부를 살펴보자.

```
for(vari=0;i(64;i++)
{
        ledAr[i] = Math.random();
        if(ledAr[i])0.5)
            ledAr[i] = 120;
        else
        ledAr[i] = 0;
}
mat.write(ledAr);

false;
```

윗부분은 무작위로 도트 매트릭스를 점등하도록 작성되어 있는 부분이다. 먼저 도트 매트릭스 64개의 LED에 대응하는 배열에 Math.random() 함수를 이용하여 무작위로 저장을 한다. Math.random() 함수가 생성하는 숫자는 0~1 사이의 소수이므로 이 숫자가 0.5보다 클 경우에만 점등을 하도록 한다.

동작을 하면 다음과 같은 모습을 보이게 된다.

| 스위치를 누르기 전의 모습 |

| 스위치를 누른 후의 모습 |

위에서 처럼 스위치를 누를 때마다 패턴이 변하는 것을 확인할 수 있다.

09 직류 모터 제어

모터를 회전시켜 보자

직류 모터의 원리를 이해하고 간단하게 모터를 회전해 보자.

회로도	필요한 부품

VCC

M

C Q1 2SC1815

B

R1 4.7kΩ

넷브레인 키트 ········· 1개
직류 모터 ················ 1개
저항 4.7kΩ ··········· 1개
점퍼선 ···················· 다수
트랜지스터 2SC1815 1개

SP M-
SP M+
G D+
A0 00
A1 01
A2 02
A3 03
A4 04
A5 05
A+ 06
D+ 07
10 08
11 09
12 0A
13 0B
14 0C
15 0D
16 0E
17 0F
G G

*소개 : Introduction

1 | 소 개*

전기적인 에너지를 기계적 혹은 역학적인 에너지로 변환하는 장치를 전동기(電動機, Electric Motor)라고 한다.

직류 모터는 고정자로 영구자석을 사용하고, 회전자(전기자)로 코일을 사용하여 구성되어 있다. 일반적으로 도선에 전류가 흐르면 도선 주위에 자기장이 발생하게 된다.

*패러데이 : Michael Faraday

모터를 발명한 사람은 영국의 물리학자 마이클 패러데이*(1791~1867)이다. 패러데이의 전자기 유도 발견이 모터 발명의 계기가 되었다. 전자기 유도에서 파생되어 변압기를 만들고 발전기를 만들었으며 그 후 모터의 원형이 만들어졌다.(모터를 회전시키면 발전기가 된다.) 그리고 모터 발명에 영향을 미친 다른 한 사람은 미국의 전기 물리학자 요셉 헨리*(1798~1878)이다. 헨리는 패러데이와 거의 같은 무렵에 모터의 원형을 만들어 내었는데 연구 발표가 늦어져 패러데이가 앞지르게 되었다는 말이 있다. 다른 이는 헨리가 먼저 모터를 발명했다고 하나 일반적으로 패러데이의 업적이라고 한다.

*요셉 헨리 : Joseph Henry

자기장이 발생하면 도선은 힘을 받는데 이 관계를 설명한 것이 플레밍의 왼손법칙이다. 이 플레밍의 왼손법칙을 이용하여 전기자에 전류를 흘려보내면 자기장이 생기고 이 자기장이 철이나 에나멜선 등을 밀어내거나 당기는 힘을 발생시키는데 이러한 회전력을 이용하여 만든 것이 직류 모터이다. 직류 모터는 주변의 자동차 장난감 등에서 흔하게 볼 수 있다.

➲ 일반 직류 모터와 변속기에 달린 기어드 직류 모터

‖ 일반 직류 모터 ‖

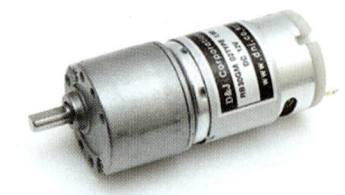

‖ 변속기가 달린 기어드* 직류 모터 ‖

*기어드 : Geared

2 │ 직류 모터의 원리

*앙페르 : André Marie Ampére
*플레밍 : John Ambrose Fleming

직류 모터의 원리를 알기 위해서는 앙페르*의 오른나사의 법칙과 플래밍*의 왼손법칙을 이해하여야 한다. 앙페르의 오른나사의 법칙은 전류와 자계의 관계를 알기 쉽게 오른나사에 비유한 법칙이다. 도체에 전류가 흐르게 되면 도체 주위에 자기장이 생기는데 그 방향이 오른나사의 방향으로 생성된다는 법칙이다. 이러한 법칙은 여러 번 감은 코일에 적용을 하면 아래의 그림과 같이 엄지손가락이 자기장의 방향을 나타내고 나머지 손가락이 전류의 방향을 나타내게 된다.

◆ 오른나사의 법칙

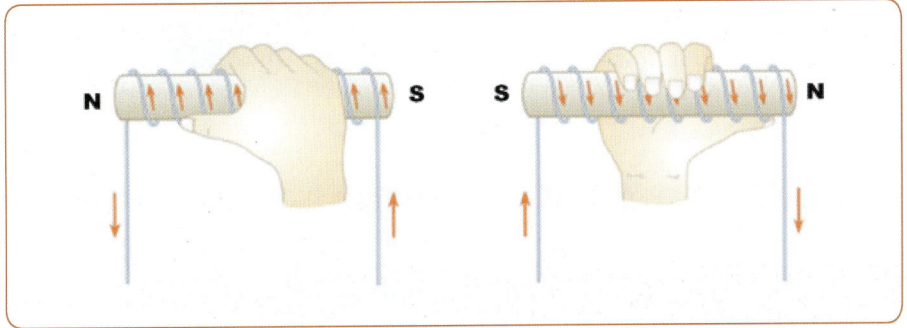

플레밍의 왼손법칙은 왼손의 가운데 손가락, 집게 손가락, 엄지 손가락을 서로 직각이 되게 벌리면, 가운데 손가락을 전류의 방향으로 하고 집게 손가락을 자계의 방향으로 하면 엄지손가락이 가리키는 방향으로 힘이 작용한다는 법칙이다.

◆ 플레밍의 왼손법칙(B : 힘의 방향, I : 자기장의 방향, F : 전류의 방향)

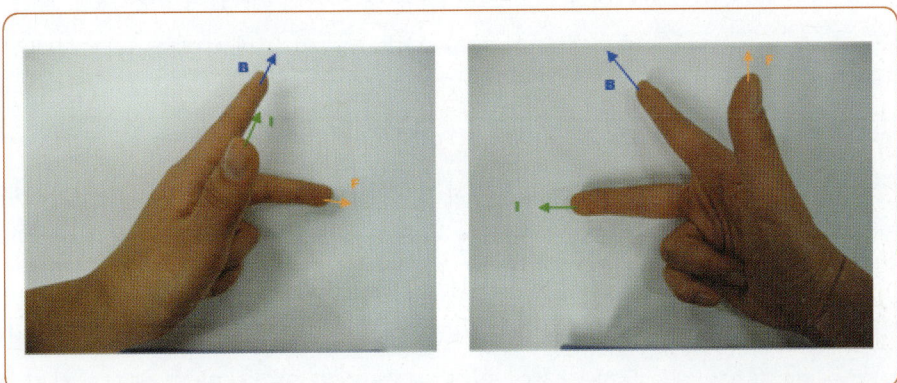

이 두 가지의 원리를 기초로 한 직류 모터는 다음과 같은 구조로 되어 있다.

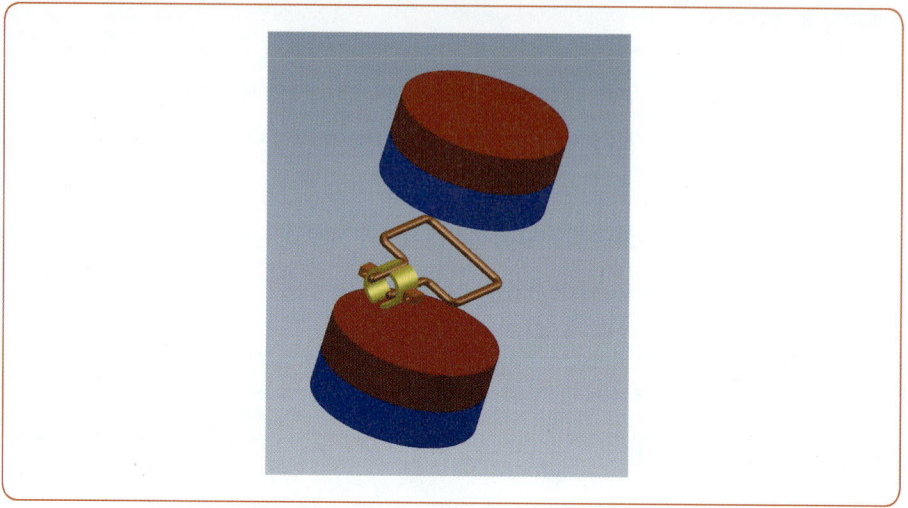

영구자석 N, S에 의해 자계가 형성되고, 브러시와 정류자를 통해서 전류가 코일을 따라 흐르게 되면 코일 주변에 오른손법칙에 의한 자기장이 생성되게 된다. 이 자기장에 의하여 플래밍의 왼손법칙에 의해 힘이 발생하게 되고 이 힘에 의해 회전자가 회전을 하게 된다. 회전자가 회전하여 약 90° 회전하면 왼손법칙에 의한 힘은 점점 감소하다가 0이 된다. 힘이 0이 되기 때문에 정지하는 것이 맞으나 실제는 회전자의 관성 때문에 조금 더 회전하여 90°를 약간 넘은 곳에서 전류의 흐름이 뒤바뀌게 되고 진행방향으로의 힘이 점점 증가하기 시작한다. 이와 같이 힘이 작용하여 회전자가 멈추지 않고 회전이 가능한 것이다. 이러한 방식으로 정류자가 여러 개 있어 회전자가 약간 돌면 전류의 방향이 뒤바뀌게 되어 항상 최대 토크인 곳에서 사용되는 형태로 모터를 설계하는 것이다. 이와 같이, 직류 모터의 구조는 자력선과 전류의 방향이 항상 직각으로 교차하는 모양으로 되어 있어, 전류에 비례한 안정된 힘을 항상 얻을 수 있다. 하지만 이를 위해서는 브러시와 정류자가 반드시 필요하다. 이 정류 장치는 직류 모터의 치명적인 단점이 되는데 왜냐하면 기계적인 접촉으로 인한 마찰 및 마모가 발생하기 때문이다. 그러나 직류 모터는 가격이 저렴하고 만들기가 쉬우며 구동력이 크고 제어 방법 또한 쉽고 비교적 낮은 전압과 전류로 구동이 가능한 장점이 있다. 또한 소형 완구부터 대형 모터까지 활용할 수 있게 폭이 매우 넓고 다양하다. 이러한 직류 모터의 장점과 단점을 알아보자.

3 │ 직류 모터의 특징

직류 모터는 다음과 같은 장점을 가진다.

- 부가 회로가 없는 모터의 경우 가격이 저렴하다.
- 입력 전압에 대하여 회전 특성이 직선적으로 비례한다.
- 입력 전류에 대하여 출력 토크가 직선적으로 비례한다.
- 감속 기어의 사용으로 기동 토크를 크게할 수 있다.
- 반응성 및 효율성이 좋다.

단점은 다음과 같다.

- 구조상 정류 장치의 기계식 접점이 있어 스파크 및 소음이 발생하고 수명이 길지 않다.
- 정류자로 인해 노이즈*가 발생하여 제어회로를 손상시킬 수 있다.
- 센서 및 부가 회로가 없이는 정밀한 제어가 힘들다.
- 감속 기어 및 센서, 부가회로 부착 시 구성회로 및 기구부의 크기가 커지고 추가비용이 발생한다.
- 동일 전압을 인가하더라도 등속운동이 불가하다.

*노이즈 : Noise

➡ 에나멜선과 건전지를 이용하여 간단하게 직류 모터를 만들어 보는 것도 재미있다.

4 | 직류 모터의 하나인 RB35GM02의 명세

다음은 국내 모터 전문 업체인 모터플러스의 직류 모터에 대한 하나의 예이다. 상세한 설명은 생략하도록 하지만 아래와 같은 요소가 있다는 것을 알아보자.

➔ RB35GM02

5 | 직류 모터의 선정 방법

⊙ 전원 결정

모터 선정 시 가장 중요한 점은 바로 전원이다. 반드시 그러한 것은 아니지만 보통 고속회전이나 힘이 좋은(토크가 좋다고 표현한다) 모터는 많은 전류 소모와 높은 전압이 필요하다. 그러나 본인의 환경에 맞추어 선정하면 되는 것이지 무조건 높은 전압 혹은 많은 전류 소모량의 모터가 좋은 것은 아니다.

⊙ 회전수

모터에서 중요한 요소로 회전수를 들 수 있다. 보통 RPM이라고 표현하는데 이는 분당 회전수(Revolution per minute)를 의미한다. 분당 회전수는 의미가 어렵지 않으므로 쉽게 이해할 수 있을 것이다.

⊙ 토크

토크란 모터의 힘을 의미한다. 조금 더 상세하게 표현하면 모터가 회전할 때 들 수 있는 무게가 얼마인가와 같이 생각하면 될 것이다. 예를 들어 1kg의 장난감 자동차를 움직이는 모터와 100kg 전동차를 움직이는 모터가 있다고 하자. 이렇게 모터에 걸리는 부하(여기서는 무게가 될 것이다.)는 모터를 돌기 어렵게 만드는데 회전수의 유무에 상관없이 두 모터는 각각의 무게를 지탱하면서

회전해야 한다. 장난감 모터에 아무리 높은 전압과 높은 전류를 흘려준다고 해도 전동차를 움직이게 할 수는 없다. 모터가 버티지 못하고 과열되거나 터질지도 모른다.

참고로 토크는 모터에 걸리는 중량, 바퀴의 지름, 부하 관성모멘트, 무부하, 유부하 시의 토크, 전압과 전류량을 모두 계산하므로 쉽지 않다. 이에 대한 설명은 모터 관련 서적을 참조하기 바란다.

토크를 높이기 위한 가장 손쉬운 방법은 고속 회전하는 모터에 기어를 장착하여 속도를 희생하는 대신 힘을 얻는 방법이다. 자전거 체인을 생각해 보면 쉽게 이해될 것이다.

이 밖에 소음이나 크기, 기어 비율, 정역 회전이 모두 가능한지 등 사용 목적을 고려하여 그에 알맞은 특성을 갖는 모터를 선정한다.

6 | 직류 모터 제어

6.1 속도 제어

일반적으로 직류 모터는 다음 그림과 같이 무부하(모터에 걸려있는 토크가 전혀 없음)로 전압만 연결해 주어도 모터가 회전한다. 하지만 이와 같은 경우 모터의 속도를 변화시킬 수 없으므로 다음과 같이 직류 모터의 속도를 제어하는 방법을 알아보자.

● 저항으로 손쉽게 회전수를 제어하는 방법

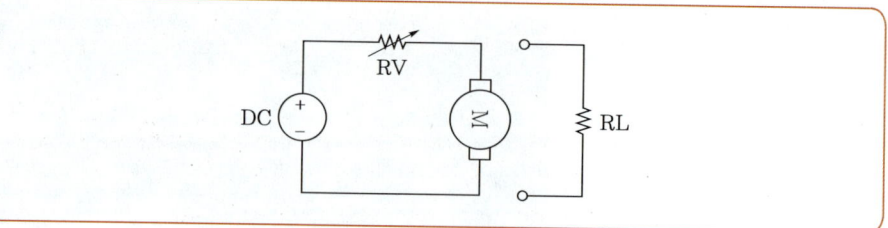

직류 모터를 가변하는 방법 중 가장 간편한 방법이고 쉬운 방법이다. 회로를 구성하기 나름이겠지만 필자는 개념적인 부분만을 설명하고 회로는 가장 간단한 가변저항을 사용하여 예를 들어보자.

직류 모터의 속도는 공급 전압에 비례하므로 모터에 공급되는 전압을 변화시키면 모터의 속도가 변하게 된다. 따라서 위의 그림과 같이 모터와 전원부 사이에 가변저항을 넣어 제어하는 방법이 있다. 이러한 방법은 전력 손실이 적다는 점과 제어회로가 간단하다는 이점이 있어 자주 사용된다. 그러나 정역회전이 불가능하고 미세하게 제어하기가 어려우므로 정교하게 제어해야 하는 경우 잘 사용되지 않는다.

● PWM* 방식

PWM이란 0과 1뿐이 존재하지 않는 디지털 출력으로 아날로그 회로를 제어하는 방법이다. PWM 방식은 직류 모터의 제어 뿐만이 아닌 전력 제어 및 전력 변환 등의 광범위한 범위에 사용된다. 간단히 말해 디지털 출력을 이용하여 아날로그 출력처럼 사용이 가능하게 인코딩을 한다고 생각하면 될 것이다. 고주파수의 신호를 생성하여 일정한 주기를 가지고 반복되는 ON, OFF의 펄스를 생성하고 이 펄스의 평균치 전압이나 전류가 아날로그 신호처럼 인코딩이 되는

저항 제어 회로

PWM: Pulse Width Modulation

것이다. 이에 대한 내용은 PWM에서 상세하게 설명하도록 한다.

6.2 정/역 제어

앞의 회로는 모터의 속도를 느리게 혹은 빠르게 할 수 있으나 정·역 제어가 불가능하다. 모터를 정역 제어하기 위해서는 다음과 같은 회로를 구성한다.

＊H-브릿지: H-bridge

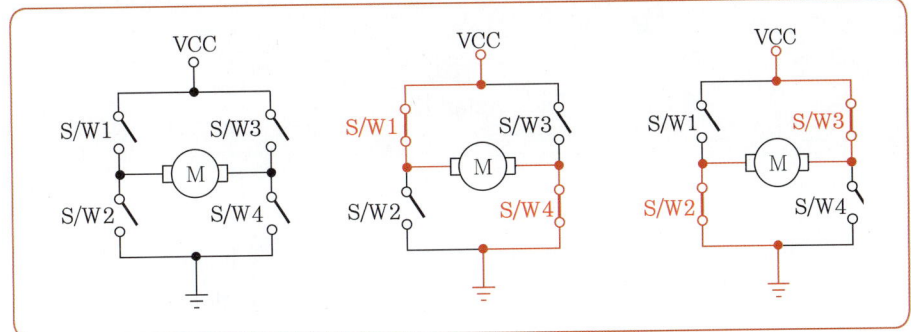

즉, 모터는 전원을 인가하는 방식에 따라 정·역 회전을 한다. 그러나 실제 제어할 때 전원을 바꿔가며 연결할 수는 없기 때문에 위와 같은 회로를 구성한다. 생긴 모습이 H모양과 같이 생겼다고 하여 H-브릿지＊ 회로라 부른다. 동작 원리는 매우 간단한데 정회전하려는 경우 S/W1과 S/W4를 누르면 적색방향으로 전류가 흐르면서 시계방향으로 모터가 회전하고, S/W2와 S/W3을 누르면 적색방향으로 전류가 흐르면서 시계 반대방향으로 모터가 회전한다. 그런데 위의 S/W1, S/W2, S/W3, S/W4는 실제로 스위치를 사용하는 경우는 드물고 트랜지스터나 FET를 사용하여 구성한다.

● 트랜지스터를 이용하여 모터 드라이브 회로를 구성한 예

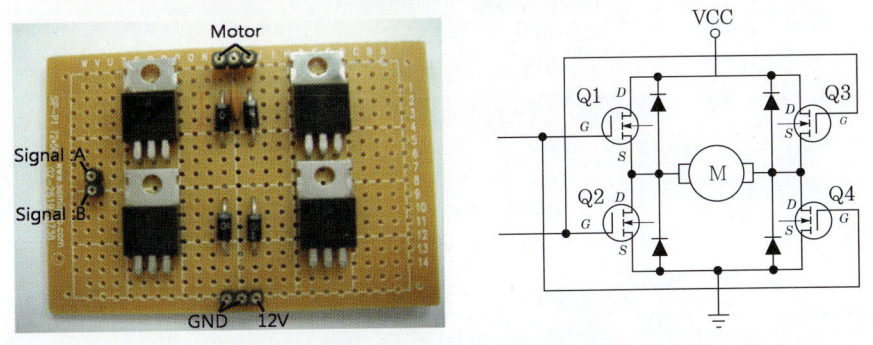

그러나 시판되는 모터 드라이버 소자는 위와 같은 H-브릿지 회로 이외에 여러 가지 부가적이고도 좋은 기능을 집어넣어 저렴하게 판매하기 때문에 구매하여

사용하는 것이 편리할 경우도 많다.

직류 모터는 넷브레인의 출력핀으로 직접 제어가 안 되기 때문에 트랜지스터를 이용해서 증폭하여 구동하였다. 그리고 모터가 연결되는 부분에 있는 다이오드는 모터가 감속할 때 발생하는 역기전력을 제거하는 역할을 하게 된다. 회로도를 모두 완성했으면 콘텐츠 컴포저를 이용해서 모션 콘텐츠를 다음과 같이 배치하도록 한다.

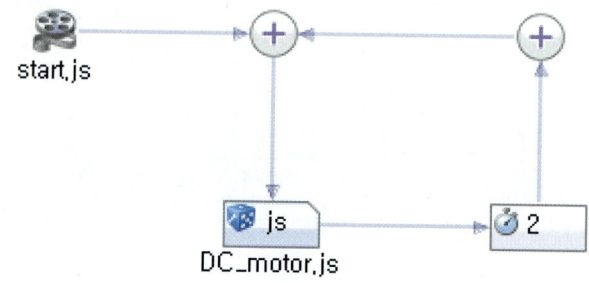

● DC_motor.mcc

먼저 Start.js의 내부를 살펴보면 다음과 같다.

```
var DC_motor = robot.findDevice("NetBrain.OUT15");
var rpm;
```

직류 모터와 연결된 15번 출력핀의 사용을 선언하였고, 변수를 이어서 선언하였다.

그 다음으로 DC_motor.js의 내부를 살펴보면 다음과 같다.

```
rpm = Math.random()*1000;
DC_motor.write(rpm);
console.println(rpm);
false
```

먼저 Math.random() 함수를 이용해서 0~1까지의 숫자를 무작위로 생성한다. 하지만 매우 작은 상태이기 때문에 이것을 트랜지스터의 입력에 넣어서 증폭을 해도 모터가 구동되지 않는다. 그러므로 1000을 곱해준 후 출력하였다. 그리고 이때 생성되는 값을 출력해서 확인할 수 있도록 하였다. 그리고 이러한 동작을 2초 간격마다 발생하도록 하므로 속도의 변화를 사용자가 느낄 수 있도록 하였다. 실행을 한 후 DC 모터가 구동되는 모습은 다음과 같다.

○ DC 모터가 구동되는 모습

이때 생성되는 값은 다음과 같다.

○ 무작위로 생성되는 값

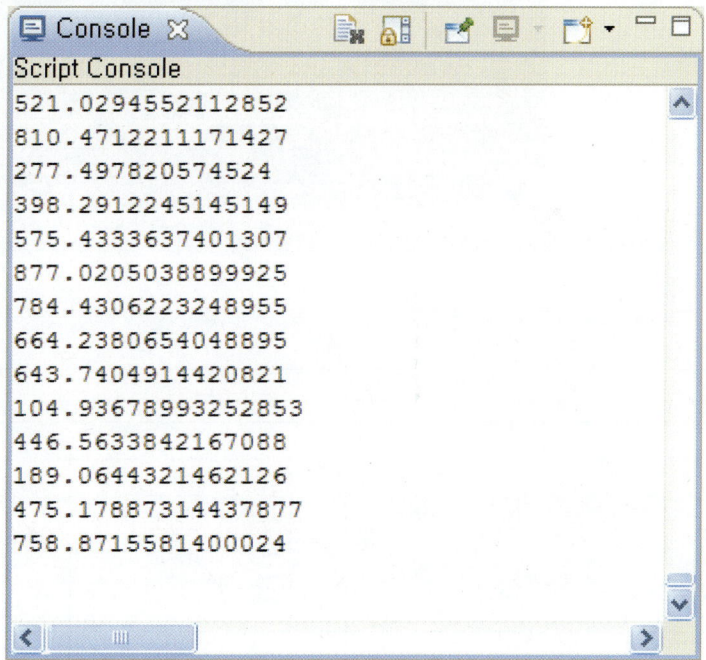

위의 값들이 모터에 들어가게 되고, 그 값에 비례하여 바람의 세기가 정해지게 된다. 값이 불규칙적이므로 바람의 세기도 자연히 불규칙적으로 생성되고, 자연풍이 만들어지게 된다.

<table>
<tr><td colspan="2" align="center">스테핑 모터를 회전시켜 보자</td></tr>
</table>

스테핑 모터의 원리를 이해하고 간단하게 회전시켜 보자.

회로도	필요한 부품
	저항 1K ················· 4개 TR 2SC3198 ·········· 4개 다이오드 1N4148 ···· 5개 스테핑 모터 ············ 1개 점퍼 ····················· 다수

1 │ 스테핑 모터의 개요

＊스테핑 모터 : Stepping
　Motor

스텝 모터 혹은 스텝퍼 모터 혹은 펄스 모터라고도 불리는 이 모터의 정식 명칭은 스테핑 모터*이다. 직류 모터와는 다르게 스텝을 인가함에 따라 회전하기 때문에 스테핑 모터라고 부른다.

→ 스테핑 모터

스테핑 모터는 직류 모터에 비해 구동하기가 쉽지 않다. 직류 모터는 선이 2가 닥이고 한쪽을 VCC, 한쪽을 GND로 연결하면 정회전, 반대로 연결하면 역회전 이라는 사실을 직관적으로 쉽게 알 수 있지만 스테핑 모터는 일단 선이 5~6가 닥이다 보니 어느 선을 어디에 연결해야 하며 어떻게 신호를 주어야 할지도 알 쏭달쏭할 것이다.

그러나 좀더 공부해 보면 알게 되겠지만 스테핑 모터보다 직류 모터를 구동하 기가 더 어렵다. 모터를 구동시킨다는 것은 단순히 회전시킨다는 것 의미 이상 이기 때문이다. 모터는 고속으로 회전시킬수록 힘이 약해지는데 이를 보강한다 던가, 소모되는 전류량을 계산한다던가, 주어진 각도로 움직이는(예를 들어 "90°를 정방향으로 회전하라", 혹은 180°를 역방향으로 회전하라") 경우가 있 을 수 있다. 결국 모터를 회전만 시킨다고 모든 문제가 해결되는 것이 아니라 는 점이다.

간략하게 스테핑 모터의 역사에 대해서 알아보자. 스테핑 모터는 1920년대에 영국에서 처음 개발되어 1960년대 일본에서 제어 공작 기계에 도입되면서 전 성기를 맞았고, 플로피디스크, 프린터, 자동 제어 공작 기계 등 많은 분야에서 쓰이고 있다.

디스크 드라이브나 프린터는 정해진 각도로 정확하게 위치해야 한다. 만일 프 린터가 종이를 조금 더 움직인다거나 덜 움직인다면 글씨가 제대로 출력되지 않을 것이다. 여러가지 모터가 있지만 스테핑 모터는 정확하게 움직이는 특징 이 있기 때문에 이러한 제어 용도로 많이 사용된다. 혹시 주변에 못쓰는 프린 터를 뜯어본다면 이러한 스테핑 모터를 많이 볼 수 있을 것이다.

2 | 스테핑 모터의 원리

● 스테핑 모터 회전의 원리

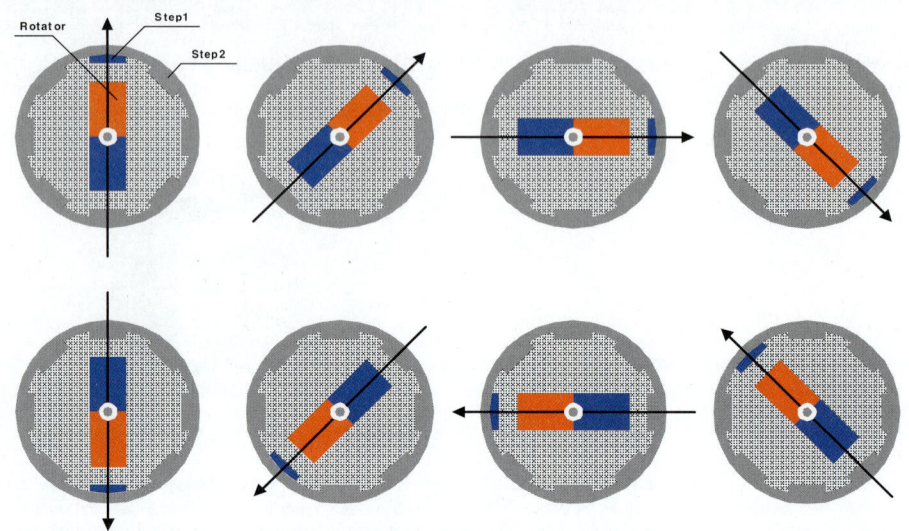

*회전자: Rotator

스테핑 모터가 어떤 식으로 회전하는지 이해하기 위하여 위의 그림을 살펴보자. 설명의 편의를 위해서 가운데 영구 자석을 회전자*, 각각의 스텝을 시계방향으로 스텝 1, 2, 3, ⋯, 8과 같이 부른다. 실제 스테핑 모터는 위의 그림보다 더욱 많은 스텝이 존재하지만 쉽게 설명하기 위해 8개의 스텝만 그렸다.

위의 스테핑 모터는 스텝이 8개이므로 한 번 펄스를 인가할 때마다 45°씩 회전한다. 가운데 회전자는 영구 자석인데(경우에 따라서 영구 자석이 아닌 경우도 있음) 스텝을 자화(磁化, Magnetization)시킬 때마다 가운데 회전자가 자석에 끌려 회전하게 된다. 따라서 1회전시키기 위해서는 8개의 신호를 인가하면 된다. 45°×8 = 360°이기 때문이다.

만일 스테핑 모터의 스텝각이 1.8°라면 몇 펄스를 인가하면 360° 회전을 할까? 스텝각이 1.8°라면 200펄스를 인가하면 360°도 회전함을 알 수 있다. 또 모터의 회전수를 증가하기 위해서는 어떻게 하면 될까? 즉, 모터를 빨리 회전시키기 위해서는 단위 시간당 입력되는 펄스의 개수를 증가시키면 된다. 예를 들어 10초에 200펄스를 주는 경우와 10초에 400펄스를 주는 경우 후자는 전자 속도의 두 배가 된다는 것을 쉽게 짐작할 수 있다.

3 | 스테핑 모터의 특징

● 스테핑 모터는 일반 직류 모터에 비하여 정밀한 각도의 제어가 쉽다.

스테핑 모터는 위와 같은 이유로 스텝이 정밀하면 정밀할수록 각도 제어가 용이하다. 하나의 스텝이 1°라면 1°씩 제어가 가능하다. 스텝을 펄스를 주는 방식에 따라 1°의 절반인 0.5°씩도 가능하다.(스텝 1과 스텝 2를 동시에 자화시키면 회전자는 그 사이에서 멈추기 때문이다.)

그러나 일반적인 직류 모터는 수천~수만 번으로 고속 회전하기 때문에 1° 혹은 90°와 같은 각도 조절이 쉽지 않다. 물론 직류 모터도 여러 가지 장치를 부착하여 정밀한 각도를 조절할 수 있으나 직류 모터의 용도 자체가 고속 회전을 위한 경우가 많으므로 정밀한 제어의 경우에 스텝 모터를 사용하는 경우가 많다.

*피드백 : Feedback

● 피드백* 신호가 필요 없으며 디지털 시스템과 결합이 용이하다.

일반 직류 모터는 워낙 고속으로 회전하기 때문에 90°를 움직이기가 쉽지 않다. 따라서 회전 각도를 알기 위해 모터축에 부가적인 장치를 장착하여 이 신호를 읽어와서 얼마만큼 회전했는지를 알아낸다. 이 신호를 피드백 신호라 한다. 그러나 스테핑 모터는 이러한 피드백 신호가 필요치 않다. 스테핑 모터는 주어진 펄스대로 정확하게 회전하기 때문이다. 이러한 이유로 디지털 시스템과 결합하기가 매우 용이하다. 즉 디지털 시스템에서 제어하기가 쉽다.

*토크 : torque

*축 : Shaft

● 정지 토크*가 매우 우수하다.

일반 직류 모터의 경우 정지 토크가 거의 없다. 즉, 손으로 모터가 정지해 있을 때 축*을 잡고 돌리면 힘없이 돌아간다. 그에 비해 스테핑 모터는 정지시에도 자화 상태에 있기 때문에 모터축이 잘 움직이지 않는다. 쉽게 예를 들어 자동차가 언덕길에 정지해 있을 때 바퀴가 움직이면 어떻게 될 것인가하는 문제를 생각해 보면 쉽게 알 수 있다.

● 전력 소모가 매우 크다.

스테핑 모터는 직류 모터에 비해 전력 소모가 매우 큰데 이는 그 구조상 어쩔수 없다. 전력 소모가 매우 크기 때문에 발열도 상당하다. 실제 구동시 모터가 따끈따끈하다.

● 고속 구동시 탈조가 발생할 가능성이 높다.

스테핑 모터의 가장 치명적인 단점은 탈조(脫調)라는 현상이 발생할 수 있다. 탈조란 인가하는 펄스가 너무 빨라서 회전자가 이를 따라가지 못할 경우 정상적으로 모터가 동작하지 못하는 것을 의미한다. 따라서 스테핑 모터에는 언제나 스테핑 모터가 받아들일 수 있는 속도로 신호를 주어야 한다. 천천히 주는 펄스는 전혀 문제될 것이 없고 빨리 펄스를 입력할 때가 문제가 된다.

4 | 스테핑 모터의 종류

스테핑 모터는 간단한 구조의 직류 모터와는 다르게 그 종류가 매우 다양한데 여기서는 이러한 종류가 있다는 정도만 간략하게 소개하도록 하자.

스테핑 모터를 분류하자면 먼저 내부를 구성하는 고정자*의 극수에 따라 1상(단상), 2상, 3상, 4상, 5상, 6상 등 여러 종류가 있다. 여기서 말하는 상이란 위상*를 말하며 쉽게 표현해서 모터의 내부에 코일이 몇 개 있느냐를 의미한다.

예를 들어 4상이라고 하면 코일이 4개 있다고 생각하면 된다. 그런데 배선만으로는 어느 쪽에 구동 전원을 연결하는지 신호선을 연결하는지 알기가 어려우므로 모터의 사양서*를 잘 읽어볼 것을 권한다.(모터 사양서가 없음에도 신호선 및 전원선을 테스터기로 알아볼 수 있는 방법도 있으나 설명하지는 않는다.)

4.1 스테핑 모터의 분류

스테핑 모터는 자기 회로를 아래와 같이 분류하고 모터의 구동상에 따라 위와 같이 분류한다.

종류	설명
가변 릴랙턴스형(Variable Reluctance Type)	회전자가 영구 자석으로 되어 있는 형태
영구 자석형(Permanent Type)	회전자의 단면이 톱니 형태로 되어 있음
복합형(Hybrid Type)	VR과 PM의 혼합형

*고정자 : Stator

*위상 : Phase

*사양서 : Specification

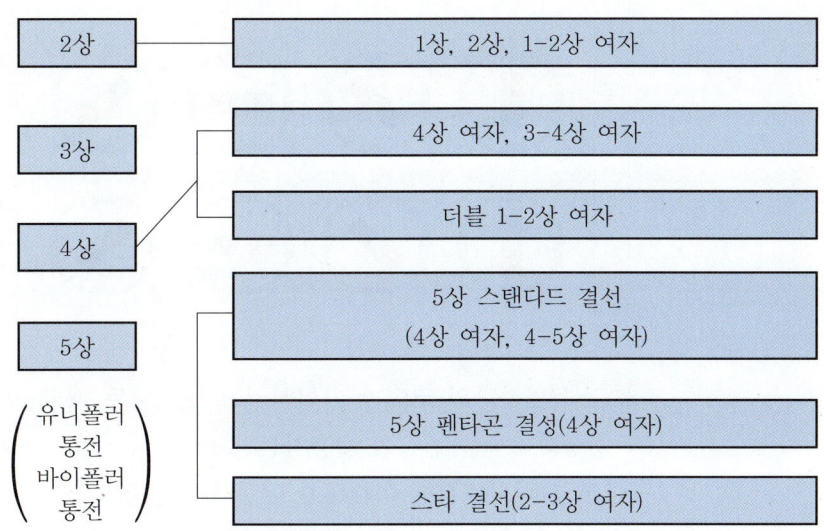

모든 스테핑 모터를 다루는 것은 교재의 수준을 상회하므로 여기서는 간단하게 구동시키는 경우만 살펴보기로 하자.

4.2 스테핑 모터의 구동 방식에 따른 분류

스테핑 모터의 구동 방식은 여러 가지가 있지만, 그 중에서 여자 방식은 "코일에 어떤 형태로 전류를 흐르게 하는가"에 따라 3가지(1상 여자 방식, 2상 여자 방식, 1-2상 여자 방식)로 구분된다. 각각의 방법이 전력 소모, 정밀도, 구동의 용이성에서 약간 차이가 있다. 이 세 가지 방식을 직관적으로 나타내 보면 다음과 같다.

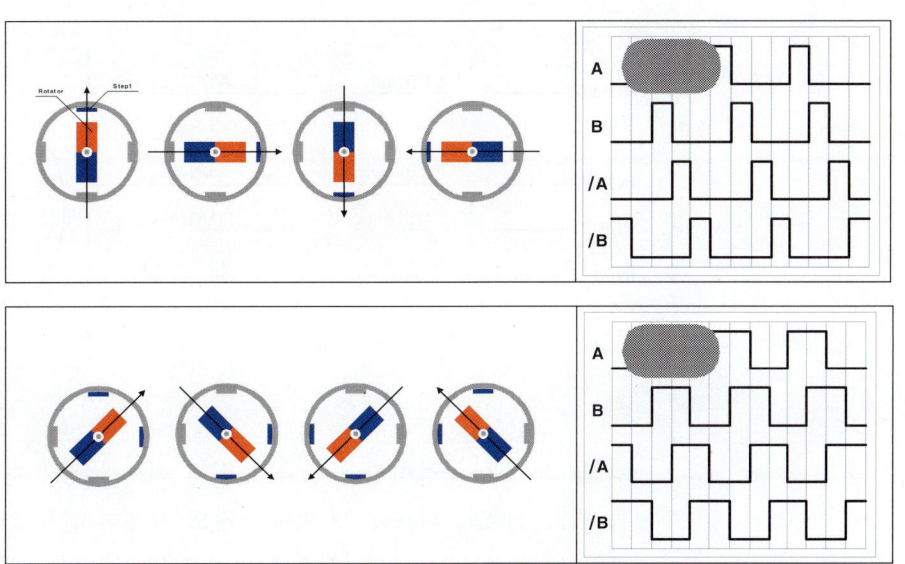

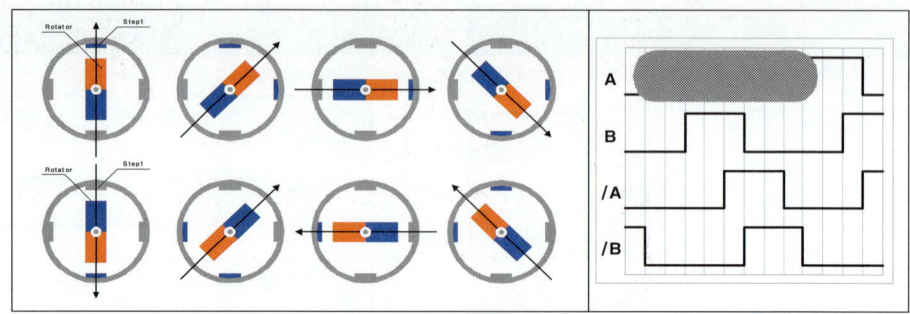

1상은 하나의 코일만 자화시키고 2상은 두 개의 코일을 자화시키며, 1-2상은 1상과 2상을 번갈아 사용하는 것을 알 수 있다. 오른쪽은 입력되어야 하는 신호를 나타내는데 이해하기 어렵다면 왼쪽의 그림을 보면 쉽게 알 수 있을 것이다. 여기서 우리는 1상 여자 방식을 통해서 스테핑 모터를 제어할 것이다.

5 | 스테핑 모터의 구동 방식

우리가 사용하려는 스테핑 모터는 아래와 같은 방식으로 구동한다. 위의 회로도는 초보자가 접하기에 꽤 복잡한 편이므로 아래와 같이 간략하게 나타내 보았다.

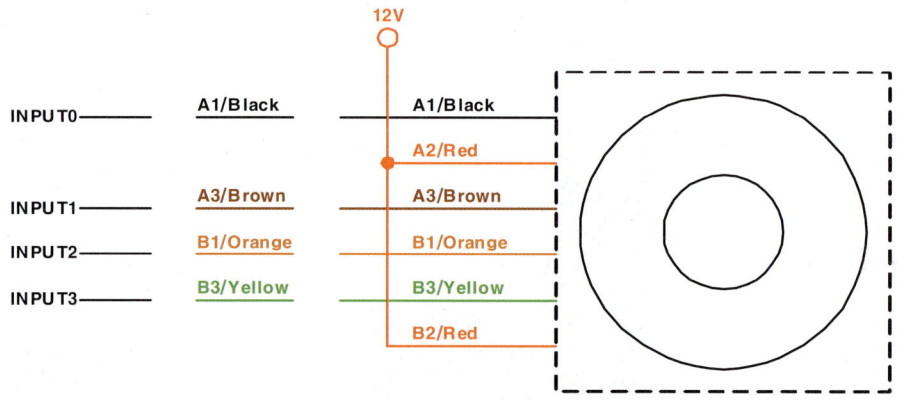

스테핑 모터를 구동하기에 다음과 같이 신호를 넣어주면 모터가 회전하게 된다. 위의 신호와 다르게 보일지 몰라도 자세히 살펴보면 동일하다는 것을 알 수 있다. A2와 B2는 어떤 신호를 넣어줄 필요 없이 스테핑 모터의 구동 전압인

12V를 인가하면 된다.

종류	A1 Black	A3 Brown	B1 Orange	B3 Yellow
	INPUT0	INPUT1	INPUT2	INPUT3
1	1			1
2	1		1	
3		1	1	
4		1		1

6 | 예제 및 실험

넷브레인에서 스테핑 모터의 출력은 D0, D1, D2, D3이므로 아래와 같이 타임라인 에디터를 작성한다.

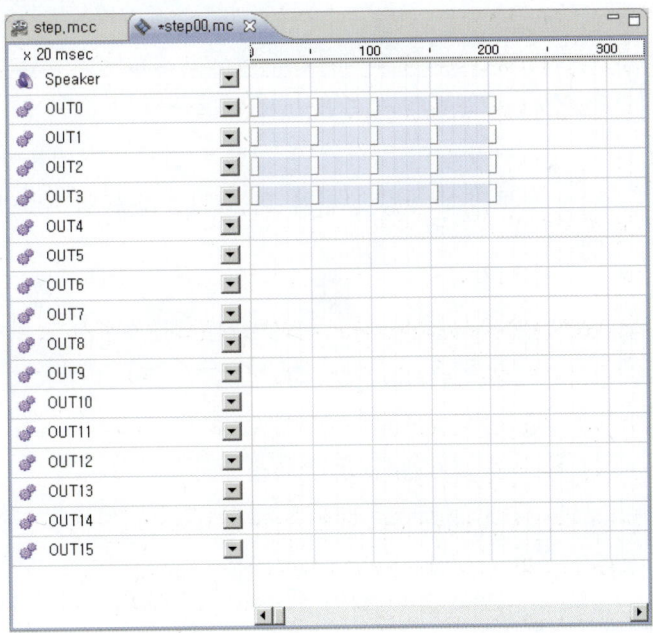

위의 제어점의 각각의 속성은 다음과 같이 입력하면 된다. 공란은 0을 입력하면 된다.

종류	A1 Black	A3 Brown	B1 Orange	B3 Yellow
	INPUT0	INPUT1	INPUT2	INPUT3
1	900			900
2	900		900	
3		900	900	
4		900		900

위의 표를 로보이드 스튜디오에서 입력할 때는 헷갈릴 수 있으므로 아래와 같이 입력하면 편리할 것이다. 위의 표나 아래 표는 동일한 표이다. 보기 편하게 하기 위해서 달리 만들었을 뿐이다.

	Frame1	Frame2	Frame3	Frame4	Frame5
INPUT0	900	900			
INPUT1			900	900	
INPUT2		900	900		
INPUT3	900			900	

위와 같이 입력한 후 콘텐츠 컴포저를 이용하여 아래와 같이 작성한 후 실행해 보면 스테핑 모터가 회전하는 것을 알 수 있다.

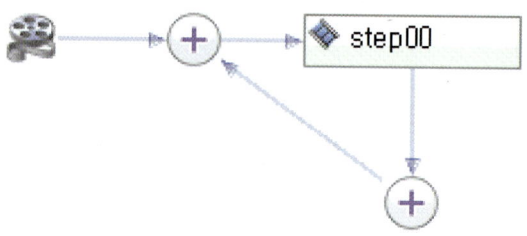

그런데 위와 같이 실행하면 스테핑 모터가 너무 늦게 회전하므로 조금더 빨리 회전시키기 위해서는 다음과 같이 신호를 더욱 빨리 주면 모터가 빨리 회전한다. 제어점의 간격을 좁혔을 뿐이다.

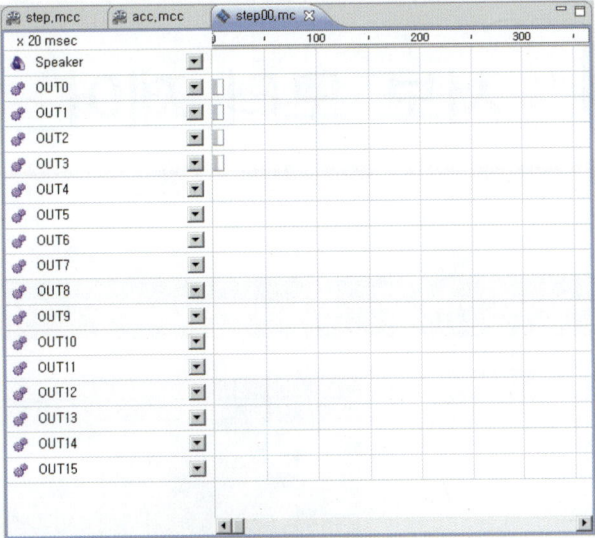

⊙ 동작되는 모습

서보 모터를 움직여 보자

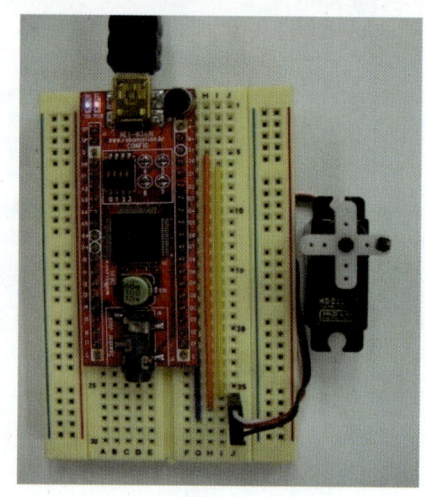

서보 모터의 원리를 이해하고 간단하게 서보 모터를 동작시켜 보자.

회로도	필요한 부품
	넷브레인 키트 ········· 1개 서보 모터 ············· 1개 점퍼선 ················· 다수

1 | 소 개*

서보 모터는 RC 서보 모터를 말하는데 RC Servo Motor는 내부적으로 직류 모터이다. 정확하게 말해 DC 모터를 서보 제어하는 것이다. 서보 제어란 어떤 목표값(여기서는 각도)을 목표로 하여 움직이는 것을 말한다.

서보*는 서보 메카니즘*의 줄임말로 라틴어의 노예*라는 단어에서 유래되었는데 '명령을 충실히 이행한다'는 의미가 있다.

서보 모터는 일정한 각도를 움직일 때 유용하게 사용된다. 예를 들어 어떤 로봇 팔이 있다고 가정할 때 0°에서 90° 사이만을 움직이게 하고 싶다면 서보 모터를 쓰면 적합하다. 물론 스테핑 모터를 이용해도 가능하다.

✽ 서보 : Servo
✽ 서보 메카니즘 : Servo
  Mechanism
✽ 노예 : Servus

➔ RC Servo Motor
  HG-D202MG

*듀티비 : Duty Ratio
*신호 : Signal

앞에서 설명한 PWM 신호를 이용하여 일반적으로 20ms의 한 주기로 듀티비*를 조절하여 0.7~2.3ms 사이의 신호*를 생성하고 모터에 입력하면 원하는 각도로의 모터 제어가 가능하다. 주기 및 신호에 따른 서보 모터의 동작은 각 모터마다 다를 수 있다.

➔ 1.5ms Pulse 시에 0°

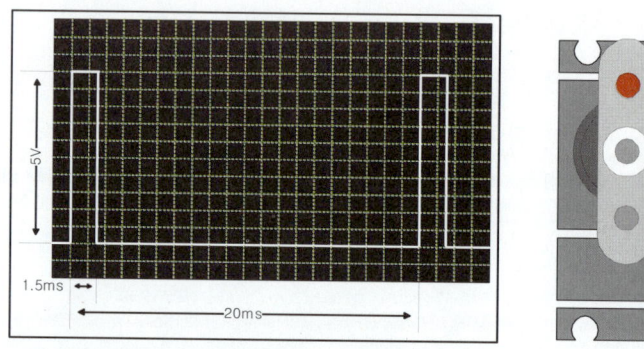

➔ 0.7ms Pulse 시에 −90°

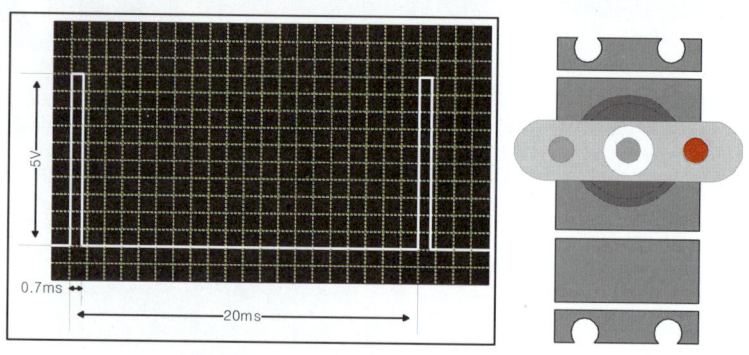

➔ 2.3ms Pulse 시에 +90°

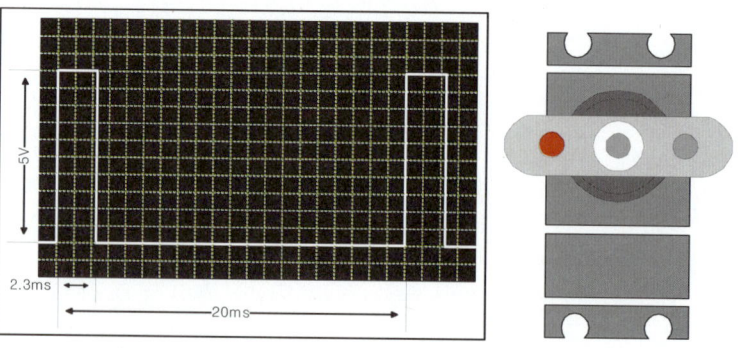

3 | INO-LAB HG-202NG 서보 명세

| INO-LAB HG-202NG Datasheet |

Technical data			
Control system	Pulse width control	Operating voltage	4.8V only
Operating travel	30°/One side pulse traveling 370usec	Direction	Counter Clock Wise/ Pulse traveling 1500 to 1870
Test Voltage	at 4.8v	Operating Speed	0.16sec/60°
Stall torque	2.5kg · cm(34.72oz.in)	Dynamic torque	2.0kg · cm(27.77oz.in)
Idle current	6.0mA at stopped	Running current	200mA at no load
Dead band width	2us		

Features			
Amplifier type	Digital pulse width controller & Fet driver	Long life potentiometer	500,000 cycles
Motor type	Metal brush 3pole motor	Top ball bearing	MR74 Ball Bearing
Gear material	Heavy duty carbonite gears & metal gear	Horn gear spline	15segments/ ϕ3.96(FUTABA type)
Splined horns	4class	Connector wire length	150mm(5.91in)
Connector wire strand counter	0.12mm* 7EA		

데이터시트를 살펴보면 다음과 같다.

제어 방법은 Pulse의 길이로 제어가 가능하다. 4.8V의 전압에서 동작을 하며 60°를 회전하는데 0.16sec 걸린다. 또 전류는 멈추었을 때 6mA를 소모하고 움직일 때 200mA를 소모한다.

○ 0°에서 넷브레인 출력값

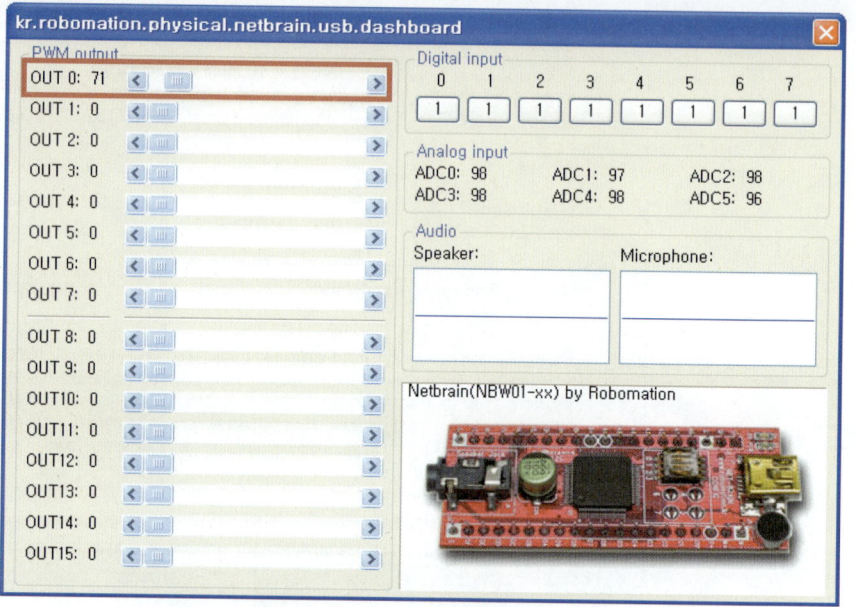

○ 0° 모터의 동작

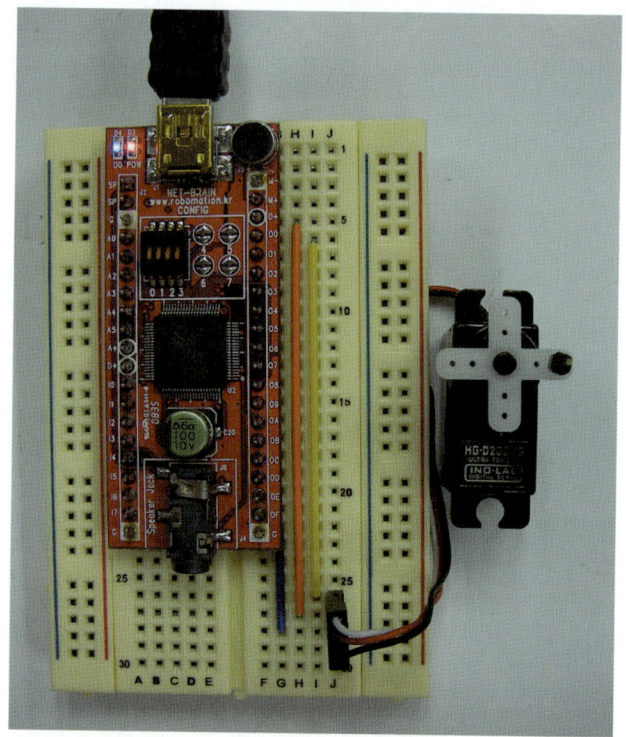

90°에서 넷브레인
출력값

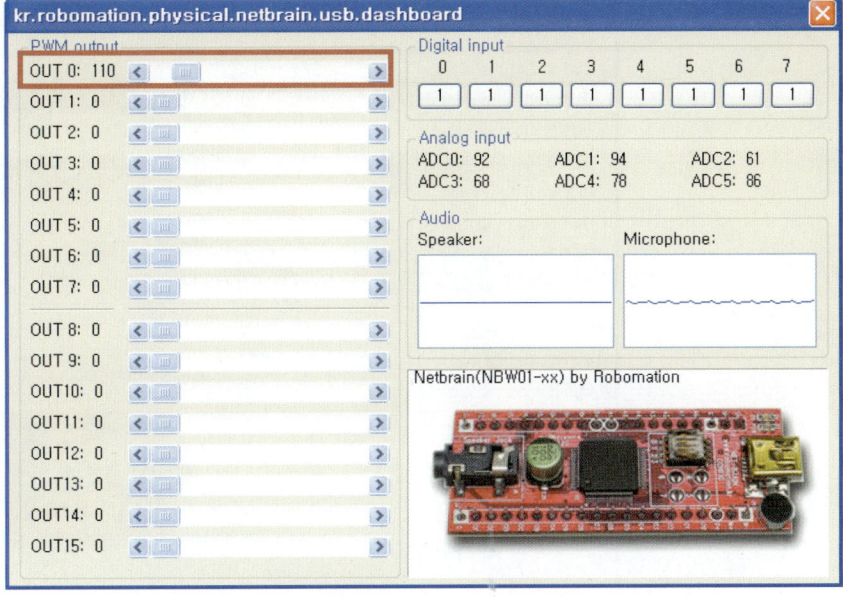

90° 모터의 동작

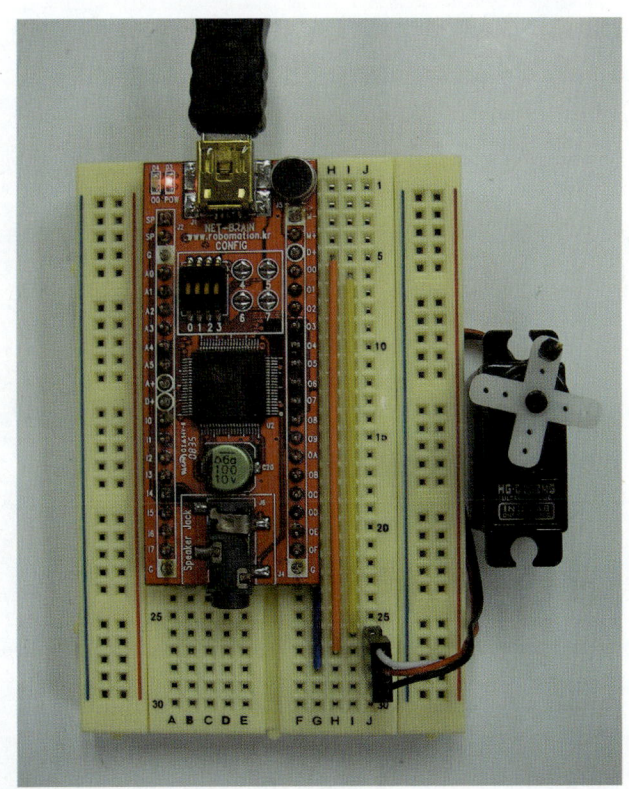

● -90°에서 넷브레인
  출력값

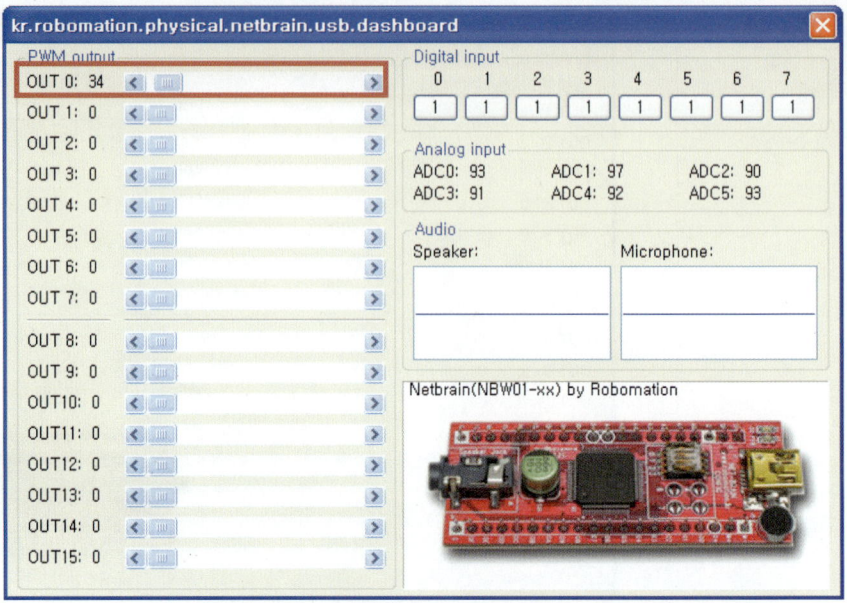

● -90° 모터의 동작

Add-on Dash 보드를 통해서 서보 모터를 테스트 해 보았다. 이제 타임 라인 에디터로 서보 모터의 동작을 확인해 보자. 먼저 mycontents에 Servo.mc라는 Motion Clip를 생성한다.

● Motion Clip의 생성

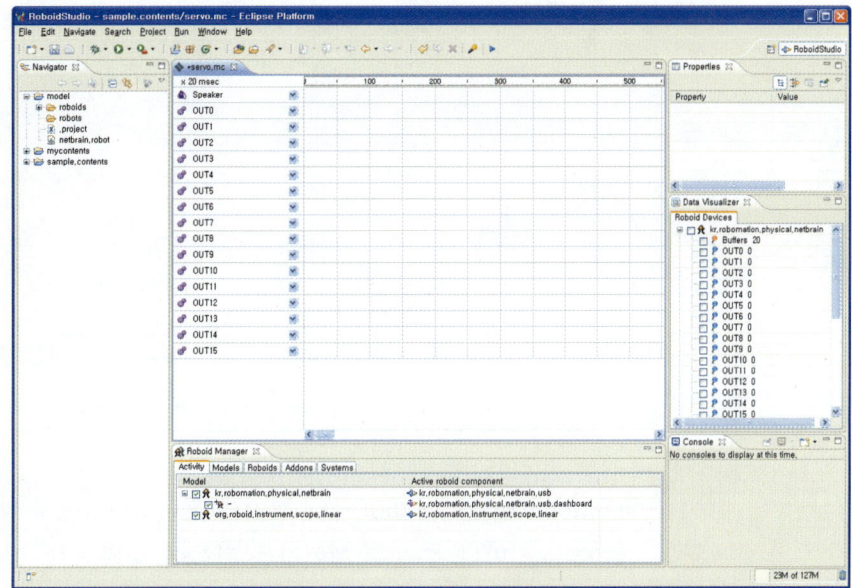

이렇게 생성된 첫 화면을 살펴보면 OUT0~OUT15까지 있는 것을 알 수 있다. 서보 모터는 OUT0에 연결되어 있으므로 OUT0에 제어점을 원하는 길이만큼 만든다. 여기서는 0~250Frame까지 만들어 보자. 한 Frame이 20ms이므로 5초임을 알 수 있다.

시작과 끝 Frame의 설정

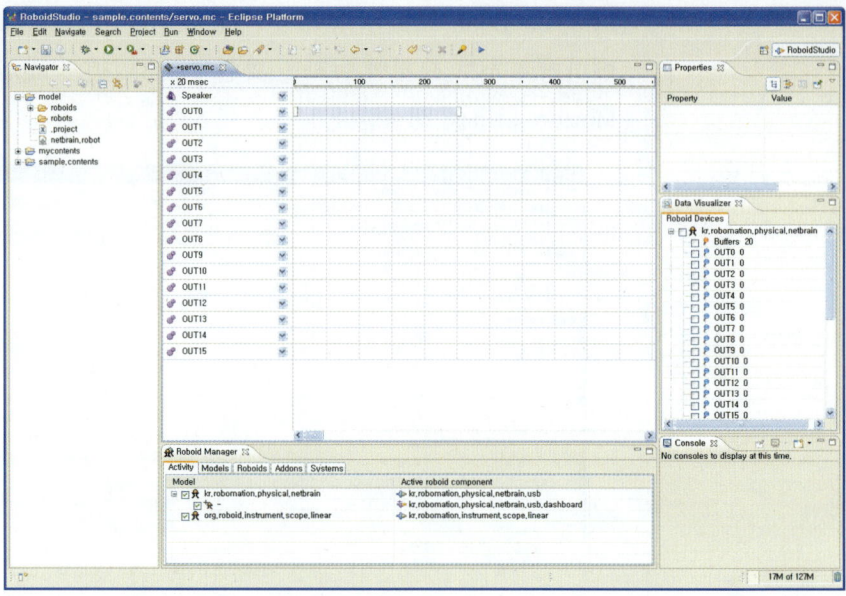

Motion Clip을 0~250Frame까지 설정하였다. 이제 깜빡거리는 동작을 위해서 50Frame 마다 추가로 제어점을 만들어 주자.

동작 Frame 추가

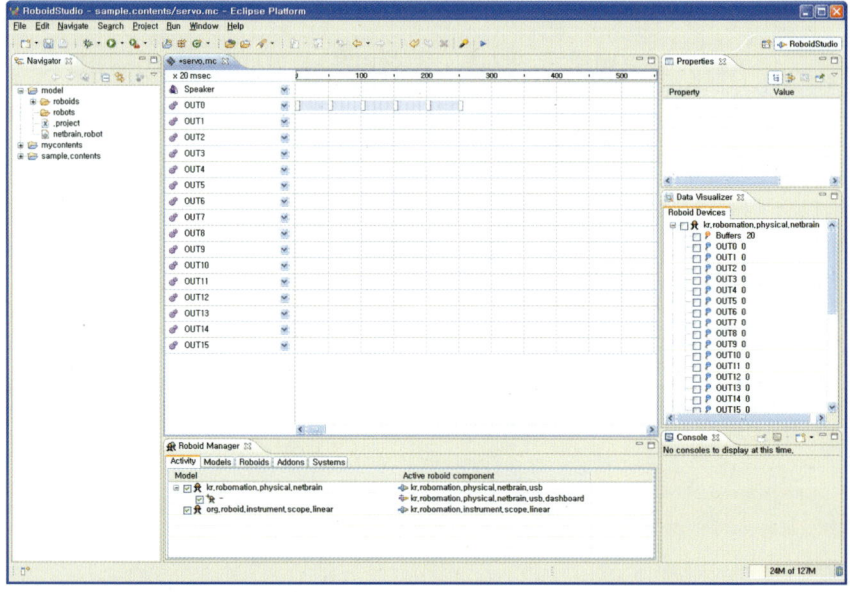

이제 원하는 출력값을 설정해 줌으로써 서보 모터를 회전시킬 수 있다. 제어점을 하나 선택하면 우측에 Properties가 있는데 Value값을 입력해 주면 된다.

● NetBrain의 출력값 설정

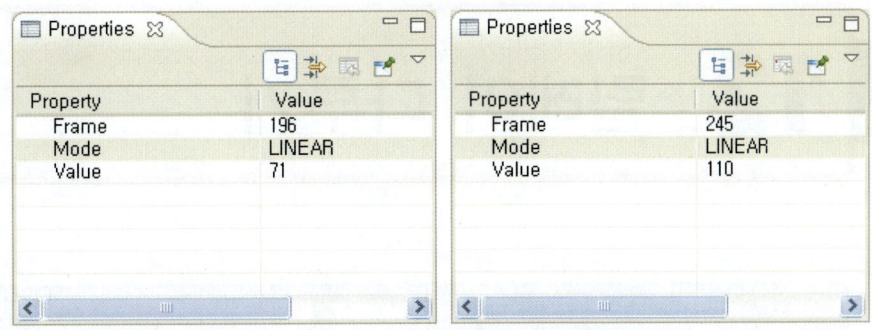

출력값은 34~110 중 임의의 값을 넣어준다. 굳이 범위를 정한 이유는 서보 모터가 동작하는 값의 범위가 이렇기 때문이다. 이는 앞에서 Add-on Dash 보드를 이용해서 알아보자.

이 범위 안의 임의의 값을 6개의 클립에 저장하면 서보 모터가 해당되는 각도로 움직이는 것을 확인할 수 있다.

릴레이를 활용해 보자

릴레이의 원리를 이해하고 이를 동작시켜 보자.

회로도	필요한 부품
	넷브레인 키트 ········· 1개 LED ······················· 1개 릴레이 ···················· 1개 점퍼선 ···················· 다수

1 | 목 표

*릴레이 : Relay

릴레이*의 작동 원리 및 특성을 이해하고 사용 방법을 익힌다.

2 | 소 개*

*소개 : Introduction

*조셉 헨리 : Josept Henry

릴레이*는 1835년 전자기 유도현상을 발견한 미국의 과학자 조셉 헨리* (1878~1979)에 의해서 발명되었다. 일반적으로 릴레이는 '전기를 연결한다'라는 의미로서 전자 계전기라고 한다. 전기 회로 구성 시에 회로를 두 개로 나누어 한쪽에서 제어 신호를 만들고 그 신호에 따라 다른쪽 회로의 작동을 제어하도록 설계하는 경우가 있다. 이때 사용하는 전자부품이 릴레이 소자이며 일종의 전기적인 스위치라 할 수 있다. 전기 접점을 개폐하여 동일 또는 다른 회로에 접속된 장치를 작동시키는 기능을 하며 전기적 입력의 유/무, 대/소 등을 식별해 동작 등을 수행하는 데 사용한다. 릴레이의 사용처는 우리가 전기를 직접 제어할 수 있는 곳보다 간접적으로 제어해야 할 경우에 릴레이를 사용한다.

*MOS : Metal–Oxide Semiconductor
*리드 : Reed

릴레이의 종류에는 기계적 릴레이와 반도체를 사용한 MOS* 릴레이, 리드* 릴레이 등이 있다. 최근에는 저렴하고 고성능인 반도체 스위치가 보급되어 릴레이의 용도가 적어졌다. 특히 스위칭 스피드나 소비 전력 내구성 등의 코일로 기계 접점을 동작시키는 릴레이는 가동부가 없는 반도체 스위치에 비해 훨씬 떨어진다. 그러나 ON 저항이 작고 OFF 때에 절연 저항이 크다. 또한 내압이나 전류 용량이 큰 것 등의 이점이 있다.

➔ Relay

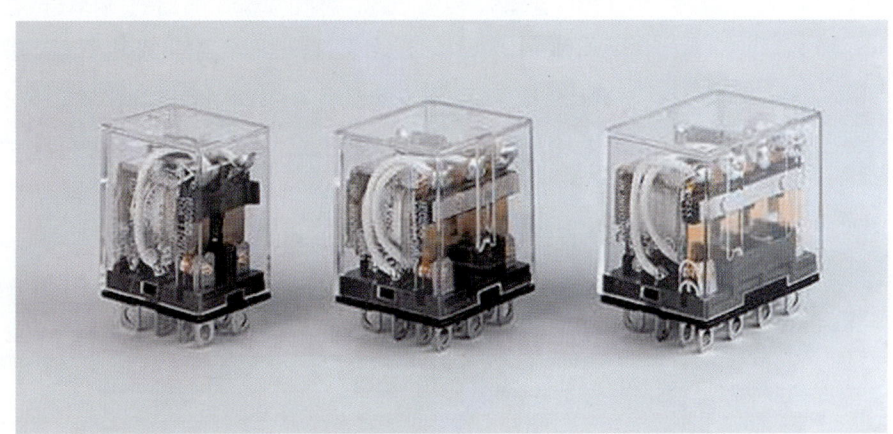

3 | 릴레이 특성

➔ 릴레이의 구조 및 동작

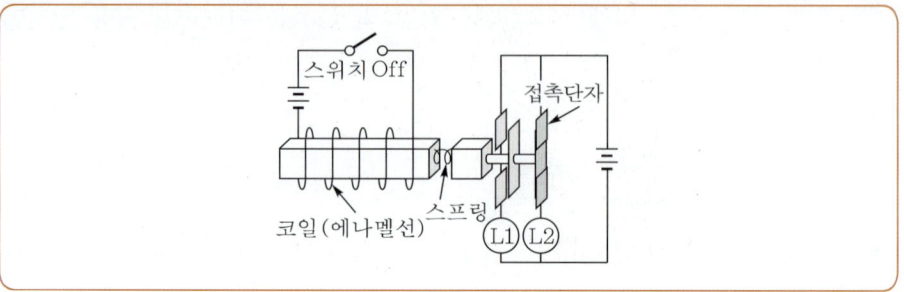

릴레이는 코일로 만들어진 전자석, 스프링, 접촉 단자 등으로 구성되고 단자의 수는 사용 용도에 따라 결정된다. 한쪽 전기 회로는 전자석에 연결되어 있다. 전기 회로가 전자석에 전류를 공급하지 않으면 단자는 스프링의 힘에 의해 다른 단자와 붙게 되어 회로가 연결된다. 그러나 전기 회로가 전자석에 전기를 공급하면 전자석은 자기력을 발생시켜 스프링이 달린 단자를 당기는 힘이 생기게 된다. 이 힘에 의해 접점이 L1에서 L2로 이동하여 다른 회로와 연결되는 것이다. 단자가 하나일 경우는 On/Off의 동작을 제어할 수 있는 것이다. 따라서 용도에 따라 단자의 수를 선택하여 사용 용도에 맞추어 선택하고 사용하면 된다.

＊트랜지스터 : Transistor

트랜지스터＊라는 스위칭 소자도 있지만 릴레이 소자를 이용하는 이유를 알아보자.

우선 릴레이의 가장 큰 장점으로 제어부 회로와 구동부 회로의 독립된 회로 구성이라고 할 수 있다. 릴레이는 전류를 공급하는 부분과 실제 전류가 흐르는 부분이 별도로 되어 있어 전기적으로 독립된 회로를 연동시킬 때 사용하기 좋다. 이에 따라 직류 회로와 교류 회로 모두 제어가 가능하다. 예를 들어 DC 5V의 저전압으로 구동되는 회로를 이용하여 AC 100V의 큰 전압으로 구동되는 회로를 제어하거나 큰 전류를 소모하는 회로를 구동시킬 수 있다는 것이다. 이는 전류를 공급하는 전자석 부분과 접점이 있는 회로 부분이 직접 연결되어 있지 않아 교류 전압도 제어할 수 있고 큰 전압이나 큰 전류에 의해 제어부의 회로를 보호하는 효과가 있는 것이다. 이와 같이 높은 전압이나 높은 전류를 제어하거나 직접 제어하기 힘든 곳에서 전기를 주어야 하는 동작이 요구될 때 릴레이 소자를 사용하면 좋다.

또한 릴레이는 트랜지스터보다 발열이 적어 열에 의해 특성이 나빠지는 경우가 적다. 같은 동작을 하는 트랜지스터와 릴레이에 동일한 전류를 흐르게 할 경우 트랜지스터보다 훨씬 적은 열을 낸다. 이는 온도 특성에 예민한 회로 구성 시에 트랜지스터보다 회로에 주는 영향이 적어 정밀한 회로를 구성할 수 있을 것이다. 그리고 상황에 따라 제어 장치 스스로 판단하여 전압 및 전류를 제어해야 할 경우 릴레이 소자를 사용하기도 한다.

기계적으로 접점을 이동시키는 것이므로 접점이 붙을 때나 떨어질 때 채터링* 이라는 동작 노이즈*가 발생하여 회로가 오동작 할 수 있다. 채터링*은 전자 회로 내의 스위치나 계전기의 접점이 붙거나 떨어질 때 기계적인 진동에 의해 실제로는 매우 짧은 시간 안에 접점이 붙었다가 떨어지는 것을 반복하는 현상으로 회로의 동작에 나쁜 영향을 미친다. 또한 기계적인 부품으로 이루어진 동작을 하기 때문에 수명이 짧다. 스위칭 동작에 있어서 기계적으로 동작을 하므로 트랜지스터와 비교하여 비교적 저속으로 동작한다. 하지만 특수 용도로 사용되는 고주파 릴레이 소자가 있어 고속 스위칭이 가능한 릴레이도 있다.

이와 같은 특성으로 구동 전압, 접점 용량 등에 따라 적절한 스위칭 소자를 선택하여 사용해야 한다. 다음으로 릴레이의 사용 용도에 따른 종류를 알아보자.

래칭* 릴레이는 릴레이에 신호를 한 번 주면 닫힌 상태가 되고, 신호를 끊어도 이 닫힌 상태가 계속 유지된다. 여기에 다시 신호를 주면 열린 상태가 되고 신호를 끊어도 열린 상태가 계속 유지되는 릴레이이다. 리드* 릴레이는 접촉 단자의 보호 및 빠른 속도 반응을 위해 단자들을 진공이나 불활성 기체 속에 넣은 릴레이이다. 리드 릴레이는 일반적으로 경보 시스템에 대한 문 센서로 사용되고 있다. 편극 릴레이는 반응 감도를 늘이기 위해 전자석에 의해 움직이는 단자를 영구자석 두 극 사이에 위치해 놓는다. 내구성을 위해 전자석이나 움직이는 단자 대신 트랜지스터를 사용한 고체 릴레이*가 있다. 이 밖에도 신호용* 릴레이, 파워* 릴레이, 동축 릴레이, 수은 릴레이, 포토* 릴레이 등이 있다.

4 | DS1E-M-DC48V 명세*

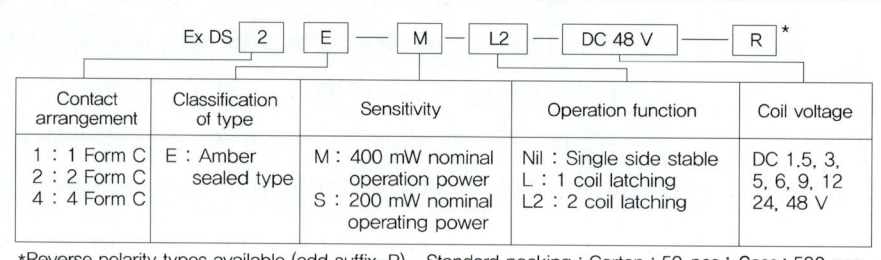

| | | Ex DS | 2 | E | — | M | — | L2 | — | DC 48 V | — | R | * |

Contact arrangement	Classification of type	Sensitivity	Operation function	Coil voltage
1 : 1 Form C 2 : 2 Form C 4 : 4 Form C	E : Amber sealed type	M : 400 mW nominal operation power S : 200 mW nominal operating power	Nil : Single side stable L : 1 coil latching L2 : 2 coil latching	DC 1.5, 3, 5, 6, 9, 12 24, 48 V

*Reverse polarity types available (add suffix─R). Standard packing : Carton : 50 **pcs.**; **Case** : 500 pcs.

4.1 릴레이 연결 특성

릴레이를 사용하려면 내부가 어떻게 연결되어 있는지 알아야 하는데, 릴레이 내부의 구조는 다음과 같다.

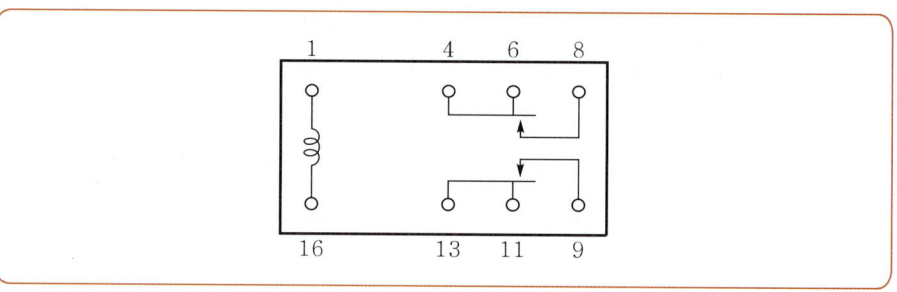

릴레이는 1번과 16번 전원이 연결되는 부분이고 위의 모습은 전원이 연결되지 않은 모습이다. 그림을 보면 알 수 있듯이 4번과 6번 단자, 13번과 11번 단자가 서로 연결되어 있는 것을 확인할 수 있다. 만약 전원을 연결하면 다음과 같이 된다.

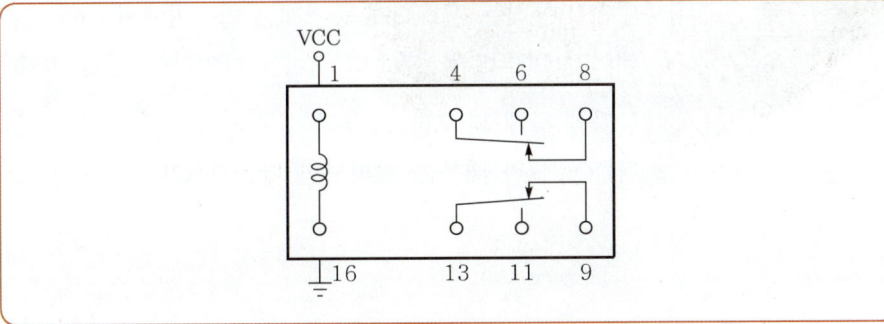

릴레이에 전원이 인가되면 내부 연결 상태는 4번에 연결된 부분이 6번에서 8번으로 바뀌고, 13번에 연결된 11번이 9번으로 바뀌게 된다. 위의 내부 연결 상태를 생각해서 릴레이를 사용하면 된다.

이러한 동작을 보여주기 위해서 Contents Composer를 사용했고 배치된 Motion Contents는 다음과 같다.

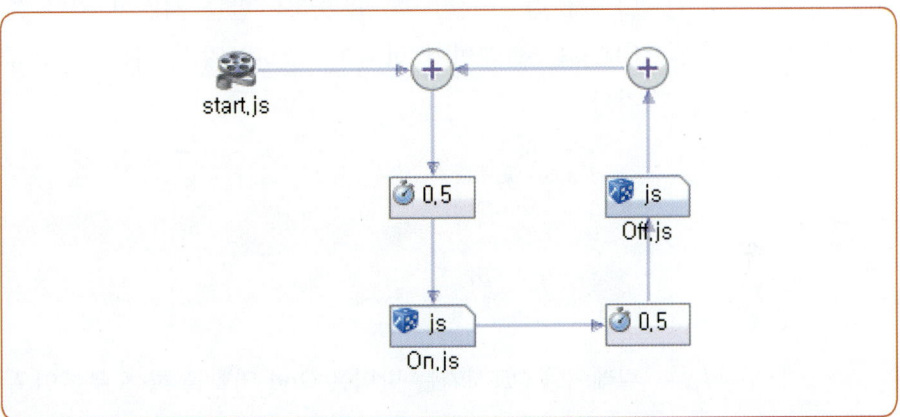

배치된 Motion Contents의 모습은 위와 같다. 릴레이에 On/Off를 반복적으로 시키게 되고, 이때 LED가 깜빡거림으로서 동작을 확인할 수 있다. 먼저 start.js의 내부 모습을 보면 다음과 같다.

```
var gnd = robot.findDevice("NetBrain.OUT7");
var gnd2 = robot.findDevice("NetBrain.OUT6");

var vcc = robot.findDevice("NetBrain.OUT8");
```

먼저 사용하는 포트 3개 중 2개는 릴레이에서 Gnd 부분이 될 곳이고 1개는 릴레이가 ON되었을 때 LED로 흘러들어가는 전원 역할을 한다.

동작을 하게 되면 start.js를 실행한 후 0.5초 만큼 기다린 후 On.js가 실행된다. On.js의 내부를 살펴보면 다음과 같다.

```
gnd.write(0);
gnd2.write(0);

vcc.write(100);
```

릴레이의 Gnd가 될 부분은 2개이므로 2개를 전부 출력 0으로 해 주면 Gnd 역할을 하게 된다. 그리고 LED의 전원이 될 vcc 부분에 100을 출력하면 LED가 점등된다. 출력을 더 주면 밝게 될 수 있으나 LED에 저항이 안 달려 있으므로 100정도만 주도록 한다.

LED가 점등이 된 후 또 0.5초 만큼 시간이 지난 후에 Off.js가 실행된다. Off.js는 릴레이에 전원이 흐르지 않게 되는데 그 내부를 살펴보면 다음과 같다.

```
gnd.write(959);
gnd2.write(959);

vcc.write(100);
```

릴레이를 Off시키는 방법은 Gnd 역할을 하는 부분인 두 포트 출력을 최대값인 959로 해 두는 것이다. 그러면 D+를 통해 들어오는 전원이 흐르지 못하게 되어 릴레이는 Off가 되고 vcc에서 나온 전원이 LED에 연결되지 못하게 된다.

넷브레인의 Gnd 포트 출력을 설정해 줌에 따라서 릴레이가 동작을 했다, 안 했다를 반복하게 된다. 실제 동작을 하면 마치 시계처럼 똑딱거리는 소리를 내게 되는데 이 소리는 릴레이에 전원이 인가되면서 연결부분이 끊어지거나 연결되면서 나는 소리이다.

실제 실행한 모습은 다음과 같다.

● 점등되는 모습

실행을 하면 똑딱거리는 소리와 함께 LED가 점등되는 것을 확인할 수 있다.

가속도 센서를 이용하여 움직임을 감지해 보자

가속도 센서의 동작 원리를 이해하고 넷브레인 매트릭스에 있는 2축 가속도 센서를 이용해서 현재 각도를 알아보자.

회로도	필요한 부품
	넷브레인 키트 ········· 1개 가속도 센서 모듈 ····· 1개 점퍼선 ···················· 다수

1 | 목 표

*넷브레인 매트릭스:
Netbrain MATRIX

가속도 센서의 동작 원리를 이해하고 넷브레인 매트릭스*에 있는 2축 가속도 센서를 이용해서 현재 각도를 알아보자.

1.1 소개

*가속도 센서 :
Acceleration Sensor

가속도 센서*는 속도의 변화 즉, 가속도(加速度)를 측정할 수 있는 센서이다. 속도의 변화를 측정할 수 있기 때문에 물체의 진동 및 충격 등도 측정할 수 있다. 쉽게 말하자면 "물체의 움직임을 측정한다"고 생각하면 된다. 이러한 가속도 센서는 자동차, 비행기, 선박 등의 운송 수단과 로봇 제어에 널리 사용된다.

가속도 센서는 크게 다음과 같이 3종류로 나뉘는데 이러한 종류가 있다는 정도로 간단하게 소개하기로 한다.

- 압전형 : 압전 소자에 힘이 가해졌을 때 발생하는 전하를 검출하여 가속도를 측정하는 방식
- 동전형 : 도체가 자계 속을 이동할 때 발생하는 기전력으로 가속도를 측정하는 방식
- 서모형 : 진자의 변화를 전류로 검출하여 가속도를 측정하는 방식

관성식, 자이로식, 실리콘 반도체식

➲ i-phone에 장착된 가속도 센서의 예

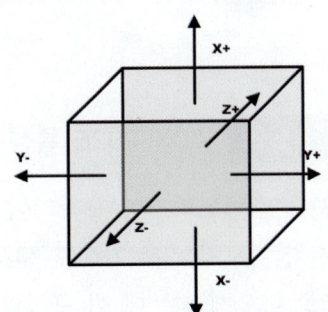

측정할 수 있는 가속도의 방향에 따라 1축, 2축, 3축으로 나뉜다. 1축은 x방향, 2축은 x, y방향, 3축은 x, y, z방향을 측정할 수 있다.

＊**중력**: Gravity

센서에서 나오는 가속도값은 현재 중력＊ 방향에 대한 가속도값으로서 이 값을 이용하면 센서의 기울기 및 속도를 알 수 있다.(가속도를 적분하면 속도가 나오고 속도를 미분하면 가속도가 나온다. 이는 좀 복잡하므로 생략하도록 한다.)

가속도 센서는 중력을 기준으로 동작하므로 센서에 작용하는 힘이 중력만 존재할 때 정확한 값이 나오게 된다. 만일 센서를 움직이게 되면 중력과 가속도가 결합되어 정확한 가속도값이 출력되지 않는다. 물론 이는 출력된 값에서 중력 가속도를 제거하면 쓸만한 가속도값이 출력되지만 중력 가속도 성분을 제거하는 것이 그다지 쉽지는 않기 때문에 이에 대한 내용 역시 생략한다.
가속도 센서는 여러 가지 종류가 있는데 다음을 살펴 보도록 하자.

➲ 여러 회사의 가속도 센서의 외관

1.2 ADXL202E 특성

＊**아날로그 디바이스**: Analog Device
＊**구형파**: Square Wave
＊**듀티비**: Duty cycle

넷브레인 매트릭스에 장착되어 있는 아날로그 디바이스＊사의 ADXL202E에 대해서 알아보자. 2축 가속도 센서인 ADXL202E는 x축, y축에 대한 출력이 구형파＊로 나오게 되는데 이 구형파의 듀티비＊로 출력을 알 수 있다. 듀티비＊는 구형파 한 주기에서 High, Low 중 짧은 시간에 대한 비율인데 그림으로 보면 다음과 같다.

| 듀티비의 계산 |

파형	주기
T1 T2	주기(%)＝T1/T2×100 약 50%
T1 T2	주기(%)＝T1/T2×100 약 25%
T1 T2	주기(%)＝(T2−T1)/T2×100 약 25%

＊듀티비 : Duty Cycle

듀티비*의 계산은 위와 같다. 50%이면 High일 때와 Low일 때의 시간이 같다는 것을 알 수 있다. 두 번째와 세 번째는 상식적으로 보면 25%, 75%쯤 될듯하지만, 듀티비*는 둘 중 짧은 시간과 한 주기 시간의 비율이기 때문에 모두 약 25%가 된다.

위의 듀티비*의 계산을 통해서 가속도값을 알 수 있는데, 실제 우리가 알고 있는 듀티비*의 계산식으로 하지 않고, 50%일 때를 기준으로 ＋/−로 출력한다. 이때 스케일 팩터로 나눠주게 되는데, 이 스케일 팩터는 듀티비*가 변화할 때 출력의 변화에 대한 비율이다. 예를 들어 듀티비*가 10% 증가하면 가속도가 20 증가한다면 스케일 팩터는 50%가 되는 것이다. 이런 계산을 통해서 가속도 값이 출력되는데 데이터시트에 나온 공식은 다음과 같다.

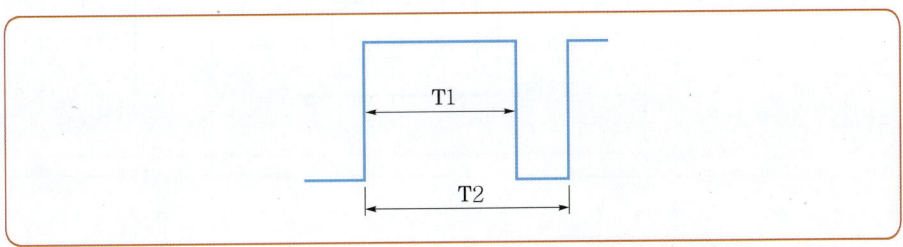

$$A(g)=(T1/T2-0.5)/12.5\%$$

위에서 듀티비는 한 주기 안에서 High, Low 중 짧은 시간을 가지고 계산했지만 가속도의 계산은 50%를 기준으로 +/−로 가속도가 나오기 때문에 무조건 High일 때의 시간을 가지고 계산을 한다. 식을 살펴보면 출력의 단위인 g는 중력 가속도에 대한 단위로써 1g는 $9.8m/s^2$를 나타낸다.

만약에 듀티비가 50%일 때를 살펴보면 다음과 같다.

$$0g=(0.5-0.5)/12.5\%$$

위의 계산을 보면 출력이 0g이고 현재 가속도값이 없음을 알 수 있다. 가속도 값이 없다는 것은 현재 축이 중력방향과 수직이고, 지면과 수평을 이루고 있다는 것도 알 수 있다. 이렇게 출력으로 나오는 가속도값은 중력에 대한 가속도값으로서 최대값과 최소값이 중력 1g를 넘지 못한다. 이것을 이용해서 식을 대입해 보면 최소로 나올 수 있는 듀티비도 알 수 있다.

$$1g=(0.625-0.5)/12.5\%$$
$$-1g=(0.375-0.5)/12.5\%$$

위의 식에서 출력이 1g일 때는 T1/T2는 62.5%임을 알 수 있고, −1g일 때는 37.5%임을 알 수 있다. 듀티비는 한 주기에서 High, Low 중 시간이 짧은 것에 대한 비율이므로, 듀티비의 최소값은 37.5%라는 것을 알 수 있다.

가속도 센서의 축방향

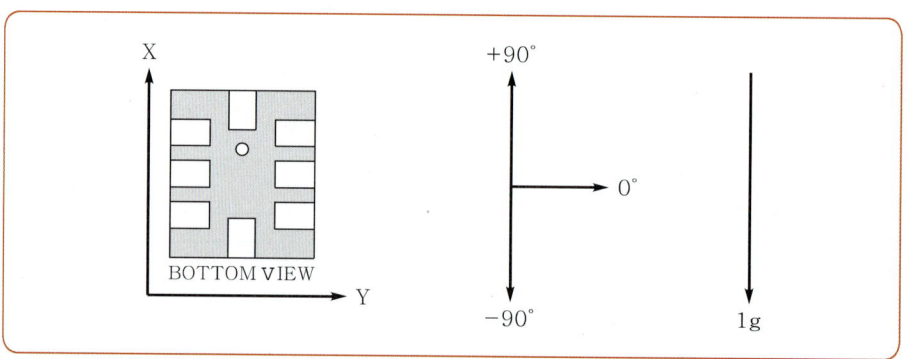

| 기울기에 따른 중력 가속도 |

X Axis Orientation to Horizon(°)	X Output		Y Output	
	X Output(g)	Δ per Degree of Tilt(mg)	Y Output(g)	Δ per Degree of Tilt(mg)
−90	−1.000	−0.2	0.000	17.5
−75	−0.966	4.4	0.259	16.9
−60	−0.866	8.6	0.500	15.2
−45	−0.707	12.2	0.707	12.4
−30	−0.500	15.0	0.866	8.9
−15	−0.259	16.8	0.966	4.7
0	0.000	17.5	1.000	0.2
15	0.259	16.9	0.966	−4.4
30	0.500	15.2	0.866	−8.6
45	0.707	12.4	0.707	−12.2
60	0.866	8.9	0.500	−15.0
75	0.966	4.7	0.259	−16.8
90	1.000	0.2	0.000	−17.5

위의 표는 출력으로 나온 가속도값에 따른 각도를 정리한 표이다. 표를 살펴보면 가속도값이 −1.000에서 −0.966으로 변화할 때 각도는 −90~−75°로 변하는 것을 알 수 있다. 옆에 Δ per Degree of Tilt(mg) 값을 보면 알 수 있듯이 가속도값이 0.2mg 변화가 있을 때 각도가 변한다는 것을 알 수 있다. 그런데 각도가 −15°에서 0°로 변화할 때는 가속도값이 −0.259에서 0.000으로 변화하고 가속도가 16.8mg 변화할 때 각도가 변한다는 것을 알 수 있다. 이처럼 Δ per Degree of Tilt(mg)값이 가속도값에 따라 변화하기 때문에 각도를 계산하기 위해서는 위의 표를 참고해서 계산을 해야 한다.

→ ADXL202E의 블럭도

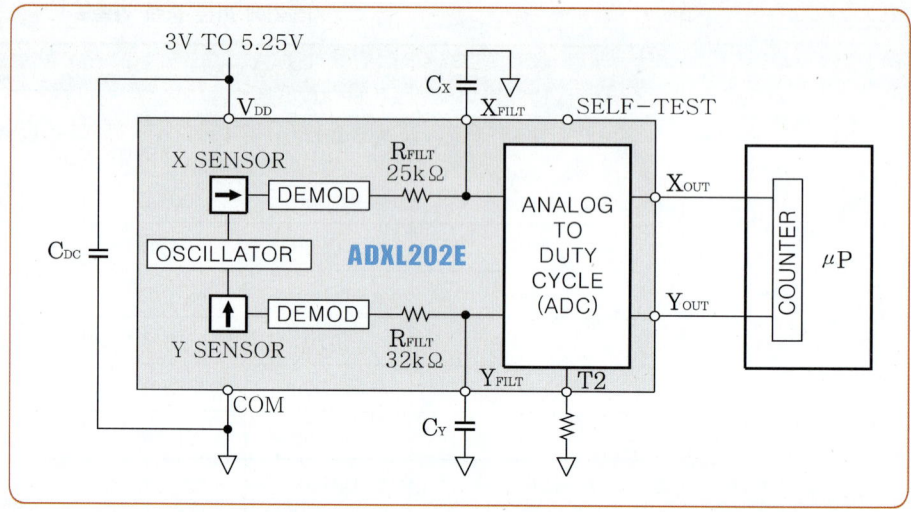

위의 그림은 ADXL202E의 블럭도이다. 자세히 살펴보면 출력은 X_{OUT}, Y_{OUT}임을 알 수 있고, V_{DD}가 전원, COM이 GND임을 알 수 있다. 전원은 3~5.25V를 인가하면 되는데, V_{DD}와 COM 사이에 C_{DC}가 있는 것을 확인할 수 있는데, 이것은 디커플링 커패시터로써 순간적으로 많은 전류를 소비할 때 발생하는 전압강하를 줄여주고, DC 노이즈를 제거해 주어야 일정한 전압이 들어갈 수 있도록 하는 역할을 한다. 실제 가속도 센서에 달아줄 디커플링 커패시터의 용량은 데이터시트에 다음과 같이 언급되어 있다.

Decoupling Capacitor CDC

A 0.1μF Capacitor is recommended from V_{DD} to COM for power supply decoupling.

앞의 설명에서 CDC는 0.1μF로 달아주는 것이 좋다.

블럭도를 살펴보면 T2 핀 밑에 R_{SET} 저항이 있는데, 그 부분은 출력의 한 주기의 시간을 결정해 주는 저항이다. 이 저항의 용량에 따라 정해지는 T2를 구하는 공식은 다음과 같다.

$$T2 = R_{SET}(\Omega)/125M\Omega$$

그리고 일반적으로 많이 사용되는 시간에 대한 저항값은 다음과 같다.

Resistor Values to Set T2	
T2	R_{SET}
1ms	125kΩ
2ms	250kΩ
5ms	625kΩ
10ms	1.25mΩ

위의 표는 특정한 시간을 만들 때 적용되는 저항값을 나타내는 것이므로 위 용량의 저항을 정확하게 달 필요는 없다. 이 T2 시간은 0.5~10ms까지 조절이 가능하므로, 적절한 저항을 달아주는 것이 중요하다. 그리고 주의해야 할 점은 R_{SET} 저항은 T2 핀에 최대한 가깝게 달아주는 것이 좋은데 그 이유는 기생 용량*을 최소화 하기 위해서이다. 이것은 회로에서 여러 가지 환경 때문에 생기는 커패시턴스* 성분을 말하는데, 이것은 회로의 동작에 안 좋은 영향을 미치기 때문에 제거하는 것이 좋다.

이처럼 가속도 센서는 노이즈에 상당히 민감한데 ADXL202E는 센서 자체적으로 노이즈를 걸러주고 정확도를 높여줄 수 있다. 방법은 2가지가 있는데, 첫 번째 방법은 X_{FILT}, Y_{FILT} 핀에 있는 C_X, C_Y 커패시터를 이용해서 Noise를 줄여줄 수 있다. 데이터시트에 나와있는 표로 살펴보면 다음과 같다.

Filter Capacitor Selection, C_X and C_Y			
Bandwidth	C_X, C_Y	rms Noise	Peak-to-Peak Noise Estimate 95% Probability(rms X 4)
10Hz	0.47μF	0.8mg	3.2mg
50Hz	0.10μF	1.8mg	7.2mg
100Hz	0.05μF	2.5mg	10.1mg
200Hz	0.027μF	3.6mg	14.3mg
500Hz	0.01μF	5.7mg	22.6mg

위의 표를 살펴보면 C_X, C_Y 용량에 따라서 Bandwidth와 rms Noise가 차이가 나는 것을 알 수 있다. Bandwidth는 가속도값이 출력될 때 통과시키는 주파수의 폭을 말하는 것이다. 또 rms*는 실효값을 말한다. rms Noise라는 것은 Noise의 실효값을 말한다. 이 실효값은 평균값과 다른 의미인데, 만약에 Noise가 정확한

*기생 용량 : Parasitic Capacitance

*커패시턴스 : Capacitance

*rms : Root Mean Squared

사인파로 출력된다면 평균값은 0이다. 평균값이 0이지만, Noise가 없는 것은 아니다. 이렇게 정확하게 직류가 아니고 교류처럼 값이 변하는 데이터를 수치로 표현해 준 것이다. 그리고 그 옆에 있는 Peak to Peak Noise Estimate 95% Probability는 Noise의 최고값과 최저값의 차이를 나타내 준 것이다.

위의 표에서 C_X, C_Y 용량이 증가할수록 rms Noise가 감소하는 것을 확인할 수 있다. Noise가 적을수록 출력 데이터는 더욱 정확해 지므로 센서를 구성한 회로의 환경에 따라서 제일 작은 용량의 커패시터를 달아주어 Noise를 최소화 해야 될 것이다.

위에서 설명한 방법은 X_{FILT}, Y_{FILT} 핀에 있는 C_X, C_Y 커패시터를 이용해서 Noise를 최소화 하는 방법이었다. 두 번째로 ADXL202E의 출력을 측정하는 마이크로 컨트롤러*의 Clock Rate를 통해서 측정할 수 있는 간격*을 조절할 수 있다. 이 측정 간격*이 좁을수록 정밀한 측정이 가능해지기 때문에 측정 간격*을 줄여주는 것이 좋다. 이것에 대한 표를 살펴보면 다음과 같다.

*마이크로 컨트롤러:
Microcontroller
*간격: Resolition

| Trade-Offs Between Microcontroller Counter Rate, T2 Period, and Resolution of Duty Cycle Modulator |

T2(ms)	R_{SET}(kΩ)	ADXL202E Sample Rate	Counter-Clock Rate (MHz)	Counts per T2 Cycle	Counts per g	Resolution (mg)
1.0	124	1000	2.0	2000	250	4.0
1.0	124	1000	1.0	1000	125	8.0
1.0	124	1000	0.5	500	62.5	16.0
5.0	625	200	2.0	10000	1250	0.8
5.0	625	200	1.0	5000	625	1.6
5.0	625	200	0.5	2500	312.5	3.2
10.0	1250	100	2.0	20000	2500	0.4
10.0	1250	100	1.0	10000	1250	0.8
10.0	1250	100	0.5	5000	625	1.6

위의 표는 마이크로 컨트롤러*의 카운터 시간에 따른 측정 간격*을 보여주는 표이다. 왼쪽 T2 시간은 앞에서 설명한 것처럼 R_{SET} 시간에 따라서 정해지게 되어 있고, 이것에 따라서 ADXL202E의 Sample Rate가 결정된다. 표에서는 각각의 T2 시간에 따라 서로 다른 Clock Rate를 적용했을 때 얼마나 정밀하게 측정되는지를 보여주고 있다.

270 Part 4. Cook Book

Counts per T2 Cycle은 마이크로 컨트롤러의 한 Clock에서 셀 수 있는 횟수를 말한다. 되도록 많이 측정하는 것이 좋다. 그리고 Counts per g는 0~1g까지 가속도가 변할 때 변화를 감지하는 횟수이다. 그 옆에 Resolution과 같이 보면 이해가 쉬울 것이다. 표에서 제일 위에 데이터를 보면 Resolution이 4mg인데 이는 가속도가 4mg 이상 변화해야 그에 따른 변화를 감지한다는 것이다. 0~1g까지 변화할 때 250번 변화를 감지한다는 것이다. 두 번째 데이터를 보면 Resolution이 8mg이어서 0~1g까지 125번 변화를 감지하게 된다. 즉 Counts per g는 클수록 좋고, Resolution은 작을수록 좋다는 것을 알 수 있다. 앞의 표에서는 T2가 5.0ms이고, Counter Clock Rate가 2.0MHz일 때 Resolution이 0.8로 성능이 제일 좋다고 할 수 있다.

ADXL202E는 자체적으로 Noise와 Resolution을 조절할 수 있다. 회로 환경에서 최적의 성능을 낼 수 있도록 저항 혹은 커패시터를 선정해서 사용해야 할 것이다.

1.3 ADXL202E

Feature를 살펴보면 다음과 같다.

- 2-Axis Acceleration Sensor on a Sensor on a Single IC Chip
- 5mm×5mm×2mm Ultrasmall Chip Scale Package
- 2mg Resolution at 60Hz
- Low-Power<0.6mA
- Direct Interface to Low-Cost Microcontrollers via Duty Cycle Output
- BW Adjustment With a Single Capacitor
- 3 V to 5.25V Single Supply Operation
- 1000g Shock Survival

위의 설명은 ADXL202E가 2축 가속도이고, 0.6mA의 적은 전류에도 동작을 하고, 전원은 3~5.25V 사이의 전압을 넣어주면 된다는 것을 설명하고 있다.

1.4 가속도를 이용한 각도의 계산

앞에서 가속도 센서를 이용하면 센서의 기울임 정도를 알 수 있다고 했다. 어떻게 알 수 있는지에 대해서 알아보자.

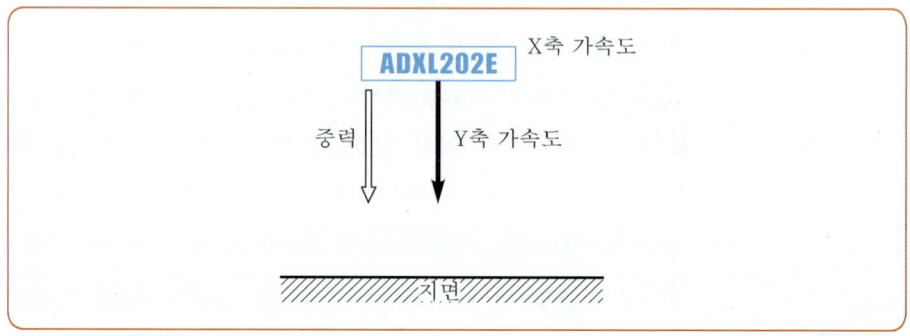

센서의 평소 출력을 그림으로 표시하면 다음과 같다. 지면과 평행하다고 가정할 때 X축은 중력의 영향을 받지 않으므로 X축은 출력이 없고, Y축은 중력방향과 평행이기 때문에 Y축 출력은 중력 가속도와 같게 된다. 위의 그림은 센서가 지면에 평행한 상태일 때의 경우이고 센서가 기울어졌을 때는 다음과 같은 출력을 같게 된다.

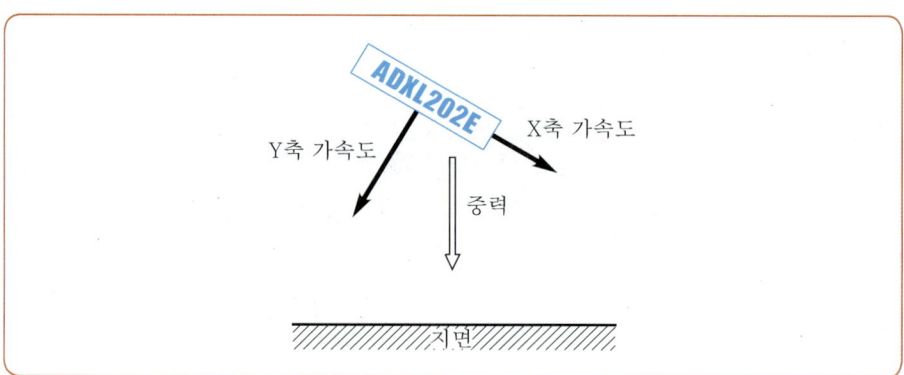

위의 그림은 센서가 기울어졌을 때 각 축의 가속도값을 화살표로 표시한 것이다. 센서에 작용하는 중력 가속도가 X축, Y축 방향으로 나눠져서 출력된다. 즉, 두 힘을 합성하면 중력 가속도가 나오게 되는 것이다. 그림을 다시 분석하기 쉽게 2차원 평면에 표시하면 다음과 같다.

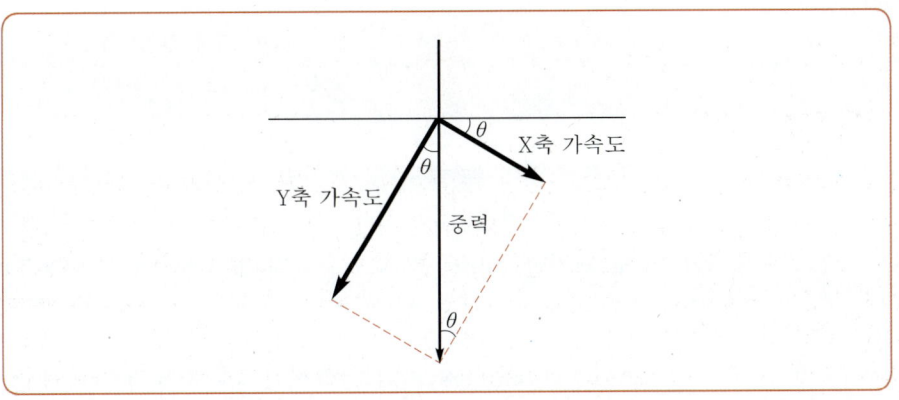

위의 그림에서 θ가 센서의 기울어진 각도이고, θ와 같은 각도를 가진 곳은 위와 같다. 중력 가속도는 센서의 무게에 중력을 곱한 값이므로 mg으로 표시할 수 있다. 그리고 각도를 계산하기 위해 그림을 다시 그리면 다음과 같다.

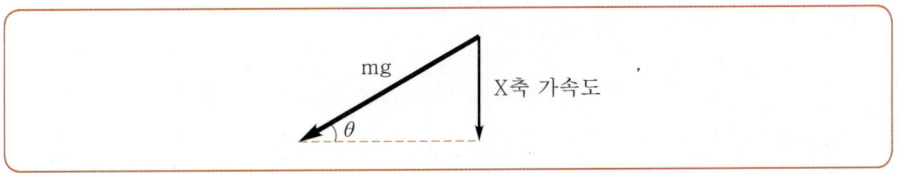

앞의 그림에서

$$\sin\theta = \text{X축 가속도}/mg$$
$$\theta = \sin^{-1}(\text{X축 가속도}/mg)$$

Y축 가속도를 이용해서 구하면 다음과 같다.

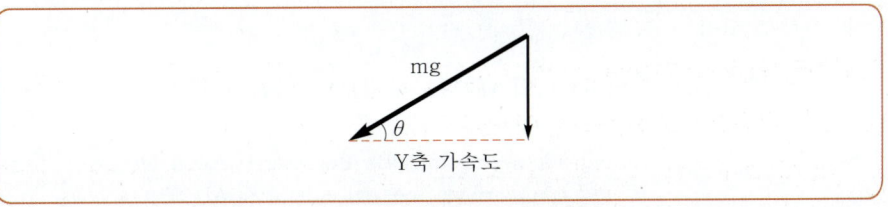

$$\cos\theta = X축\ 가속도/mg$$
$$\theta = \cos^{-1}(X축\ 가속도/mg)$$

위의 식에서 mg을 보면 센서의 무게는 너무 가벼우므로 무시하고 g을 넣어서 계산해도 상관없다. 위의 그림은 한쪽으로만 기울어져서 각도를 하나만 계산해도 되지만, 비스듬하게 기울어져 있으면 X축, Y축에 대해 기울어진 각도를 각각 계산해 보아야 한다.

ADXL202E는 2축 가속도 센서이므로 X축, Y축에 대한 각도 밖에 나오지 않지만, 3축 가속도 센서는 Z축 기울기도 알 수 있어서 제어할 때 편리하게 사용될 수 있다.

1.5 예제 및 실험

가속도 센서값을 Console 창을 통해서 확인할 수 있도록 Contents Composer를 사용하였다.

배치된 Motion Contents는 다음과 같다.

accel.mcc

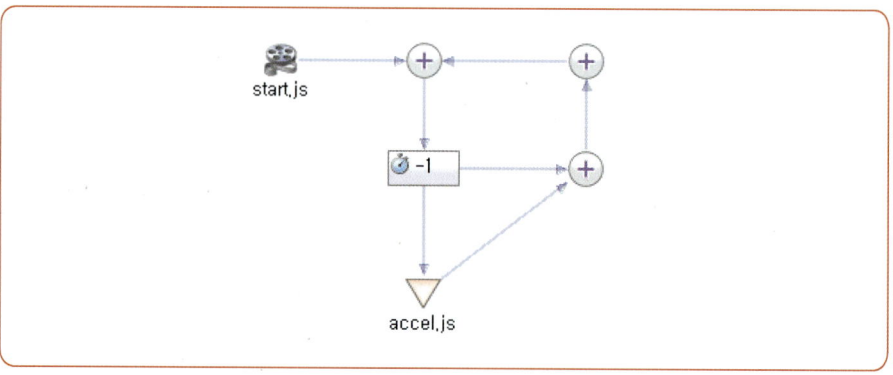

start.js의 내부를 살펴보면 다음과 같다.

```
var adc_x = robot.findDevice("matrix.ADC4");
var adc_y = robot.findDevice("matrix.ADC5");

var x_data=0;
var y_data=0;
```

넷브레인 매트릭스의 가속도 센서는 NetBrain의 ADC4, ADC5 포트에 연결되어 있다. 그러므로 이 두 포트를 선언해 주었다.

accel.js의 내부를 살펴보면 다음과 같다.

```
x_data=adc_x.read();
y_data=adc_y.read();

if(x_data>=610)
        x_data=610;
else if(x_data<=480)
        x_data=480;

if(y_data>=540)
        y_data=540;
else if(y_data<=410)
        y_data=410;


X_degrees=((x_data-480)/0.72)-90;
Y_degrees=((y_data-410)/0.72)-90;

console.println("X=  " +X_degrees+"   Y=   "+Y_degrees);

false;
```

실제로 동작을 시키게 되면 출력은 다음과 같다.

● 가속도 센서의 기울기
  출력

```
Console 🗙                              🗐 🖳 | 🗹 🖵 · 🗂 · ⁻ ⁻ ⊓
Script Console
X= 26.66666666666667      Y= 3.055555555555557
X= 28.055555555555557     Y= 1.6666666666666714
X= 28.055555555555557     Y= 1.6666666666666714
X= 28.055555555555557     Y= 1.6666666666666714
X= 28.055555555555557     Y= 1.6666666666666714
X= 28.055555555555557     Y= -1.1111111111111143
X= 28.055555555555557     Y= -1.1111111111111143
X= 26.66666666666667      Y= 0.2777777777777857
X= 18.333333333333343     Y= -2.5
X= 18.333333333333343     Y= -2.5
X= 18.333333333333343     Y= 4.444444444444443
X= 18.333333333333343     Y= 4.444444444444443
X= 15.555555555555557     Y= 4.444444444444443
X= 21.111111111111114     Y= 11.388888888888886
X= 21.111111111111114     Y= 11.388888888888886
X= 16.944444444444443     Y= 7.2222222222222285
X= 16.944444444444443     Y= 7.2222222222222285
X= 16.944444444444443     Y= 8.611111111111114
```

앞에서 처럼 가속도 센서의 기울기를 확인할 수 있다. 가속도 센서의 특성상 움직이고 있을 때의 값은 제대로 나오지 않기 때문에 움직이지 않는 상태에서의 출력이 현재 기울기이다.

14 근접 센서를 이용한 인체 감지기

근접 센서를 이용하여 물체를 감지해 보자

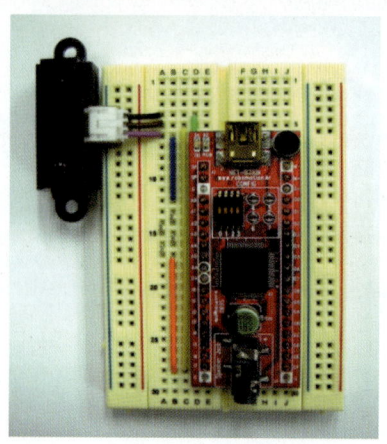

근접 센서를 이용하여 물체가 접근하면 LED를 점등하는 물체 감지기를 만들어 보자.

회로도	필요한 부품

VCC

SP
SP
G
A0
A1
A2
A3
A4
A5
A+
D+
I0
I1
I2
I3
I4
I5
I6
I7
G

M-
M+
D+
O0
O1
O2
O3
O4
O5
O6
O7
O8
O9
OA
OB
OC
OD
OE
OF
G

넷브레인 키트 ········· 1개
근접 센서 ·············· 1개
점퍼선 ····················· 다수

1 | 목표

근접 센서를 이용하여 인체가 접근하면 LED를 점등하는 인체 감지기를 만들어 보자.

1.1 소개

이번에는 거리를 측정하는 근접 센서로 사용되는 센서에 대해 알아보자. 적외선을 이용하는 근접 센서는 말 그대로 가까운 거리를 측정하는 센서이다.

● 적외선 거리 측정 센서

대부분 위와 같이 생겼는데 측정할 수 있는 거리의 범위 및 사양에 따라 약간씩 다르다. 하지만 모든 근접 센서의 원리는 동일한데 발광부에서 적외선을 방출한 후 물체에서 반사된 적외선이 수광부로 입력되는 것을 측정하는 것이다.

이 때 거리를 측정하는 방법은 반사되어 들어온 적외선의 각도를 측정하는데 만약 반사각이 크면 물체가 가까이 있다고 판단하고, 반사각이 좁으면 물체가 멀리 있다고 판단한다.

● 초음파 센서의 거리 측정

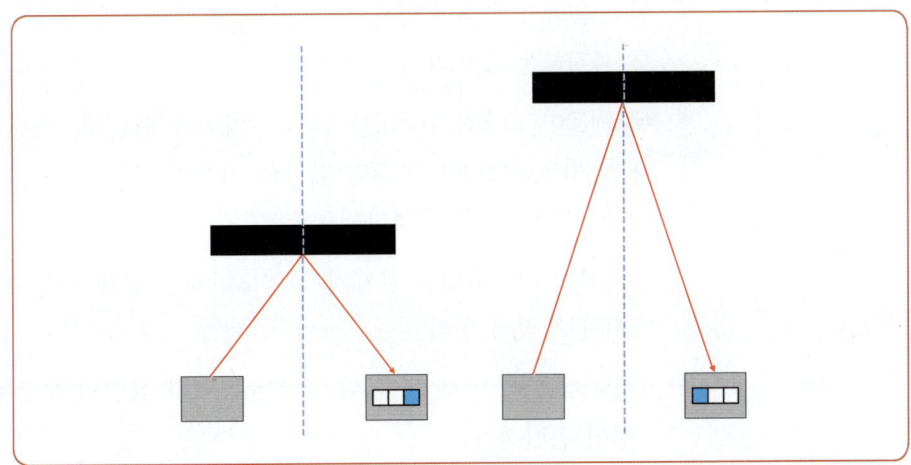

앞 그림에서 보면 알 수 있듯이 적외선 발광부에서 나간 빛이 장애물에 부딪혀서 수광부로 들어올 때 각도가 달라지기 때문에 해당 각도를 알아내서 거리를 계산하는 것이다. 따라서 측정할 수 있는 각도를 벗어나게 된다면 측정이 불가능하다. 또 측정 범위가 넓은 적외선 센서는 발광부의 각도가 변할 수 있도록 설계되어 있다.

거리를 측정할 수 있는 초음파 센서와 비교해 보면 적외선은 반사되는 물체의 면과 재질의 영향을 많이 받기때문에 같은 거리에 있다해도 서로 다른 측정결과를 낼 수도 있고 또 오차도 많은 편이다. 하지만 초음파 센서와 달리 직진성이 좋고, 값이 저렴하기 때문에 가까운 거리를 측정할 때 많이 사용한다.

1.2 거리 측정하는 다른 방법 : 초음파 센서

거리를 측정하는 방법은 여러 가지가 있지만 센서를 이용하는 방법 중 적외선, 초음파, 레이저 센서 등을 이용하는 방법이 있다. 이 중 레이저 센서는 속도나 정확도 면에서 가장 우수하지만 가격이 수백만원을 호가하기 때문에 사용하기 어렵다.

따라서 정확도가 높지 않지만 적외선 혹은 초음파 센서를 사용하는데 적외선 센서는 앞에서 설명하였으므로 생략하고 초음파 센서에 대해서만 간략하게 알아보도록 하자.

먼저 초음파란 사람이 들을 수 없는 높은 주파수 대역의 소리를 말한다. 초음파 센서의 원리는 박쥐와 비슷한데, 먼저 전방으로 초음파를 발사하고 그 발사된 초음파가 물체에 반사되어서 돌아올 때까지의 시간을 재서 물체까지의 거리를 측정하는 것이다.

예를 들어 10초에 100m를 달리는 아이가 있는데, 어떤 목적지까지 출발하고 나서 20초만에 돌아왔다면 갔다온 지점까지의 거리는 100m이다.(200m가 아니다! 왕복했음을 주의하세요.)

이론적으로는 특별한 문제가 없어보이지만 실제 사용해 보면 다음과 같이 몇 가지 문제점이 있다.

- 스펀지 같이 반사가 잘 되지 않는 물체나 표면이 울퉁불퉁한 경우는 거리 측정이 곤란하다.

- 장애물이 여러 개 있으면 착오가 생길 수 있다.
- 좁은 공간에서는 문제가 된다.

장애물이 여러 개 있는 경우에 대해 알아보자. 아래 왼쪽 그림처럼 벽의 거리를 측정할 때는 별다른 문제가 없지만 오른쪽 그림처럼 벽 사이에 장애물이 있을 경우 어떤 것을 측정하고자 하는지 초음파 센서로는 알 수가 없다. 따라서 이러한 점을 고려하고 설계해야 한다.

● 초음파 센서의 거리 측정

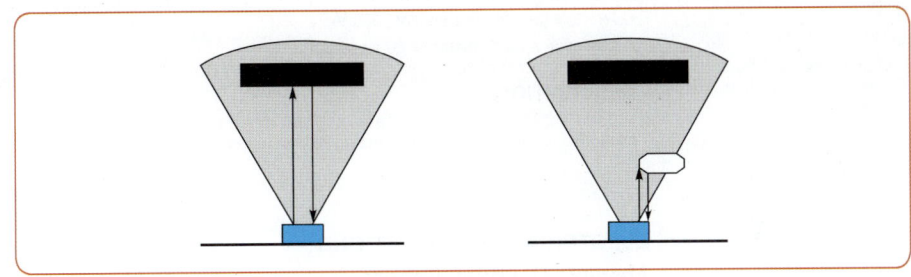

또 초음파 센서는 초음파를 발사할 때 위의 그림처럼 부채꼴로 퍼지듯이 발사하기 때문에 좁은 방에서는 문제가 생길 수 있다.

● 좁은 방에서의 거리 측정

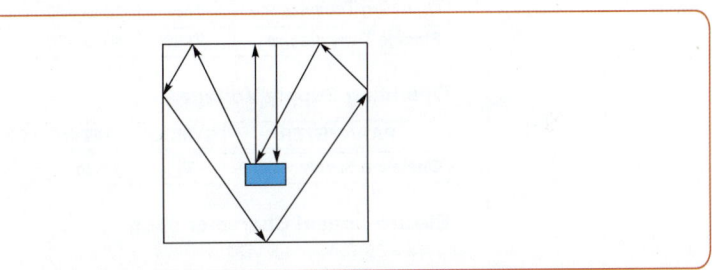

위 그림을 보면 센서에서 나온 초음파가 벽에 부딪히고 바로 수신부로 들어가야 되는데 방의 다른 벽에 부딪혀서 나중에 수신부로 들어오는 경우가 생긴다. 즉 반사된 초음파가 여러 개가 되기 때문에 어떤 것이 반사된 것인지 판단하기 쉽지 않다. 이러한 경우 가장 빨리 반사된 값을 입력 받은 후 나머지 값을 무시하면 어느 정도 해결이 되기는 하나 완벽한 해결 방법은 아니다.

이처럼 초음파는 측정하려는 물체와 센서 사이에 장애물이 없어야 되고, 넓은 공간에서 사용해야 하는 단점이 있지만, 비교적 멀리 있는 범위까지 측정이 가능하고, 값이 정확하다는 장점이 있다.

SHARP

GP2D12
Optoelectronic Device

FEATURES

- Analog output
- Effective Range: 10 to 80 cm
- LED pulse cycle duration: 32 ms
- Typical response time: 39 ms
- Typical start up delay: 44 ms
- Average current consumption: 33 mA
- Detection area diameter @ 80 cm: 6 cm

DESCRIPTION

The GP2D12 is a distance measuring sensor with integrated signal processing and analog voltage output.

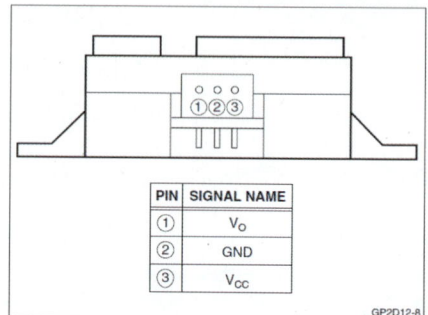

PIN	SIGNAL NAME
①	V_O
②	GND
③	V_{CC}

GP2D12-8

Figure 1. Pinout

ELECTRICAL SPECIFICATIONS

Absolute Maximum Ratings

Ta = 25°C, V_{CC} = 5 VDC

PARAMETER	SYMBOL	RATING	UNIT
Supply Voltage	V_{CC}	-0.3 to +7.0	V
Output Terminal Voltage	V_O	-0.3 to (V_{CC} + 0.3)	V
Operating Temperature	Topr	-10 to +60	°C
Storage Temperature	Tstg	-40 to +70	°C

Operating Supply Voltage

PARAMETER	SYMBOL	RATING	UNIT
Operating Supply Voltage	V_{CC}	4.5 to 5.5	V

Electro-optical Characteristics

Ta = 25°C, V_{CC} = 5 VDC

PARAMETER	SYMBOL	CONDITIONS	MIN.	TYP.	MAX.	UNIT	NOTES
Measuring Distance Range	ΔL		10	-	80	cm	1, 2
Output Voltage	V_O	L = 80 cm	0.25	0.4	0.55	V	1, 2
Output Voltage Difference	ΔV_O	Output change at L change (80 cm - 10 cm)	1.75	2.0	2.25	V	1, 2
Average Supply Current	I_{CC}	L = 80 cm	-	33	50	mA	1, 2

NOTES:
1. Measurements made with Kodak R-27 Gray Card, using the white side, (90% reflectivity).
2. L = Distance to reflective object.

회로도는 매우 간단하다. 근접 센서가 특별한 주변회로가 필요없기 때문에 전원만 연결해 주고 출력을 측정하면 된다. 이제 센서에 물체가 대략 30cm 이내로 접근할 때 LED를 점등시키기 위하여 콘텐츠 컴포저를 이용해서 실험하였다.

● Proximity_Sensor.mc

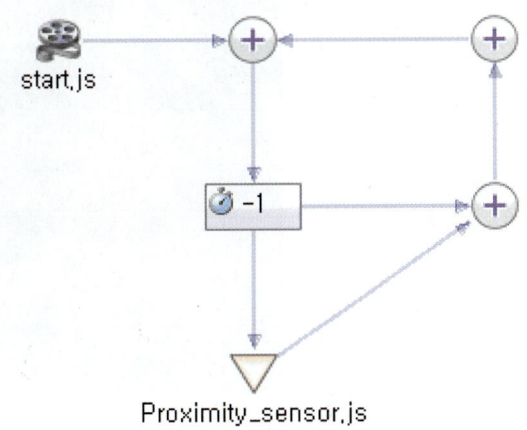

Proximity_sensor.js

먼저 Start.js의 내부를 살펴보자.

```
var Proximity_sensor = robot.findDevice("NetBrain.ADCO");
var led = robot.findDevice("NetBrain.OUTO");
```

센서의 입력을 측정할 수 있는 ADC입력 부분과 LED를 점등할 수 있는 출력을 선언하였다. 그 다음으로 Proximity_Sensor.js의 내부를 살펴보면 다음과 같다.

```
if(Proximity_sensor.read()<=590)
        led.write(700);
else
        led.write(0);
false
```

센서에서 나온 출력을 측정한 값이 590 이하일 때 LED를 점등하도록 되어 있다. 이 590이라는 수치는 몇 번의 실험을 통해서 알아낸 것인데, 30cm 부근에 물체를 왔다 갔다 해서 변화율을 보니 590정도로 측정이 되었다. 환경에 따라 달라질 수 있으니 실험을 해 보는 것이 좋다.

실행한 후 접근했을 때의 모습이다. 근접 센서의 발광부 부분이 발광하고 있는 것을 확인할 수 있고, LED가 점등되어 있는 것을 확인할 수 있다. 보라색으로 발광하는 부분이 적외선 빛인데 육안으로는 식별이 불가능하고 카메라로 보아야만 확인이 가능하다.

센서 정면에 물체를 접근시켰을 때 센서값의 변화율을 소프트 스코프를 이용해서 측정한 값은 다음과 같다.

○ 물체가 접근했을 때 센서 값의 변화

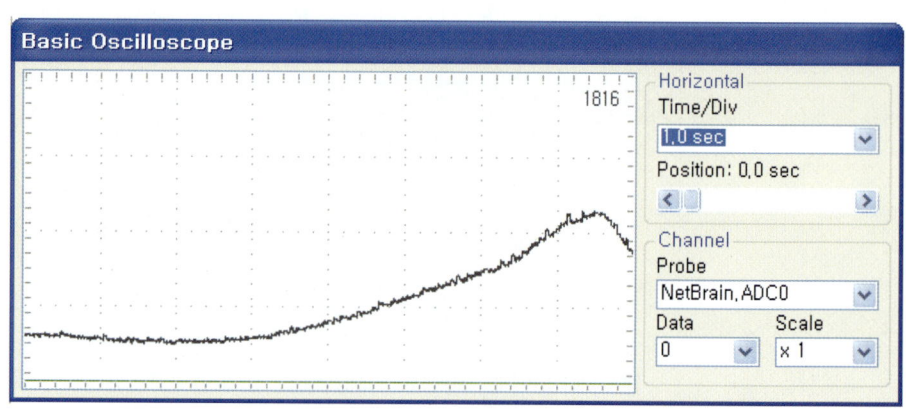

물체가 접근할 때 값이 서서히 줄어들다가 값이 급격히 증가하는 것을 확인할 수 있다. 이 증가하는 부분은 근접 센서가 측정할 수 있는 범위를 벗어난 값이므로 측정할 수 없다. 초기에 서서히 줄어드는 부분이 측정하고 있는 부분이라고 할 수 있으며, 약 20cm 이하에서는 측정이 잘 되지 않았다. 이는 적외선을 통해서 접근 여부를 판별하기 때문에 물체의 표면의 각도나 재질에 따른 영향을 받기도 하고 실제로 10cm 부근부터는 측정을 못하기 때문에 발생한다.

도트 매트릭스를 제어하자

도트 매트릭스의 동작 원리를 이해하고 회로를 구성 후 제어를 해 본다.
도트 매트릭스에 간단한 패턴을 출력해 보도록 하자.

회로도	필요한 부품
	넷브레인 키트 ···· 1개 7414 ················· 2개 도트 매트릭스 ···· 1개 점퍼선 ················ 다수

MX03088XX

7414

7414

1 | 소개

*도트 매트릭스: Dot MATRIX
*행렬: Matrix

*가로: Row
*세로: COL

*색: Color

도트 매트릭스*는 LED를 행렬*의 형태로 배치하여 숫자나 문자 혹은 그림을 나타내기 위한 소자이다.

도트 매트릭스는 가로* 혹은 세로*의 LED의 개수에 따라서 4×4 혹은 8×8, 16×16 등 다양한 형태가 있고 색상 역시 다양하다. 만일 큰 도트 매트릭스가 필요할 때는 서로 연결해서 사용하면 된다. 예를 들어 32×32 크기의 매트릭스가 필요하다면 16×16을 4개 연결해서 사용한다. 이러한 경우 LED 개수가 기하급수적으로 증가하여 제어하기가 어려워진다.

가장 널리 사용되는 것이 색상은 적색인데 녹색 및 기타 다양한 색상을 내는 도트 매트릭스도 많다. 적색 도트 매트릭스*가 널리 사용되는 이유는 적색 자체가 시인성(視認性)이 좋기 때문이지 특별한 이유가 있는 것은 아니다. 그러나, 적색 혹은 녹색 등 단색으로만 사용할 경우 다양한 색상을 나타낼 수 없기 때문에 2색* 도트 매트릭스를 이용하는 경우가 많다.

2색 도트 매트릭스는 적색, 녹색, 오렌지 세 가지 색상을 나타낼 수 있고 약간의 제어를 통해서 색상의 농도도 조절할 수 있다.(세 가지 색상을 나타낼 수 있지만 3색 도트 매트릭스라고 부르지 않는다.) 아래 그림은 지하철에서 사용되는 16×16 형태의 2색 도트 매트릭스를 사용한 전광판이다.

➡ 지하철 등에서 흔히 볼 수 있는 오색 도트 매트릭스 전광판

우리가 사용하려는 도트 매트릭스의 외관과 내부 구조는 아래와 같다. 단색으로서 녹색이 출력되는 8×8 도트 매트릭스이다. 오른쪽 그림에 내부 구조가 나오는데 복잡해 보일지 몰라도 가만히 살펴보면 모두 동일한 구조인 것을 알 수 있다. 도트 매트릭스에 모양을 출력하는 원리는 다음 장에서 살펴보도록 하자.

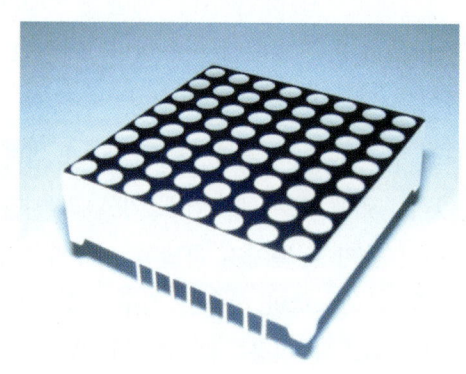

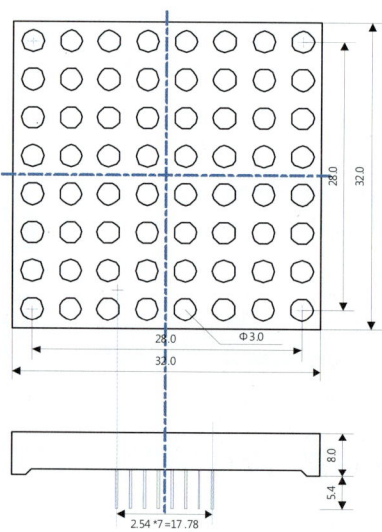

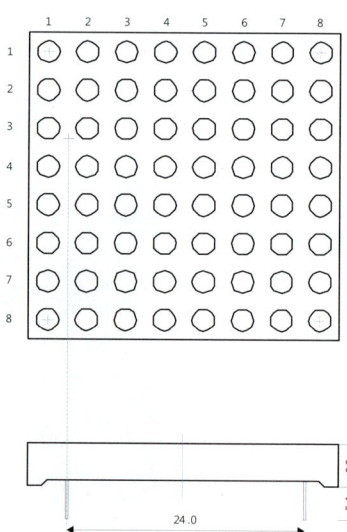

3 | 도트 매트릭스의 원리

아래 그림에서와 같이 도트 매트릭스를 한 개 혹은 여러 개를 점등해 보자.

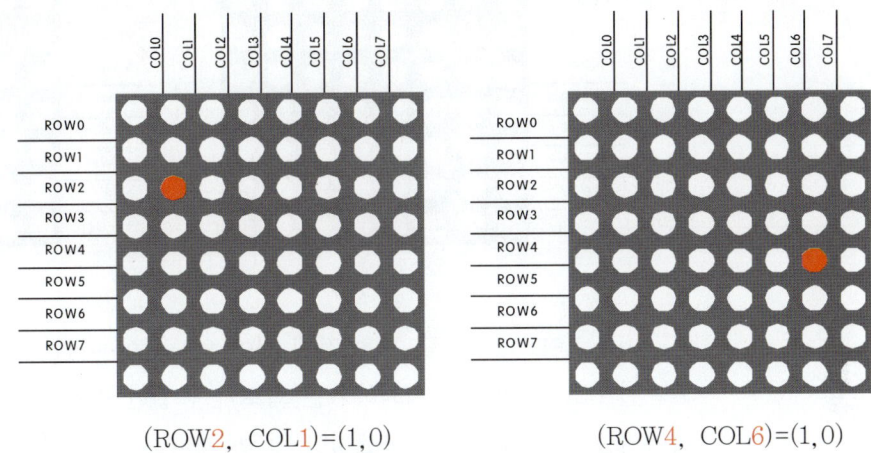

(ROW2, COL1)=(1,0)   (ROW4, COL6)=(1,0)

왼쪽 그림은 (ROW2, COL1)=(1,0)을 입력하면 되고, 오른쪽 그림은 (ROW4, COL6)=(1,0)을 입력하면 된다. 나머지는 모두 0을 입력하면 된다.

ROW0부터 ROW7까지, COL0부터 COL7까지 모든 값을 다 적어보면 아래와 같다.

● 왼쪽 그림은
(ROW0,1,2,3,4,5,6,7, COL0,1,2,3,4,5,6,7)=(0,0,1,0,0,0,0,0,0,0,0,0,0,0,0,0)
● 오른쪽 그림은
(ROW0,1,2,3,4,5,6,7, COL0,1,2,3,4,5,6,7)=(0,0,0,0,1,0,0,0,0,0,0,0,0,0,0,0)

개수가 조금 많아서 헷갈릴 뿐이지 알고 보면 별것 아니다. 그런데 도트 매트릭스를 켤 때 몇 가지 주의할 점이 있다. 첫 번째 도트 매트릭스의 종류에 따라서 1과 0을 바꿔 넣어주어야 하는 경우도 있다.

이는 LED가 어떻게 연결되어 있느냐에 따라 다른데 이는 내부 구조를 참고해봐야 한다. 만일 LED가 거꾸로 연결된 경우 왼쪽 그림은 (ROW2, COL1)=(0,1) (1,1,0,1,1,1,1,1,1,1,1,1,1,1,1,1)을 출력하면 될 것이다.

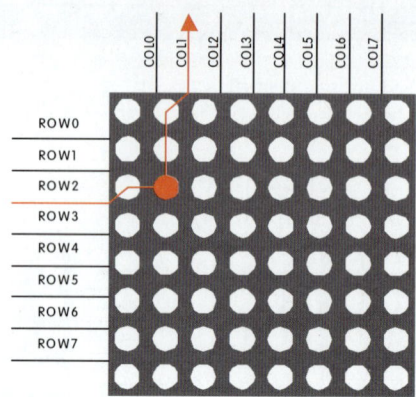
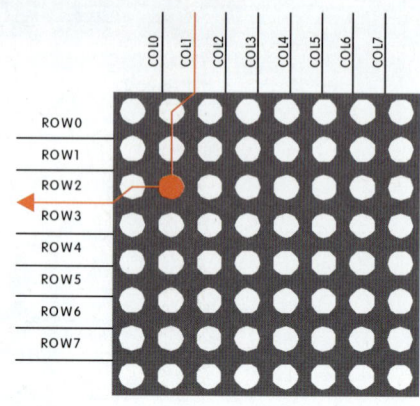

이는 LED 내부 구조가 어떻게 되어 있느냐에 따라 달라진다. 아래 그림을 보면 LED의 방향을 제외하고는 회로가 동일한 것을 알 수 있다. 0, 1을 바꾸어 켜는 것이 조금 어색하겠지만 몇 번 하다보면 0으로 켜나 1로 켜나 별 차이가 없다는 것을 알 수 있다.

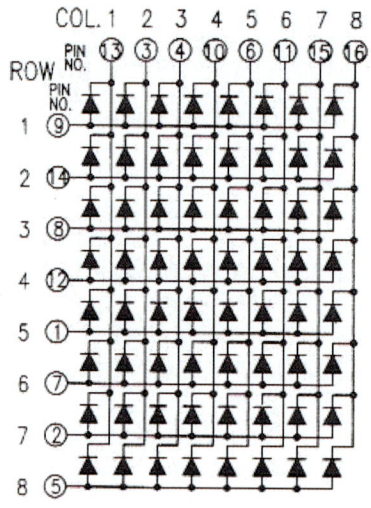
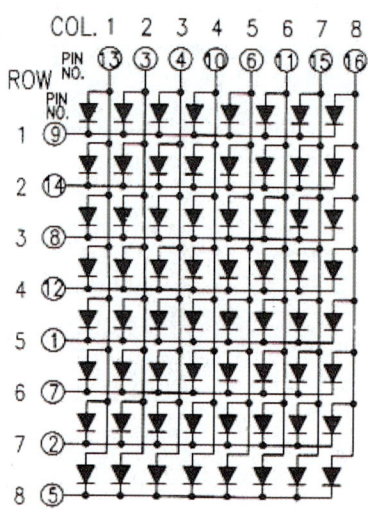

두 번째 주의할 점은 LED에 주변 회로가 있느냐 없느냐는 점이다. 도트 매트릭스는 주변에 회로가 장착되어 있는 경우가 종종 있다. 이것은 도트 매트릭스의 외관을 살펴보면 쉽게 알 수 있다. 도트 매트릭스 후면에 여러 소자 및 칩들이 붙어있다면 필시 주변 회로가 장착되어 있는 경우이다. 이러한 경우 위와 같은 방법으로 켜는 것은 힘들고 주변 회로에 대한 지식이 반드시 필요하다. 주변 회로에 대한 내용은 매우 복잡하므로 생략한다.

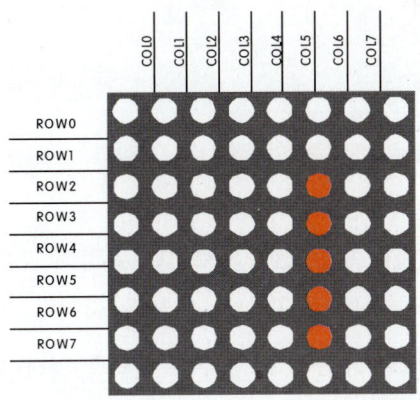

이제 위와 같은 방법으로 원하는 위치에 원하는 LED를 켤 수 있을 것이다. 마지막으로 한 번만 더 연습해 보자. 좌측의 그림은 (ROW, COL)=(0,0,1,1,1,1,1,0, 0,0,0,0,0,0,0,0)이 될 것이다. 오른쪽 그림은 한 번 직접 해보기 바란다.

이제 하나의 LED를 점등한다거나 한 줄을 출력해 보는 것은 재미가 없으므로 아래와 같은 'A' 모양을 켜보자.

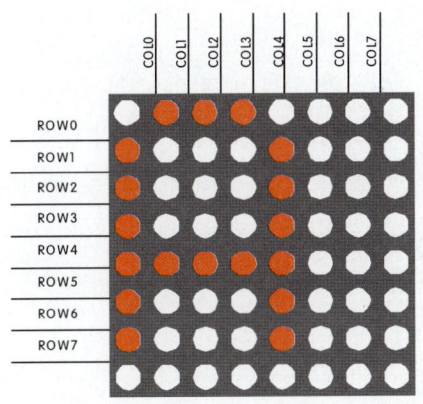

먼저 이러한 모양은 어떻게 출력할까 위와 같은 방법으로 1분간만 생각해 보자. 그런데 아무리 생각해 보아도 앞서 배운 지식만으로는 이러한 모양을 출력할 수가 없을 것이다. 'A'라는 모양이 출력되는 원리는 다음과 같다.

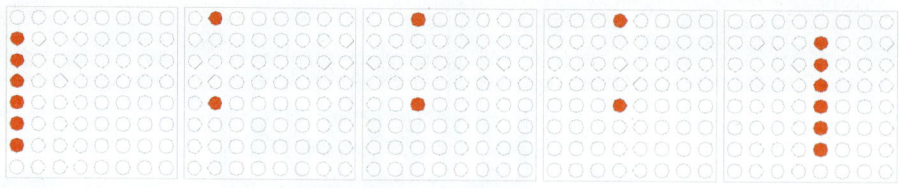

이게 무슨 'A' 모양이냐 반문할지 모르지만 위의 모양을 고속으로 출력하면 마치 A처럼 보인다. 눈의 착시 현상을 이용한 것이다.

*도트 매트릭스 : Dot
MATRIX

도트 매트릭스*가 여러 개 연결된 경우도 위와 동일하다. 여러 글자를 나타내기 위해서는 아래 그림과 같이 여러 개의 도트 매트릭스*를 연결하여 "HELLOW"라는 글씨를 나타내었다.

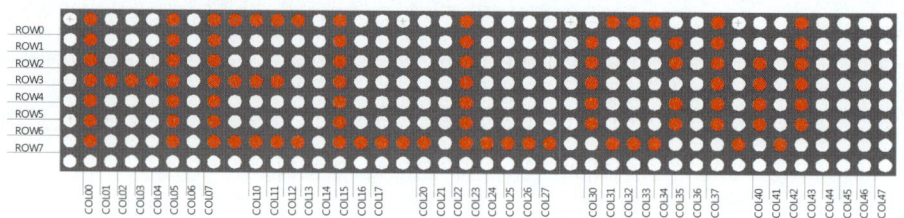

이러한 도트 매트릭스*의 원리 역시 ROW에 문자 데이터를 출력하고 COLxx를 고속으로 스위칭 함으로써 글씨가 고정되어 있는 것처럼 보이는 것이다. 도트 매트릭스*는 출력되고 있는 문자가 무엇인지, Hello인지 ABCD인지 당연히 알지 못한다.(xx는 01, 02, 03, … 11, 12, 13, …의 Column 번호를 말한다.)

4 | 예제 및 실험

이번 예제를 실험하기에 앞서 한 가지 설명할 것이 있다. 도트 매트릭스는 주변의 부가 회로가 없이 구동하기가 쉽지 않다. 타이밍 및 전류 부족의 문제가 발생하기 때문이다. 그래서 이번에는 netbrain.matrix.robot 컴포넌트를 활용한다. 이 컴포넌트의 위치는 model의 하위 폴더 안에 roboids 하위 폴더 안에 kr.robomation.physical.netbrain.matrix.robot을 이용하면 된다.

❶ 먼저 NetBrain이 아닌 NetBrainMatrix를 시작한다.

NetBrain을 시작한 후 netbrain.matrix.robot 컴포넌트를 연결하여 사용해도 되지만 방법이 복잡하므로 NetBrainMatrix를 사용하여 설명하도록 하겠다.

❷ 타임라인 에디터를 이용하여 출력할 패턴을 만들어 보자.

넷브레인 매트릭스를 시작하면 다음과 같이 넷브레인과는 다른 에디터 창이 뜬다. 150프레임까지 일정한 패턴을 입력한 후 이 패턴을 무한 반복하여 도트 매트릭스에 출력할 것이다. 아무 패턴이나 출력하면 재미가 없기 때문에 'A'라는 문자를 출력해 보자.

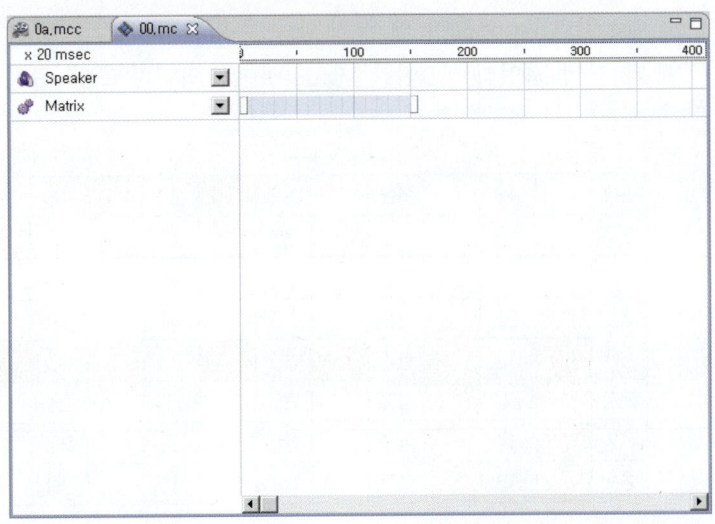

제어점을 클릭한 후 속성의 Value값에 원하는 패턴을 입력한다.

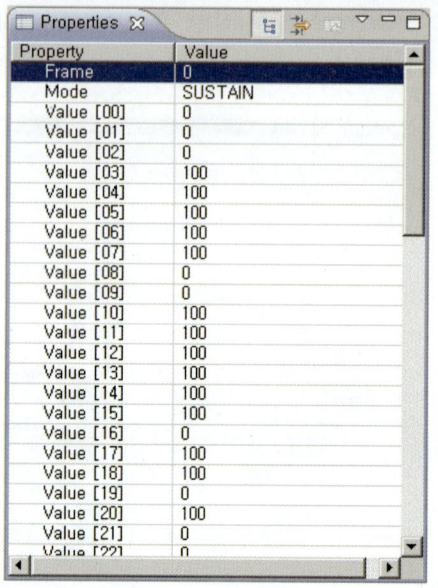

도트 매트릭스는 가로×세로가 8×8이므로 총 64개의 배열값이 존재한다. 이 배열값은 Value[00]부터 Value[63]까지 총 64개로 매치된다. 각 배열에 해당하는 설명을 하기 전에 'A'라는 패턴을 출력하기 위해서 각 배열값에 다음과 같이 입력한다. 참고삼아 150프레임까지 할 필요는 없으며 100프레임까지 혹은 300프레임까지 만든 후 무한 반복해도 마찬가지이기 때문이다. 또 Value값은 최대값이 119이지만 119가 출력되는 것이 아니라 최대 밝기가 119라는 뜻이므로 50, 70을 입력해도 된다. 보기 편하게 하기 위해서 100을 입력했을 뿐이다. 위의 Value값이 꽤 많기 때문에 화면 캡쳐가 지나치게 커져 배열값을 아래와 같이 적었다. 00이란 Value[00]을 의미하고 🟨 표시에 100을 입력하면 된다.

56		48		40		32		24	🟨	16	🟨	08		00	
57		49		41	🟨	33		25		17	🟨	09		01	
58		50	🟨	42		34		26		18	🟨	10	🟨	02	
59	🟨	51		43		35		27		19		11	🟨	03	🟨
60	🟨	52	🟨	44		36	🟨	28	🟨	20	🟨	12		04	🟨
61	🟨	53		45		37		29		21		13		05	🟨
62	🟨	54	🟨	46		38		30		22		14	🟨	06	🟨
63	🟨	55	🟨	47	🟨	39		31		23		15		07	🟨

배열과 도트 매트릭스와의 관계는 아래 그림과 같이 1 대 1로 매칭된다. 위의 그림도 색이 칠해진 부분을 살펴보면 'A'라는 모양이 보일 것이다.

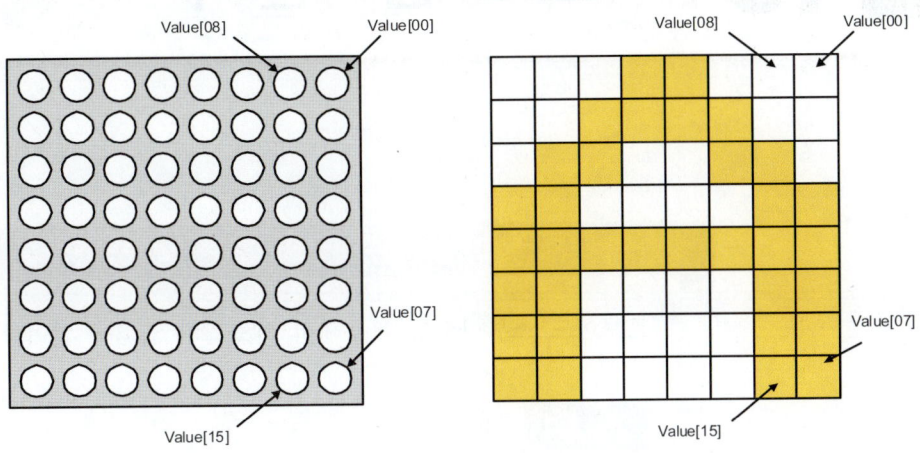

콘텐츠 컴포저를 이용하여 모션 콘텐츠를 아래와 같이 만들면 된다. 특별히 로보이드 스크립트를 사용하지 않아도 된다.

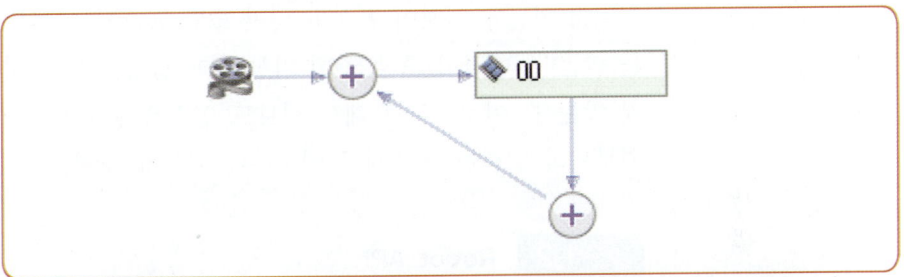

➡ 동작하는 모습

16 키보드 입력받기

1 │ 목 표

로보이드 스튜디오를 이용해서 키보드의 입력을 받아보자.

1.1 소개

로보이드 스튜디오에서는 키보드가 눌러졌을 때 눌러진 키에 해당하는 정보를 콘텐츠에 전달하는 기능을 가지고 있다. 이는 org.roboid.peripheral.keyboard에 선언되어 있는데 이것이 활성화 되면 초당 50회로 키보드를 스캔하여 눌러진 키를 찾는다. 따라서 초당 50번 이상의 키 입력 또는 동시에 눌러진 키는 구분되지 않는다. 이것을 이용해서 키보드 입력을 통한 제어 등을 할 수 있다. 먼저 키보드의 입력이 어떻게 들어오는지 확인해 보자.

1.2 Robot API

디바이스형	디바이스	설명
Event	Keyboard.VirtualKey	VirtualKey는 키보드가 눌러졌을 때 눌러진 키에 해당하는 Virtual Code를 가지고 있는 이벤트이다. 키와 Virtual Code의 관계는 Reference를 참고하기 바람.
	Keyboard.ScanCode	Scan Code 역시 키보드가 눌러졌을 때 해당하는 Scan Code를 가지고 있다. Scan Code는 키보드 메이커에 따라 다를 수 있으니 하드웨어 사양을 참고하기 바람.
	Keyboard.Extended	Extended는 눌러진 키가 Entended Key에 속하는지 판별하는 Boolean값을 가지고 있는 이벤트이다.

Event	Keyboard.Pressed	Pressed는 임의의 키가 눌러지는 상태인지 떨어지는 상태인지를 판별하는 Boolean값을 가지고 있는 이벤트이다.
Sensor	Keyboard.AltPressed	AltPressed는 Alt 키가 눌러진 상태인지 아닌지 판별하는 Boolean값을 가지고 있는 센서이다. 이를 참조하면 어떤 키가 Alt 키와 같이 눌러졌는지 판단이 가능하다.
Command	Keyboard.KeyType	KeyType은 키를 에뮬레이션 하는 커맨드로 키를 누르는 신호를 발생한다. 누르는 신호를 발생 후 즉시 원위치하므로 사람이 타이핑한 것과 같은 효과를 생성한다. KeyType 디바이스에 전달되는 값은 Virtual Key에 해당하는 Integer이다.
	Keyboard.KeyDown	KeyDown은 키가 눌러진 상태를 에뮬레이션 하는 커맨드이다. KeyDown을 한 후 해당 키를 반드시 KeyUp하여 키보드의 상태를 본래대로 돌리는 과정이 필요하다. KeyDown 디바이스에 전달되는 값은 Virtual Key에 해당하는 Integer이다.
	Keyboard.KeyUp	KeyUp은 키가 복귀한 상태를 에뮬레이션 하는 커맨드이다. KeyUp 디바이스에 전달되는 값은 Virtual Key에 해당하는 Integer이다.

1.3 부품 목록

키보드의 입력만 받을 것이기 때문에 넷브레인이 없이도 실행이 가능하다.

1.4 예제 및 실험

키보드의 입력을 받기 위해서 콘텐츠 컴포저를 사용하였고 배치된 모션 콘텐츠는 다음과 같다.

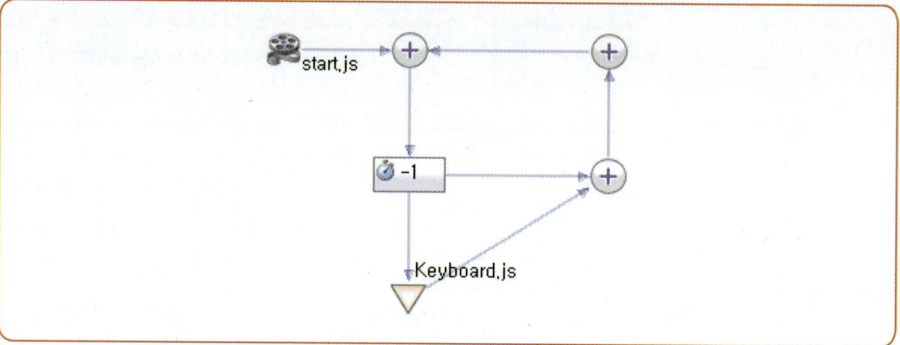

계속 키보드의 입력을 받아야 되기 때문에 순환될 수 있도록 Motion Contents를 구성하였고, start.js의 내부는 다음과 같다.

```
var key=robot.findDevice("Keyboard.VirtualKey");
```

키보드 버튼을 사용할 수 있도록 선언해 주었다. Keyboard.js의 내부는 다음과 같다.

```
if(key.e()) console.println(key.read());
false;
```

Keyboard의 입력이 있을 때만 Console 창에 그 값을 읽어서 출력한다. 이때 숫자가 출력되는데, 로보이드 스튜디오에서 키보드의 값을 숫자로 인식해서 받아들이기 때문이다.

위의 실험을 통해서 키보드 중 알파벳 부분에 해당하는 숫자를 확인해 보면 다음과 같다.

→ 영문 알파벳 부분에 해당하는 숫자 표

키보드	q	w	e	r	t	y	u	I	o	P
숫자	81	87	69	82	84	89	85	73	79	80
키보드	A	s	d	f	g	h	j	k	L	–
숫자	65	83	68	70	71	72	74	75	76	–
키보드	z	x	c	v	b	n	m	–	–	–
숫자	90	88	67	86	66	78	77	–	–	–

앞의 표는 알파벳에 해당하는 숫자 키를 예로 든 것이고, 키보드에 있는 나머지 버튼(엔터, 스페이스, F1~F12 등)에도 숫자가 대응되어 있다.

실행한 모습은 다음과 같다.

● 실행한 모습

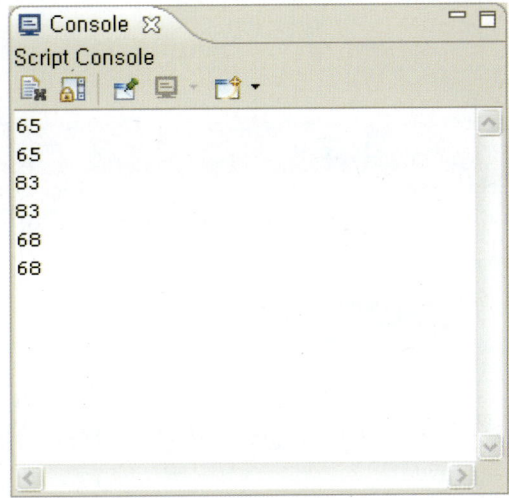

위의 모습은 실행을 한 후 a, s, d를 차례대로 누른 모습이다. 그런데 두 번씩 중복되어 나온 것을 확인할 수 있는데 그 이유는 아무리 빨리 눌렀다 떼어도 로보이드 스튜디오에서는 그 시간을 매우 길게 인식하기 때문에 두 번 인식하게 되기 때문이다.

1 | 목 표

넷브레인을 통해 마우스의 정보를 입력받고 좌표를 확인해 보자.

1.1 소개

로보이드 스튜디오는 마우스의 움직임을 로보이드화 하여 콘텐츠 컴포저에 전달한다. 초당 50회로 마우스를 검사하게 되는데 그 이상의 움직임은 감지하지 못한다.

이 마우스의 움직임은 기본적으로 NetBrain에 포함되어 있지 않고, org.roboid.peripheral.mouse에 포함되어 있다. 이 정보를 추가해 준 다음 사용하면 된다. 이 추가하는 법은 이후에 다루도록 한다.

1.2 Mouse Modeling 특성

| Mouse Modeling |

디바이스형	디바이스	설명
Sensor	Mouse.X	마우스의 수평축 상의 위치, 좌측 상단이 원점
	Mouse.Y	마우스의 수직축 상의 위치, 좌측 상단이 원점
Event	Mouse.L	마우스의 왼쪽 버튼의 상태를 나타내는 Boolean(0 or 1) 1=Pressed, 0=Released
	Mouse.M	마우스의 중간 버튼의 상태를 나타내는 Boolean(0 or 1) 1=Pressed, 0=Released
	Mouse.R	마우스의 오른쪽 버튼의 상태를 나타내는 Boolean(0 or 1) 1=Pressed, 0=Released
	Mouse.W	마우스의 스크롤 휠 상태를 나타내는 Boolean(-1 or 1) -1=Scroll-down, 1=Scroll-up

Event	Mouse.L1	마우스의 왼쪽 버튼의 클릭 이벤트가 발생했는지 여부를 나타내는 이벤트
	Mouse.M1	마우스의 중간 버튼의 클릭 이벤트가 발생했는지 여부를 나타내는 이벤트
	Mouse.R1	마우스의 오른쪽 버튼의 클릭 이벤트가 발생했는지 여부를 나타내는 이벤트
	Mouse.L2	마우스의 왼쪽 버튼의 더블클릭 이벤트가 발생했는지 여부를 나타내는 이벤트
	Mouse.M2	마우스의 중간 버튼의 더블클릭 이벤트가 발생했는지 여부를 나타내는 이벤트
	Mouse.R2	마우스의 오른쪽 버튼의 더블클릭 이벤트가 발생했는지 여부를 나타내는 이벤트

1.3 보충 설명

앞에서 설명했듯이 마우스의 움직임을 감지하는 부분은 넷브레인에 기본적으로 있는 것이 아니라 추가하여야 한다. 그 방법은 다음과 같고, 미니프로젝트에서 마우스의 움직임과 도트 매트릭스를 동시에 이용하기 때문에 넷브레인 매트릭스의 로보이드 스튜디오를 기준으로 설명하였다. 물론 넷브레인의 로보이드 스튜디오도 같은 방식이기 때문에 그대로 적용하여도 상관은 없다.

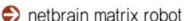
netbrain.matrix.robot

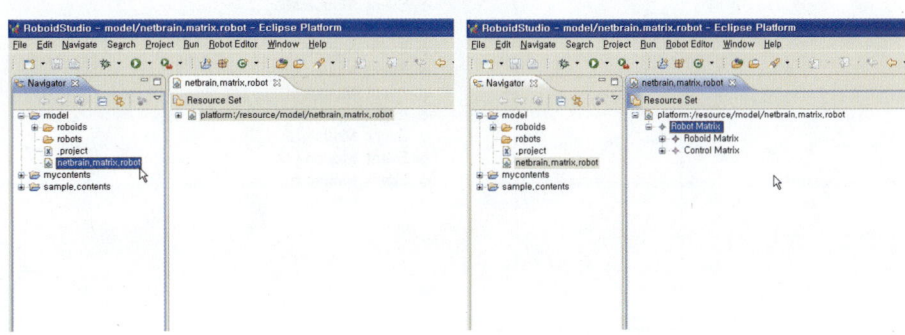

위의 순서를 통해서 넷브레인에 마우스의 움직임을 추가할 수 있도록 활성화시켜 놓는다.

○ org.roboid.peripheral.
　mouse.robot

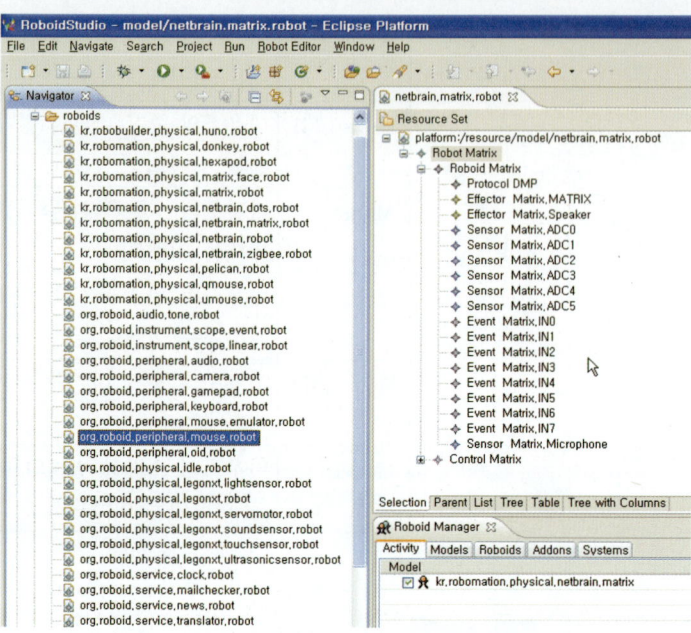

그 다음 model/roboids에 있는 org.roboid.peripheral.mouse.robot를 열어서
Mouse부분을 활성화 해 놓는다.

○ Roboid Mouse

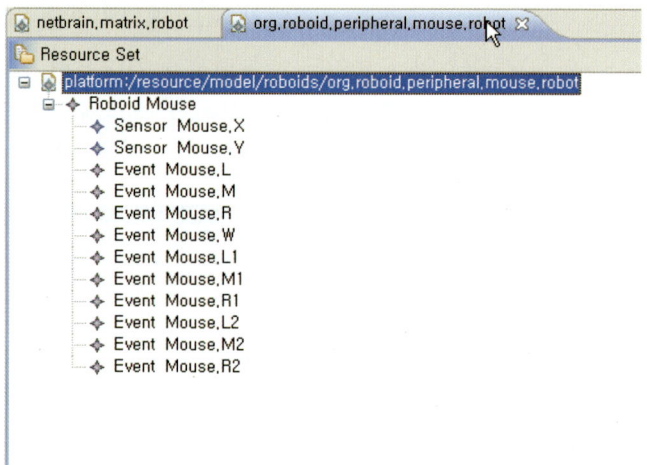

위에서 처럼 열려 있는 org.roboid.peripheral.mouse.robot을 클릭해서 아래
쪽으로 드래그를 해 준다.

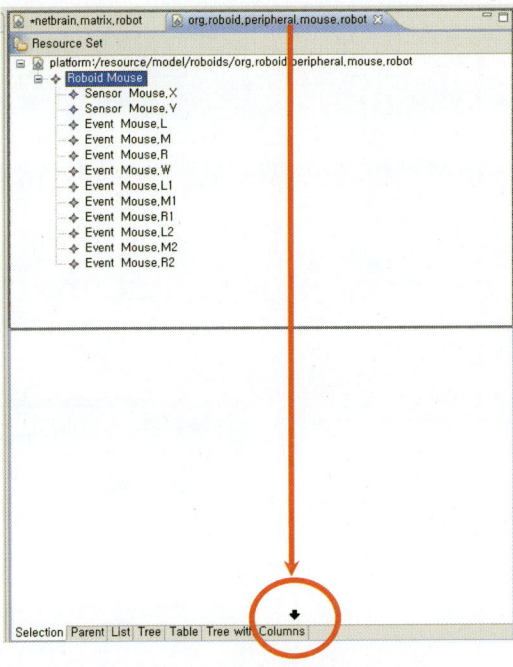

⬤ 창 분할

위의 화살표 처럼 아래로 드래그를 하면 커서가 화살표 모양으로 바뀌는데 그 때 드래그한 것을 놔두면 다음과 같이 된다.

⬤ 창이 분할 된 모습

위에서 처럼 창이 분할되는 것을 확인할 수 있다. 다음으로 아래쪽에 있는 Roboid Mouse를 Robot Matrix에 드래그해서 넣으면 된다.

● NetBrain에 Mouse 추가

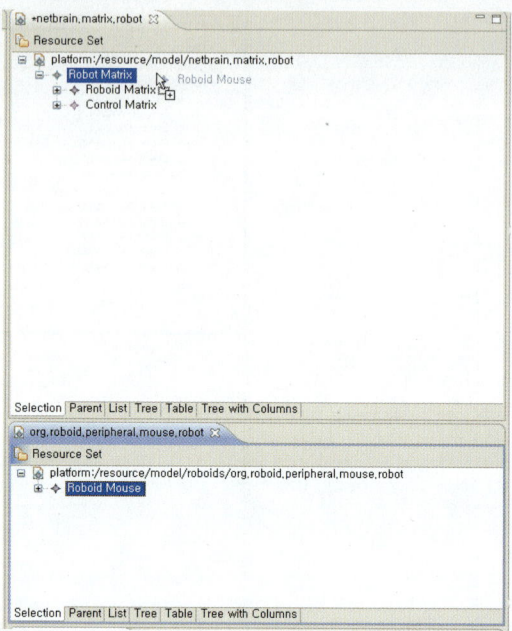

위에서 처럼 Robot Matrix에 넣어주게 되면 추가가 된다. 추가된 모습은 다음과 같다.

● NetBrain에 Mouse가 추가된 모습

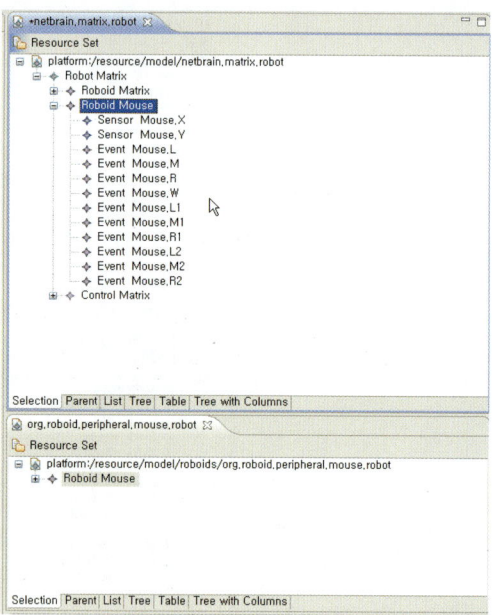

1.4 예제 및 실험

Contents Composer를 이용해서 마우스의 움직임을 확인할 수 있도록 하였다. Motion Contents의 배치는 다음과 같이 하면 된다.

Mouse.mcc

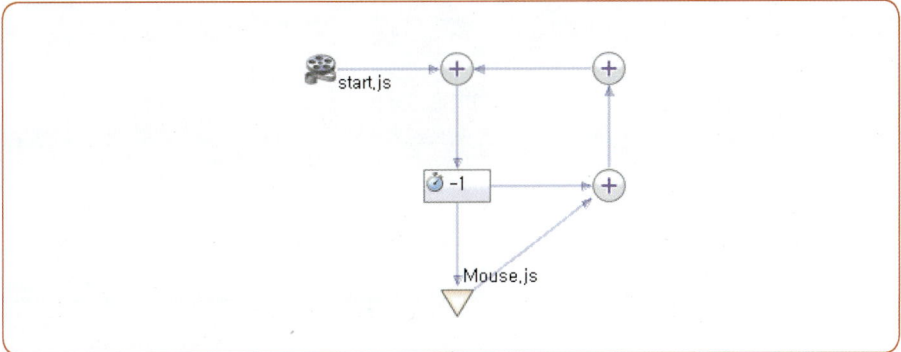

마우스의 동작을 계속 확인할 수 있는 구조로 Motion Contents를 배치하였고, start.js의 내부는 다음과 같다.

```
var mouse_x=robot.findDevice("Mouse.X");
var mouse_y=robot.findDevice("Mouse.Y");
```

마우스의 X축, Y축 좌표를 확인하기 위해서 선언하였다. 만약에 org. roboid.peripheral.mouse를 추가해 주지 않는다면 앞에서 처럼 선언을 해도 Mouse.X와 Mouse.Y를 찾지 못해 동작을 못하게 된다.

Mouse.js의 내부를 살펴보면 다음과 같다.

```
console.println("X : "  +mouse_x.read()+"Y : "+  mouse_y.read());

false;
```

내부는 매우 간단하게 되어 있다. Mouse의 X축과 Y축의 좌표를 읽어서 Console 창에 출력하는 것이다. 출력은 다음과 같다.

```
        X : Mouse의 x축 좌표   Y : Mouse의 y축 좌표
```

실제 출력은 다음과 같다.

● 마우스 좌표 출력(1)

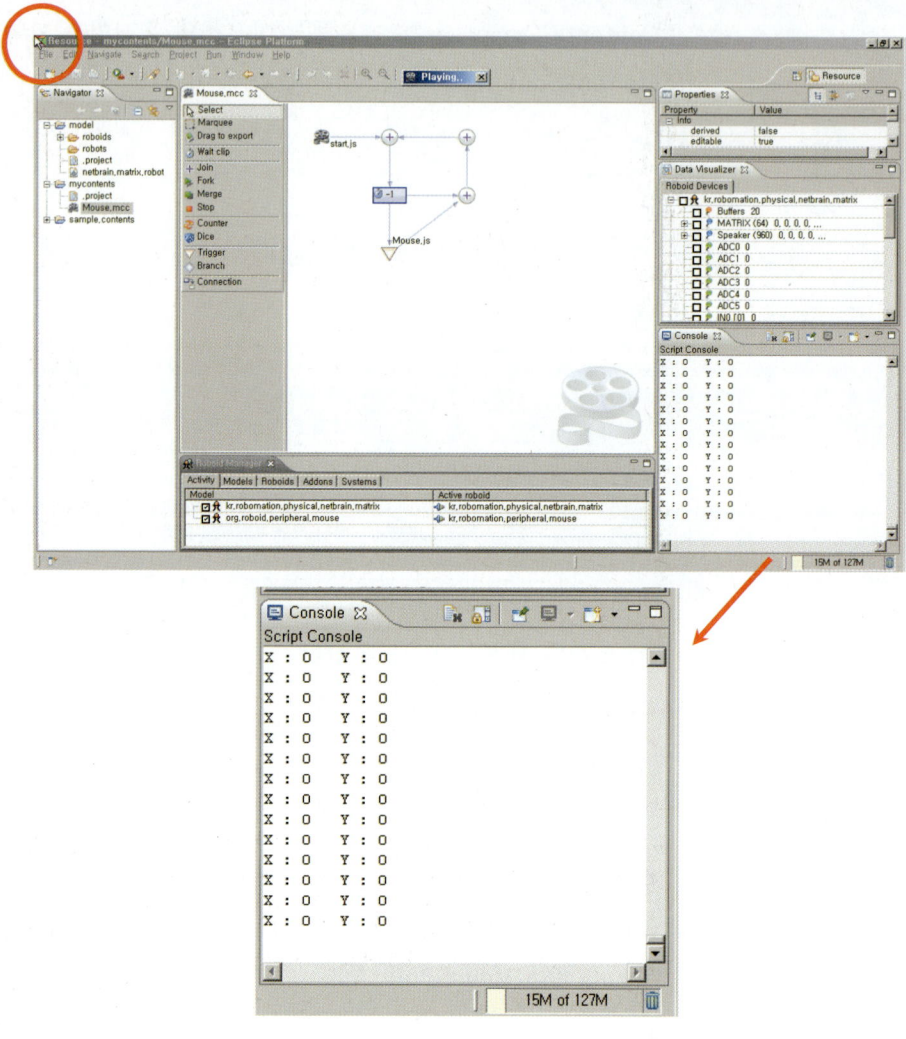

● 마우스 좌표 출력(2)

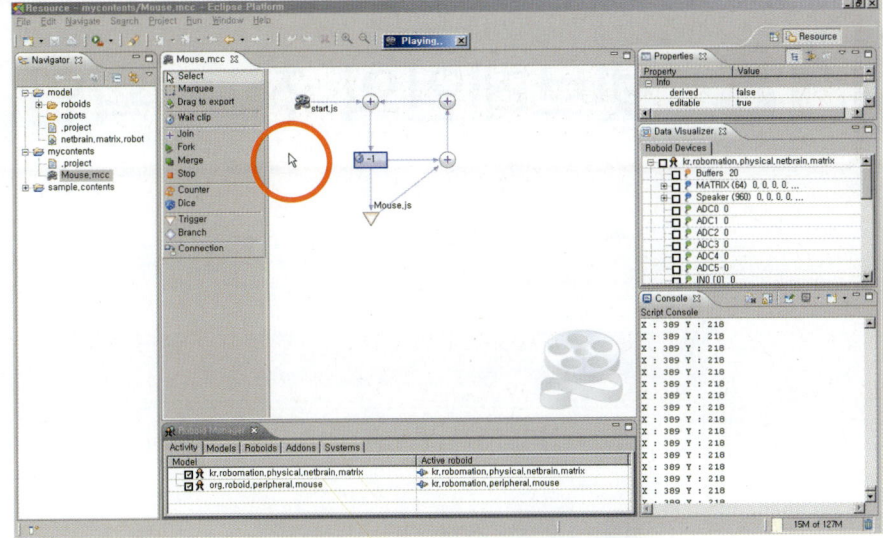

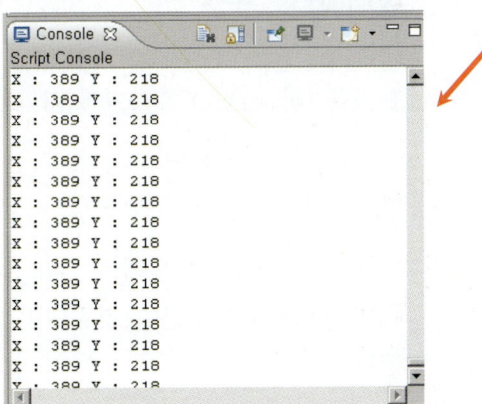

앞에서 처럼 현재 마우스의 좌표를 확인할 수 있다.

18 넷브레인의 정보 확인

1 | 목 표

넷브레인의 기본 정보를 콘솔 창을 통해서 확인해 보자.

1.1 소개

로보이드 스튜디오에서는 Robot API를 기본적으로 제공하고 있다. 이것을 사용해서 넷브레인의 포트를 선언한다든지 혹은 다른 Device를 선언해서 사용할 수 있도록 만들어 주게 된다. 가장 기본적인 API이면서 가장 중요한 API라고 할 수 있다.

이 Robot API를 사용해서 현재 연결되어 있는 로봇의 정보를 확인할 수 있는데, 만약 넷브레인이 연결되어 있다면 넷브레인의 정보를 확인할 수 있게 된다.

1.2 Robot API

메소드	설명
String getName()	로봇 모델에서 지정한 로봇의 이름을 반환한다.
String getMaker()	로봇 모델에서 지정한 제조업체 정보를 반환한다.
String getVersion()	로봇 모델에서 지정한 버전 정보를 반환한다.
Roboid findRoboid(String name)	로봇을 구성하는 로보이드 중에서 이름이 일치하는 인스턴스를 찾아 반환한다. 일치하는 이름이 없다면 Null을 반환한다.
Roboid findRoboidById(String id)	로봇을 구성하는 로보이드 중에서 ID가 일치하는 인스턴스를 찾아 반환한다. 일치하는 ID가 없다면 Null을 반환한다. 이때 ID는 컴포넌트의 ID이다.

Device findDevice(String name)	로봇을 구성하는 로보이드 중에서 이름이 일치하는 인스턴스를 찾아 반환한다. 일치하는 이름이 없다면 Null을 반환한다. 이때 이름은 "로보이드. 디바이스"의 형식이 된다.

1.3 부품 목록

항목	수량
넷브레인	1

넷브레인의 정보를 확인하는 것이 목적이므로 넷브레인이 연결되어 있기만 하면 된다.

1.4 예제 및 실험

넷브레인*의 정보 확인을 위해서 Contents Composer를 사용하였고 배치된 Motion Contents의 모습은 다음과 같다.

Information.mcc

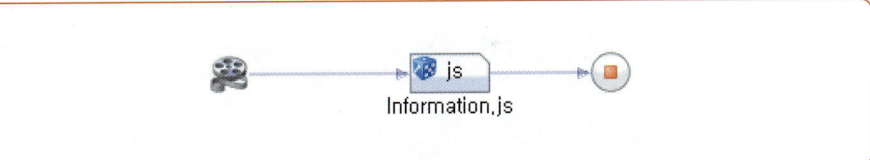

한 번 실행하고 종료되는 것이기 때문에 구성은 매우 간단하다. Information.js의 내부를 살펴보면 다음과 같다.

```
var NetBrain = robot.findRoboid("NetBrain");

console.println("Name :    " + NetBrain.getName());
console.println("Maker :    " + NetBrain.getMaker());
console.println("Version :    " + NetBrain.getVersion());
```

처음에 넷브레인을 사용하겠다는 선언을 한 후 앞에서 알아본 Robot API를 이용해서 출력하도록 한다. 실행을 하게 되면 정보를 출력한 후 종료된다. 출력된 모습은 다음과 같다.

● 출력된 Information

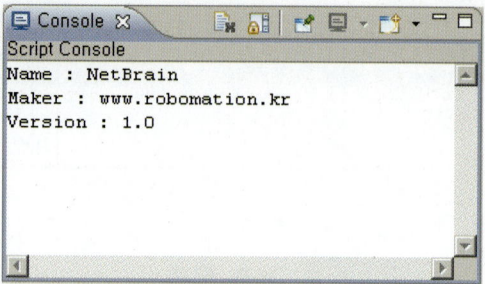

위에서 넷브레인의 이름과 만든 장소 그리고 Version을 확인할 수 있다.

19 | PWM에 대한 설명

1 | 펄스와 PWM에 대하여

*펄스 : Pulse
*집합 : Set

펄스*란 일반적으로 『일정 시간 신호의 형태가 지속되는 형태의 집합*』을 말한다. 보통 전자공학에서는 시간에 따른 전압 혹은 전류가 반복적으로 지속되는 형태로 나타난다.

● 펄스

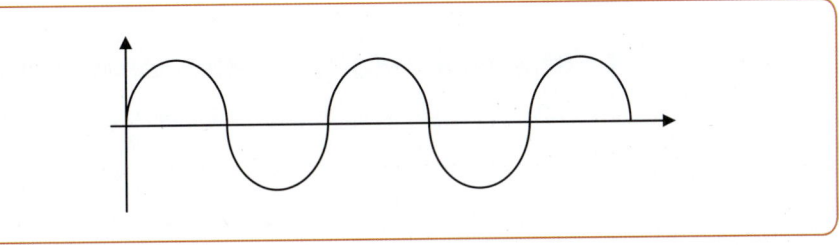

펄스 파형에는 삼각파, 반정현파, 구형파, 정현파 등이 있다. 디지털 시스템에서는 주로 구형파*를 사용한다. 다음 그림은 여러 가지 모양의 펄스를 나타낸다.

*구형파 : Square Wave

● 여러 가지 모양의 펄스

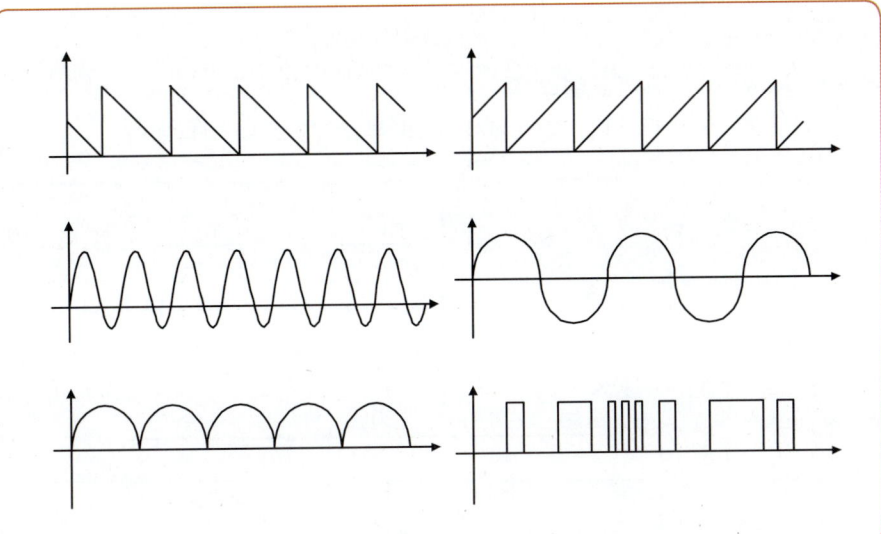

펄스의 형태를 결정짓는 중요한 요소로 진폭과 주기 및 몇 가지 요소가 있다.

*진폭(振幅) : Amplitude

● 진폭(振幅)*

주기적인 진동이 있을 때 진동의 중심으로부터 최대로 움직인 거리 혹은 변위(變位)를 말한다. 예를 들어 5cm 스프링이 상하로 진동한다면 진폭은 5cm이다.

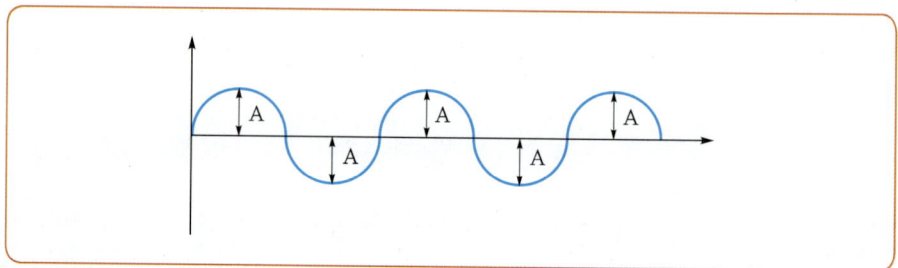

*주기(調飢) : Period

● 주기(調飢)*

주기적인 진동에서 진동 중심 주위로 왕복 운동이 한 번 이루어지는데 걸리는 시간을 말한다. 예를 들어 시계추가 좌우로 한 번 왔다 갔다 하는데 걸리는 시간은 1초, 지구가 태양 주위를 한 번 도는데 걸리는 시간은 1년이다.

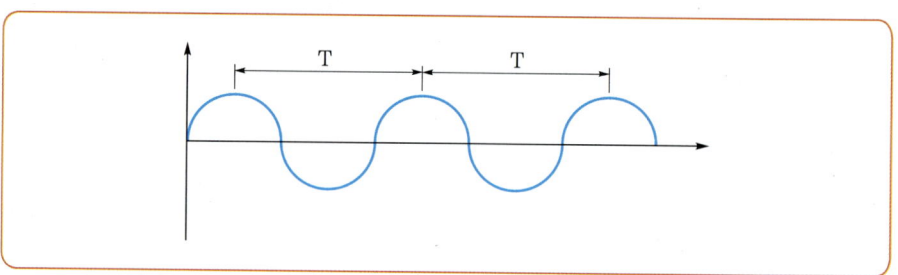

*펄스 폭 : Pulse Width

● 펄스 폭*

다음 펄스에서 양의 부분(T0)만을 나타낸다.

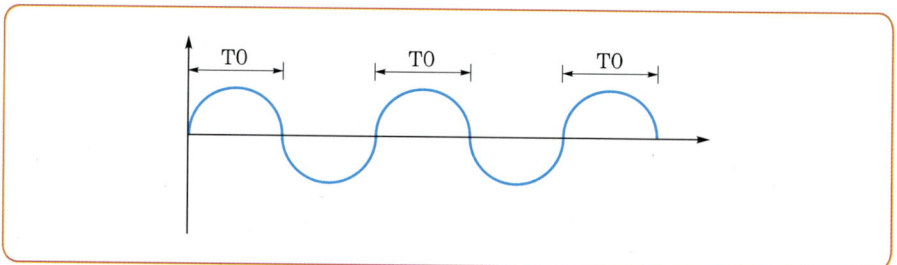

＊충격계수 : Duty Cycle
충격계수란 펄스 폭을 주
기로 나눈 값이다.

＊펄스 변조 : Pulse
Modulation

그런데 이러한 펄스는 원래의 신호를 그대로 사용하지 않고 바꾸는 경우가 있는데 이를 펄스 변조＊라고 한다. 펄스 변조는 펄스의 진폭이나 주기, 위상 등을 바꿈으로 이루어진다.

펄스 변조를 하는 이유는 여러 가지가 있는데 대표적인 것은 다음과 같다. 첫 번째 원신호가 저주파이므로 전송 효율을 개선하기 위해 고주파로 바꾸는 경우, 두 번째 한 통신 선로에 여러 신호를 전송하기 위한 경우, 세 번째 신호 대 잡음비(S/N)를 개선하기 위한 경우가 있다. 그러나 이는 정보 통신에 기반한 것으로 그 내용이 상당하고 변조 방법 조차 쉽지 않으므로 넘어가기로 한다. 다음 그림에서 여러 가지 펄스 폭 변조의 종류에 대해서 잠시 다루고 가도록 하자.

● 펄스 변조의 종류

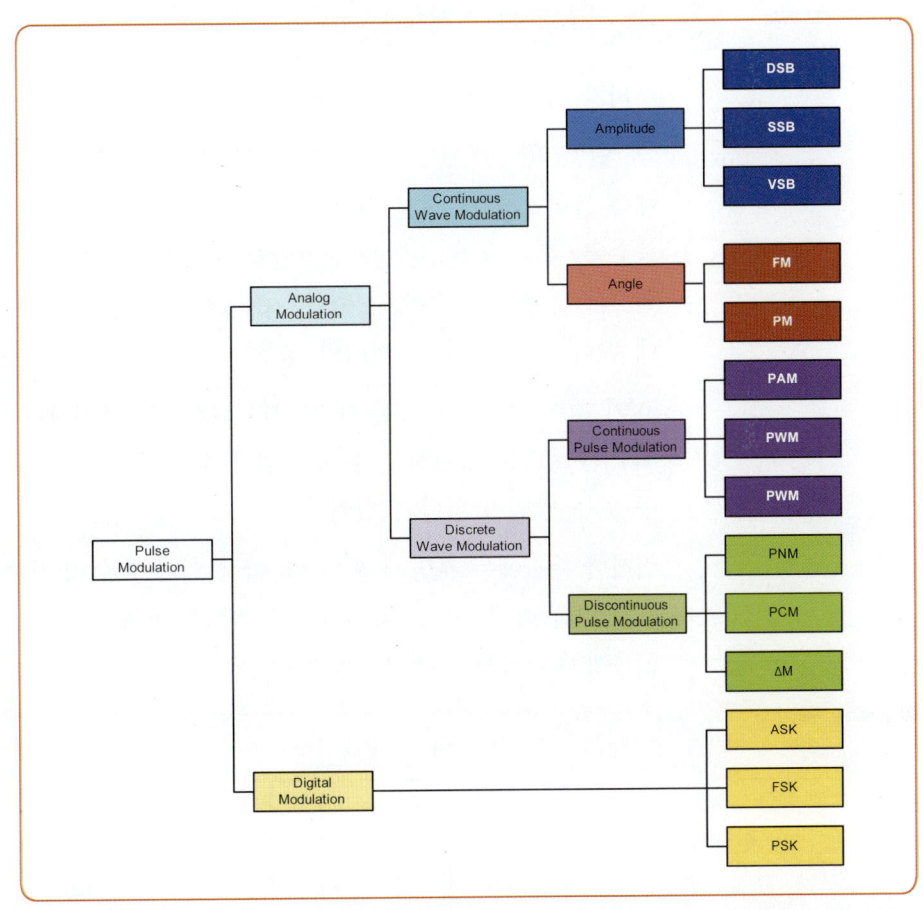

번호	펄스 변조 분류(대)	펄스 변조 분류(중)	설명	비고
1	Continuous (연속 펄스 변조)	PAM(Pulse Amplitude Modulation)	펄스 진폭 변조	
2		PWM(Pulse Width Modulation)	펄스 폭 변조	
3		PPM(Pulse Phase Modulation)	펄스 위상 변조	
4	Discontinuous (불연속 펄스 변조)	PNM(Pulse Number Modulation)	펄스 수 변조	
5		PCM(Pulse Code Modulation)	펄스 부호 변조	
6		ΔM(Delta Modulation)	델타 변조	

*펄스 폭 변조 : PWM

2 | 펄스 폭 변조*에 대하여

우리가 하고자 하는 것은 위의 많은 펄스 변조 중 PWM이다. PWM이란 펄스 폭 변조로서 주기는 동일하지만 펄스 폭(T_{OFF})이 변화하는 것이다.

예를 들어 모터의 회전 수는 전류 및 전압에 비례한다. 즉, 많은 전류를 흘려 줄수록, 혹은 높은 전압을 인가할수록 모터는 고속회전을 한다. 그런데, 디지털 시스템에서 낼 수 있는 출력은 0V 혹은 5V이다.(이는 디지털 시스템의 전압에 따라 차이가 있다. 어떠한 경우는 1.8V, 어떠한 경우는 3.3V 등이다.)

5V가 최대 전압이라고 할 때 모터의 회전수를 조절하기 위해서는 0V, 1V, 2V, 3V, 4V, 5V를 인가하고 싶지만 앞에서 설명한 것처럼 1, 2, 3, 4V는 인가할 수 있는 방법이 없다는 점이다.

어떠한 순간에는 분명 0 혹은 5V 밖에 인가할 수 없지만 PWM을 이용하여 평균 전압을 측정하면 1, 2, 3, 4V도 충분히 만들 수 있다. "어떻게 그렇게 할 수 있을까?" 다음을 살펴보도록 하자.

충격계수 구하기

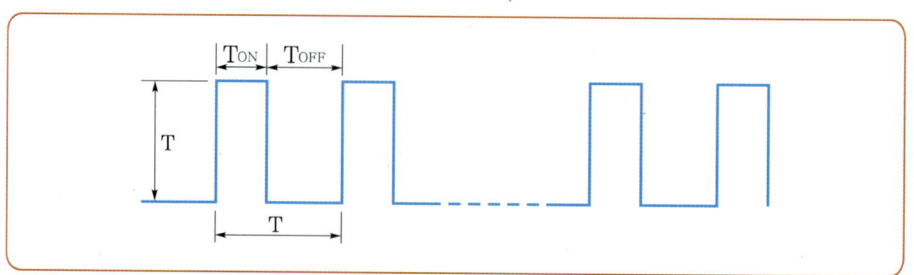

앞의 펄스에서 충격계수를 구하는 공식은 다음과 같다.

$$\text{Duty Cycle} = T_{OFF}/T_{ON} \times 100$$

예를 들어 펄스가 다음과 같다면 공식에 의하여 충격계수는 50이다.

➜ PWM을 위한 예제 펄스

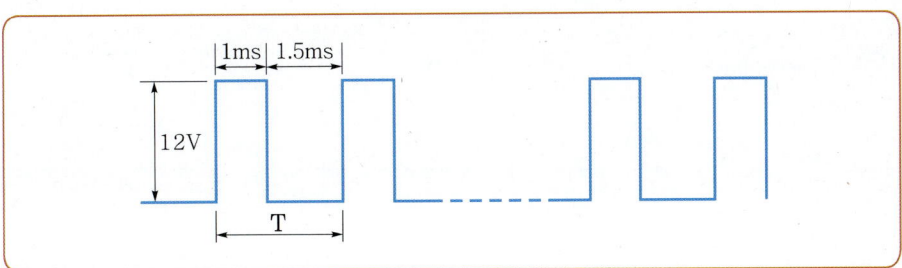

$$T_{OFF}/T_{ON} \times 100 = 1ms/2.5ms \times 100 = 40(\%)$$

충격계수가 40%라는 말은 전압의 40%가 인가된다는 의미이다. 즉, 12V×0.4 =4.8 평균 전압이 4.8V라는 뜻이다.

Memo

NETBRAIN

PART 05
NETBRAIN Project

로보이드 스크립트

01 로봇 행위를 스크립트로 기술하고자 하는 이유

복잡하고 지능적인 로봇의 행위를 기술하기 위해서는 시간 축으로 기술하는 방식(타임 라인 에디터) 또는 그래픽으로 블록을 조합하는 방식(콘텐츠 컴포저)으로는 부족한 경우가 있다. 특히 복잡한 트리거 조건식이라든지 결과를 얻기 위해 많은 센서의 조합과 시간이 걸리는 지능적인 결정 같은 경우가 그러하다.

1 | 로봇 행위 프로그래밍의 요소

로봇을 지능적으로 제어하기 위한 프로그래밍 방법은 다음과 같은 기능을 지원해야 한다.

1.1 병렬 처리

*FSM：Finite State Machine(유한상태 머신)

로봇의 행위를 프로그래밍 하는 방식은 대개 플로차트 형식의 순차 프로그래밍과 FSM*을 사용한 상태 기술 방법이 대부분이다. 그러나 최근 지능형 로봇의 등장으로 보다 복잡한 로봇 행위를 기술하는 방법이 개발되었다. 그 중 하나가 동적 언어의 스크립트를 이용하여 로봇의 행위를 프로그래밍하는 방법이다. 이 방법은 기존 일반적인 스크립트 언어, 예를 들면 자바 스크립트와 비교하면 병렬 처리 기능을 기본적으로 지원한다는 점이 다르다. 병렬 처리란 로봇의 일부분이 움직일 때, 그와 같은 시간에 동기화 되어 다른 부분의 제어도 동시에 가능하도록 하는 방법이다. 자바나 C++ 같은 일반 언어의 예를 들면 스레드를 생성하여 병렬 처리를 하도록 할 수 있으나 로봇 콘텐츠 제작자가 프로그래밍 하기에는 매우 전문적인 지식이 요구된다.

로봇 전용 스크립트 언어를 보면, 병렬 처리 또는 직렬 처리를 위한 특별한 명령과 구문이 따로 있다.

예를 들면, 다음과 같다.

A | B는 "A 명령이 완수되고 난 후 B를 실행하시오"
A & B는 "A 명령과 B 명령을 동시에 실행하시오"

이러한 방식으로 병렬 또는 순차적인 로봇의 행위를 기술할 수 있다.

1.2 이벤트 처리

로봇이 일반 전자 기기, 예를 들면 TV나 DVD 재생기와 다른 점은 끊임없이 주변의 상태와 반응하면서 임무를 수행하는 것이다. 청소 로봇은 벽과의 충돌을 감지, 회피하면서 먼지가 있는 장소로 이동하여야 한다. 즉 외부의 이벤트를 신속하고 정확하게 감지하여 로봇의 행위를 변화시키므로 보다 지능적인 서비스가 가능하다. 이벤트는 순차적인 기술 방식으로 처리하기 어렵다. 비동기적으로 발생하는 이벤트를 시스템에서 잘 처리해 주어야 한다.

1.3 계층 구조의 행위 기술

로봇의 행위는 동물의 행위와 유사하게 하나하나의 의미 있는 작은 행위가 모여 보다 복잡한 행위가 만들어진다. 따라서 한 번 프로그램되어 그 기능이 검증된 행위는 다시 프로그래밍하지 않고 보다 큰 행위에 내포되어 재사용이 가능해야 한다.

2 | 스크립트 언어의 장점

스크립트 언어는 인터프리터 방식의 언어로써 일반 언어와 달리 컴파일하고 실행하는 과정이 필요없다. 또한 실행 중에도 동적으로 새로운 변수를 만들거나 제거할 수 있다. 스크립트 언어의 사용은 로봇의 행위를 기술하는데 강력하지만 일반 사용자의 입장에서는 다음과 같은 어려움이 있다.

● 텍스트 편집기로 편집된 스크립트 언어는 동작 상태가 눈으로 확인되지 않는다.
● 즉 현재 실시간으로 스크립트 언어의 어느 부분이 실행되고 있는지 알 수 없으므로 로직의 디버깅 작업이 어려워진다.

Section **02** : 로보이드 스크립트

1 | 그래픽 코드 편집기를 사용한 시각화 방법

이러한 단점을 극복하기 위한 방안으로 「행위를 요소별로 나누어 알기 쉽게 기술하고, 각 요소의 결합으로 일련의 로봇 행위를 기술하고, 이 행위를 재활용하여 보다 복잡한 행위를 손쉽게 작성하는 프로그래밍 방법」이 로보이드 스크립트이다. 로보이드 스크립트를 편집하고 실행하는 방식은 로보이드 콘텐츠 컴포저를 그대로 코드 편집기로 활용한다. 따라서 기존의 사용자도 노력을 기울이면 높은 수준의 로봇 행위를 제작할 수 있다.

2 | 스크립트 코드 조각

일반 텍스트 편집기는 하나의 파일을 대상으로 코드를 편집하고 저장한다. 로보이드 스크립트 코드 편집기는 기존의 로보이드 콘텐츠 컴포저에서 정의된 기능별 블록에 코드 조각*을 내장한다. 즉 2차원 캔버스에 위치시킨 블록을 선택하여 코드 편집기를 연다. 편집된 코드 조각은 그 자체로 완전한 프로그램이 아니므로 블록들을 연결하는 화살표에 의해 프로그램의 흐름이 결정된다. 코드 조각은 그 코드를 내장한 심볼의 위치에 의해 동작이 달라지므로 기존의 1차원적인 스크립트와 달리 코드 조각을 한 파일에 모은다고 전체 프로그램이 완성되지는 않는다. 프로그램의 동작은 내장한 블록의 종류, 주위 블록의 종류와 연결관계에 의해 실행 시에 결정된다.

*코드 조각(Code Snippet) : 코드 조각은 재사용 가능한 소스 코드나 텍스트의 작은 부분을 가리키는 프로그래밍 용어임.

3 | 로보이드 스크립트 엔진의 동작 방식

3.1 로보이드 스크립트 엔진

각 블록에 내장된 코드를 추출하여 정해진 규칙에 따라 코드를 실행하고 그 결과를 반환한다. 또 실행 상태를 유지하여 다음 코드 조각이 입력되었을 때 이전 결과를 사용할 수 있도록 한다.

3.2 결과값

코드 조각 실행 후 반환되는 값은 마지막 행의 결과값이다. 이 결과를 이용하면 트리거의 조건식과 분기를 보다 지능적으로 기술할 수 있다.

3.3 콘텐츠와 스크립트 엔진

코드 조각을 실행하는 로보이드 스크립트 엔진은 하나의 로보이드 콘텐츠에 하나만 할당된다. 즉 mcc 파일을 만들고 다이어그램 캔버스를 오픈한 순간 하나의 로보이드 스크립트 엔진이 생성되고 이 로보이드 콘텐츠와 연결된 모든 자식 콘텐츠도 이 엔진을 통해 실행된다. 이 사실은 당연하지만, 반드시 기억해야 한다.

03 : 스크립팅 로보이드 모델

＊ DOM : Document Object Model

웹 페이지에 포함된 자바 스크립트를 본 적이 있을 것이다. 자바 스크립트는 DOM＊에 속한 API을 호출하여 웹 브라우저상에 다양한 표현을 할 수 있다.

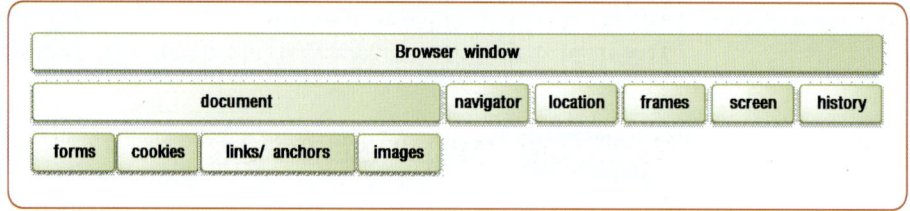

로보이드 스크립트의 역할 역시 이와 유사하다. 로보이드 스크립트는 로보이드 모델을 자유롭게 조작하기 위해 도입되었다. DOM이 화면상에서만 작업을 수행함에 반해 로보이드 모델은 실제 로봇의 동작을 실시간으로 제어하게 된다.

➲ Roboid model vs Document model

ection **04** | 로보이드 스크립트 엔진

*URBI : Universal Real-Time Behavior Interface

로보이드 스크립트는 URBI* 같이 로봇 전용의 스크립트 언어가 아니다. 스크립트 언어를 개발하고 익숙해지는 노력을 절감하고자 널리 알려진 대표적인 스크립트 언어를 취향에 따라 선택 사용할 수 있도록 시도하였다. 로보이드 스튜디오의 기본 언어인 Java와 함께 연동되는 스크립트 언어는 많이 찾아 볼 수 있다.

〈SUN사의 site 참조〉 https://scripting.dev.java.net/

*모질라 : Mozilla
*자바 스크립트 : JavaScript
*Rhino Engine : Rhino is an open source JavaScript engine. It is developed entirely in Java and managed by the Mozilla Foundation. The Foundation also provides an implementation of JavaScript in C known as SpiderMonkey. The Rhino project was started at Netscape in 1997 and released to the Mozilla Foundation in 1998. It was made open source thereafter. The project gets its name from the animal on the cover of the JavaScript book from O'Reilly Media [3]. The last 1.7R1 version relies on the Java 5 platform, and supports version 1.7 of JavaScript.
➜ 〈출처〉
http://java.sun.com/ja vase/6/docs/technote s/guides/scripting/pro grammer_guide/index. html
http://www.mozilla.org /rhino/ScriptingJava.ht ml

로보이드 스튜디오에는 모질라* 재단에서 발표한 자바 스크립트*인 Rhino Engine* 1.7이 기본으로 내장되어 있으므로 JavaScript 사용자는 큰 어려움 없이 로보이드 스크립트를 이용하여 로봇 행위를 기술할 수 있을 것이다. 단지 브라우저에 내장된 JavaScript와는 사용 방식이 다르므로 주의를 요한다.

1 | JavaScript

로보이드 스튜디오의 기본 스크립트 언어로 먼저 JavaScript를 채용한 이유는 Java 객체, 즉 로보이드 모델과의 연동성이 가장 중요시 되었다. 혹자는 JavaScript와 Java는 이름만 유사할 뿐 관련이 없다고 하지만 최근의 JavaScript는 많은 진화를 해왔기 때문에 실제로 Java를 Scripting하는데 가장 강력한 도구가 되었다. Rhino 1.7의 LiveConnect 기능은 Java 그 자체를 JavaScript로 조작하는 기술을 제공하고 있다.

2 | 자바 객체 바인딩

로보이드 스크립트는 JavaScript로 Java 객체를 조작하기 위해 로보이드 모델을 비롯한 유용한 자바 오브젝트를 바인딩하고 있다. 바인딩된 자바 오브젝트는 JavaScript에서 상태를 읽거나, 바꾸거나 하는 조작이 가능하며, 새로운 오브젝트를 동적으로 생성할 수 있다. 다음은 기본적으로 바인딩된 자바 오브젝트이다. 각 자바 오브젝트는 클래스로부터 생성된 인스턴스이므로 첫 글자를 소문자로 표기하였다.

2.1 robot

현재 편집하는 콘텐츠의 대상 로봇이다. 여기서 robot.findRoboid() 또는 robot.findDevice()로 구성 로보이드와 디바이스를 찾을 수 있다.

2.2 browser

로보이드 스튜디오의 내장 웹 브라우저를 의미한다. 내장 웹 브라우저는 OS에 따라 달라진다. 윈도인 경우는 iExplorer이다.

2.3 flash

로보이드 스튜디오에 내장된 Flash Player 관리자를 의미한다.

flash.create()로 새로운 Flash Player를 생성하고 윈도를 오픈한다.

2.4 console

JavaScript의 변수를 화면에 출력한다. 각 자바 오브젝트의 자세한 사양은 나중에 다시 설명한다. 바인딩 된 자바 객체는 스크립트 에디터에서 청색의 굵은 텍스트로 표시된다.

3 | 콘텐츠 프로퍼티-전역 변수

블록에 저장된 스크립트 코드 조각에는 프레임 워크로부터 제공되는 특별한 속성이 글로벌 변수로 제공된다.

3.1 frame

트리거 블록에 내장되는 코드 조각에는 frame이라는 변수가 정의되어 있고, 그 값은 현재 mc, mcc의 frame count값이다. 따라서 이 값을 참조하여 현재까지 실행된 모션 클립의 길이를 알 수 있고 트리거 조건으로 사용할 수 있다. frame 변수는 하나의 글로벌 변수로 모션 클립이 시작하기 전에 0으로 리셋된다. 병렬 처리 영역에서도 하나의 frame 변수가 전 모션 클립에 동일하게 적용되므로 병렬 처리 영역 내의 모든 모션 클립을 정확하게 동기시키는데 중요한 역할을 하게 된다.

3.2 value

value는 이전 블록의 결과값이 저장되어 있어 이를 이용하여 조건식을 구성할 수 있다. 이전 블록이 모션 클립인 경우 value는 현재 실행 순간의 frame값이다.

3.3 count

루프 카운터인 경우는 현재까지 순환된 횟수를 value에 저장하게 된다.

3.4 clip, clip_y, clip_n

clip은 코드 조각을 내장하고 있는 블록의 다음에 연결된 모션 클립에 대한 레퍼런스이다. clip_y는 로직에 의한 분기가 일어날 경우, Y쪽에 연결된 모션 클립, clip_n는 N쪽에 연결된 클립에 대한 레퍼런스이다.

콘텐츠 프로퍼티는 스크립트 에디터에서 청색 텍스트로 표시된다. 한편 자바 스크립트의 키워드는 보라색의 굵은 텍스트로, 문자열은 녹색으로 표시된다.

콘텐츠 네임 스페이스

로보이드 스크립트는 현재 name space을 지원하지 않는다. 따라서 변수를 정의할 때는 다음과 같은 사항을 유의하여 예상 외의 문제를 방지할 수 있다.

- 프레임 워크에서 정의된 글로벌 변수와 같은 이름은 사용하지 않는다.
- 코드 조각 내에서는 가능하면 글로벌 변수를 정의하지 않는다.
- 변수의 정의가 필요하면 start 블록에 기술한다.

만약 다른 사람이 작성한 콘텐츠를 가져오기 한 경우 변수가 충돌하지 않는지 잘 확인할 필요가 있다. 콘텐츠를 재사용할 수 있도록 만들 경우에는 모든 변수 이름에 URI*를 사용한다.

*URI : Uniform Resource Identifier

이 규정이 너무 심하다고 생각되면 적어도 자신이 작성한 모션 콘텐츠의 이름을 구별 가능하게 지어야 한다는 규칙을 지켜야 한다.

06 로보이드 스크립트 코드 편집기

Section

1 | 그래픽 스크립트 편집기

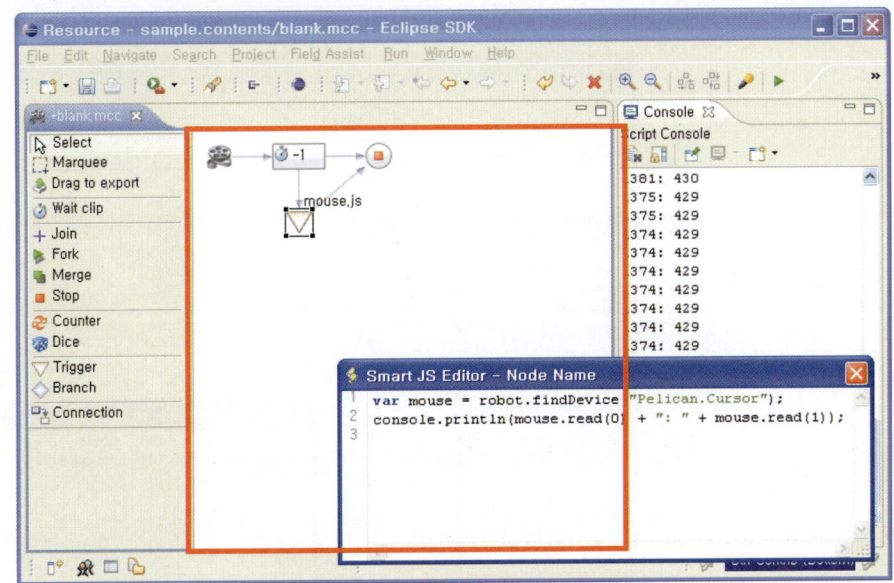

본 그래픽 스크립트 편집기는 콘텐츠 컴포저와 동일한 모양이다. 사용법도 거의 동일하다. 편집기의 중앙 화면을 행위 편집 캔버스라고 한다.

1.1 행위 편집 캔버스

❶ 우선 행위를 기술하는 코드를 내장하는 영역을 정의한다.
각 영역은 특정의 행위를 전담하도록 세분화 되어 있다. 즉 시간에 따른 영역, 조건에 따른 분기가 가능한 영역, 순수한 계산 영역 등이 있다.
❷ 각 영역을 구별 가능한 아이콘 또는 심볼로 만들어 화면에 배치한다.

❸ 심볼과 심볼을 행위의 흐름에 따라 연결하여 다이어그램을 만든다.(행위 다
이어그램)

❹ 미리 만들어진 다이어그램을 현재의 다이어그램에 포함시킨다.

❺ 완성된 다이어그램을 정해진 규칙에 따라 실행시킨다.

실행은 사용자가 하지 않고 시스템에서 자동으로 행한다.

2 | 도구 팔레트

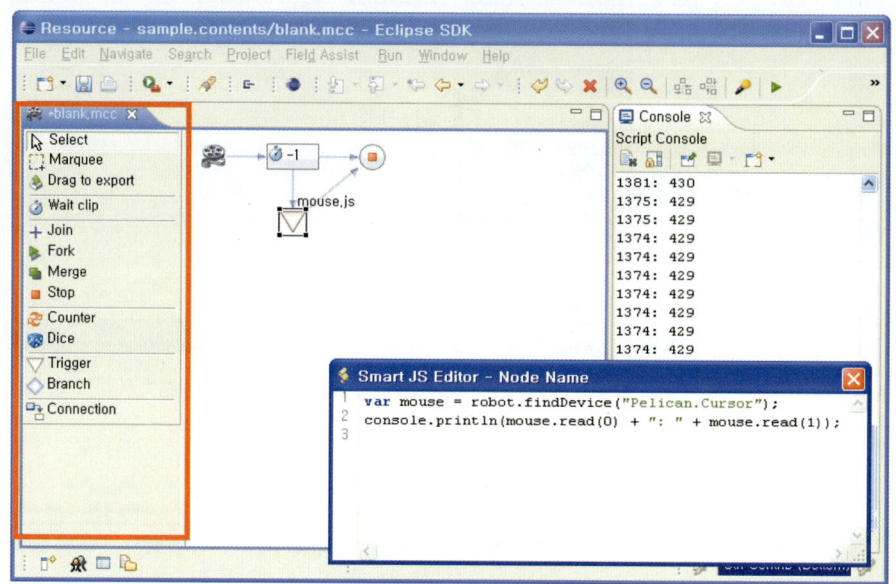

도구 팔레트에는 시각화를 위한 기본 도구가 준비되어 있다. 이 도구 팔레트도
콘텐츠 컴포저와 동일하다. 각 도구의 사용법도 동일하다. 차이점은 콘텐츠 컴
포저에서 각 도구는 그 기능이 미리 결정되어 있는데 반해 스크립트 편집기에
서는 도구의 능력을 사용자가 정의할 수 있다는 점이다.

3 | 스크립트 추가하기

미리 콘텐츠 컴포저에서 작성된 간단한 콘텐츠를 예를 들어 스크립트를 추가하는 법을 알아본다. 다음은 콘텐츠 컴포저에서 작성한 "idle.mcc"이다.

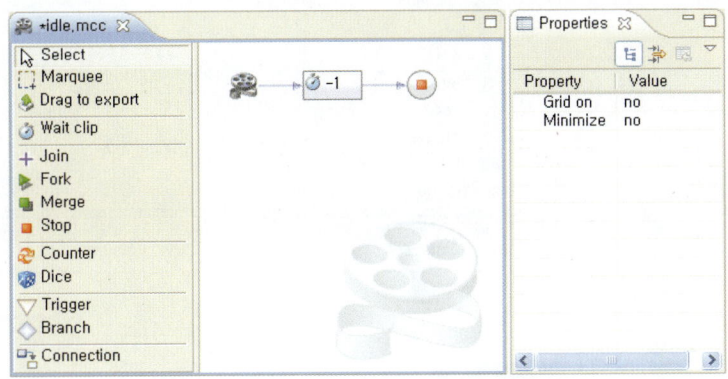

3.1 **스크립트를 사용 가능하게 설정하기**

● 블록을 선택하면 속성 창에서 스크립트의 사용 여부를 선택할 수 있는 콤보 박스가 나타난다.

● "Script" item을 열고 JavaScript를 선택한다.

● 스크립트를 비활성화 하고 다시 콘텐츠 컴포저 기능만 사용할 경우 "Script" item을 열고 None을 선택한다.

● 다른 블록도 위와 같은 과정으로 스크립트 사용 여부를 결정할 수 있다.

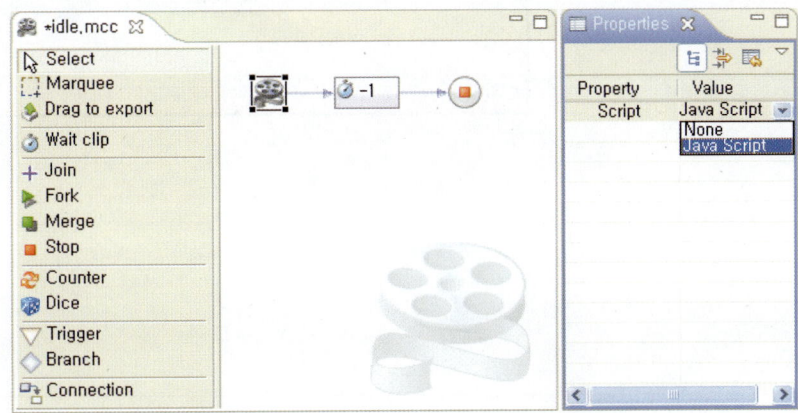

심볼 옆에 "js" 레이블이 나타난다.

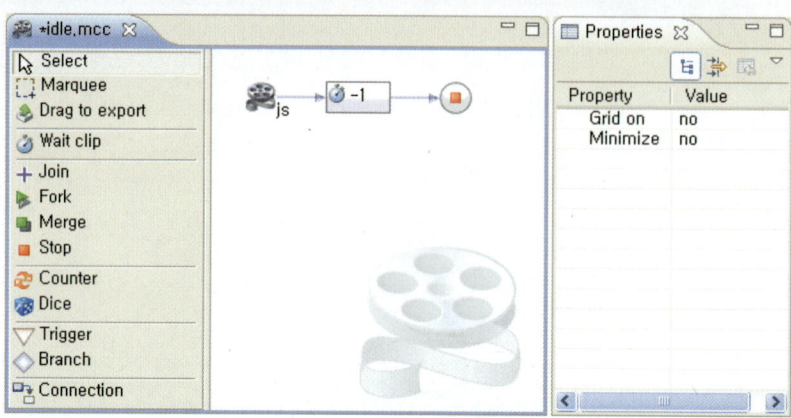

3.2 스크립트 편집기 열기

스크립트를 편집할 블록을 선택한 후 마우스 오른쪽 버튼을 클릭한다.

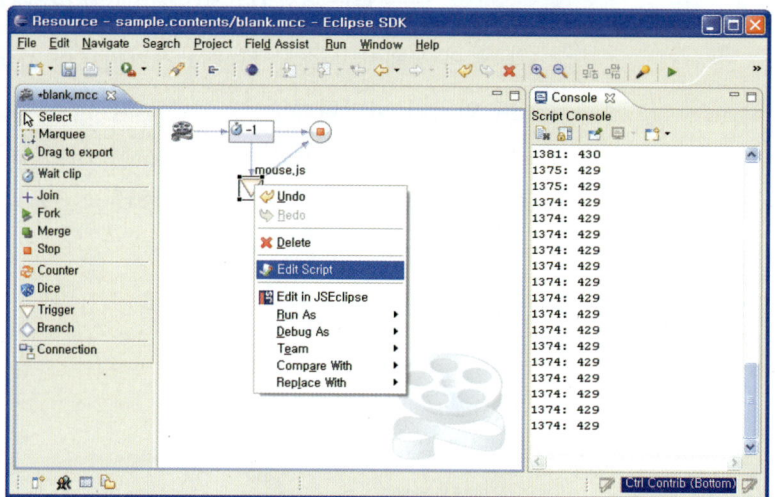

popup 화면에서 "EditScript"를 선택하면 편집기 화면이 열린다.

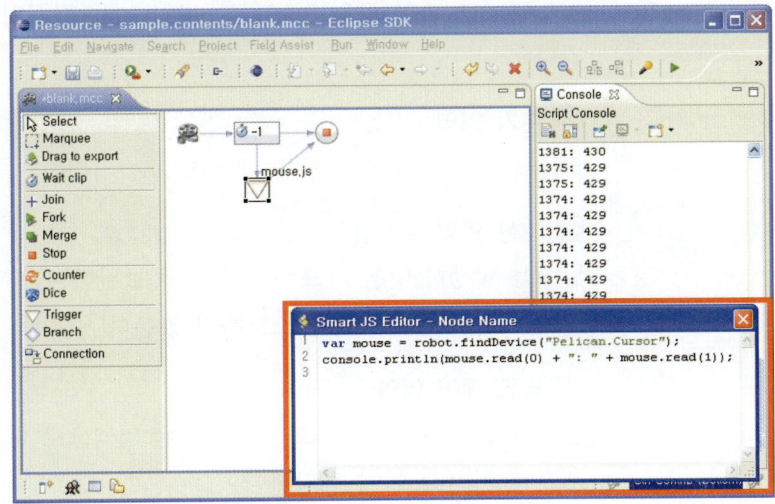

3.3 스크립트 편집기 닫기

스크립트를 편집하는 동안에는 로보이드 스튜디오의 다른 기능은 사용할 수 없다.

편집기의 close button을 누르면 편집기가 닫히면서 코드가 자동으로 업데이트 된다. 편집기 화면은 한 번에 하나만 열리므로 동시 편집은 불가능하다.

---

4 | 시각화를 위한 코드 내장 블록의 종류

● 시작과 종료 블록
시작 블록은 주로 스크립트의 글로벌 변수를 정의한다. 종료 블록은 스크립트 실행에 사용된 리소스를 폐기하는데(통신 소켓 등) 이용된다.

● 클립블록
일정한 시간 간격으로 내장된 코드를 호출하는 블록으로 모션 클립이나 모션 콘텐츠, wait 클립을 의미한다.

● 병렬 처리 블록
일정한 시간 간격으로 호출하되 이 블록 사이에 있는 모든 코드를 호출하는 영역이다.

◉ 트리거 영역

코드를 실행하여 참이면 영역을 벗어나고, 거짓이면 동기화 영역으로 되돌아 간다.

◉ 분기 영역

코드를 실행하여 참이면 "Y" 방향으로, 거짓이면 "N" 방향으로 간다.

◉ 계산 영역

난수를 발생하거나, 루프의 카운터를 보관하는 영역으로 이 영역은 트리거 영역과 마찬가지로 시간을 소모하지 않는다. 다이스와 카운트가 이에 해당한다.

◉ 흐름 제어 영역

분기와 합류 등 행위의 흐름에 관련된 영역으로 따로 코드를 내장하지 않는다. 포크와 머지가 이에 해당한다.

◉ 행위 다이어그램 영역

미리 완성된 행위 다이어그램과 그 내부 코드 재사용을 위해 내장하는 영역으로 콘텐츠 클립이 이에 해당한다.

◉ 코드 내장 영역의 연결

행위의 흐름을 코드 내장 영역과 다음에 올 영역을 화살표로 연결하여 행위 다이어그램을 완성한다. 화살표의 방향은 시간의 흐름과 일치해야 한다.

5 | 행위 다이어그램의 실행 방법

앞의 단계에서 사용자가 할 일은 완수되었고 실행은 다음과 같은 규칙으로 시스템에서 수행한다.

❶ 스크립트 언어에 해당하는 스크립트 실행 엔진을 초기화시킨다.

❷ 코드 내장 블록에 저장된 스크립트 텍스트를 불러서 스크립트 엔진에서 실행시킨다.

❸ 동기화 영역에 저장된 코드는 정해진 시간 후에 실행을 반복한다. 이때 실행 결과가 참이면 반복을 중단하고 화살표로 연결된 다음 영역으로 이동한다. 동기화 영역에 처음 진입할 시에는 영역 내의 시간을 나타내는 로컬 변수가 0으로 초기화 된다.

④ 병렬 처리 영역에 있는 모든 코드는 통합하여 하나의 스크립트로 만들어 실행을 반복한다. 이때 어느 하나 코드의 결과가 참이 되면 병렬 처리 영역을 빠져나온다.

⑤ 트리거 영역에 저장된 코드는 실행 후 그 결과가 참이면 다음 영역으로 이동한다.

⑥ 트리거 영역은 흐름상 독자적으로 존재하지 못하고, 동기화 영역, 병렬 처리 영역 또는 행위 다이어그램 영역에 부가적으로 연결된다.

⑦ 계산 영역에 내장된 코드는 단순히 읽어서 실행하고 즉시 다음 연결된 영역으로 이동한다.

⑧ 분기 영역은 내장된 코드의 실행 결과가 참이면 "Y", 거짓이면 "N"의 화살표로 이동한다.

⑨ 시작 영역은 주로 내장 코드를 초기화 하는데 사용된다. 끝 영역은 실행이 종료되는 상태를 나타낸다. 이때 끝 영역은 여러 군데 존재할 수 있으며, 각 영역에 내장된 코드들은 위치에 관계없이 마지막에 모두 모아서 한 번에 실행된다.

⑩ 흐름 제어 영역은 코드를 실행 후 출력 화살표 방향의 영역으로 바로 이동한다.

⑪ 행위 다이어그램 영역을 만날 경우는 저장된 행위 다이어그램 내의 코드 내장 영역들을 읽어서 위와 같은 방식으로 실행하고 모든 실행이 종료 후 다음 영역으로 이동한다.

Section **07** | ## 클립 제어

모션 클립과 직접 연결된 스크립트는 클립의 설정값을 동적으로 바꿀 수 있다. 예를 들면 정해진 길이보다 빨리 끝나게 하거나, 시작 프레임의 위치를 상황에 따라 바꾸어 하나의 모션 클립으로 다양한 재생이 가능하게 할 수 있다. 설정을 바꾸는 방법은 모션 클립과 직접 연결된 카운터, 다이스 등에 스크립트를 내장하여 재생이 시작하기 전에 설정을 바꾸는 방법과 트리거를 사용하여 대상 모션 클립을 직접 제어하는 방법이 있다.

1 | 모션 클립의 앞에서 설정을 수정

모션 클립의 제어와 관련된 명령어는 다음 2가지이다.

- void clip.setStartFrame(int frame)

  다음에 연결된 모션 클립의 시작 프레임을 설정한다.

- void clip.setStopFrame(int frame)

  다음에 연결된 모션 클립의 종료 프레임을 설정한다.

다음 간단한 콘텐츠를 통하여 동작을 알아보자.

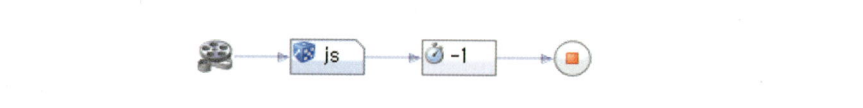

다이스에 다음과 같은 코드 조각이 내장되어 있다.

```
clip.setStopFrame(90);
```

이 코드는 모션 클립의 종료 프레임을 90으로 설정하게 된다. 이때 기존의 설정 위치는 지워지고 다시 설정된다. 이 사실은 실행 버튼을 눌러보면 알 수 있다.

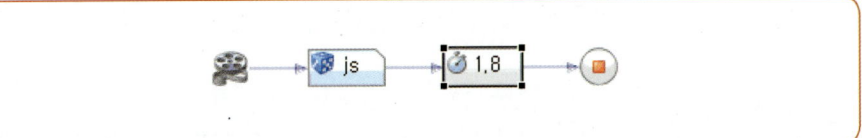

-1, 즉 무한으로 설정된 모션 클립이 실행 바로 전에 1.8초로 바뀌는 장면을 볼 수 있다. 한 번 수정되면 그 모션 클립의 속성으로 기억되고 파일로도 저장되게 된다. 따라서 수정된 모션 클립을 반복할 시에는 이 사실을 주의해야 한다. 다음 콘텐츠를 통하여 동작을 알아보자.

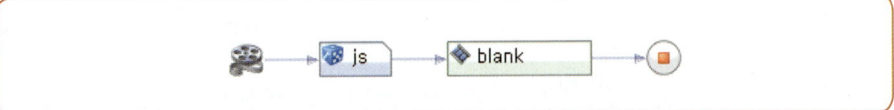

다이스에 다음과 같은 코드 조각이 내장되어 있다.

```
clip.setStartFrame(90);
clip.setStopFrame(140);
```

우선 원래 설정된 "blank.mc"의 속성 창을 열어 보면, 다음과 같다.

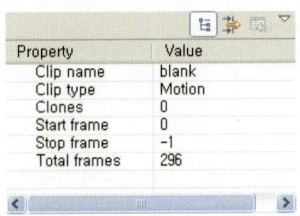

실행 후 속성 창의 내용을 보면 다음과 같이 바뀌었다.

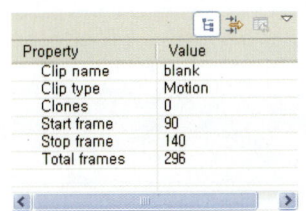

2 │ 트리거를 사용하여 모션 클립의 재생을 제어

트리거에 내장된 코드 조각에는 모션 클립의 실행 상태에 관한 정보가 제공된다. 즉, value 변수에는 현재 연결된 모션 클립의 프레임값이 전달되므로 이 정보를 이용하여 클립의 재생을 중단할 수 있다. 다음과 같은 콘텐츠에서 트리거의 동작을 살펴보자.

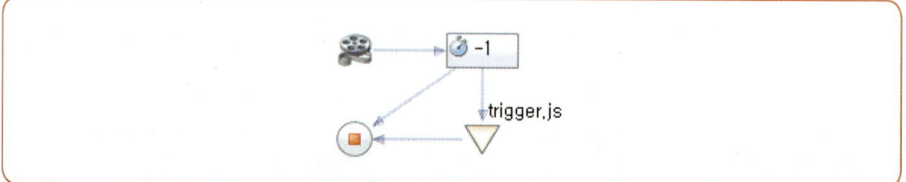

1초 후에 실행을 중지할 경우, trigger.js의 코드는 다음과 같다.

trigger.js

```
value > 50;
```

위의 조건식이 참일 경우 모션 클립의 실행이 중단되면서 콘텐츠도 중단된다. 프레임당 시간이 20msec이므로 20*50=1000msec 즉, 1초가 된다.

다음에도 같은 결과가 된다.

trigger.js

```
frame > 50;
```

08 | 콘솔 출력

1 | 이클립스 콘솔 사용

로보이드 스크립트 실행 중 변수값의 변화를 알고 싶거나 메시지를 출력할 경우에 사용한다. 이때 미리 Eclipse의 Console 창이 열려 있어야 한다.

```
void console.print(String string)
```

콘솔 창에 string을 출력한다.

```
void console.println(String string)
```

콘솔 창에 string을 출력하고 공백 한 줄을 띄운다.

다음 그림은 스크립트 실행 시 현재 프레임을 출력하는 모습이다.

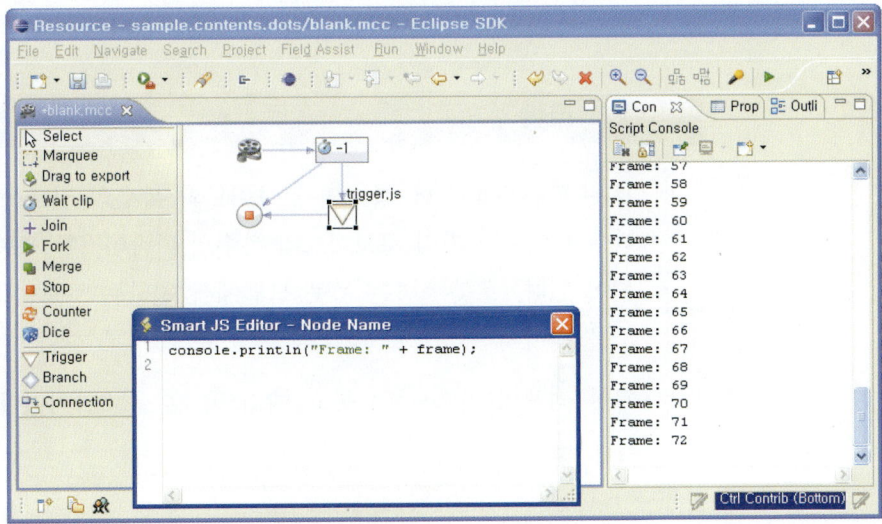

로보이드 스크립트를 이용하여 로봇을 직접 제어하는 경우는 대개 다음과 같은 목적이다. 콘텐츠 컴포저로 표현 불가능한 동작을 원할 때, 또는 트리거 조건이 복잡하여 트리거의 조합으로 표현하기 힘든 경우, 예를 들면 좌우 센서의 값 차이를 이용한 네비게이션 같은 경우, 로보이드 스크립트는 좋은 해결 방안이 될 것이다.

로보이드 스크립트를 이용하는 경우 주의할 점은 계산 시간이 긴 코드 사용은 절대 금한다. 만약 한 프레임 내에 계산이 완료되지 못한다고 판단되면 다른 방법으로 즉, 로보이드 컴포넌트로 알고리즘을 만드는 것이 좋다.

다음은 콘텐츠 다이어그램에 바인딩된 로봇 객체를 동적으로 제어하는 방법에 대한 설명이다. 로봇 객체 중 아직 컨트롤 채널에 대한 제어는 허용되지 않는다.

1 | 로봇 API

로봇 모델은 내부에 복수의 로보이드와 복수의 컨트롤 채널을 포함하고 있고 각 로보이드는 자식 로보이드와 복수의 디바이스를 포함하고 있는 계층 구조로 되어 있다. 로봇 API는 로봇 모델에서 원하는 로보이드와 디바이스의 인스턴스를 찾아서 동적으로 상태를 바꿀 수 있도록 한다.

로봇 객체의 메소드 중 중요 메소드는 다음 2가지이다.

```
Roboid robot.findRoboid(String name)
Device robot.findDevice(String name)
```

name 스트링은 로봇 모델 파일에 기술된 로보이드와 디바이스의 이름을 지정해야 한다. 만약 모델에 없는 이름이 지정된다면 null이 반환된다. 대소문자 구별 없이 지정한다.

로보이드 내부의 로보이드나 디바이스를 지정할 경우는 dot operator를 사용한다. "."로 연결된 이름은 자식 로보이드나 디바이스를 한 번에 찾아준다. 예를 들면, "Pelican" 로보이드 내의 "Speaker" 디바이스의 인스턴스를 찾을 경우, 다음과 같다.

```
var pelican = robot.findRoboid("Pelican");
var speaker = pelican.findDevice("Speaker");
```

또는 한 번에, 다음과 같이 해도 된다.

```
var speaker = robot.findDevice("Pelican.Speaker");
```

1.1 Robot API

메소드	설명
String getName()	로봇 모델에서 지정한 로봇의 이름을 반환한다.
String getMaker()	로봇 모델에서 지정한 제조업체 정보를 반환한다.
String getVersion()	로봇 모델에서 지정한 버전 정보를 반환한다.
Roboid findRoboid (String name)	로봇을 구성하는 로보이드 중에서 이름이 일치하는 인스턴스를 찾아 반환한다. 일치하는 이름이 없다면 null을 반환한다.
Roboid findRobidById (String id)	로봇을 구성하는 로보이드 중에서 ID가 일치하는 인스턴스를 찾아 반환한다. 일치하는 ID가 없다면 null을 반환한다. 이때 ID는 컴포넌트의 ID이다.
Device findDevice (String name)	로봇을 구성하는 로보이드 중에서 이름이 일치하는 인스턴스를 찾아 반환한다. 일치하는 이름이 없다면 null을 반환한다. 이때 이름은 "로보이드.디바이스"의 형식이 된다.

*Snippet : 스니핏(가위로
잘라낸 조각 등의 뜻)

1.2 Code Snippet* Examples

다음 콘텐츠는 펠리칸 로봇을 연결하고 실행한 결과이다.

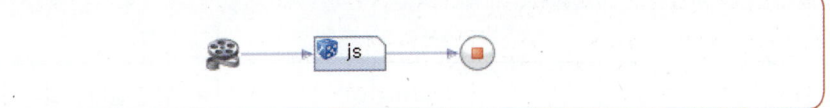

dice.js

```
var roboid = robot.findRoboid("Pelican");
console.println(roboid.getName());
console.println(roboid.getMaker());
console.println(roboid.getVersion());
```

1.3 콘솔 출력

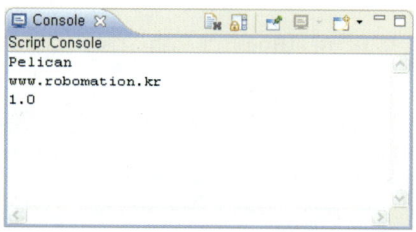

2 | 로보이드 API

로보이드 모델은 내부에 복수의 디바이스를 포함하고 있다. 로보이드 API는
로보이드 모델에서 원하는 디바이스의 인스턴스를 찾아서 동적으로 상태를 바
꿀 수 있도록 한다.

2.1 Roboid API

메소드	설명
String getName()	로보이드 모델에서 지정한 로보이드의 이름을 반환한다.
String getId()	로보이드 모델에서 지정한 ID를 반환한다.
String getMaker()	로보이드 모델에서 지정한 제조업체 정보를 반환한다.
String getVersion()	로보이드 모델에서 지정한 버전 정보를 반환한다.
Roboid findRoboid (String name)	자식 로보이드 중에서 이름이 일치하는 인스턴스를 찾아 반환한다. 일치하는 이름이 없다면 null을 반환한다.
Roboid findRobidById (String id)	자식 로보이드 중에서 ID가 일치하는 인스턴스를 찾아 반환한다. 일치하는 ID가 없다면 null을 반환한

	다. 이때 ID는 컴포넌트의 ID이다.
Device findDevice(String name)	이름이 일치하는 디바이스의 인스턴스를 찾아 반환한다. 일치하는 이름이 없다면 null을 반환한다. 이때 name은 "로보이드.디바이스" 또는 "로보이드.로보이드.디바이스"의 계층 구조의 형식이 된다.

name 스트링은 로봇 모델 파일에 기술된 로보이드와 디바이스의 이름을 지정해야 한다. 만약 모델에 없는 이름이 지정된다면 null이 반환된다. 대소문자 구별 없이 지정한다.

로보이드 내부의 로보이드나 디바이스를 지정할 경우는 dot operator를 사용한다. "."로 연결된 이름은 자식 로보이드나 디바이스를 한 번에 찾아준다. 예를 들면, "Pelican" 로보이드 내의 "Camera" 로보이드 내의 디바이스의 인스턴스를 찾을 경우, 다음과 같다.

```
var pelican = robot.findRoboid("Pelican");
var camera = pelican.findRoboid("Camera");
var image = pelican.findDevice("Image");
```

또는 두 번에,

```
var pelican = robot.findRoboid("Pelican");
var image= pelican.findDevice("Camera.Image");
```

또는 한 번에, 다음과 같이 해도 된다.

```
var image = robot.findDevice("Pelican.Camera.Image");
```

3 | 디바이스 API

로보이드 스튜디오가 채용한 비트맵 기반의 로봇 제어 방식의 최대 특징은 로봇 플랫폼의 특성에 의존적인 API가 존재하지 않는데 있다. 모든 제어는 write(), read() 두 개의 API 그룹으로 구성되어 있다.

3.1 Device API

메소드	설명
String getName()	로보이드 모델에서 지정한 디바이스의 이름을 반환한다.
int getDataSize()	로보이드 모델에서 지정한 디바이스의 데이터 크기를 반환한다.
DataType getDataTyper()	로보이드 모델에서 지정한 디바이스의 데이터 타입을 반환한다. 미리 정의된 데이터 타입은 다음과 같다. BYTE, SHORT, INTEGER, LONG, FLOAT, STRING, IMAGE, PROXY
int getMax() int getDefault() int getMin()	디바이스의 최대, 디폴트, 최소값을 반환한다.
String getComment()	디바이스의 특성을 설명하는 정보를 반환한다. 본 정보는 서보 모듈의 중립 위치 같은 로봇 하드웨어에 의존적인 정보를 가질 수도 있다.
Device getProxyFor()	디바이스의 데이터 타입이 PROXY인 경우, 이 디바이스와 연관된 원래의 디바이스를 반환한다. 디바이스 타입이 PROXY가 아니거나 연결 관계가 아직 없으면 null을 반환한다. 보통 이 메소드를 사용하지 않고도 findDevice()를 하면 해당 디바이스가 PROXY type이면 원래의 디바이스를 찾아 반환한다.
boolean e()	누군가가 디바이스에 새로운 데이터를 write한 true를 반환한다. 이 값은 다음 프레임에서 누군가가 to 데이터를 write하지 않으면 자동적으로 false로 변경된다.

3.2 Code Snippet Examples

다음 콘텐츠는 펠리칸 로봇을 연결하고 실행한 결과이다.

dice.js

```
var pelican = robot.findRoboid("Pelican");
var lwing = pelican.findDevice("LeftWing");

console.println(lwing.getName());
console.println(lwing.getDataSize());
console.println(lwing.getDataType());
console.println(lwing.getMin()+": "+lwing.getMax());
console.println(lwing.getComment());
```

3.3 콘솔 출력

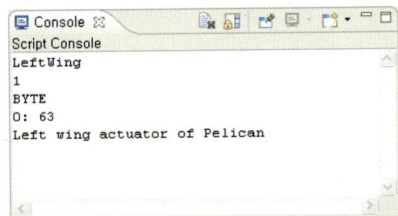

3.4 Device control API - write group

메소드	설명
boolean write()	디바이스에 데이터 없이 write한다. 디바이스의 데이터 길이가 0인 경우 사용한다.
boolean write(int[] array)	디바이스에 정수 array를 write한다. Array의 길이가 디바이스의 데이터 사이즈와 같다면 한 번에 쓰고 true을 반환한다. 길이가 짧다면 false, 길다면 남은 데이터는 다음 프레임에 연속해서 데이터 사이즈만큼 끊어서 쓰고 다음 프레임에 넘긴다.
boolean write(int value)	디바이스의 첫째 데이터 위치에 값을 쓴다. write(0, value)와 동일한 결과
boolean write(int index, int value)	디바이스의 인덱스 위치에 값을 쓴다. 인덱스는 데이터 사이즈를 넘으면 안 된다.
boolean write(String text)	디바이스에 스트링 데이터를 쓴다.
boolean write(ImageData image)	디바이스에 이미지 데이터를 쓴다. 이미지 데이터의 포맷은 SWT에서 정의한 ImageData class만 인정한다.

로보이드 디바이스는 기본 데이터 타입이 int[]이다.

3.5 Code Snippet Examples

다음 콘텐츠는 펠리칸 로보이드를 연결하고 실행한 결과이다.

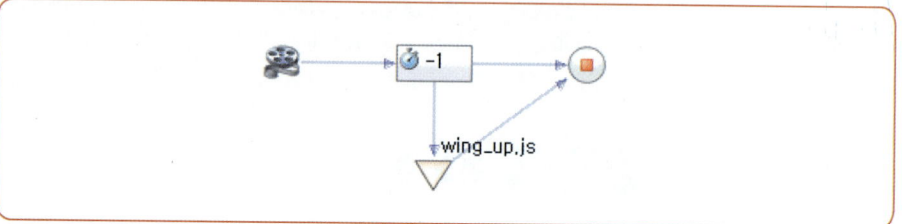

wing_up.js

```
var lwing = robot.findDevice("Pelican.LeftWing");
lwing.write(frame%63);
false
```

마지막 라인에 false는 잊으면 안 된다. 왜냐하면 write 문장은 성공 시 true을 반환하므로 이로 인해 콘텐츠가 종료됨을 방지해야 한다.

다음 code snippet은 정확히 위와 같은 동작을 한다.
차이점은 64프레임마다 한 번씩 어레이 데이터를 write한다.

wing_up.js

```
var lwing = robot.findDevice("Pelican.LeftWing");
var up = []; for(var i = 0; i < 64; i++) up[i] = i;

if(frame % 64 == 0) lwing.write(up);
false
```

위의 코드는 매 프레임마다 실행되므로 비효율적이다. 코드에서 위의 두 줄은
한 번만 정의하면 되므로 start 블록으로 옮기는 편이 좋다.

수정된 콘텐츠는 다음과 같다.

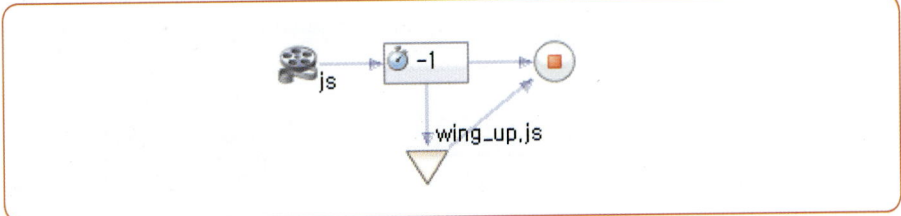

start.js

```
var lwing = robot.findDevice("Pelican.LeftWing");
var up = []; for(var i = 0; i < 64; i++) up[i] = i;
```

wing_up.js

```
if(frame % 64 == 0) lwing.write(up);
false
```

3.6 Code Snippet Examples

트리거에 로봇 제어에 관련된 코드를 내장하는 것은 올바른 사용법이 아니다.

로봇 제어에 관련된 코드는 클립에 저장하도록 한다.

다음 콘텐츠는 웨이트 클립에 코드를 내장하는 예를 보여준다.

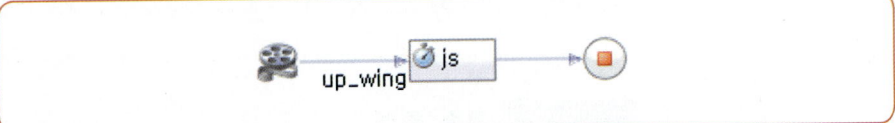

up_wing

```
robot.findDevice("Pelican.LeftWing").write(frame%64);
robot.findDevice("Pelican.RightWing").write(frame%64);
frame > 640;
```

위의 코드는 양쪽 날개를 10회 들기를 반복한다.

3.7 Device Control API-Read Group

메소드	설명
int read(int[] array)	array에 디바이스의 데이터를 복사한다. 반환값은 데이터 길이이다.
int read()	디바이스의 첫째 정수 데이터를 반환한다. read(0)와 같다.
int read(int index)	디바이스의 인덱스 위치에 값을 반환한다. 인덱스는 데이터 사이즈를 넘으면 안 된다.
String readString()	디바이스의 텍스트 데이터를 반환한다.
ImageData readImageData()	디바이스에 이미지 데이터를 반환한다.

＊코드 조각 예 : Code Snippet Examples

3.8 코드 조각 예*

다음 콘텐츠는 펠리칸 로보이드를 연결하고 실행한 결과이다.

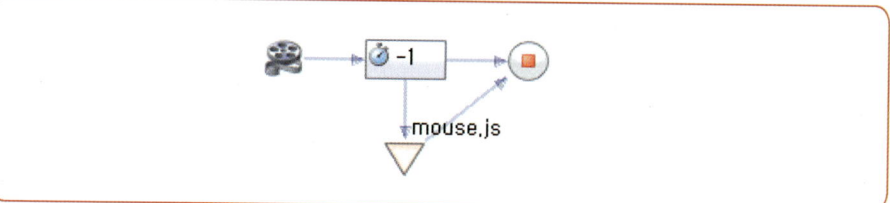

mouse.js

```
var mouse = robot.findDevice("Pelican.Cursor");
console.println(mouse.read(0)+": "+mouse.read(1));
false
```

3.9 콘솔 출력

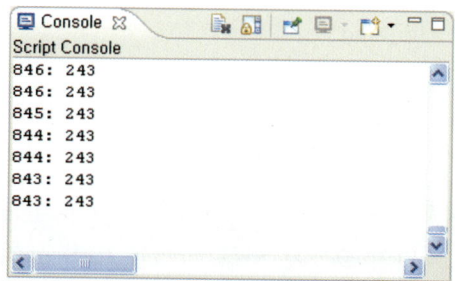

4 | 프로토콜 API

4.1 Protocol API

메소드	설명
int getBufferSize()	설정된 로보이드 버퍼 크기를 얻는다.
int getBuffers()	현재 로보이드 버퍼의 사용량을 반환한다.
void setBuffers(int buf)	로보이드 버퍼의 크기를 재설정한다.
void clearBuffer()	버퍼 내의 명령을 지우고 버퍼를 비운다.

로보이드는 네트워크를 통한 제어를 하므로 버퍼의 존재는 필수 불가결하다. 하지만 반대로 동작의 지연 문제가 수반되므로 Protocol API는 이 문제의 해결에 도움이 된다.

로봇이 이동 중에 장애물을 발견했을 때, 바로 정지해야 할 필요가 있다. 이때 이전 버퍼에 있는 동작을 모두 실행 후에 정지하면 사고가 날 우려가 있다면 clearBuffer()를 먼저 실행하고 정지 명령을 보내는 것이 필요하다. 그러면 이 정지 명령은 시간 지연 없이 바로 실행이 가능하게 된다.

다음 Code Snippet를 적용해 보자.

4.2 Code Snippet Examples

```
if(frame % 64 == 0)
{
    protocol.clearBuffer();
    lwing.write(up);
}
console.print(protocol.getBuffers()+" ");
false
```

64프레임마다 버퍼가 클리어 되므로 동작이 빨라짐을 알 수 있다.

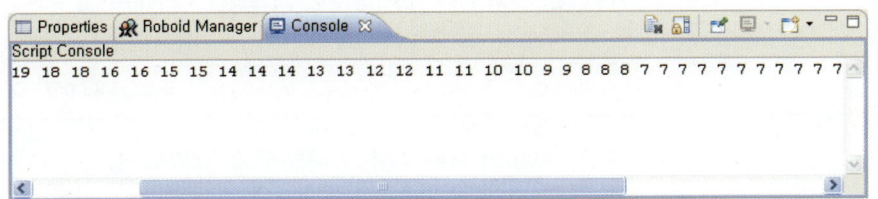

그래픽 행위 편집기는 각 코드 저장 블록을 배치하고 연결하거나, 필요 시 각 블록에 스크립트 텍스트를 입력할 수 있는 텍스트 편집기를 포함한다.

또한 실행 시에는 현재 실행되고 있는 코드 저장 블록을 사용자에게 알려주어 각 행위가 제대로 진행되는지 실시간으로 알려주어야 한다.

편집기가 실행되면 빈 화면에 시작 블록을 표시하는 심볼이 하나 표시된다.

이후 사용자는 팔레트에서 특정 블록을 나타내는 심볼을 Drag and Drop하여 새로운 콘텐츠를 기술한다. 시작과 끝을 제외한 모든 블록에는 반드시 하나 이상의 입력 화살표와 출력 화살표가 붙는다.

순수하게 스크립트만 사용하여 로봇을 제어하는 예를 순서대로 설명한다.

＊시작: Start

1 | 시 작*

시작 블록에는 콘텐츠의 실행에 필요한 글로벌 변수와 function을 정의하는데 사용된다. 제어 대상 로보이드와 디바이스 등을 여기에 정의한다.

```
var pelican = robot.findRoboid()
var lwing = robot.findDevice("Pelican.LeftWing");
var rwing = robot.findDevice("Pelican.RightWing");
function twice(frame){ return frame * 2;}
```

함수 twice는 frame의 두 배 값을 반환한다.

2 ｜ 클립 추가(motion, contents, wait clip)

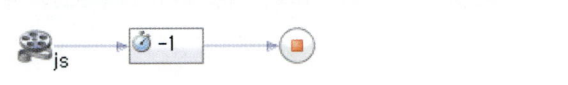

모션 클립, 콘텐츠 클립, 웨이트 클립 등은 동기화 영역에 속한다. 이 영역은 콘텐츠 컴포저에서 이미 만들어진 콘텐츠를 가져올 수 있으므로 현재 스크립트 내장 기능은 없다.

3 ｜ 트리거* 추가

✽ 트리거: Trigger

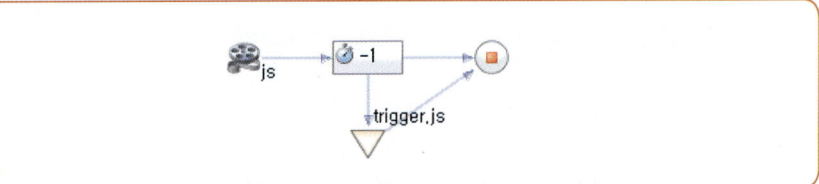

클립에는 추가로 트리거 영역이 붙을 수 있다. 이 경우 클립 실행 후 연속해서 트리거 영역의 코드가 실행되고, 이 과정을 반복한다. 트리거 영역의 코드 실행 후 참이면 트리거 영역의 출력 화살표가 가리키는 영역으로 이동한다.

```
lwing.write(frame%64);
frame > 128;
```

이 코드 조각으로 펠리컨은 날개 짓을 시작한다. frame>128 조건에 의해 두 번 날개 짓으로 동작이 멈춘다.

4 | 카운터*의 추가

카운터의 기능도 스크립트를 사용하여 확장이 가능하다. 다음 콘텐츠에서 카운터는 3으로 설정되어 있다.

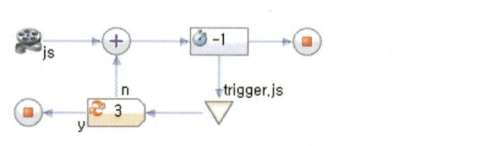

스크립트를 이용하면 원래의 기능은 다음과 같이 표현된다.

```
count == 3;
```

스크립트 엔진은 마지막 라인의 참, 거짓을 판별하여 y 또는 n방향으로 진행한다.

5 | 다이스*의 추가

다이스의 기능도 스크립트를 사용하여 확장이 가능하다. 따라서 다이스의 원래 기능인 랜덤 넘버 외 여러 가지 수식에 의거한 결과를 다음 노드에서 활용이 가능하다.

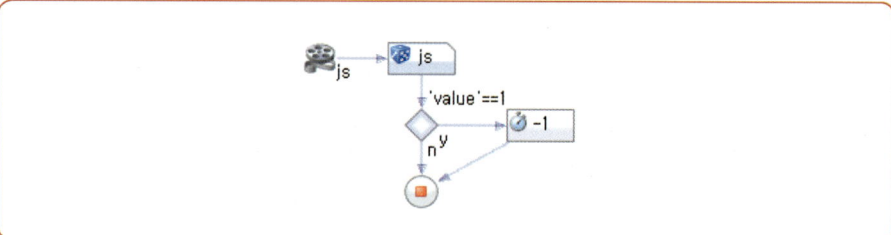

스크립트를 이용하면 원래의 기능은 다음과 같이 표현된다.

```
Math.random()* 10
```

Math.random()은 0에서 1 사이의 값을 생성한다. 단 생성되는 값에서 0은 포함되지만 1은 포함되지 않는다. Math 함수에 대한 자세한 자료는 JavaScript 책을 참조하길 바란다. 스크립트 엔진은 코드 조각의 마지막 라인을 반환하므로 이를 정수형으로 변환하여 Value값을 생성한다. 그러므로 따라오는 브랜치에서 결과를 이용하게 된다.

6 │ 병렬 처리 영역 표시(fork and merge)

콘텐츠 컴포저 때와 동일하게 포크와 머지 안쪽의 클립은 동시에 실행된다. 이때 자식 콘텐츠 클립 내에 내장된 각종 코드 조각은 동일한 스크립트 엔진에서 실행되므로 변수의 충돌만 없다면 동시 실행에는 문제가 없다.

각각 동작하는 콘텐츠 클립 rwing.mcc와 lwing.mcc을 동시 실행하는 병렬처리 영역을 예를 들어 보자.

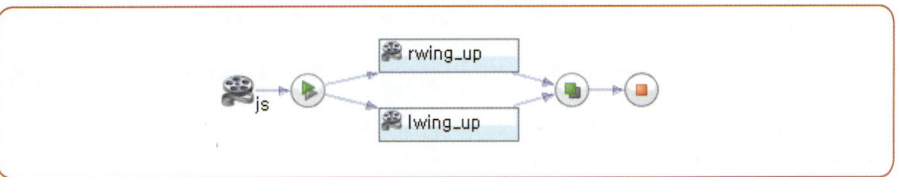

이때 rwing.mcc는 오른쪽 날개를, lwing.mcc는 왼쪽 날개를 움직이는 코드가 내장되어 있다. 두 파일을 드래그 앤 드롭하여 위와 같은 콘텐츠를 만든다.

각 자식 콘텐츠의 내부를 들여다 보면 다음과 같다.

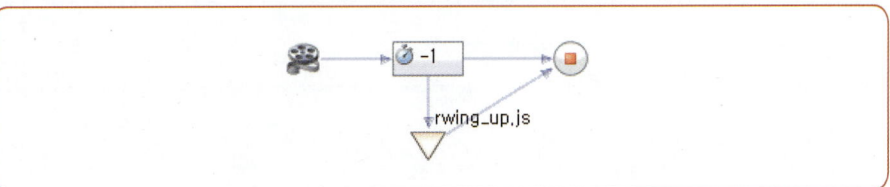

```
var rwing = robot.findDevice("Pelican.RightWing");
rwing.write(frame%64);
false
```

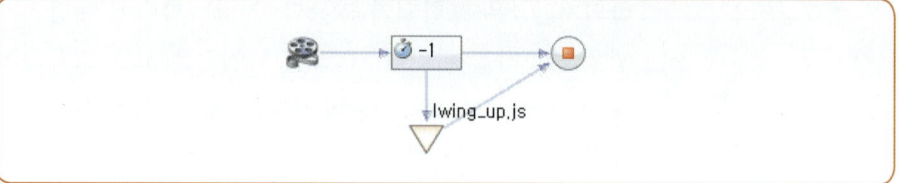

```
var lwing = robot.findDevice("Pelican.LeftWing");
lwing.write(frame%64);
false
```

두 콘텐츠는 변수의 충돌이 없으므로 왼 날개, 오른 날개가 정확히 동기화되어 움직임을 알 수 있다.

∗ 브랜치 : Branch

7 | 브랜치∗의 추가

브랜치는 카운터와 같이 내장된 코드의 실행 결과가 참이면 "Y", 거짓이면 "N"의 화살표로 진행한다.

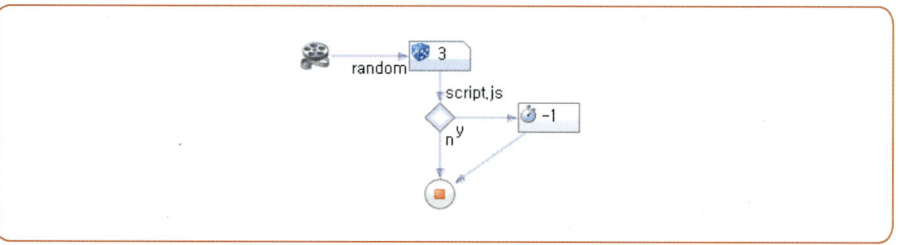

```
value == 3
```

∗ 합류점 : Join

8 | 합류점∗의 추가

합류점에는 실행의 흐름이 자동적으로 결정되므로 스크립트를 내장하지 않는다.

9 | 종점*의 추가

종점의 입력 화살표는 여러 군데에서 올 수 있다. 또한 종점은 여러 곳에 위치할 수도 있다. 이때 모든 종점에 내장된 코드는 하나를 공유하게 되므로 어느 곳의 종점을 열고 편집하여도 같은 효과가 나타나게 된다. 종점에는 콘텐츠 실행이 모두 끝나기 전에 만들어진 통신 소켓, 화면 등 사용한 리소스를 반납하게 된다.

본 행위 편집기는 시판되는 대부분의 로봇 행위 편집기와 달리 특정 로봇을 대상으로 하지 않는 일종의 메타 행위 편집기이므로 로봇 모델별로 따로 편집기를 만들지 않아도 하나의 편집기로 모든 로봇의 행위를 제어할 수 있는 것이 장점이다.

Section 11 | 로보이드 브라우저 API

* IE : Internet Explorer

로보이드 스크립트에는 인터넷과 연결하여 웹 페이지를 제어할 수 있는 기능이 있다. 윈도 XP나 Vista에서는 IE*가 기본 브라우저로 설정되어 있다. 인터넷 브라우저는 Browser라는 객체로 미리 만들어져 있다.

0.1 Roboid Browser API

메소드	설명
void open()	로보이드 브라우저를 연다.
void close()	로보이드 브라우저를 닫는다.
boolean isDisposed()	로보이드 브라우저가 닫혔으면 true를, 열려 있으면 false를 반환한다.
void setPosition(final int x, final int y)	로보이드 브라우저의 위치를 (x, y)로 설정한다.
void setSize(final int width, final int height)	로보이드 브라우저의 크기를 (width, height)로 설정한다.
void setMinimize(final boolean minimized)	minimized가 true이면 로보이드 브라우저를 최소화하고, false이면 원래 크기로 한다.
void setTitle(final String title)	로보이드 브라우저의 제목을 title로 설정한다.
boolean setUrl(final String url)	로보이드 브라우저에 url 페이지를 연다. 성공하면 true를, 실패하면 false를 반환한다.
String getUrl()	로보이드 브라우저의 현재 url을 반환한다. 현재 열려진 페이지가 없으면 " "을 반환한다.
boolean setText(final String html)	html 코드를 로보이드 브라우저에 적용한다. 성공하면 true를, 실패하면 false를 반환한다.
boolean execute (final String script)	script 코드를 실행한다. 성공하면 true를, 실패하면 false를 반환한다.
boolean e()	로보이드 브라우저의 페이지가 변경되었으면 true를, 그렇지 않으면 false를 반환한다.

boolean findPage(String page)	현재까지 열린 페이지의 히스토리에서 해당 page가 열린 적이 있으면 true를, 아니면 false를 반환한다.
void clearPages()	현재까지 열린 페이지의 히스토리를 모두 삭제한다.

0.2 Code Snippet Examples

❶ 특정 웹 페이지를 연다.

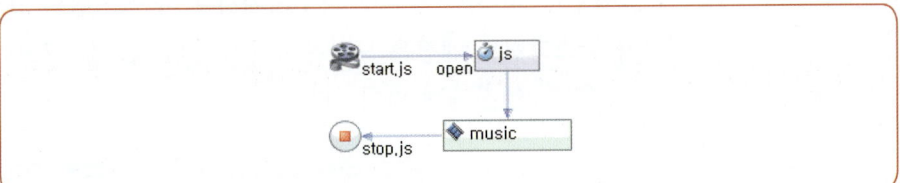

start.js

```
browser.setSize(1024,768);
browser.setTitle("Eclipse.org");
browser.open();
browser.setUrl("www.eclipse.org");
```

우선 브라우저 창의 크기와 타이틀을 설정하고 참을 연다. setURL() 함수를 호출하여 특정 웹 페이지를 표시한다. 웹 페이지가 열리는 시간까지는 지연이 있을 수 있으니 로봇 동작과 연계 시 이점을 감안해야 한다. 즉 특정 웹 페이지가 화면에 나타나는 순간 음악이 시작되려면 Wait Clip을 삽입하여 기다릴 수도 있지만 통신 상황에 따라 그 시간은 달라진다. 정확히 동기화 하는 방법은 새로운 웹 페이지가 열리면 발생하는 이벤트를 기준으로 한다. Wait Clip 내의 코드 조각은 다음과 같다.

open

```
browser.e();
```

기타 유용한 API는 다음과 같이 사용한다.

stop.js

```
browser.close()
```

브라우저를 닫는다.

```
browser.setSize(400, 250);
browser.open();
browser.setText("Hello Roboid Browser!");
browser.execute("alert('Press O.K')");
```

브라우저 화면에 간단한 문자 정보를 표시할 경우, setURL() 대신 setText()를 사용한다. 마지막 줄은 브라우저에서 자바 스크립트 코드를 실행한다. 이때 이 자바 스크립트 엔진은 브라우저에 내장된 것으로 로보이드 스크립트에 내장된 스크립트 엔진과는 별개이다.

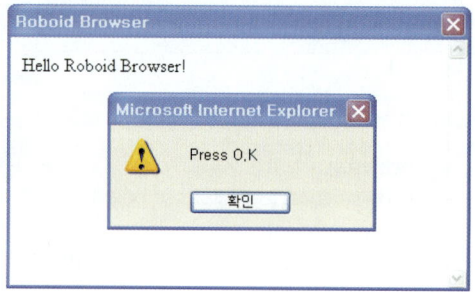

❷ 웹 페이지가 바뀜을 로보이드 스크립트가 인지한다.

정해진 홈페이지가 열리면 인사를 하거나 웹 페이지의 내용에 따라 로봇이 사용자에게 부가적인 정보를 줄 필요가 있는 경우에 대해 알아보자.

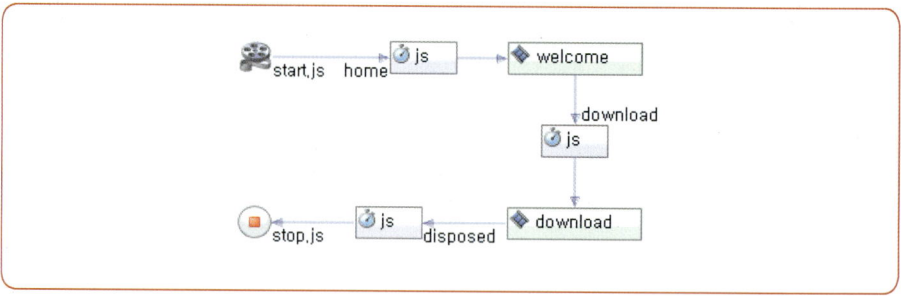

단순히 새로운 페이지가 열린 경우가 아니라 원하는 특정 페이지가 열렸음을 다음 코드로 검사한다.

home

```
browser.findPage("http://www.eclipse.org/");
```

download

```
browser.findPage("http://www.eclipse.org/downloads/");
```

findPage() 함수는 브라우저에서 열렸던 모든 웹 페이지 URL 리스트에서 인자로 넘어온 문자열에 해당하는 페이지가 있으면 true를 리턴한다.

만약 정확한 URL을 모른다면 다음 코드로 확인이 가능하다.

```
console.println(browser.getUrl());
```

원하는 페이지가 발견됐다면 저장된 페이지 리스트 clearPages()을 호출하여 지우고, 그렇지 않으면 다음 호출 시 계속 true가 리턴 될 것이다.

이제 콘텐츠를 실행시키면 이 클립스 홈페이지가 열리고 동시에 환영하는 로봇의 인사가 있게 된다. 사용자가 다운로드 페이지로 이동하면 다운로드에 관련된 부가적인 정보를 로봇이 말과 행동으로 알려준다.

Dispose.js는 브라우저 창이 닫히면 콘텐츠도 종료하는 역할을 한다.

disose.js

```
browser.isDisposed();
```

Section 12 | 플래시 연동

스크립트를 활용하면 플래시로 만든 멀티미디어 콘텐츠를 실행시키거나 플래시의 내부 변수와 통신이 가능하다. Action Script2.0인 경우에 대해 플래시 제어를 위한 API와 코드 조각을 예제를 통해 알아보자.

0.1 Flash Manager API

메소드	설명
FlashViewer create(String title, int width, int height)	제목을 title, 크기를 (width, height)로 한 플래시 뷰어를 생성하여 열고, 플래시 뷰어의 인스턴스를 반환한다.

0.2 Flash Viewer API

메소드	설명
void open()	플래시 뷰어를 연다.
void close()	플래시 뷰어를 닫는다.
boolean isDisposed()	플래시 뷰어가 닫혔으면 true를, 열려 있으면 false를 반환한다.
void setPosition (final int x, final int y)	플래시 뷰어의 위치를 (x, y)로 설정한다.
void setSize(final int width, final int height)	플래시 뷰어의 크기를 (width, height)로 설정한다.
void setMinimize (final boolean minimized)	minimized가 true이면 플래시 뷰어를 최소화하고 false이면 원래 크기로 한다.
void setTitle(final String title)	플래시 뷰어의 제목을 title로 설정한다.
void loadMovie(final String url)	플래시 뷰어에 플래시 파일 url을 연다.
String getFSCommand()	플래시 액션 스크립트에서 fsCommand로 보낸 명령어를 반환한다.

String getFSValue()	플래시 액션 스크립트에서 fsCommand로 보낸 명령어의 값을 반환한다.
String getVariable(String var)	플래시 액션 스크립트의 변수 var의 값을 반환한다.
void setVariable(String var, String val)	플래시 액션 스크립트의 변수 var의 값을 val로 설정한다.
boolean e()	새로운 fsCommand가 있으면 true를, 아니면 false를 반환한다.
void clear_e()	플래시 액션 스크립트에서 fsCommand로 보낸 명령어를 삭제한다.
void clearCommand()	clear_e()와 같다.
void play()	현재의 플래시 파일을 재생한다.
void stop()	현재의 플래시 파일을 중지한다.
void rewind()	현재의 플래시 파일을 처음으로 되감는다.

1 │ Code Snippet Examples

빈 플래시 화면을 하나 생성하고 swf(플래시 무비) 파일을 오픈한다.

이때 파일의 위치를 정확히 지정해야 한다.

❶ 플래시 실행 화면을 생성한다.

start.js

```
var puzzle = flash.create("Animal Puzzle", 640, 480);
```

생성된 윈도의 크기는 (640, 480)이며 "Animal Puzzle"은 윈도의 타이틀이 된다.

윈도는 자동으로 화면 중앙에 나타나지만 두 개 이상의 플래시를 오픈할 경우 겹치게 된다. 이때는 다음과 같이 각각 초기 위치를 다르게 설정해야 한다.

```
var animal= flash.create("Animal", 320, 240);
animal.setPosition(200, 200);
var puzzle = flash.create("Puzzle", 160, 160);
puzzle.setPosition(0,0);
```

화면의 초기 크기가 잘못되었다면 다음과 같이 변경도 가능하다.

```
puzzle.setSize(480, 380)
puzzle.setPosition(0,0);
```

플래시 창의 제목을 변경하고 싶다면 다음과 같다.

```
puzzle.setTitle("Animal Puzzle");
```

플래시 창을 잠깐 숨기거나 다시 나타나게 할 경우는 다음과 같다.

```
puzzle.setMinimized(true);
```

다시 나타나게 할 경우,

```
puzzle.setMinimized(false);
```

❷ 빈 화면에 플래시 파일을 로딩한다.

```
puzzle.loadMovie
("http://www.roboidstudio.org/flash/hitTest.swf");
```

❋ URL(Uniform Resource Locator) : 네트워크 상에서 자원이 어디 있는지를 알려주기 위한 규약이다. 흔히 웹 사이트 주소로 알고 있지만, URL은 웹 사이트 주소 뿐만 아니라 컴퓨터 네트워크 상의 자원을 모두 나타낼 수 있다.

이때 파일의 위치는 반드시 URL❋로 표시되어야 한다.

1.1 URL의 이름 구성

- URL은 제일 앞에 자원(인터넷 주소)이 위치한 서버의 프로토콜을 적는다. gopher, telnet, ftp, http, usenet 등이다.

- URL 다음에는 프로토콜과 주소를 구분하는 구분자를 적는다. ":"가 이에 해당한다.

- 만약 인증 정보가 필요한 형태의 프로토콜이라면 구분자 ":" 다음에 "//"를 적는다.

  예 1) mailto:somebody@mail.somehost.com-인증 정보가 필요없는 프로토콜

  예 2) ftp://id:pass@ftp.somehost.com-인증 정보가 필요한 프로토콜

- 비록 접속 시 인증 정보가 필요없는 공개된 서비스라고 해도, 프로토콜 자체가 "인증"이라는 개념을 제공하면 "//"를 넣어주도록 한다.

  예 3) http://www.somehost.com-접속 시 인증 정보가 필요없지만, http는 "인증"을 제공해 주기 때문에 "//"를 넣어준다.

- 구분자 다음에는 실제 주소를 넣는다. 본래는 숫자로된 IP 주소이다. 211.111.111.111 같은 형태이다.

- 그러나, 숫자를 외우는 것은 동서양에 관계 없이 힘들기 때문에 이를 인식하기 쉬운 영단어로 바꿔 사용한다. 이것이 도메인 주소이다. ko.wikipedia.org 같은 것이다.

- 로컬에 있는 플래시 파일을 실행하고자 한다면 파일이름과 디렉토리를 사용하여 file://c:/flash/animalpuzzle.swf 와 같이 하면 된다. file://이 없어도

동작한다.

다음 예제 콘텐츠는 플래시 퍼즐 게임과 로봇이 연동하여 만들어지는 로봇 콘텐츠이다. 우선 타임 라인 에디터로 2개의 모션 클립파일을 작성한다. 'hitHippo'는 하마를 맞춘 경우 로봇의 동작, 'hitLion'은 사자를 맞춘 경우의 로봇 동작이다.

브라우저에 다음 주소를 치면 본 플래시 파일이 실행된다.

http://www.roboidstudio.org/flash/hitTest.swf.

실행되는 것을 확인한 후, 이 플래시 내부의 액션 스크립트에 대해 알아보자.

다음 코드는 액션 스크립트 중의 일부로 적색으로 된 fscommand()가 마우스를 놓는 순간 호출된다. 실제로 이 플래시를 실행시키면 사자나 하마를 마우스로 드래깅하여 같은 모양의 그림자에 채우면 성공하고 다른 모양이나 제대로 된 위치에 못 채우면 실패한 걸로 인정된다.

```
on(press){
  this.startDrag();
}
on(release){


(_root.grayHippo._x, _root.grayHippo._y, 1)==true){
this._x = _root.grayHippo._x;
    this._y = _root.grayHippo._y;
      "yes");
  }else{
    = startX;
    = startY;
     fscommand("hitHippo", "no");
  }
}
```

플래시가 하마와 하마의 그림자에 대해 충돌 검사를 한 후 정확히 채웠다고 판정이 되면 fscommand("hitHippo", "yes")가 실행되고, 아니면 fscommand("hitHippo", "no")가 실행된다.

플래시만 단독으로 실행시키면 별다른 변화가 일어나지 않지만 이 콘텐츠를 실행시키면 로봇과 연동되어 보다 다양한 동작을 생성해 낼 수 있다. 즉 미리 만

들어진 플래시에 필요한 부분에 fscommand()를 이용하여 외부에 명령을 내보내고 이 명령을 감지하여 로봇이 다양한 표현을 하도록 만들 수 있다.

다음으로 반대쪽 로보이드 스크립트에 대해 알아보자.

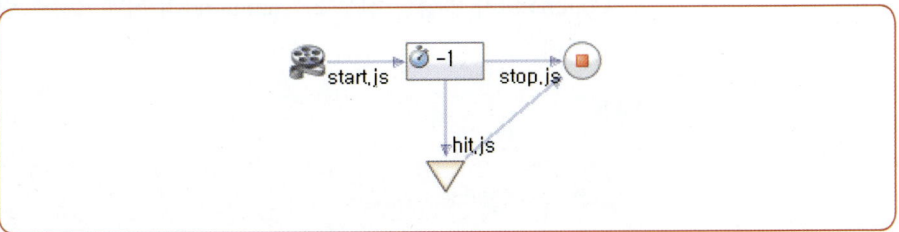

hit.js

```
puzzle.e() ;
```

충돌을 판정하는 hit.js의 코드 조각은 매우 간단하다. 어떤 fscommand가 플래시에서 발생하면 true가 되므로 본 콘텐츠는 종료됨을 확인할 수 있다.

이제 플래시 내부에서 일어난 일을 로보이드 스크립트가 해석하는 콘텐츠를 다음과 같이 만들고 각 코드 조각의 역할을 알아보자.

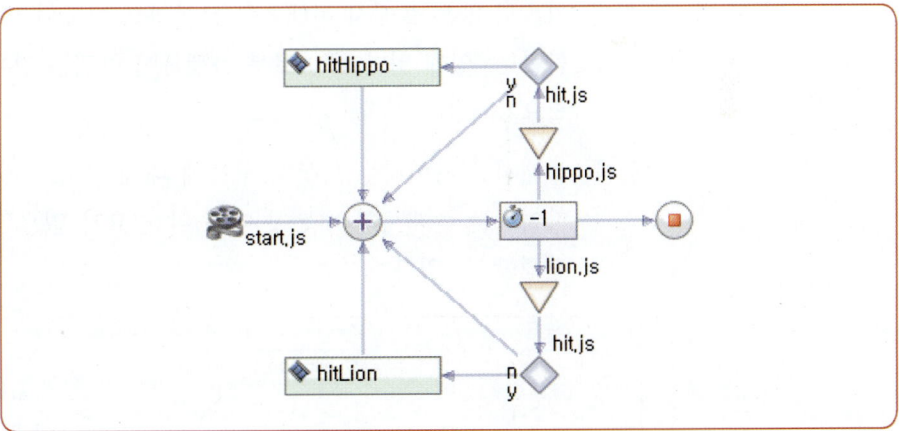

lion.js

```
puzzle.e() && puzzle.getFSCommand() == "hitLion"
```

FSCommand가 발생한 경우 FSCommand의 커맨드 스트링을 읽어서 "hitLion"과 비교한다.

hippo.js

```
puzzle.e() &&& puzzle.getFSCommand() == "hitHippon"
```

FSCommand가 발생한 경우 FSCommand의 커맨드 스트링을 읽어서 "hitHippo"과
비교한다.

hit.js

```
puzzle.clear_e();
puzzle.getFSValue() == "yes"
```

첫 줄의 clear_e()는 발생한 FSCommand 이벤트를 지운다. 만약 지우지 않으
면 다음 프레임까지 남아 있게 되어 계속 이벤트가 발생된 것으로 오동작하게
된다. 두 번째 줄의 getFSValue()는 FSCommand의 두 번째 파라미터 스트링
을 읽어 "yes"와 비교한다. 이런 식으로 플래시에서 FSCommand를 호출하고
로보이드 스크립트로 해석하여 적절한 동작을 연동한다.

이 방식은 기존의 액션 스크립트로 로봇 자체를 직접 제어하는 것보다 많은 장
점이 있다.

첫째, 기존의 많은 플래시 콘텐츠를 로봇과의 연동된 로봇 콘텐츠로 손쉽게 변
　　　환할 수 있게 된다. 즉, 로봇 플랫폼이 바뀌는 경우에도 플래시는 수정할
　　　필요가 없다.

둘째, 플래시 디자이너는 로봇의 구조에 대해 알 필요가 없고, 로봇 콘텐츠 디
　　　자이너는 플래시의 내부에 대해 알 필요가 없으므로 작업을 독립적으로
　　　진행할 수 있다.

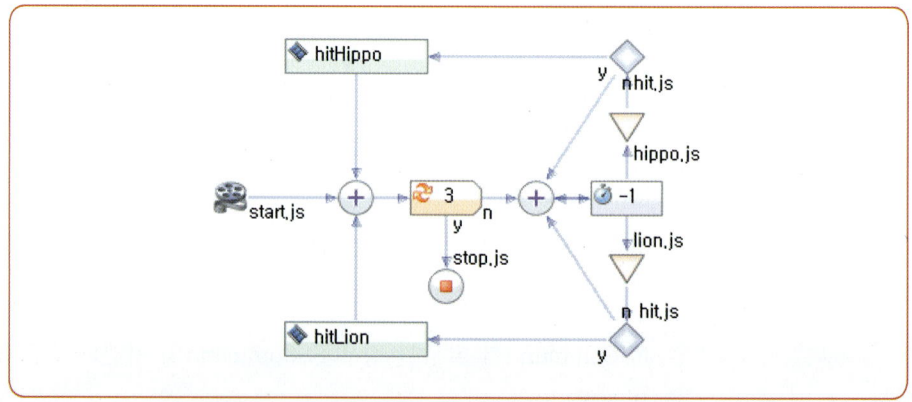

퍼즐을 다 맞추면 콘텐츠의 실행이 자동으로 종료되어야 한다. 카운터 객체는 3번을 통과하는 순간을 검출하여 실행을 종료한다. 이때 스톱 객체에 내장된 코드는 플래시 창을 닫거나 종료 시 해야 할 일을 지시한다. 대개 다음과 같은 코드가 된다.

stop.js

```
puzzle.close();
```

다음 콘텐츠는 플래시 내부의 글로벌 변수(루트 변수)를 로보이드 스크립트로 읽어 오거나 로보이드 스크립트가 플래시 내부의 변수값을 바꾸는 방법을 예시한다. 이 방법은 FSCommand와 달리 액션 스크립트 3.0에서는 동작을 보장하지 못하므로 사용하지 않도록 한다. 사용된 플래시는 액션 스크립트 2.0으로만 검증되었다.

우선 Adobe Flash CS3에서 만들어진 CarRally.swf를 살펴본다. 본 플래시의 액션 스크립트는 다음과 같다.

```
speed="0"
position = 0;

_root.car.onEnterFrame=function()
{
position += Number(speed);
this._x = position;
}
```

변수 speed와 position은 앞에 var 키워드가 붙어있지 않으므로 글로벌 변수가 된다. 따라서 이 두 변수는 로보이드 스크립트의 setVariable()과 getVariable() 메서드로 엑세스가 가능하다.

플래시의 어떤 내부 변수를 로보이드 스크립트에서 읽고 쓸 수 있는지는 다음과 같이 하면 알 수 있다. Adobe Flash CS3에서 무비 클립을 실행하면 Flash Player에서 무비가 실행된다. 이때 메뉴의 "디버그(D)"에서 변수를 출력시키면 다음과 같이 변수 리스트가 나타난다. 4, 5번째 줄을 보면 Variable이 있고 _level0.speed와 _level0.position이 있는데 _level0에 속하는 변수는 글로벌 변수로 읽고 쓰기가 가능하다.

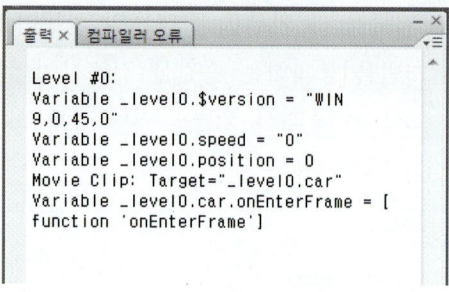

브라우저에 다음 주소를 치면 본 플래시 파일이 실행된다.

http://www.roboid studio.org/flash/CarRally.swf

이 플래시 파일을 실행시키면 다음과 같은 화면이 나타나지만 자동차는 이동하지 않는다. 그 이유는 애니메이션 루프에 해당하는 onEnterFrame 코드를 보면 알 수 있다. 화면 왼쪽에 보이는 자동차는 심볼의 이름이 _root.car로 설정되어 있고, 자동차의 위치는 매 프레임마다 function 내부 코드에 의해 변경된다. 하지만 speed 변수의 초기치가 0이므로 위치의 변화가 없다.

이제 로보이드 스튜디오로 돌아가 이 정지된 자동차를 마음대로 움직여 보자.

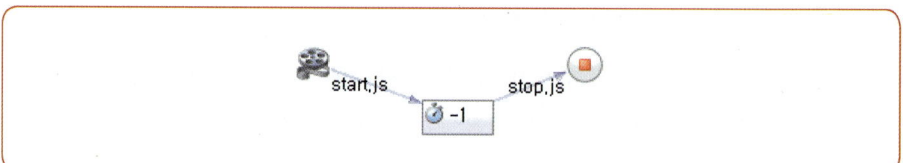

start.js

```
var car = flash.create("Car Rally", 400, 300);
car.loadMovie
("http://www.roboidstudio.org/flash/CarRally.swf");
car.setVariable("speed", "1");
```

플래시 실행 화면을 하나 생성하고 플래시 파일을 실행시킨다. 이때 인터넷이
반드시 연결되어 있도록 한다. 마지막 줄이 플래시의 글로벌 변수인 speed를
0에서 1로 변경하게 된다. 콘텐츠를 실행시켜 보면 자동차가 서서히 전진할 것이다.

```
_root.car.onEnterFrame=function()
{
position += Number(speed);
this._x = position;
}
```

다시 한 번 위의 코드를 보면 speed를 Number 타입으로 캐스팅하는 이유가
이해된다. 즉 setVariable(), getVariable()의 함수 인자는 문자열만 가능하다.
자동차의 위치, position은 매 프레임마다 그 전 위치에 speed값을 더해서 계
산되고 this._x=position; 코드에 의해 자동차 심볼이 그 위치에 나타난다.

이제 자동차의 위치를 읽어 콘솔에 표시하는 코드를 만들어 본다. 우선 Wait
Clip을 스크립트로 변경하고 다음과 같은 코드를 입력한다.

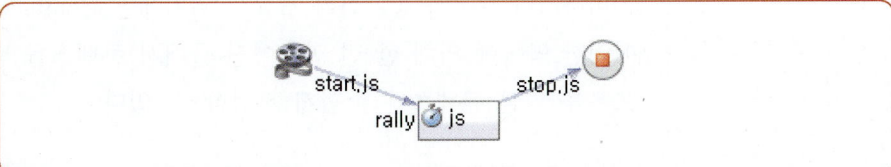

rally

```
var position = car.getVariable("position");
console.println(position);
false
```

실행시키면 콘솔에는 다음과 같이 출력된다. 간혹 위치가 같거나 가끔 빠진 경
우가 있는데, 그 이유는 플래시 파일의 재생은 초당 30번이고 로보이드 스튜디

오는 초당 50회로 실행되기 때문이다. 아울러 OS에 따라 정확한 시간 간격으로 실행되지 못하기 때문이기도 하다.

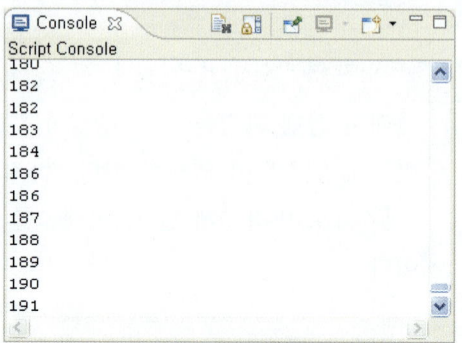

자동차가 앞으로만 달리는 것이 싫다면 다음과 같이 코드를 변경한다. 앞뒤로 이동하기를 반복한다. 보다 다양한 동작을 시키는 것도 간단히 될 것이다.

rally

```
var position = car.getVariable("position");
console.println(position);
if(position > 500) car.setVariable("speed", "-3");
if(position < 100) car.setVariable("speed", "6");
frame)1000;
```

이와 같이 플래시를 로봇 콘텐츠와 연동하고자 할 경우, 미리 통신할 변수를 준비하거나 로봇과 동기화가 필요한 위치에 FSCommand를 삽입해 두면 된다. 이러한 약속에 의해 한 번 만들어진 플래시 콘텐츠를 변경하지 않고도 새로운 로봇을 위한 콘텐츠를 손쉽게 작성할 수 있다.

프로세싱 : 로보이드
표준 GUI

Processing은 Java을 기본으로 만들어진 디자이너/아티스트를 위한 편리한 그래픽 작성 도구인 동시에 그래픽 함수의 모음이다. 앞에서 보았듯이 플래시 또는 브라우저를 사용하여 사용자와 상호작용하는 방법이 있으나 이는 미리 제작된 플래시나 홈페이지를 상황에 맞추어 불러서 재생하는 경우이다. 로보이드가 실행 중에 동적으로 새로운 GUI 컴포넌트를 만들고 싶거나 자바 스크립트로 자신만의 GUI을 프로그래밍하기 위해 로보이드 스튜디오에는 Processing을 내장하여 표준 GUI 기능을 구축한다.

0.1 Processing

Processing은 MIT Media Lab에서 프로그래밍 교육용으로 개발된 "Design By Number"를 그 기원으로 하는 공개 소프트웨어이다.

0.2 Processing의 역사

Processing은 2001년 가을 MIT Media Lab의 수업의 하나인, interaction design, interactive art을 연구하기 위한 도구로 처음 사용되었다. 이 과목의 이름은 Computational Media Design이라고 하는데 당시 MIT Media Lab에 소속되어 있던 Ben Fry, Tome White, John Maeda 세 사람이 진행했다. 초기의 Processing은 MIT 내의 연구자와 학생들 사이에서만 사용되었으며, 사용자들이 기능을 추가 수정했다. 이와 같은 과정을 거쳐, 2002년 8월에 알파 버전이 공개되었다. 이때 매우 큰 반응을 얻었고 이 공개에 대해 게시판에 "Processing의 공개를 감사 드립니다"라는 많은 사람들의 메시지가 쇄도했다고 한다. 이후, 주로 미술관련 대학, 공업계 학교에서 프로그래밍 교육을 위한 간편한 환경으로 널리 사용되게 되었다.

0.3 Processing과 open source

Processing은 open source이다. open source란 소프트웨어의 설계도에 해당하는 소스 코드를 누구나 볼 수 있도록 공개하고, 개량이나 재배포 등을 권장하는 방식이다. 로보이드 스튜디오에 내장된 Processing 역시 기본은 동일하지만 사용이 편리하도록 개량한 것이다.

0.4 Processing과 Flash

로보이드 스튜디오는 플래시를 실행할 수 있지만 플래시 콘텐츠를 개발하지는 못한다. 또한 플래시를 개발하려면 플래시나 Flex, Action Script 등의 개발 환경이 따로 필요하다. 2가지 개발 환경에 익숙해 지기 위해 많은 노력을 해야 하지만 그 외에도 두 프로그램이 긴밀한 통신을 하고 동기화 되어 실행시키려 면 상당한 프로그래밍 지식이 요구된다. Processing은 로보이드 스튜디오에 내장이 가능하므로 따로 개발 환경을 요구하지 않는다. 그래픽을 취급하는 기능면을 보면, Processing과 Flash는 닮았지만, 사용 목적을 보면 별개이다. 즉 Flash가 상업용으로 구상한 작품을 완성도 높게 구현하는 도구인 반면, Processing은 아이디어를 확인하는 쪽에 중점이 있다. 간단히 몇 줄의 프로그램으로 자신의 생각대로 동작하는 것을 확인한다는 과정이 Processing(가공 또는 처리한다)이 가지는 의미이다.

➲ Processing version 1.0.3

1 | 스크립트 언어의 장점

로보이드 스튜디오에서는 Processing 기능 중 일부만 사용한다. 그래픽 처리
기능 외, 편집 또는 배포 기능은 로보이드 스튜디오의 기능을 그대로 이용하므
로 따로 공부할 필요가 없다. 가장 중요한 차이점은 Processing의 실행을 자바
스크립트로 행한다는 점이다. 자바 스크립트 편집기로 편집된 코드를 바로 수
행할 수 있도록 하여 별도의 컴파일 과정없이 가능하다. 따라서 기존의 로보이
드 제어, 플래시, 브라우저 제어뿐만 아니라 그래픽 UI도 통합적으로 연동할
수 있게 됨으로 로보이드 스크립트의 기능이 크게 확장되게 되었다.

2 | LiveConnect 기술

자바 객체가 자바 스크립트로 전달되면 자바 스크립트는 이 객체가 마치 자바
스크립트의 객체인 것처럼 조작할 수 있다. 자바 객체의 모든 public field와
메서드가 노출된다. 예를 들면 로보이드와 디바이스는 자바 객체이지만 bindings
과정을 통해 자바 스크립트로 전달되어 있다. 마찬가지로 Processing을 하나
의 자바 객체로 만들어 전달하면 자바 스크립트에서는 Processing의 내부 변
수를 읽거나 메서드를 자유롭게 호출할 수 있다. 또한 전달 인자를 받고 결과
값을 반환하는 메서드도 호출할 수 있다. 메서드에 전달인자를 건네고 결과값
을 돌려 받는 과정에서 필요하면 타입의 변환이 일어난다. 끝으로 자바 메서드
는 자바 객체를 결과값으로 반환할 수도 있는데 자바 스크립트는 이 반환된 자바
객체의 public 필드를 읽고 쓰거나 public 메서드를 호출할 수 있다. LiveConnect를
이용하면 자바 스크립트 코드는 자신만의 자바 객체를 생성할 수 있다.

Section 14 : 로보이드 스크립트에 내장된 프로세싱의 특징

1 | 그래픽 요소를 사용한 인간-로봇 상호작용

로봇을 제어하다 보면 어떤 순간의 상태를 사용자에게 전달하거나 사용자의 판단을 기다릴 필요가 있다. 하지만 로보이드 스크립트는 자바 스크립트와 같이 직접 그래픽 요소를 만들거나 제어하지 못한다. 브라우저에 사용되는 자바 스크립트 역시 브라우저의 DOM*을 조작하여 그래픽 요소를 제어한다. 같은 방법으로 로보이드 스크립트는 그래픽 요소를 생성할 수 있다. 이때 여러 가지 그래픽 라이브러리가 활용 가능하지만, 바로 사용 가능한 방법은 자바나 Eclipse에 내장된 그래픽 라이브러리인 AWT, Swing, SWT가 있다.

* DOM : Document Object Model

1.1　AWT Library을 이용한 경우

다음과 같은 자바 스크립트 코드를 start.js에 내장하기 바란다. 콘텐츠를 실행시키면 화면의 100, 100 위치에 다음과 같은 윈도가 나타난다.

```
importPackage(java.awt)
f = Frame("Swing/Button")
f.setBounds(100, 100, 200, 150);
b = Button("Hello!");
f.add(b);
f.show();
```

1.2 Swing Library을 이용한 경우

```
importPackage(javax.swing);
f = JFrame("Swing/Button")
f.setBounds(100, 100, 200, 150);
b = JButton("Hello!");
f.add(b);
f.show();
```

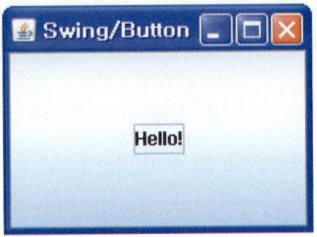

1.3 SWT Library을 이용한 경우

이 경우는 Eclipse 표준 GUI이지만, 자바 스크립트가 사용하기에는 손이 많이
가므로 권장하지 않는다.

위와 같은 방법으로 사용자와 간단한 대화는 가능하다. 하지만 버튼이나 레이
블 객체 같은 미리 만들어진 제어 객체가 아닌 일반적인 그래픽 요소를 프로그
램하기에는 상당한 노력이 필요하다. 여기에서 Processing이 왜 필요한지 이
유가 된다. 콘덴서에 전하가 차오르는 모양을 형상화 한다든지, 불꽃의 온도
를 컬러로 표현하는 등 다양한 표현 기법을 제공하는 덕분에 로보이드 프레임
워크의 기본 GUI로 채택되었던 것이다. 여기에서 Processing의 모든 기능과
그 가능성을 논하기에는 어려우므로 직접 자료를 찾아서 공부하길 바라면서
로보이드 스크립트에 내장된 Processing*의 특징과 사용법에 준해 설명하기
로 한다.

*Processing
〈참고 서적〉
"Processing : A Programming
Handbook for Visual
Designers and Artists"
Casey Reas, Ben Fry
"Processing : Creative
Coding and Computational
Art" Ira Greenberg "Learning
Processing : A Beginner's
Guide to Programming
Images, Animation, and
Interaction" Daniel Shiffman

1 | Basic Programming

⬤ **Sketch을 생성하기 위해 Processing 객체를 제어한다.**

Processing을 이용하여 그래픽 작업을 하기 위해 먼저 자바 스크립트에 임베
딩되어 있는 Processing이라는 자바 객체를 통해 그래픽 작업을 행할 Sketch
화면을 만들어야 한다.

이제부터 예제는 다음 로보이드 콘텐츠를 기본으로 작성된다.

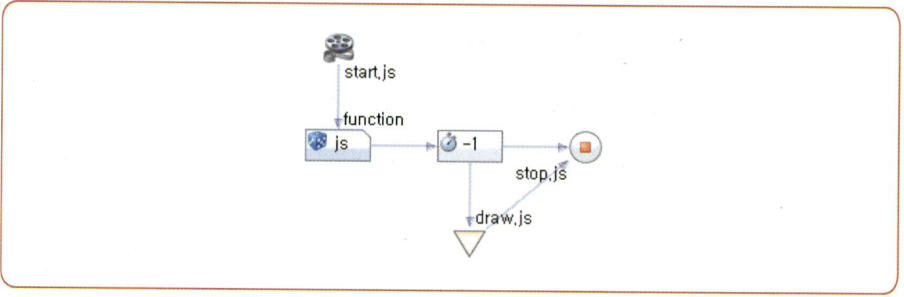

다음 과정을 따라 하면 가장 간단한 GUI 화면을 만들 수 있다.

시작 객체인 start.js에 다음과 같은 자바 스크립트 코드를 내장한다.

```
//--- start.js
p = processing.create("Hello", 240, 160);
p.background(255);
```

실행 버튼을 눌러 실행하면 다음과 같은 화면이 왼쪽 상단에 나타난다.

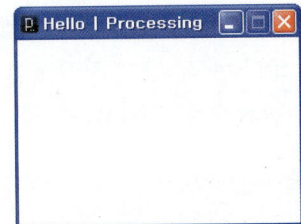

짐작하겠지만, "Hello"는 창의 타이틀이고 (240, 160)은 창의 크기를 지정한다. 다음 줄의 255는 배경의 밝기를 백색으로 지정한다. 창이 나타나는 위치는 초기에는 왼쪽 상단이지만 이동 상단 후에는 그 자리를 계속 유지한다. 만약 초기 위치를 항상 원하는 위치에 나타나기를 바란다면, 다음과 같이 창의 위치 (100, 100)를 직접 지정한다.

```
//--- start.js
p = processing.create("Hello", 100, 100, 240, 160);
p.background(255);
```

Sketch 창을 복수로 생성하는 예를 살펴본다.

```
//--- start.js
p1 = processing.create("Hello1", 100, 100, 240, 160);
p1.background(0);
p2 = processing.create("Hello2", 348, 100, 240, 160);
p2.background(255);
```

다음과 같이 두 개의 Sketch 창이 나란히 나타난다.

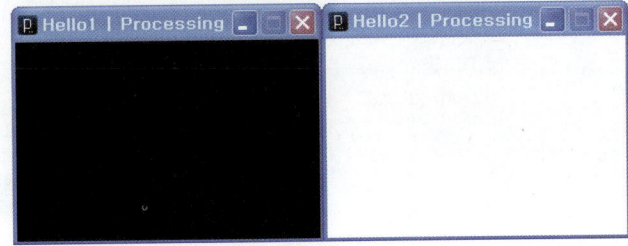

여기서 기억해야 할 사항은 처음 한 줄밖에 없다. Processing 객체를 감싸고 있는 자바 스크립트 객체 p1 또는 p2가 생성되면 이후는 Processing의 모든 public field와 method을 호출할 수 있다.

2D 그래픽 요소를 시간에 맞추어 출력한다.

다음 코드는 각 창에 사각형을 그리고 각각의 내부를 프레임의 증가에 따라 밝기를 변화시키는 예이다.

```
//--- draw.js
p1.fill(frame%256);
p1.rect(50, 50, 140, 60);
p2.fill(frame%256);
p2.rect(50, 50, 140, 60);
```

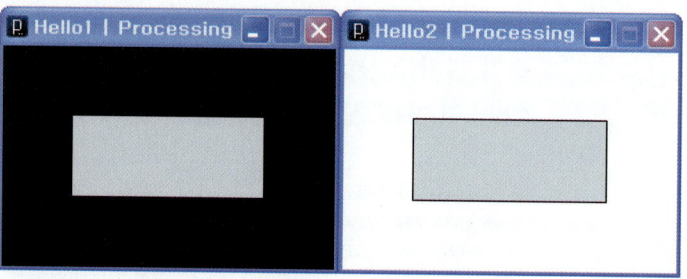

다음 코드는 프레임의 증가에 텍스트로 표시하는 예이다. 시작 객체에 창을 열고, 폰트를 준비한다. 트리거 객체에서 각 프레임마다 프레임값을 화면에 출력한다.

```
//--- start.js
p = processing.create("Hello1", 100, 100, 240, 160);
p.background(255);
f = p.createFont("Arial", 48, true);
p.textFont(f);
```

```
//--- draw.js
p.background(255);
p.fill(0);
p.text("Time: "+frame,10,100)
```

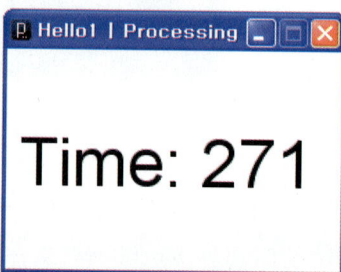

● 3D 그래픽 요소를 시간에 맞추어 출력한다.

Processing은 2D 그래픽뿐 아니라 3D 그래픽 기능을 지원한다. 3D를 사용하기 위해 창을 생성할 때 다음과 같은 생성 방법을 사용한다.

```
p = processing.create("Hello1", "P3D", 240, 160);
```

또는

```
p = processing.create("Hello1", "P3D", 100, 100, 240, 160);
```

두 번째 argument는 Processing의 그래픽 엔진의 동작 모드를 지정한다. 지정하지 않으면 "JAVA2D"가 되므로 기본 2차원 그래픽 모드가 된다. 그 외 Processing에서는 "P2D"와 "OPENGL"이 가능하지만, 로보이드 스튜디오에서는 지원하지 않는다.

이상과 같이 간단히 GUI를 구현할 수 있지만, Processing에 관한 보다 자세한 정보는 http://processing.org/을 참고하길 바란다.

---

2 | Advanced Programming

2.1 애니메이션 만들기

시간 표시 예에서 보면 각 프레임마다 시간이 하나씩 증가함을 알 수 있다. 이와 같은 애니메이션을 로보이드 프레임워크에서 실행할 경우 다음과 같은 문제가 발생한다. 즉, Processing이 화면을 계산하고 그리는 시간과 로보이드 프레임워크에서 데이터를 넘겨 주는 순간이 동시에 일어날 경우 두 thread 간에 충돌이 발생하여 화면의 flickering이 나타날 수 있다. 만약 예와 같이 트리거 객체에서 직접 sketch 화면을 조작할 경우는 이 현상이 좀더 심각해진다.

현재 자바 스크립트는 이러한 병렬 처리 문제에 대한 대비가 완전하지 못하므로 고품질의 애니메이션을 위해 다음과 같은 방법을 따라야 한다. Processing에서는 draw()라는 method 내의 코드는 화면을 갱신하기 위한 안전한 시간에 수행되므로 이 함수 내에서 기술된 모든 코드는 화면의 번쩍임을 야기하지 않는다. 로보이드 스크립트에는 이 draw()와 같은 기능을 하는 function draw()를 정의할 수 있도록 되어 있다. 이 function 내에 정의된 자바 스크립트 코드는 안전한 시간에 불러지고 실행된다. draw() 함수의 정의는 어디에 위치해도 상관없지만 정의가 된 순간부터 애니메이션 루프에 의해 일정한 시간 간격으로 실행된다. 이 draw() 함수는 재 정의가 가능하므로 정해진 시간 후에 알고리즘을 바꾸는 일도 할 수 있다.

다음 예는 다이스 객체에 내장된 draw() 함수를 살펴본다.

우선 시작 객체는 처음으로 돌아가서 다음과 같은 코드이다.

```
//--- start.js
p = processing.create("Hello1", 240, 160);
p.background(255);
```

다이스 객체에 내장된 함수 draw()는 흐름에 따라 시작 객체 내의 스크립트가 실행된 후 계속해서 불러지게 된다. 따라서 여기의 변수 p는 시작 객체의 p와 동일하다.

```
//--- function
function draw()
{
        p.background(255);
        p.fill(0,255,0);
        p.rect(p.mouseX, p.mouseY, 30, 30);
}
```

draw() 함수의 첫 줄은 애니메이션을 위해 화면을 완전히 지운다. 둘째 줄은 사각형을 그리되 마우스 커서가 위치한 자리에 그리게 된다. 실행시켜 보면 마우스를 따라 다니는 녹색 사각형을 볼 수 있다. 마우스값 대신에 센서값을 대치하면 센서의 변화에 따른 움직임을 만들 수 있다.

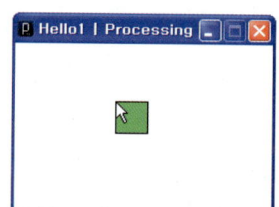

복수의 창에서 애니메이션 만들기

Draw 함수를 사용할 경우, Processing 창을 두 개 이상 만들면 곤란한 문제가 발생한다. 각 창에 할당된 thread는 모두 한 번씩 draw() 함수를 호출하게 된다. 만약 창이 두 개라면 draw() 함수를 한 프레임당 두 번을 호출하게 된다. 이때 자신을 부른 창에만 화면을 조작할 수 있으나 함수 내에서는 구별이 되지 않으므로 원하는 동작이 아닌 이상한 현상이 발생한다. 창마다 다른 draw() 함수를 할당하기 위해 draw() 함수의 지정이 가능한 다음과 같은 생성자를 사용한다.

```javascript
//--- start.js
p = processing.create("Hello1", 240, 160);
p.background(255);
```

첫 줄은 p 객체는 draw()를 호출하지만 두 번째 줄의 p2 객체는 paint()라는 함수를 호출한다. 즉, 마지막 argument는 호출할 함수의 이름을 지정한다.

```javascript
//--- functions
function draw()
{
        p.background(255);
        p.fill(0, 255, 0) //fill green
        p.rect(p.mouseX, p.mouseY, 30, 30);
}

function paint()
{
        p2.background(255);
        p2.fill(0, 0, 255) //fill green
        p2.ellipse(p.mouseX, p.mouseY, 30, 30);
}
```

실행하면 두 개의 창에 각각 사각형과 원이 나타난다. Hello1 창에 마우스를 놓고 움직이면 사각형과 원이 동시에 움직이지만, Hello2 창에 마우스를 올려놓으면 아무런 반응이 없다. 그 이유는 함수 내의 마우스 정보가 p.mouseX와 같이 p 객체에서만 참조하기 때문이다. paint 함수 내의 p.mouseX, p.mouseY를 p2.mouseX, p2.mouseY로 바꾸면 각각 독립적으로 동작한다.

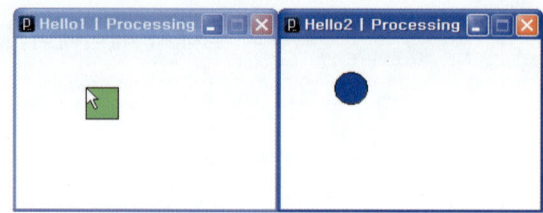

변수를 읽는 것은 이와 같이 구별없이 해도 동작하지만, draw()에서 p2의 그래픽 요소를 조작하거나 paint()에서 p1을 조작하는 것은 규칙 위반이 되므로 특히 조심해야 한다. 즉, p1과 p2는 서로 다른 그래픽 thread에서 실행 중이므로 충돌현상을 일으키게 된다.

2.3 인터랙티브 애니메이션 만들기

마우스와 키보드 입력, 그리고 로봇의 센서 정보를 종합적으로 이용하므로 로보이드 스튜디오의 장점이 발휘된다. Processing은 draw() 함수 내에서 마우스나 키보드의 입력 정보를 정확히 전달하는 기능을 가지고 있어 안심하고 사용자의 반응에 대응할 수 있다. 다음 자바 스크립트 코드를 가지고 마우스와 키 입력에 대응하는 법을 알아본다.

```
//--- functions
function draw()
{
        if(p.mousePressed == true)
        {
                    p.background(255);
        }
        else p.background(0);
}
```

마우스의 어떤 버튼을 눌러도 배경이 white, 놓으면 black이 된다. 만약 왼쪽 버튼을 누를 경우에만 반응하려면, 다음과 같이 한다.

```
//--- functions
function draw()
{
        if(p.mousePressed == true)
        {
                    if(p.mouseButton == p.LEFT)
                                    p.background(255);
        }
        else p.background(0);
}
```

키보드 입력에 대응하는 코드는 다음과 같다.

```
//--- functions
function draw()
{
        if(p.keyPressed == true)
        {
                p.background(255);
        }
        else p.background(0);
}
```

스페이스 키에만 반응하게 하는 경우는 다음과 같다.

```
//--- functions
function draw()
{
        if(p.keyPressed == true)
        {
                if(p.key == 32) p.background(255);
        }
        else p.background(0);
}
```

2.4 이벤트 기반의 인터랙티브 애니메이션 만들기

마우스의 위치나 클릭 정보, 키 입력 등은 사용자가 임의로 행하는 행동이므로 정확한 시간을 예측할 수는 없다. PC에서는 이러한 정보를 event로 처리하여, 이벤트 발생 시 이 정보를 원하는 곳으로 전달하는 메커니즘이 있다. mouseX나 mouseY는 Processing이 제공하는 정보이긴 하지만 이벤트 방식은 아니며, 언제라도 읽을 수 있다. 하지만 키 입력은 이런 식으로 확인은 불가하다. 확인 주기가 느리면 휙 지나가 버릴 수가 있으므로 로보이드 스크립트에는 draw() 함수와 유사하고 정확하게 이벤트를 받을 수 있고 동시에 안전하게 그래픽 정보를 갱신하는 함수를 제공한다.

```
Mouse Event : mousePressed(), mouseReleased(), mouseMoved(), mouseDragged()
Keyboard Event : keyPressed(), keyReleased();
```

모두 6종류가 있다. 또한 이 방식은 draw() 함수를 사용하지 않고 어떤 장소에서도 그래픽 요소를 제어할 수 있는 장점이 있다. 이제 draw() 함수를 제거하고 다음과 같이 수정한다.

```
//--- functions
function mousePressed()
{
        p.background(255);
}

function mouseReleased()
{
        p.background(0);
}
```

마우스를 드래깅하면 선을 긋는 코드는 다음에서 처럼 간단히 작성된다. 이때 pmouseX, pmouseY는 이전 마우스 커서의 좌표를 의미한다.

```
//--- functions
function mouseDragged()
{
        p.line(p.pmouseX, p.pmouseY, p.mouseX, p.mouseY);
}
```

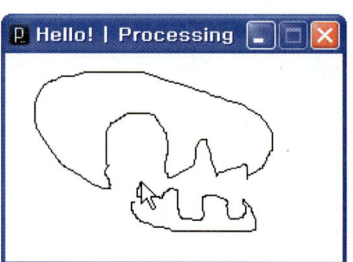

2.5 애니메이션 루프 제어하기

Processing의 애니메이션 루프는 초당 60회의 속도로 새로운 화면을 만들어낸다. 만약 표현하고자 하는 데이터의 변화가 그렇게 빠르지 않다면 화면 갱신 속도를 줄여 CPU의 부담을 덜어 줄 수 있다.

```
//--- start.js
p = processing.create("Hello1", 240, 160);
p.frameRate(5);
```

위 코드는 초당 5프레임으로 화면을 갱신하므로 마우스의 움직임에 대해 사각형의 움직임이 좀 둔해 보인다. 즉 draw() 함수를 1초당 5회 속도로 호출하게 된다.

```
//--- functions
function draw()
{
    p.background(255);
    p.fill(0, 255, 0) //fill green
    p.rect(p.mouseX, p.mouseY, 30, 30);
}
```

또 다른 방법은 화면의 갱신을 로보이드 콘텐츠 재생 속도로 동기화 하는 방법이 있다. 우선 다음과 같이 noLoop() 명령을 사용하여 자체 루프를 중단시킨다.

```
//--- start.js
p = processing.create("Hello1", 240, 160);
p.noLoop();
```

이때 draw() 함수는 다음과 같다. posX의 값에 따라 원이 오른쪽으로 이동하게 된다.

```
//--- functions
function draw()
{
    p.background(255);
    p.fill(0, 255, 0) //fill green
    p.ellipse(posX, 75, 30, 30);
}
```

트리거 객체에서 20msec 간격으로 redraw() 함수를 호출한다.

```
//--- draw.js
posX = frame%120;
p.redraw();
false
```

실행하면 초당 50pixel의 속도로 오른쪽으로 이동하고 120pixel 부근에서 다시 원점으로 되돌아가는 동작을 반복한다.

다음은 5프레임 속도로 redraw() 함수를 호출한다.

```
//--- draw.js
if(frame%10 == 0)
{
        posX = frame%120;
        p.redraw();
}
false
```

실행하면 10pixel씩 건너 뛰면서 이동하는 것을 알 수 있다. 물론 Basic Programming에서와 같은 방법으로 화면을 직접 제어할 수 있다. 우선 다이스 객체의 draw() 함수를 삭제하고, 트리거 객체에서 직접 화면을 조작한다.

```
//--- draw.js
if(frame%10 == 0)
{
        posX = frame%120;
        p.background(255);
        p.fill(0, 255, 0) //fill green
        p.ellipse(posX, 75, 30, 30);
        p.redraw();
}
```

마찬가지로 똑같이 동작하게 보이지만 프레임 속도를 높이면 Flickering현상이 보인다.

이상의 예에서 보았듯이 애니메이션 방법은 표현하고자 하는 상황에 맞추어 선택해야 한다.

로보이드로부터 가끔 이벤트가 전달될 경우에는 직접 화면을 조작하는 편이 간편한 반면, 복잡한 고품질의 그래픽 표현을 하는 경우에는 draw() 함수를 사용하는 쪽이 이상적이다.

2.6 공통 변수 사용 시 주의할 점

로보이드의 센서값을 화면상에 나타내고자 할 때 대개 하나의 변수를 매개로 하게 된다. 변수 x를 마이크의 출력이라고 하고 Processing의 애니메이션 Loop에서 이 변수값을 읽어서 도형을 그리게 되는 경우를 생각해 본다.

시작 객체에는 보편적으로 변수의 정의를 담게 된다. 두 번째 줄의 디바이스 정의는 로보이드의 마이크 장치를 지정한다.

```javascript
//--- start.js
p = processing.create("Hello1", 240, 160);
mic = robot.findDevice("NetBrain.Microphone");
```

draw() 함수의 자바 스크립트 코드는 다음과 같다.

```javascript
//--- functions
function draw()
{
        p.background(255);
        p.fill(255, 0, 0);
        p.ellipse(120, 75, 150, v);
}
```

v변수의 값에 따라 다음과 같은 입술 모양이 벌어지거나 닫히게 된다.

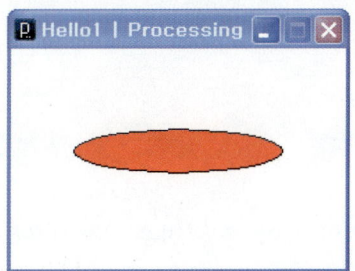

이때 v변수를 트리거 객체에서 하게 된다면 하나의 변수를 양쪽 thread에서 공유한 모양이 된다. 각 thread는 서로 다른 타이밍으로 돌아가므로 v변수가 계산되는 동안에 draw() 함수 내의 v값은 일정하지 않다.

```javascript
//--- draw.js
v = 0;
for(i = 0; i < 320; i++)
{
        if(mic.read(i) > 0)
                    v += mic.read(i)
}
v = v/3000+1;
false
```

목소리의 크기에 따라 v가 커진다. 위의 코드를 실행해 보면 화면의 입술이 매우 불안정해 짐을 느낄 수 있다. 그 이유는 각 코드 조각이 실행되는 thread가 달라서이다. CPU에서는 짧은 시간에 수 없이 thread 간의 스위칭이 일어나게 된다. 변수 v의 계산이 미처 끝나기 전에 그래픽 도형을 그리면 당연히 불안정해 진다. 이 현상을 최소한으로 억제하는 방안은 버퍼 변수를 도입하는 것이다. 즉, 계산에 사용되는 변수와 공통으로 사용하는 변수를 분리하여, 계산이 완결된 후 공통 변수를 업데이트하면 된다.

```
//--- functions
function draw()
{
        p.background(255);
        p.fill(255, 0, 0);
        p.ellipse(120, 75, 150, s);
}
//--- draw.js
v = 0;
for(i = 0; i < 320; i++)
{
        if(mic.read(i) > 0)
                v += mic.read(i);
}
s = v/3000+1;
false
```

위와 같이 공통 변수 s을 사용하길 바란다. 이 경우 변수가 정수값인 경우에는 thread 스위칭에 대해 안전하므로 충돌현상을 막을 수 있다. 변수가 정수가 아니거나 배열인 경우는 100% 보장은 안 되는 점을 상기하길 바란다.

3 | Embedding in a Swing Application

때에 따라서 Processing만으로 정보를 나타내기에 부족한 경우가 있다. 부가적인 인터페이스, 예를 들면 익숙한 버튼, 슬라이더 바 등을 같은 화면에 구상한다면 더 효과적일 것이다. 실제 Processing의 Sketch 화면은 커스텀 그래픽 컴포넌트와 동일하다. 따라서 어떠한 호스트 컴포넌트에도 연결되므로 다음과 같이 애니메이션 화면과 선택 버튼이 동시에 포함된 인터페이스를 만들 수 있다. 다음 코드를 살펴보자.

```
//--- start.js
importPackage(java.awt, javax.swing);
f = JFrame("Swing+Sketch")
f.setBounds(100, 100, 250, 150);
f.setLayout(new BorderLayout());

p = processing.createSketch(250, 50);
f.add(p, BorderLayout.CENTER);
b = JButton("Hello!");
f.add(b, BorderLayout.SOUTH);
f.show();
p.background(255, 0 , 0);
```

객체 p는 Processing 창이 아니라 Sketch 객체이다. 따라서 다른 호스트 컴포넌트, 즉 Swing의 JFrame이나 AWT의 Frame에 연결시킬 수 있다.

상단의 Sketch는 이전과 같이 제어가 가능하며, 하단의 버튼은 Swing의 버튼 객체이므로 자세한 프로그래밍 방법은 Java Swing의 기술 문서를 참조하길 바란다.

로보이드 스크립트는 자바 스크립트의 LiveConnect 기술을 기반으로 하고 있다. 따라서 속도면에서 일반 프로그램 언어를 사용하는 경우에 비해 매우 느리다는 점을 염두에 두고 너무 많은 연산을 하지 않는 간단한 그래픽에만 적용하길 바란다.

1 | Code Snippet Examples

1.1 정지 화면 그리기

화면의 배경이 될 그림을 그리는 코드 조각을 편집한다. 그러나 실행중에는 이런 코드는 가급적 피해야 한다. 과도한 시간 소모로 인해 로봇 동작에 나쁜 영향을 준다.

➔ 결과 화면

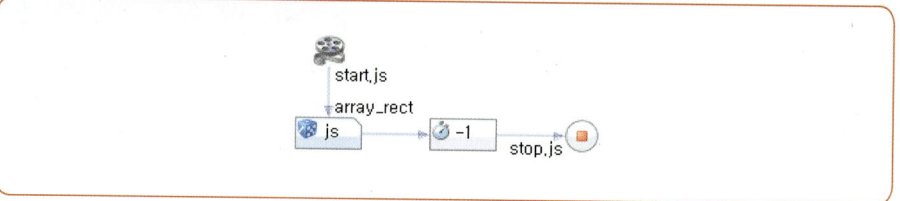

start.js

```
p = processing.create("Hello", 200, 200);
p.colorMode(p.HSB, 100);
p.background(99);
```

크기 (200, 200)의 화면을 생성하고 배경을 흰색으로 채운다.

array_rect

```
p.noStroke();

for(var y = 0; y < 10; y++)
{
        for(var x = 0; x < 10; x++)
        {
                p.fill(x*10, 10+y*10, 99);
                p.rect(x*20, y*20, 10, 10);
        }
}
```

noStroke()는 외곽선을 그리지 않도록 한다. stroke()는 외곽선을 나타나게 한다. strokeWeight(pixels)는 선의 두께를 pixels 만큼 두껍게 한다.

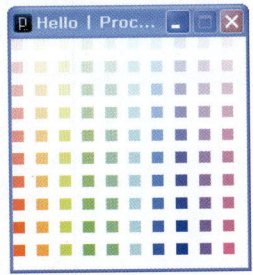

1.2 정지 화면 그리기-난수 발생

난수를 발생하여 화면의 배경이 될 그림을 그리는 코드 조각을 편집한다. 그러나 실행중에는 이런 코드는 가급적 피해야 한다. 과도한 시간 소모로 인해 로봇 동작에 나쁜 영향을 준다.

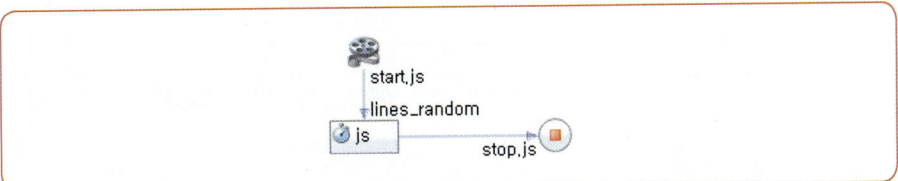

start.js

```
p = processing.create("Hello", 200, 200);
p.colorMode(p.RGB, 256);
p.background(255);
```

크기 (200, 200)의 화면을 생성하고 배경을 흰색으로 채운다.

Lines_random

```
if(frame == 10)
{
for(var i = 0; i < 100; i++)
{
//색을 결정한다
p.stroke(p.random(256), p.random(256), p.random(256));

//직선을 그린다
p.line(p.random(p.width), p.random(p.height),
            p.random(p.width), p.random(p.height));
    }
}
false
```

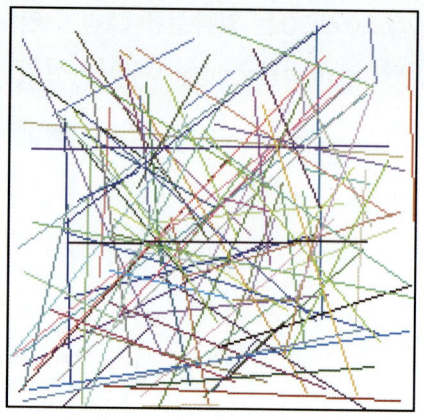

1.3 좌표 이동

좌표계의 원점을 이동시키면서 도형을 그리는 방법을 알아보자.

우선 시작 객체에 화면을 생성하고 변수를 정의한다.

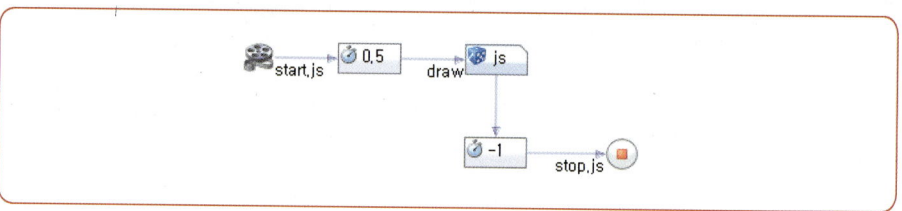

시작 객체와 다이스 객체 사이에 wait clip을 넣은 이유는 PC에 따라 프로세싱 화면의 생성에 시간이 많이 걸리는 경우가 있기 때문에 완전히 화면이 생성되기를 기다린 후 도형을 그리기 시작할 필요가 있다.

start.js

```
p = processing.create("Hello", 200, 200);
p.colorMode(p.HSB, 120);
p.background(119);
p.smooth();
p.rectMode(p.CENTER);
p.noStroke();

var angle = 30;
varmargin = 40;
```

크기 (200, 200)의 화면을 생성하고 배경을 흰색으로 채운다.

smooth()는 도형의 가장자리를 부드럽게 처리한다. 이 기능을 정지하려면
noSmooth()를 호출한다.

draw

```
//원점을 (120, 30) 픽셀 수만큼 이동한다
p.translate(120, 30);

for(var i = 0; i < 12; i++)
{
        p.fill(i*10, 100, 119, 60); //채울 색을 바꾼다
        p.rect(0, 0, 30, 30);
        p.rotate(p.radians(angle));   //좌표계를 회전시킨다
        p.translate(margin, 0); //회전시킨 좌표를 다시 이동한다
}
```

Memo

NETBRAIN

PART 06
NETBRAIN Project

미니프로젝트

1 | 소 개

앞에서 RGB LED를 제어해 보았다. 하지만 색의 조합을 통해서 다양한 색깔을 만들어보지는 못했다. 이번에는 화면의 제어 창을 통해 각각의 색깔을 제어해서 원하는 색깔을 만들어보자.

2 │ 부품 목록

항목	수량
넷브레인	1
RGB LED	1

3 │ 예제 및 실험

● 회로도

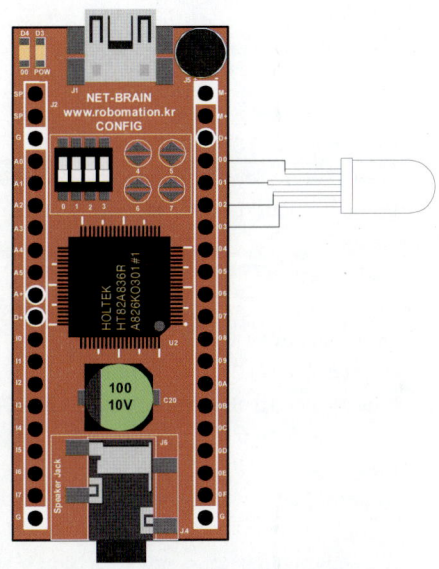

기본 회로도는 앞에서 해본 RGB LED 제어와 같다.

RGB LED의 색을 제어하는 것은 화면에 출력되는 제어 창을 통해서 하게 된다.
이것을 위해서 Contents Composer를 사용하였고, 배치된 Motion Contents의
모습은 다음과 같다.

● RGB_LED Control.mcc

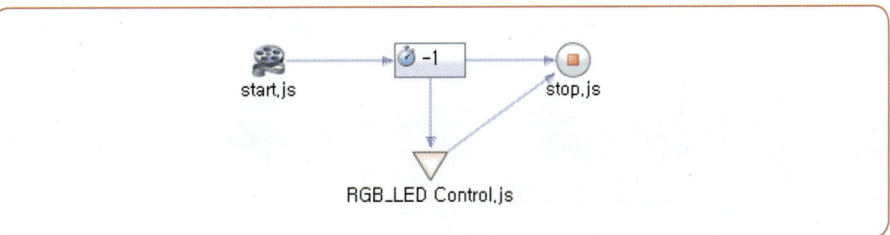

먼저 start.js 내부를 살펴보면 다음과 같다.

```javascript
importPackage(java.awt, java.awt.event);

f = newFrame("Control Panel for Pelicanoid");
f.setBounds(400,400,396,180);
f.setResizable(false);
f.setLayout(null);

l2 = newLabel("Red: ");
l2.setBounds(10, 50, 80, 18);
red = newScrollbar(Scrollbar.HORIZONTAL,0,8,0,308);
red.setBounds(100, 50 , 280, 18);
f.add(l2);
f.add(red);

l3 = newLabel("Green: ");
l3.setBounds(10, 80, 80, 18);
green = newScrollbar(Scrollbar.HORIZONTAL,0,8,0,308);
green.setBounds(100, 80 , 280, 18);
f.add(l3);
f.add(green);

l4 = newLabel("Blue: ");
l4.setBounds(10, 110, 80, 18);
blue = newScrollbar(Scrollbar.HORIZONTAL,0,8,0,308);
blue.setBounds(100, 110 , 280, 18);
f.add(l4);
f.add(blue);

b = newButton("Quit");
b.setBounds(12, 140, 368, 20);
c = newActionListener(){
    actionPerformed:   function(){
        f.dispose();}};
b.addActionListener(c);
f.add(b);
f.show();
```

내부를 살펴보면 제어 창을 생성하는 부분으로 이루어져 있다. 만들어진 제어
창은 아래와 같다.

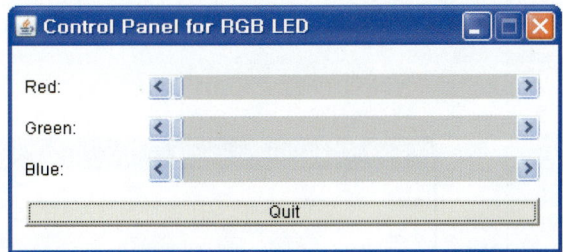

위의 상태는 처음 실행했을 때의 모습으로 어떤 색깔도 출력되지 않는데 스크
롤 바를 오른쪽으로 이동할수록 해당 색상이 밝아진다. 이 부분에 해당하는
RGB_LED Control.js 내부를 살펴보자.

```
red_led = robot.findDevice("NetBrain.OUT0");
vcc = robot.findDevice("NetBrain.OUT1");
green_led = robot.findDevice("NetBrain.OUT2");
blue_led = robot.findDevice("NetBrain.OUT3");

vcc.write(500);
red_led.write(508-red.getValue());
green_led.write(508-green.getValue());
blue_led.write(508-blue.getValue());
false;
```

RGB_LED Control.js 내부에는 RGB_LED의 4개의 핀과 연결되어 있는
NetBrain의 출력 포트를 선언한 후 스크롤 바의 값을 읽어서 출력하게 된다.

실제 실행한 모습은 다음과 같다.

➲ 노란색이 출력되는 모습

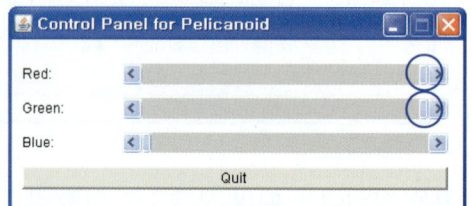

실행 후 Red, Green을 동시에 출력하면 두 가지 색상이 혼합된 Yellow가 출력된다. RGB LED 자체를 직접 보면 Red, Green이 각각 보이는데 이는 RGB LED가 투명하기 때문이다. 만약 둘의 색이 합쳐진 모습을 정확히 보고 싶으면 불투명한 물체로 RGB LED를 감싸면 합쳐진 색깔을 확인할 수 있다. 다른 색을 만들어 본 모습은 다음과 같다.

➲ 청록색이 출력된 모습

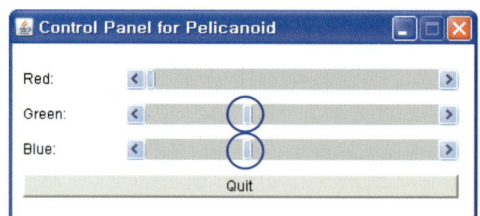

＊ **청록**：Cyan

이번에는 Green, Blue를 혼합하여 청록*색을 만들어 보았다.

2가지 색을 만들어 보았는데, 만약 Red, Green, Blue를 적절히 혼합한다면 어떤 색이든지 만들어 낼 수 있을 것이다. 하지만 Red, Greeb, Blue의 특성상 같은 신호를 주더라도 같은 밝기로 나오는 것이 아니기 때문에 여러 번 실험하면서 색을 만들어야 할 것이다.

02 | FND 패턴 제어

1 | 소 개

앞에서 FND 제어를 통해서 0~9까지의 숫자를 만들어 보았는데 이번에는 제어 창을 통해서 FND의 패턴을 제어해 봄으로써 숫자가 어떻게 만들어지는지 알아보도록 하자.

2 | 부품 목록

항목	수량
5163ASR	1
넷브레인	1

3 | 예제 및 실험

● 회로도

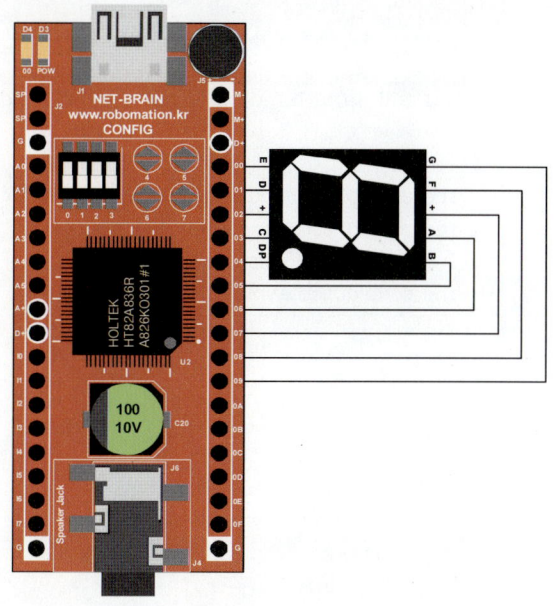

회로도는 앞에서 만들어본 FND 점등 회로도와 같은 회로도이다.

4 | 예제 및 실험

실행을 하면 FND와 똑같은 모습으로 배치된 버튼이 있는 제어 창이 출력된다. 이 제어 창에 있는 버튼을 누르면 그 위치에 해당하는 부분이 점등 된다. 이것을 통해서 FND의 패턴을 만들어 볼 수 있다.

● FND Pattern
control.mcc

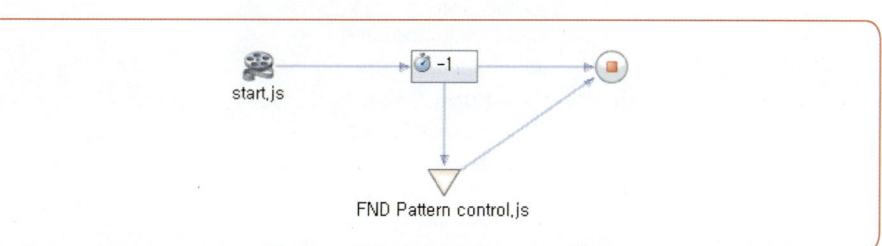

먼저 start.js 내부를 살펴보면 다음과 같다.

```javascript
importPackage(java.awt, java.awt.event);

var fnd_a,fnd_b,fnd_c,fnd_d,fnd_e,fnd_f,fnd_g,fnd_dp;


fnd_control = newFrame("Control Panel for Pelicanoid");
fnd_control.setBounds(400,400,450,400);
fnd_control.setResizable(false);
fnd_control.setLayout(null);



a = newButton("A");
a.setBounds(150, 40, 150, 20);
a_action = newActionListener(){
    actionPerformed:    function(){
        if(fnd_a==1)
            fnd_a=0;
        else
            fnd_a=1;
    }
};
a.addActionListener(a_action);
fnd_control.add(a);
fnd_control.show();



f = newButton("F");
f.setBounds(150, 60, 20, 100);
f_action = newActionListener(){
    actionPerformed:    function(){
        if(fnd_f==1)
            fnd_f=0;
        else
            fnd_f=1;
    }
};
f.addActionListener(f_action);
fnd_control.add(f);
fnd_control.show();
```

```
b = newButton("B");
b.setBounds(280, 60, 20, 100);
b_action = newActionListener(){
     actionPerformed:   function(){
          if(fnd_b==1)
                fnd_b=0;
          else
                fnd_b=1;
     }
};
b.addActionListener(b_action);
fnd_control.add(b);
fnd_control.show();


g = newButton("G");
g.setBounds(150, 160, 150, 20);
g_action = newActionListener(){
     actionPerformed:   function(){
          if(fnd_g==1)
                fnd_g=0;
          else
                fnd_g=1;
     }
};
g.addActionListener(g_action);
fnd_control.add(g);
fnd_control.show();



e = newButton("E");
e.setBounds(150, 180, 20, 100);
e_action = newActionListener(){
     actionPerformed:   function(){
          if(fnd_e==1)
                fnd_e=0;
          else
                fnd_e=1;
     }
};
e.addActionListener(e_action);
fnd_control.add(e);
fnd_control.show();
```

```
c = newButton("C");
c.setBounds(280, 180, 20, 100);
c_action = newActionListener(){
        actionPerformed:    function(){
                if(fnd_c==1)
                        fnd_c=0;
                else
                        fnd_c=1;
        }
};
c.addActionListener(c_action);
fnd_control.add(c);
fnd_control.show();




d = newButton("D");
d.setBounds(150, 280, 150, 20);
d_action = newActionListener(){
        actionPerformed:    function(){
                if(fnd_d==1)
                        fnd_d=0;
                else
                        fnd_d=1;
        }
};
d.addActionListener(d_action);
fnd_control.add(d);
fnd_control.show();




dp = newButton("DP");
dp.setBounds(320, 280, 20, 20);
dp_action = newActionListener(){
        actionPerformed:    function(){
                if(fnd_dp==1)
                        fnd_dp=0;
                else
                        fnd_dp=1;
        }
};
dp.addActionListener(dp_action);
fnd_control.add(dp);
fnd_control.show();
```

```
q = newButton("Quit");
q.setBounds(12, 360, 426, 20);
q_action = newActionListener(){
     actionPerformed:   function(){
          fnd_control.dispose();}};
q.addActionListener(q_action);
fnd_control.add(q);
fnd_control.show();
```

위의 스크립트는 제어 창을 생성하는 코드인데 위의 코드를 통해서 생성된 제어 창의 모습은 다음과 같다.

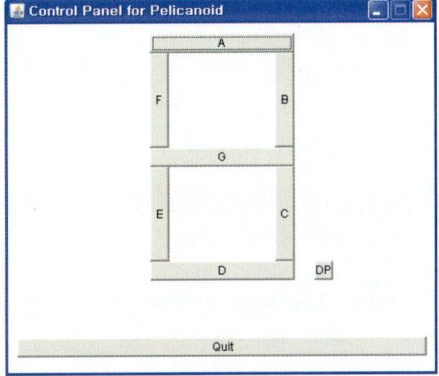

생성된 제어 창은 위와 같다. 버튼을 누르게 되면 그 위치에 해당하는 FND가 점등된다. 다시 누르면 그 부분이 소등되기 때문에, 반복적으로 패턴을 만들어 볼 수 있다. 실제 출력을 하는 FND Pattern control.js의 내부를 살펴보면 다음과 같다.

```
out0 = robot.findDevice("NetBrain.OUT0");
out1 = robot.findDevice("NetBrain.OUT1");
out2 = robot.findDevice("NetBrain.OUT2");
out3 = robot.findDevice("NetBrain.OUT3");
out4 = robot.findDevice("NetBrain.OUT4");
out5 = robot.findDevice("NetBrain.OUT5");
out6 = robot.findDevice("NetBrain.OUT6");
out7 = robot.findDevice("NetBrain.OUT7");
out8 = robot.findDevice("NetBrain.OUT8");
out9 = robot.findDevice("NetBrain.OUT9");

out2.write(1000);
out7.write(1000);
```

```
if(fnd_a==1) out6.write(0);
else out6.write(1000);

if(fnd_b==1) out5.write(0);
else out5.write(1000);

if(fnd_c==1) out3.write(0);
else out3.write(1000);

if(fnd_d==1) out1.write(0);
else out1.write(1000);

if(fnd_e==1) out0.write(0);
else out0.write(1000);

if(fnd_f==1) out8.write(0);
else out8.write(1000);

if(fnd_g==1) out9.write(0);
else out9.write(1000);

if(fnd_dp==1) out4.write(0);
else out4.write(1000);

false;
```

start.js에서 버튼을 누를 때 1, 0을 반복하게 되는데 이 부분을 이용해서 FND를 점등한다. 1일 때에는 그 부분의 FND를 점등하고 그 반대일 경우에는 소등을 하게 되어 여러 가지 패턴을 만들어 볼 수 있다. 아래 그림에서 몇 가지 패턴을 만들어 보았다.

➔ 임의의 패턴을 만든 모습

03 | 웹 페이지 열기

1 | 소 개

로보이드 스튜디오에서 간단하게 웹 브라우저를 열어 보자!

*로보이드 브라우저:
Roboid Browser

로보이드 스튜디오에서는 로보이드 브라우저* 관련 함수(API)를 기본적으로 제공한다. 로보이드 스튜디오에서 제공하는 API를 이용하면 로보이드 스튜디오*에서 로보이드 브라우저에 대해 여러 조작을 가할 수 있는데 이를 응용하면 여러 가지 재미있는 것을 만들 수 있을 것이다.

예를 들어 넷브레인을 이용한 웹 서핑이라든지, html 코드를 브라우저에 적용한다든지 하는 것들을 할 수 있게 된다. 일단 이것들의 기본이 되는 Browser를 여는 방법에 대해 배워본다.

2 | 로보이드 브라우저 관련 함수*

*로보이드 브라우저 관련
함수: Roboid Browser
API

함수	설명
void open()	로보이드 브라우저를 연다.
void close()	로보이드 브라우저를 닫는다.
Boolean isDisposed()	로보이드 브라우저가 닫혔으면 true를, 열려 있으면 false를 반환한다.
void setPosition (final int x, final int y)	로보이드 브라우저의 위치를 (x, y)로 설정한다.
void setSize(final int width, final int height)	로보이드 브라우저의 크기를 (width, height)로 설정한다.
void setMinimize (final Boolean minimized)	Minimized가 true이면 로보이드 브라우저를 최소화하고, false이면 원래 크기로 한다.

void setTitle(final String title)	로보이드 브라우저의 제목을 title로 설정한다.
Boolean setUrl(final String url)	로보이드 브라우저에 url 페이지를 연다. 성공하면 true를, 실패하면 false를 반환한다.
String getUrl()	로보이드 브라우저의 현재 url을 반환한다. 현재 열려진 페이지가 없으면 " "을 반환한다.
Boolean setText(final String html)	html 코드를 로보이드 브라우저에 적용한다. 성공하면 true를, 실패하면 false를 반환한다.
Boolean execute(final String script)	script 코드를 실행한다. 성공하면 true를, 실패하면 false를 반환한다.
Boolean e()	로보이드 브라우저의 페이지가 변경되었으면 true를, 그렇지 않으면 false를 반환한다.
Boolean findPage(String page)	현재까지 열린 페이지의 히스토리에서 해당 page가 열린 적이 있으면 true를, 열린 적이 없으면 false를 반환한다.
void clearPages()	현재까지 열린 페이지의 히스토리를 모두 삭제한다.

3 | 부품 목록

Browser를 여는 것은 넷브레인이 연결되어 있지 않아도 되기 때문에 넷브레인은 없어도 된다.

4 | 예제 및 실험

Contents Composer를 사용하였고 배치된 Motion Contents는 다음과 같다.

Browser.mcc

Browser.js

센서의 출력을 계속 확인하는 것이 아니라 Browser가 한 번 열리는 것이기 때문에 구조는 매우 간단하다. Browser를 생성하는 Browser.js의 내부는 다음과 같다.

```javascript
var page = browser.create(1068,685);
page.setUrl("http://cafe.daum.net/roboid    ");
```

내부를 살펴보면 로보이드 브라우저 창에 대한 세팅을 해준 후 창을 생성해 주게 된다. 이때 로보이드 브라우저 창은 윈도에 기본적으로 깔려있는 인터넷 익스플로러* 기반으로 웹 페이지를 열어주게 된다. 실행한 모습은 다음과 같다.

*인터넷 익스플로러:
Internet Explorer

04 | 피아노 게임

1 | 소 개

키보드값을 입력받아 넷브레인을 통해 도레미파솔라시도를 연주할 수 있는 간단한 피아노 장난감을 만들어 보자. 물론 실제 피아노와 비교해 볼 때 초라하기는 하지만 아주 간단하게 만들 수 있고 무엇보다 재미있다는 점이 장점이다.

넷브레인은 키보드가 눌러졌을 때 눌러진 키에 해당하는 정보를 콘텐츠에 전달하는 기능이 있다. 이것은 org.roboid.peripheral.keynoard에 선언되어 있는데, 이 부분을 이용해서 키보드를 누를 때마다 넷브레인에서 소리가 나는 피아노를 만들어 보자.

2 | 부품 목록

항목	수량
넷브레인	1

넷브레인에 스피커가 없기 때문에 소리를 재생하기 위해서는 이어폰 단자에 연결해야 한다. 우리가 만들려는 간단한 피아노는 다음과 같은데 피아노 건반이 화면에 나타난다는 것이 아니라 피아노 음정에 해당하는 키를 누르면 넷브레인이 재생해 주는 것이다.

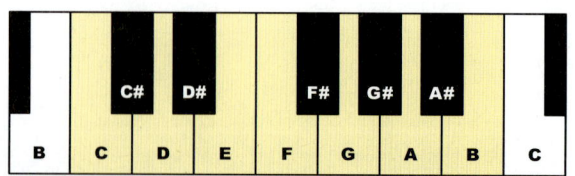

3 | 예제 및 실험

키보드의 버튼을 누를 때 해당하는 음을 재생하게 되는데 먼저 키보드의 입력을 확인하기 위해서 org.roboid.peripheral.keyboard에 있는 Roboid Keyboard를 넷브레인에 추가해 줘야 한다. 추가를 한 후 키보드에 해당하는 숫자값을 알아야 하는데 그 이유는 로보이드 스튜디오에서는 키보드 입력을 숫자로 인식하기 때문이다. 건반으로 사용할 키보드에 해당하는 숫자를 확인한다. 이번 미니프로젝트에서는 a~k까지 버튼을 사용한다.

| 피아노의 건반 역할을 하는 키보드 |

계이름	도	레	미	파	솔	라	시	도
키보드	A	S	D	F	G	H	J	K
숫자	65	83	68	70	71	72	74	75

키보드에 해당하는 숫자는 위와 같고 위의 값을 토대로 Contents Composer를 사용해서 Motion Contents를 배치하였다.

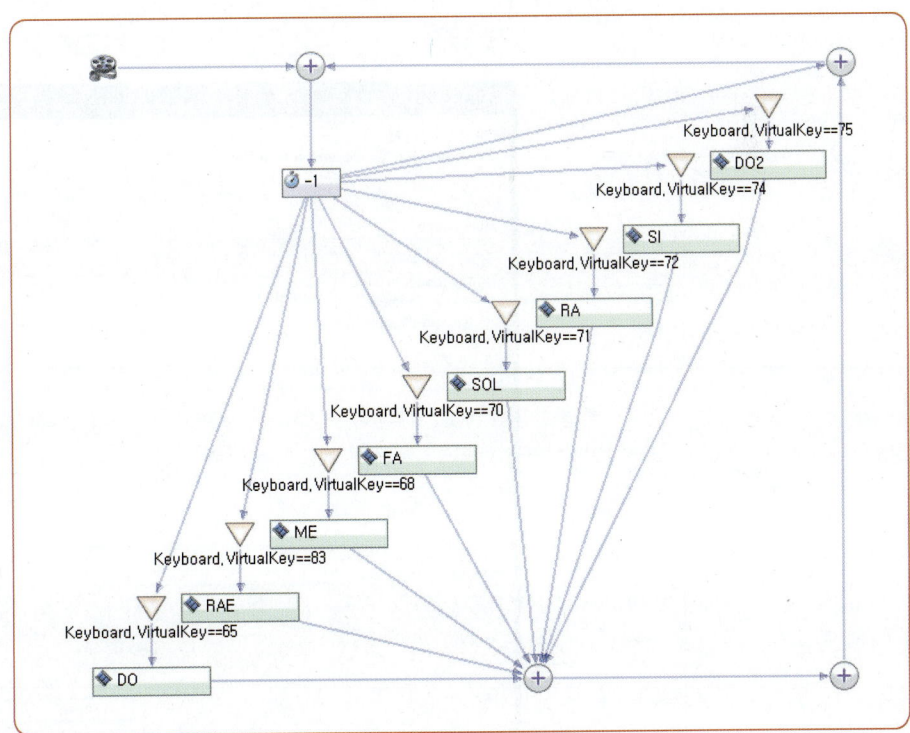

실제 재생하는 Motion Clip에는 음이 wav 파일로 내장되어 있는데, 이 부분을 추가하는 법은 다음과 같다.

먼저 Motion Clip을 생성한다.

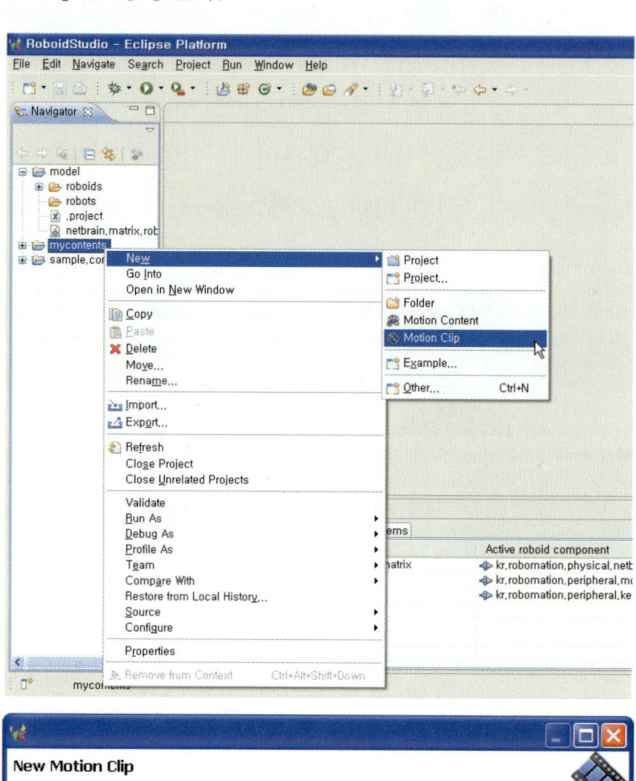

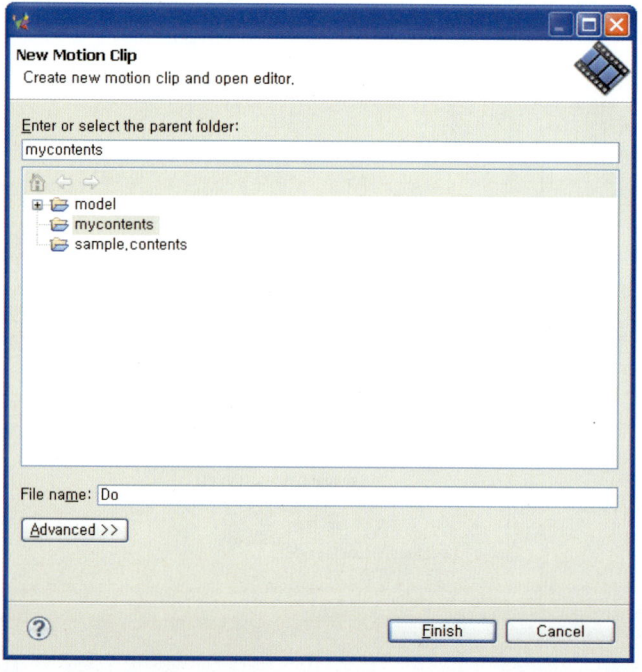

이름을 써준 후 Finish를 누른다.

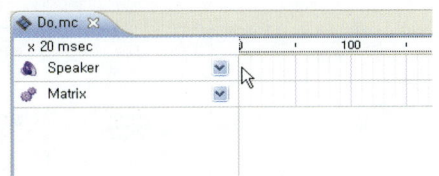

처음 생성된 Motion Clip에는 아무것도 없는데, wav 파일을 재생하기 위해서 Speaker 자리를 더블클릭한다.

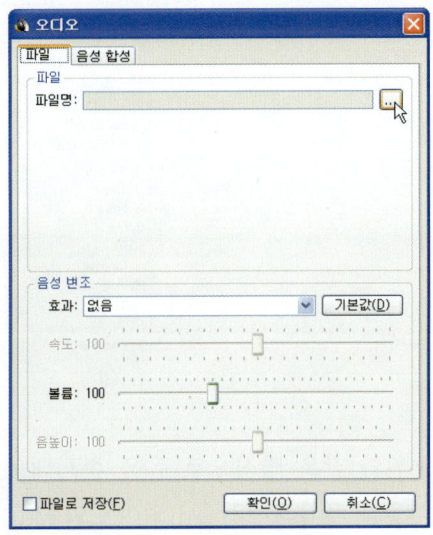

창이 하나 열리는 것을 확인할 수 있는데, 파일명 오른쪽의 … 버튼을 눌러서 파일을 불러온 후 확인을 누르면 Motion Clip에 음악 파일이 들어가 있는 것을 확인할 수 있다.

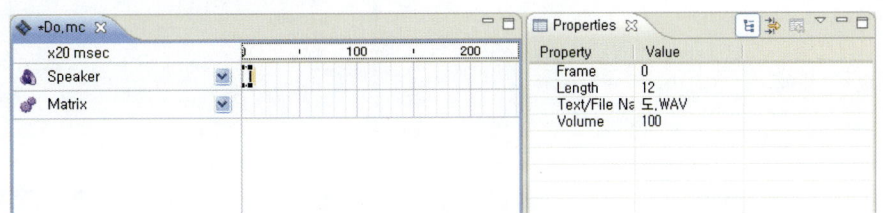

이때 Clip의 위치는 0번 프레임이어야 한다. 만약 그렇지 않을 경우 클립을 누른 후 오른쪽 Frame란을 0으로 해 주면 된다. 이렇게 해서 생성된 Motion Clip을 Contents Composer에서 사용 하려면 다음과 같이 하면 된다.

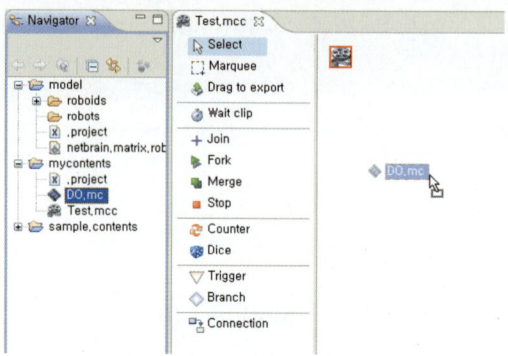

왼쪽에 있는 DO.mc를 오른쪽으로 드래그해서 넣어주면 된다.

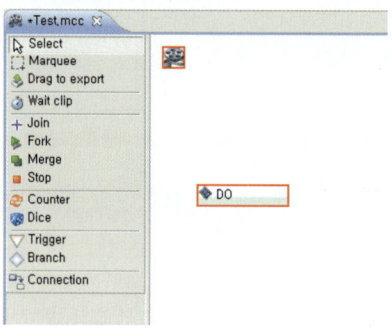

위와 같은 방식으로 음을 순서대로 추가해 주면 음을 재생할 수 있는 기반이 생긴 것이다. 앞에서 피아노의 Motion Contents를 보면 조건을 검사하는 부분이 있다. 그 부분은 먼저 Trigger를 Contents Composer에 생성한 후 오른쪽을 보면 속성이 있다. 처음 상태는 다음과 같다.

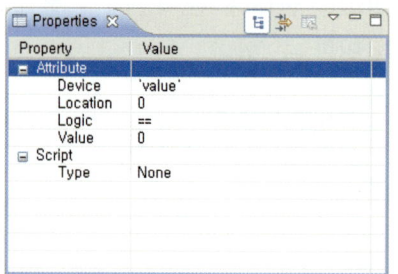

속성에서 Device 부분은 비교 대상이 되는 부분이고 Logic이 비교 조건이다. 최종으로 비교하는 값은 Value가 된다. 만약에 a를 누른 것을 감지하려고 한다면 먼저 Device를 정해줘야 한다.

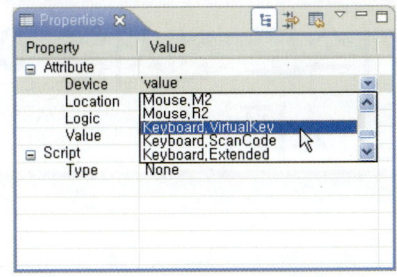

위와 같은 방법으로 Keyboard.VirtualKey로 한 후 Logic을 "=="로, Value를 65로 해 둔다.

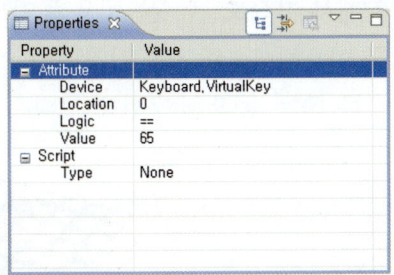

위와 같은 설정을 완료하게 되면 Keyboard.VirtualKey == 65일 때 즉, 이에 해당하는 소리가 재생된다. 위에서 처럼 하나씩 조건문과 그에 해당하는 음을 재생하는 Motion Clip을 배치해 주면 피아노가 완성된다.

1 | 소 개

앞에서 가속도 센서를 이용해 각도값을 계산해 보았는데, 이제 Browser 제어를 이용해서 x축, y축 각각 한쪽으로 기울어 질 때 서로 다른 웹 페이지가 열리도록 하는 동작을 구현해 보자.

2 | 부품 목록

항목	수량
넷브레인	1
가속도 센서 모듈	1

넷브레인 매트릭스에 있는 가속도 센서와 버튼을 사용하기 위해서 넷브레인과 결합해서 사용하였다.

3 | 예제 및 실험

이번에 구현할 내용은 가속도 센서가 x축, y축 양쪽으로 기울어 질 때 웹 페이지를 열어주는 동작을 보여주게 되는데 Contents Composer를 사용하였고, 배치된 Motion Contents는 다음과 같다.

websurfing.mcc

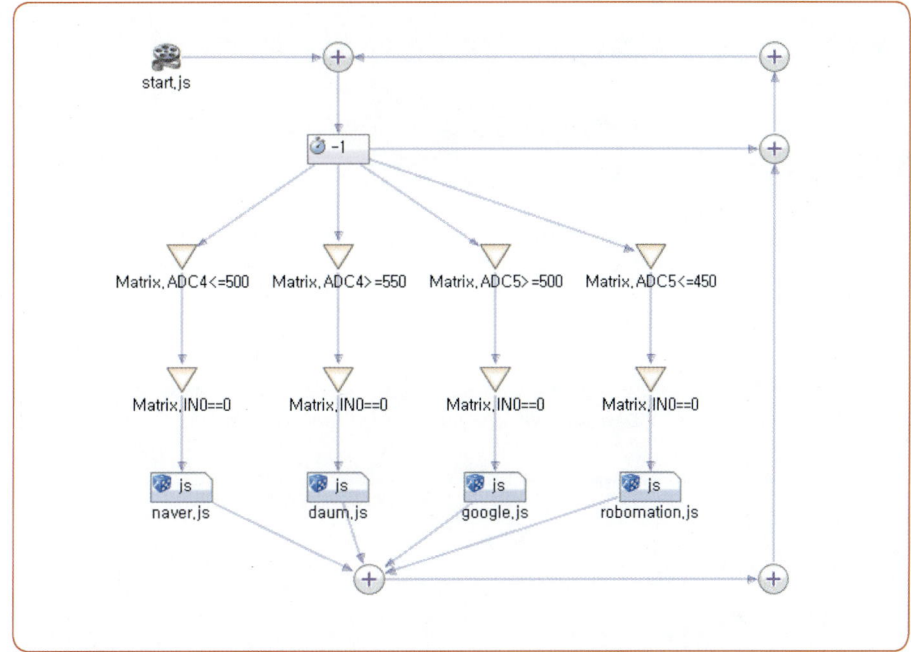

여러 상황에 따른 조건을 검사한 후 해당 웹 페이지를 열어줄 수 있도록 Motion Contents가 배치되었다. 먼저 start.js의 내부를 보자.

```
var page = browser.create(1068,685);
```

실행을 하면 Browser가 생성되는데 어떤 웹 페이지를 열라는 명령이 없기 때문에 그냥 빈 창만 생성이 된다. 그 다음에 조건을 검사하게 된다. Matrix.ADC4값은 가속도 센서의 값이 입력되는 부분이다. 이 부분이 양쪽으로 치우칠 때, 그리고 그 순간에 Matrix.IN0==0이 되어야 웹 페이지가 열리게 된다. Matrix.IN0==0이라는 의미는 스위치를 누를 때를 의미한다. 양쪽으로 치우칠 때 특정값 이하로 설정을 해 두는데 이는 실행을 한 후 Data Visualizer를 통해서 값이 어떻게 변하는 지를 확인할 수 있다.

웹 페이지를 여는 js 구조는 다음과 같은데 괄호 부분에 원하는 홈페이지의 주소를 적으면 된다.

```
page.setUrl("http://www.naver.com");

false;
```

```
page.setUrl("http://www.daum.net");

false;
```

```
page.setUrl("http://www.google.co.kr");

false;
```

```
page.setUrl("http://www.robomation.kr");

false;
```

06 | 마우스 게임

1 | 소 개

앞에서 설명한대로 로보이드 스튜디오에서는 마우스의 움직임을 Contents Composer에 전달하는 기능이 있다. 이것은 org.roboid.peripheral. mouse에 선언되어 있다. 이 부분을 응용해서 넷브레인 매트릭스에 있는 도트 매트릭스를 마우스를 이용해서 제어하고, 간단한 두더지 게임을 만들어 보자.

2 | 부품 목록

항목	수량
넷브레인 매트릭스	1
넷브레인	1

마우스의 움직임을 넷브레인 매트릭스의 도트 매트릭스 부분을 통해서 출력해야 되기 때문에 넷브레인 매트릭스와 넷브레인을 결합하여 사용하였다.

마우스 게임이 실행되면 화면에 빈 창이 하나 출력 된다. 이와 동시에 도트 매트릭스에 약한 LED 하나와 밝은 LED 하나 두 개의 LED가 점등된다. 이 중 약한 LED가 마우스인데 마우스 커서를 화면에 출력된 창 위에서 움직이면 그 좌표에 따라 약한 LED도 움직이게 된다. 이 LED를 마우스로 조종해서 밝은 LED 위치로 이동해서 겹치게 하는 것이 목표인데, 만약 둘의 좌표가 일치하게 되면 Console 창에 "Catch!!"라는 메시지가 출력되고 밝은 LED의 위치가 바뀌게 된다. 마우스를 사용하기 위해서 org.roboid.peripheral.mouse의 Roboid Mouse를 추가한다.

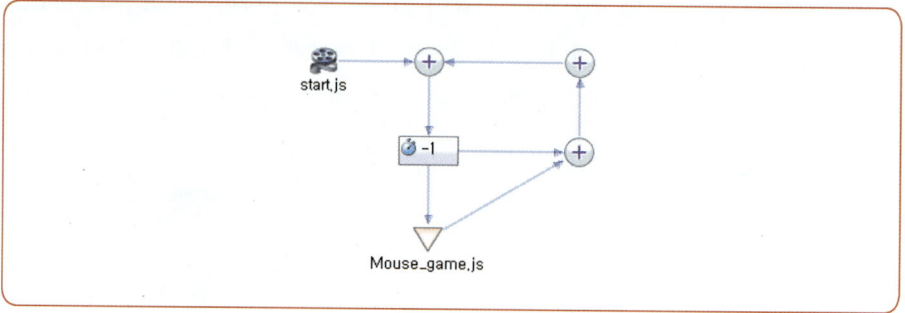

start.js

Mouse_game.js

● Mouse_game.mcc

배치된 Motion Contents는 간단한데, 주요한 동작은 사실 Mouse_game.js 내부에 있다. 그보다 먼저 start.js 내부를 살펴보면 다음과 같다.

```javascript
importPackage(java.awt, java.awt.event);

ledAr = newArray(64);
var mouse_x=robot.findDevice("Mouse.X");
var mouse_y=robot.findDevice("Mouse.Y");
var mat = robot.findDevice("matrix.MATRIX");
var xpos = 0;
var ypos = 0;
var xgoal = 0;
var ygoal = 0;


mouse_game = newFrame("Mouse game");
mouse_game.setBounds(0,0,400,460);
mouse_game.setResizable(false);
mouse_game.setLayout(null);
```

```
q = newButton("Quit");
q.setBounds(0, 430, 400, 20);
q_action = newActionListener(){
        actionPerformed:   function(){
                mouse_game.dispose();}};
q.addActionListener(q_action);
mouse_game.add(q);
mouse_game.show();
```

먼저 java.awt와 java.awt.event를 사용하기 위해 import 하였는데 java.awt
는 GUI*를 사용하기 위해 그리고 java.awt.event는 이벤트를 사용하기 위해서
이다.

* GUI : Graphic User
  Interfase

그리고 Mouse의 x좌표와 y좌표를 사용하기 위한 선언과 도트 매트릭스도 선
언을 해 주었다. 그 밑으로 변수를 선언한 후 마우스 게임을 실행할 때 창을 만
들어 주기 위한 명령들을 넣어주었다. 실행을 할 때 출력되는 창의 모습은 다
음과 같다.

● Mouse_game의 GUI
  (바꿀 것)

아무것도 없는 빈 창이지만 이곳에서 커서를 움직일 경우 도트 매트릭스의
LED 하나를 조종할 수 있게 된다. start.js에서 생성해 준 Quit 버튼을 클릭하
면 창이 종료된다.

이제 가장 중요한 Mouse_game.gs의 내부를 살펴보면 다음과 같다.

```
for(vari=0;i<64;i++)
{
        ledAr[i] = 0;
}

xpos =    mouse_x.read()/50;
```

```
if (xpos < 0) xpos = 0;
else if(xpos<1)xpos=0;
else if(xpos<2)xpos=1;
else if(xpos<3)xpos=2;
else if(xpos<4)xpos=3;
else if(xpos<5)xpos=4;
else if(xpos<6)xpos=5;
else if(xpos<7)xpos=6;
else xpos=7;
if (xpos >= 7) xpos = 7;

ypos =    (mouse_y.read()-20)/50;
if (ypos < 0) ypos = 0;
else if(ypos<1)ypos=0;
else if(ypos<2)ypos=1;
else if(ypos<3)ypos=2;
else if(ypos<4)ypos=3;
else if(ypos<5)ypos=4;
else if(ypos<6)ypos=5;
else if(ypos<7)ypos=6;
else ypos = 7;
if (ypos >= 7) ypos = 7;

ledAr[xpos+ypos*8] = 10;
mat.write(ledAr);

if((xgoal == xpos) && (ygoal == ypos))
{
     xgoal =   (Math.random()*10)%8;
ygoal = (Math.random()*10)%8;

if (xgoal < 0) xgoal = 0;
else if(xgoal<1)xgoal=0;
else if(xgoal<2)xgoal=1;
else if(xgoal<3)xgoal  = 2;
else if(xgoal < 4) xgoal  = 3;
else if(xgoal < 5) xgoal = 4;
else if(xgoal < 6) xgoal = 5;
else if(xgoal < 7) xgoal = 6;
else xgoal =7;
if (xgoal    >= 7) xgoal = 7;

if (ygoal <   0) ygoal = 0;
else if(ygoal < 1) ygoal = 0;
else if(ygoal < 2) ygoal = 1;
else if(ygoal < 3) ygoal = 2;
else if(ygoal < 4) ygoal = 3;
```

```
else if(ygoal  < 5) ygoal = 4;
else if(ygoal  < 6) ygoal = 5;
else if(ygoal  < 7) ygoal = 6;
else ygoal = 7;
if (ygoal    >= 7) ygoal = 7;
}

ledAr[xgoal+ygoal*8]=100;
mat.write(ledAr);

false;
```

Mouse_game.js 내부를 살펴보면 마우스의 좌표를 읽어 도트 매트릭스 상에 약한 출력으로 점등을 시킨 후 목표 LED와 좌표가 일치되면 다시 랜덤 함수를 이용해서 새로운 목표 LED 값을 출력하도록 되어 있다. 맨 처음에는 Start.js에 선언된 것처럼 왼쪽 위에 목표 LED가 생성되고, 그쪽으로 마우스 LED를 이동시키면 새로운 목표 LED가 생성되고, 이것이 반복되게 된다. 실제로 실행한 모습은 다음과 같다.

● 동작 모습

커서의 위치가 왼쪽 상단에 있을 때 도트 매트릭스에 표시되는 부분도 왼쪽 상단임을 알 수 있다. 밝게 켜져 있는 부분으로 점을 이동시켜서 잡게 되면 이 점의 위치가 변하는 것을 확인할 수 있다.

→ 동작 모습

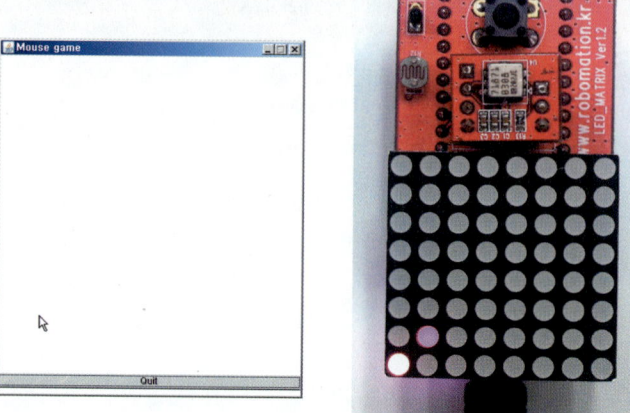

커서를 목표점으로 이동하면 새로운 목표점이 다른 곳에서 생기는 것을 확인할 수 있다. 이런 식으로 목표점을 좇아다니는 게임이다.

07 프로세싱을 이용한 온도계

1 | 소 개

앞에서 서미스터를 이용해서 온도를 도트 매트릭스로 출력해 보았는데, 이번에는 로보이드 스튜디오에서 지원하는 Processing을 이용하여 가상의 온도계를 만들어 보자. 만들게 될 가상의 온도계는 실제 온도계와 비슷한 모양을 가지게 되며, 수은주가 움직이는 애니메이션 효과도 구현해 본다.

2 | 부품 목록

항목	수량
넷브레인	1
넷브레인 매트릭스	1

Processing을 활용하여 다음과 같이 작성한다.

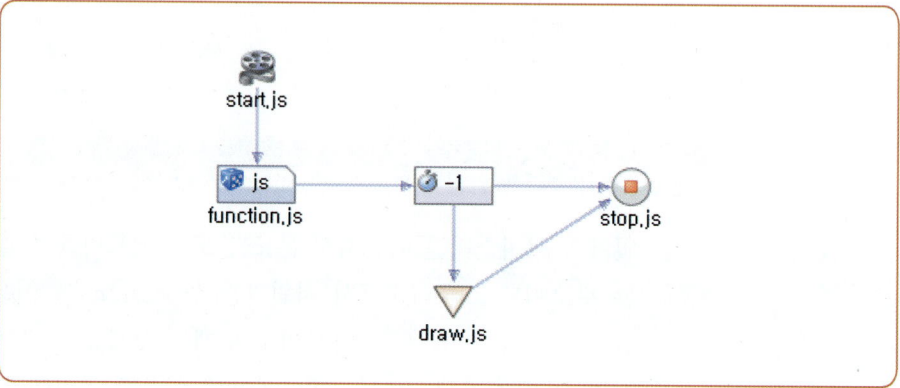

위는 Processing을 이용하기 위한 가장 기본적인 형태이며, 먼저 start.js의 내부를 살펴보면 다음과 같다.

```
p = processing.create("thermometer",400,400);

p.noStroke();
p.noLoop();

var thermistor = robot.findDevice("matrix.ADC1");
```

한 줄씩 살펴보면 먼저 thermometer이라는 창을 processing.create 구문을 사용하여 생성한다. 이때 크기는 400×400의 크기가 된다. 그 다음 줄에 있는 p.noStroke 부분은 그림을 그릴 때 외곽선을 그리지 않겠다는 뜻이다. 왜냐하면 처음에 온도계 그릴 때 원과 네모를 이용해서 그리는데 외곽선이 있을 경우 둘의 경계가 구분되어서 하나의 그림으로 보이지 않기 때문이다. 그리고 p.noLoop는 화면의 갱신을 로보이드 콘텐츠 재생 속도로 동기화한다는 것이다. 온도계에서 수은주가 움직이는 애니메이션은 계속 온도를 읽어서 온도계를 계속 갱신해 줌으로써 이루어지게 되는데, 콘텐츠 재생 속도와 동기화되므로 끊기지 않고 연속적으로 변하는 것처럼 보인다. 마지막에 있는 부분은 넷브레인 매트릭스*의 ADC1 포트에 연결되어 있는 서미스터를 선언해 주는 것이다.

이제 function.js의 내부를 살펴보자.

```javascript
function draw()
{
        p.background(200);

        p.fill(255,0,0);
        p.rect(150,50,100,300);

        p.fill(255,255,255);
        p.rect(150,50,100,temp);

        p.fill(255,0,0);
        p.ellipse(200,300,150,150);
}
```

이 부분은 온도계를 그리는 부분이다. 한 줄씩 살펴보면 첫 번째 줄에 있는 p.background는 배경의 색깔이다. 255로 하면 흰색이 되고 0으로 하면 검정색이 되는데, 온도계의 수은주를 제외한 부분이 흰색이라서 배경은 약간 회색으로 했다.

그 다음 부분은 수은주가 상승하는 부분으로 기둥 모양이다. 이 기둥과 온도계의 아랫부분에 있는 둥근 부분이 합쳐져서 온도계의 모양을 갖추게 된다. 이부분은 수은주의 색깔인 빨간색으로 채워져 있다. 이때 만들어진 온도계의 모습은 다음과 같다.

○ 생성된 온도계의 외형

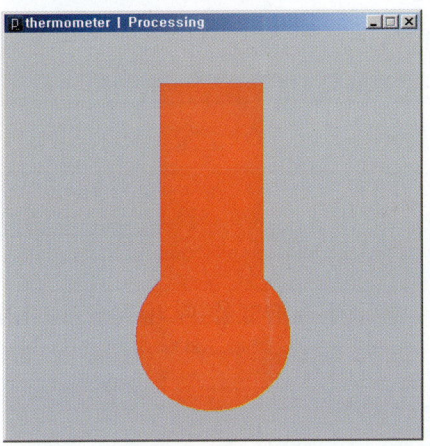

원래는 수은주가 움직여야 하지만 온도가 상승함에 따라 값이 줄어드는 서미스터의 특성에 따라 흰부분의 크기를 변화시켜서 수은주가 움직이는 것처럼 보이

도록 만들었다. p.rect(150, 50, 100, temp)에서 변수 temp는 생성되는 사각형의 세로 길이이다. 이 부분을 서미스터의 값으로 해 주어서 변화가 생기도록 하였다. 서미스터의 값을 읽어오는 부분인 draw.js의 내부를 보자.

```
temp=thermistor.read()-300;

if(temp)=170)
        temp=170;
else if(temp<=0)
        temp=0;

p.redraw();

false;
```

위의 부분은 앞에서 했던 것과 비슷한 구문으로 이루어져 있다. 먼저 서미스터 센서에서 나온 값을 읽은 후 300을 빼주었다. 이유는 서미스터 센서가 측정할 수 있는 범위가 매우 큰데 일상 생활에서는 그 변화율이 크지 않기 때문이다. 그 이후 온도계가 표현할 수 있는 최대값과 최소값으로 제한해 주었다.

상온에서의 모습

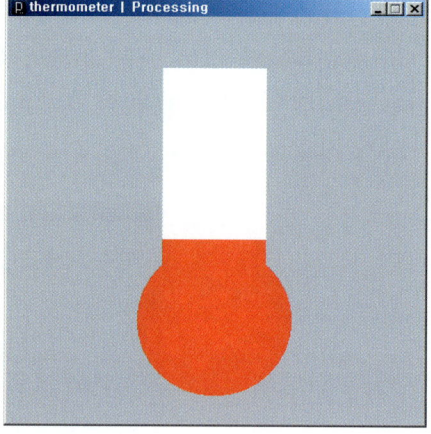

온도가 상승했을 때의 모습은 다음과 같다.

온도가 상승했을 때의
모습

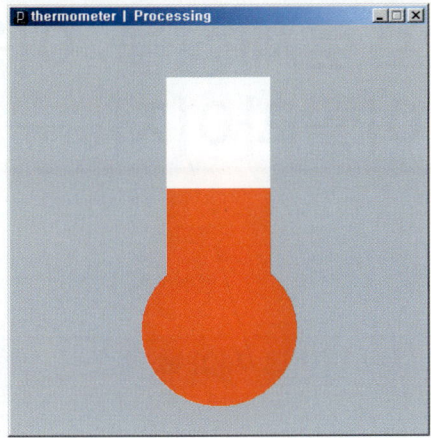

위와 같이 Processing을 사용하면 좀 더 보기 쉽고 직관적으로 센서의 데이터
를 확인해 볼 수 있다.

08 프로세싱을 이용한 이퀄라이저

1 │ 마이크 제어 소개

넷브레인에는 마이크가 있어서 외부의 소리를 인식할 수 있다. 이번에는 마이크를 통해 들어오는 목소리의 크기를 가지고 간단한 이퀄라이저*를 구현해보자.

*이퀄라이저 : Equalizer

이퀄라이저*란 소리의 음역대별로 크기를 시각적인 표로 나타내 주는 것인데, 로보이드 스튜디오에서 음역대별로 분리하는 작업은 스크립트로 작성하기가 쉽지 않다. 따라서 마이크를 통해서 소리의 크기를 바탕으로 이퀄라이저와 비슷한 기능을 구현해 볼 생각이다. 이퀄라이저*와 동일하게 동작하는 것은 아니지만 목소리의 크기 만큼 변화 폭이 정해지므로 출력되는 모습을 통해 목소리의 크기를 가늠해 볼 수 있다는 것이 재미있다.

2 │ 넷브레인 마이크

넷브레인의 마이크는 다음 사진의 원으로 표시된 부분으로 USB 커넥터 바로 옆에 있다. 먼지가 들어가지 않게 조그만 천으로 덮여 있으며 녹음을 하거나 테스트할 때 이 부분에 대고 말하면 된다.

넷브레인에 있는 MIC

＊마이크：MIC

마이크(MIC)

3 ┃ 부품 목록

넷브레인의 마이크를 사용하기 때문에 필요한 부품은 없다.

항목	수량
넷브레인	1

4 ┃ 예제 및 실험

Processing을 이용하기 위해 Contents Composer를 통해 작성하였다.

mic_processing.mcc

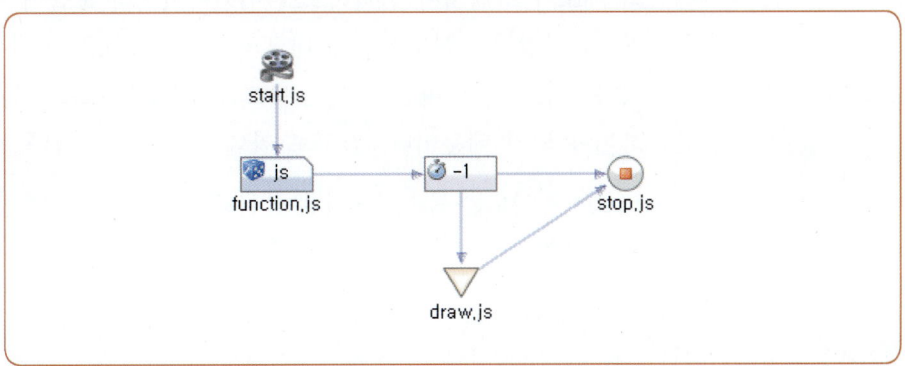

먼저 start.js의 내부를 살펴보자.

```
p = processing.create("Equalizer",400,400);

var mic = robot.findDevice("matrix.Microphone");
```

처음부터 살펴보면 Equalizer라는 창을 생성하였고 크기는 가로 400, 세로 400으로 설정하였다. 그리고 넷브레인에 있는 MIC를 사용하기 위한 선언을 하였다.

이제 실제 이퀄라이저*의 모습을 그리는 부분인 function.js의 내부를 살펴보자.

*이퀄라이저 : Equalizer

```
function draw()
{
        p.background(255);
        p.fill(0);
        p.rect(30,350,50,(0-rand1));
        p.rect(100,350,50,(0-rand2));
        p.rect(170,350,50,(0-rand3));
        p.rect(240,350,50,(0-rand4));
        p.rect(310,350,50,(0-rand5));
}
```

위에서 부터 살펴보면 먼저 background는 255로 흰색으로 설정하고 p.fill(0)을 통해서 이퀄라이저가 되는 부분을 검정색으로 채워주었다. 그 다음으로 5개의 네모가 그려져서 전체적으로 이퀄라이저의 모습이 되는 것이다. 이퀄라이저*가 생성되는 부분은 5개 네모의 크기를 random 함수로 생성된 변수로 정의하였다. 0에서 빼준 이유는 MIC를 통해 들어오는 목소리가 커질수록 상승하여야 되기 때문이다. 참고로 화면상의 좌표는 왼쪽 상단이 (0, 0)이 된다.

MIC로 들어오는 목소리에서 무작위로 난수를 추출하는 부분인 draw.js의 내부를 살펴보자.

```
mic_value=0;

for(i=0;i<320;i++)
{
        if(mic.read(i)>0)
                mic_value    += mic.read(i);
}

s = mic_value/5000+1;

rand1 = ((Math.random()*300)%s)+1;
rand2 = ((Math.random()*300)%s)+1;
rand3 = ((Math.random()*300)%s)+1;
rand4 = ((Math.random()*300)%s)+1;
rand5 = ((Math.random()*300)%s)+1;

false;
```

MIC의 데이터가 저장되는 변수가 선언되고 mic.read()를 통해서 320개 데이터의 총합을 계산해 주었다. 왜 320개의 데이터를 모두 더했냐면 MIC 데이터의 사이즈가 320이기 때문이다. 이는 로보이드 스튜디오에서 확인할 수 있다.

로보이드 스튜디오 좌측 Navigator 탭에서 model 부분을 확장하면 netbrain.matrix.robot부분이 있는데 여기서 Matrix.Microphone을 클릭하면 오른쪽 상단에 속성이 나온다.

● NetBrain Microphone 속성

Properties	
Property	Value
Comment	
Data Size	320
Data Type	SHORT
Default	0
Max	32767
Min	-32768
Name	Microphone
Proxy For	
Throttle	1

속성을 살펴보면 두 번째 줄에 Data Size가 320임을 확인할 수 있다. 이 방법 이외에도 로보이드 스튜디오 우측 Data Visualizer 부분을 확인하는 방법이 있다. 이렇게 320개의 데이터는 mic.read()의 괄호 안에 0~319의 숫자를 넣어줌으로써 접근할 수 있다. 이 때문에 for문을 통해서 320개의 데이터를 모두 더

해주었다. 이때 더해 준 결과가 매우 큰 값이 나오기 때문에 5000을 나눠주었다. 그리고 1을 더해줌으로써 최소값이 1보다 작아지지 않도록 하였다. 다음을 살펴보면 random 함수를 통해 난수를 생성하는데, 그 방법은 이렇다. 먼저 Math.random으로 무작위로 숫자를 생성한다. 이렇게 생성된 숫자는 0~1까지의 소수이므로 여기에 300을 곱해서 크기를 크게 한 다음 위에서 구한 숫자로 나눠주는데 이때 나머지를 사용한다. 나머지를 사용한 이유는 MIC를 통해 들어오는 목소리의 크기보다 큰 값이 생성되면 안 되기 때문이다. 이런 식으로 5개의 random 값이 생성한 후 실행한 모습은 다음과 같다.

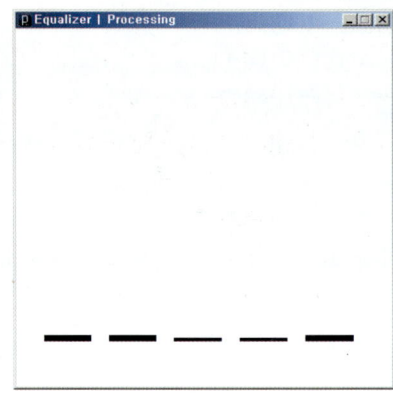 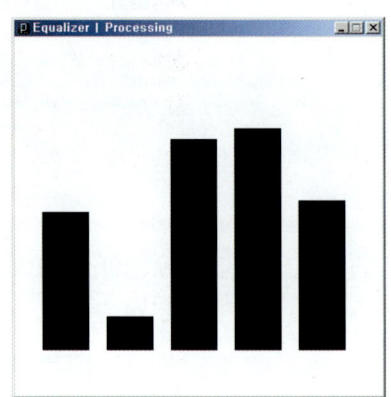

평상 시(좌), 큰 목소리로 말할 때(우)

작은 목소리로 말하게 되면 이퀄라이저*의 크기가 커지는 것을 확인할 수 있다. 1~목소리의 크기까지 무작위로 숫자를 생성해 이퀄라이저*를 만들기 때문에 목소리가 작으면 그리 크지 않게 생성됨을 확인할 수 있다.

*이퀄라이저 : Equalizer

큰 목소리로 말하게 되면 전체적으로 이퀄라이저*의 크기가 커지는 것을 확인할 수 있다. 위에서 처럼 MIC를 통해 들어오는 목소리의 크기를 가지고 가상의 이퀄라이저*를 구현해 보았다. 물론 실제 기능이 같지는 않지만 목소리의 크기는 어느정도 가늠해 볼 수 있다.

09 프로세싱을 이용한 전구

1 | 프로세싱을 이용한 예쁜 전구 제어

앞에서는 CdS 센서를 통해 입력 받은 값으로 도트 매트릭스를 점등해 보았는데, 이번에는 프로세싱을 이용해서 가상의 전구를 만들고 현재 주변 밝기에 따라서 전구의 밝기도 조절되도록 만들어 볼 것이다. 넷브레인 매트릭스의 CdS를 사용하기 때문에 필요한 부품은 없으며 넷브레인 매트릭스와 넷브레인을 결합하기만 하면 된다.

2 | 부품 목록

항목	수량
넷브레인	1
넷브레인 매트릭스	1

먼저 콘텐츠 컴포저를 이용하여 다음과 같은 예제를 작성한다.

cds_processing.mcc

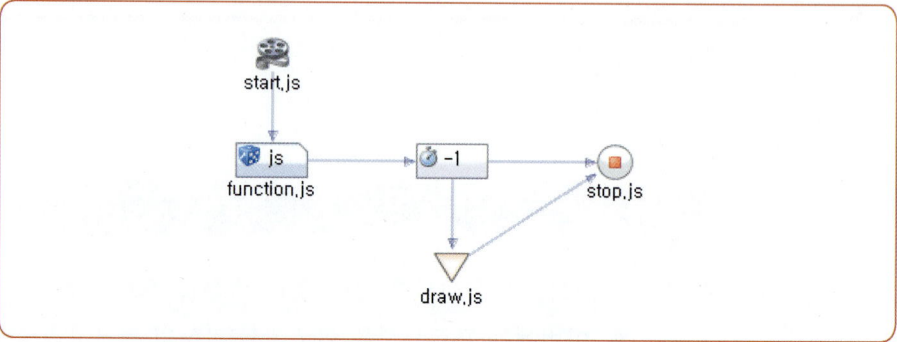

먼저 start.js의 내부를 살펴보자.

```
p = processing.create("Electric bulb",400,400);

var cds = robot.findDevice("matrix.ADC0");
```

processing.create를 통해서 Electric bulb라는 창을 만들었고, 크기는 가로 400, 세로 400으로 하였다. 그 다음 ADC0번 포트에 연결되어 있는 CdS를 선언하였다.

그 다음으로 function.js의 내부를 살펴보자.

```
function draw()
{
        p.background(200);

        p.fill(255,255,cds_data);
        p.ellipse(200,180,250,250);

        p.fill(0);
        p.rect(150,295,100,100);


        p.line(150,200,175,295);
        p.line(250,200,225,295);


        p.line(150,200,163,220);
```

```
        p.line(163,220,175,200);
        p.line(175,200,188,220);
        p.line(188,220,200,200);

        p.line(200,200,213,220);
        p.line(213,220,225,200);
        p.line(225,200,238,220);
        p.line(238,220,250,200);
}
```

먼저 background를 200으로 하였는데, 이유는 전구가 꺼져있을 때 흰색이므로 배경은 약간 회색으로 하기 위해 200으로 하였다. 그리고 전구의 모양을 그리는데, 원과 정사각형 하나로 구성하였다. 원이 불이 켜지는 부분인데 이 부분의 색깔을 조절해 줌으로서 전구가 밝아지도록 하였다. p.fill 구문을 통해 설정해 주었는데 p.fill의 문법은 다음과 같다.

```
                p.fill(Red, Green, Blue)
```

전구가 제일 환하게 켜졌을 때를 노란색으로 정하였는데 노란색의 밝기를 조절하려면 Red, Green, Blue를 적절하게 조합하여야 한다. 먼저 Red와 Green을 조합하면 노란색이 나온다. 그리고 Blue의 크기를 조절하면 노란색의 밝기가 조절된다. 즉 Blue가 0이면 노란색이 출력되고, 150정도 되면 연한 노란색 그리고 255가 되면 흰색이 출력된다. 따라서 Blue 부분에 변수를 넣고 이 변수는 CdS 센서를 통해 들어오는 값으로 설정하였다.

그리고 그 밑부분은 전구의 필라멘트 모양을 그리게 되는 직선들이다.

```
                p.line(x1, y1, x2, y2)
```

p.line이라는 것은 p에 직선을 만든다는 뜻이고, 그 직선은 (x1, y1)점과 (x2, y2)점을 잇는 직선이다. 이런 식으로 많은 직선을 그려서 그것이 필라멘트처럼 보이도록 한 것이다.

이제 다음으로 CdS 센서의 데이터를 받는 부분인 draw.js의 내부를 살펴보자.

```
cds_data = (cds.read()*(255/959));

false
```

데이터를 받는 부분은 간단하게 구성되어 있다. 먼저 CdS에서 들어오는 데이터의 범위를 알아야 하는데, 제일 밝을 때가 0이고 빛이 아예 없을 때가 959이다. 그리고 전구의 밝기를 조절하는 부분인 Blue는 0~255까지의 범위를 가진다. 이 둘의 범위가 다르기 때문에 비례식을 이용하는데 그 식은 다음과 같다.

$$255 : 959 = x : 1$$
$$x = 255/959$$

CdS 센서를 통해 들어오는 데이터가 1만큼 변할 때 밝기가 얼마나 변하는지에 대한 식이다. 위에서 구한 변화율을 곱해준 다음 그 값을 대입하면 전구의 밝기가 변화한다.

◐ 주변의 빛의 양에 따른 전구의 밝기 변화

왼쪽 그림은 CdS 센서를 손으로 가려 최대한 어둡게 했을 때이고, 가운데 그림은 손을 약간 떼어 주위의 빛이 들어와 밝아진 경우이고 오른쪽 그림은 카메라의 조명을 비추어 보았을 때의 경우이다. 카메라 조명을 비추면 형광등에 비해 월등한 빛의 양이 들어오기 때문에 전구의 색깔도 더욱 진한 노란색이 된다.

*프로세싱: Processing

이번에는 프로세싱*을 통해서 가상의 전구를 만들고 CdS 센서의 데이터를 통해서 그 밝기를 조절해 보았다. CdS 센서를 통해 들어오는 양은 도트 매트릭스나 다른 것으로 출력할 수도 있겠지만 프로세싱*을 통해서 출력하면 더욱더 직관적이고 알기 쉽게 확인할 수 있다.

10 | VoIP 폰 활용

1 | 목 표

넷브레인에 있는 마이크와 이어폰 단자를 이용하여 VoIP 폰을 사용해 보자.

1.1 소개

VoIP 폰은 인터넷 전화로 최근들어 각광을 받고 있는 기술이다. 점점 인터넷의 속도는 빨라지고, 많이 보급되기 때문에 이런 인터넷폰 사용자가 세계적으로 늘어나고 있는 추세이다. 세계적으로는 스카이프*가 이용자가 제일 많으며 우리나라도 이용자가 늘어나고 있는 추세이다.

＊스카이프 : Skype

이런 인터넷폰은 인터넷과 연결된 전화기 모양의 기계를 사용하는 방법과 컴퓨터 프로그램을 사용해서 통화하는 방법이 있는데 이번에는 후자의 방법을 설명한다.

1.2 부품 목록

항목	수량
넷브레인	1
이어폰	1

1.3 예제 및 실험

먼저 넷브레인의 이어폰 단자에 이어폰을 연결하여 사용하도록 한다.

→ 이어폰이 연결된 모습

넷브레인에 기본적으로 있는 마이크와 이어폰을 가지고 VoIP 폰을 사용해 보자. 스카이프를 사용할 수 있지만 친숙한 네이버를 사용해 보자.

네이버폰

네이버폰은 네이버에서 제공하는 인터넷 전화로서 인터넷만 된다면 어디든 전화를 걸거나 받을 수 있다. 먼저 네이버폰 홈페이지(http://phone.naver.com)를 방문하자.

→ 네이버폰 홈페이지

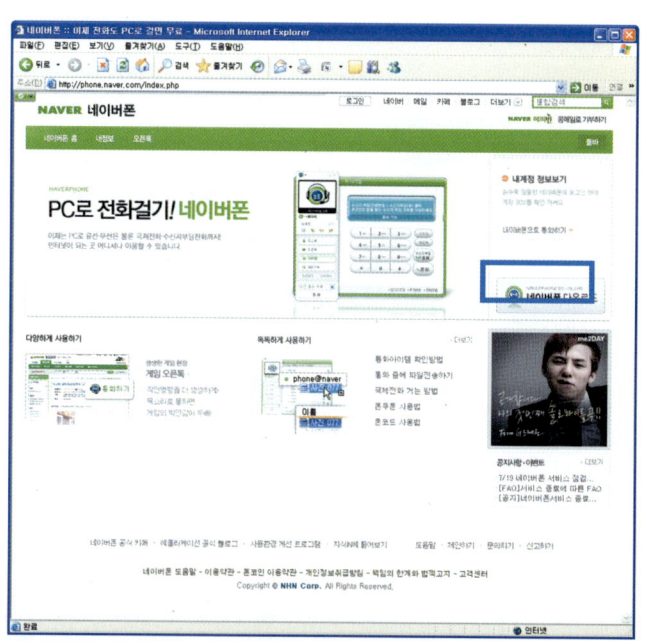

홈페이지의 우측 중간에 있는 네이버폰 다운로드를 누른다.

● 네이버폰 다운로드 창

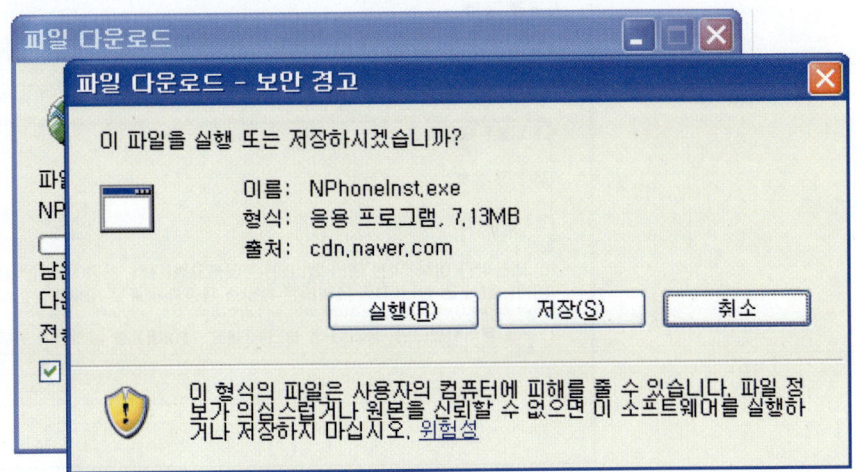

저장을 하도록 하고 다운로드를 하자.

● 네이버폰 설치 프로그램

다운로드가 끝나면 위와 같은 파일이 생성되는데 이를 더블클릭하여 실행한다.

● 네이버폰 설치

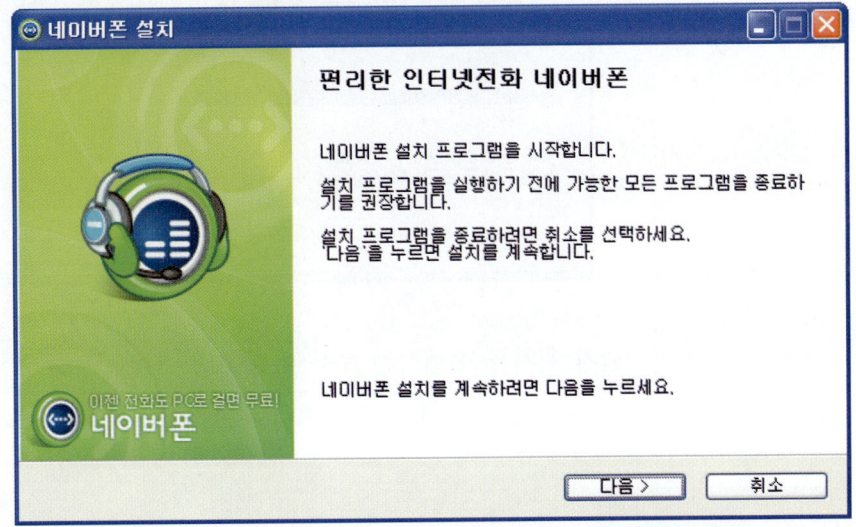

위와 같은 창이 뜨면 설치를 위한 설정이 시작된 것이다. "다음"을 누른다.

네이버폰 설치

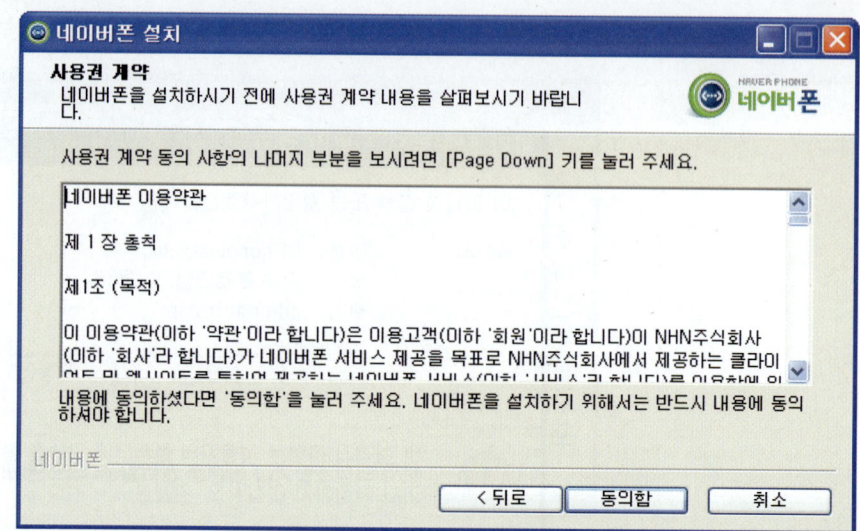

사용권 계약에 관한 내용이 나온다. "다음"을 누른다.

네이버폰 설치

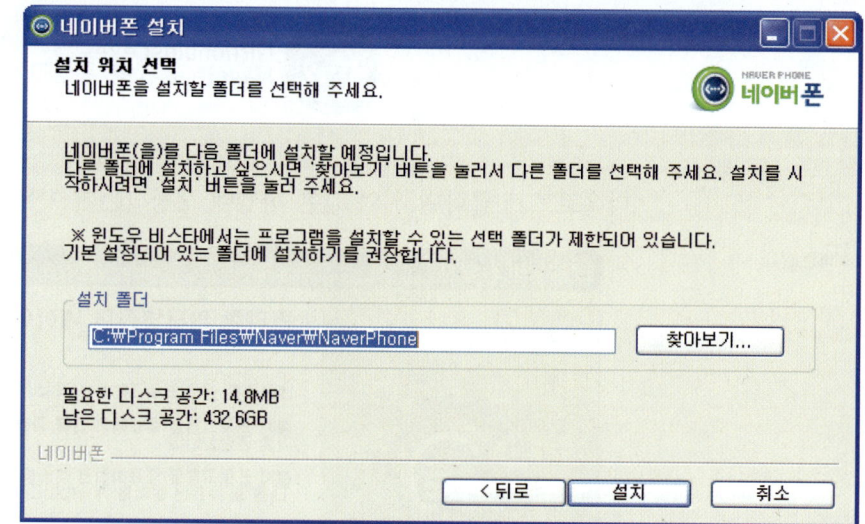

설치 위치를 선택하는 부분이 나온다. 역시 "다음"을 누른다.

● 네이버폰 설치

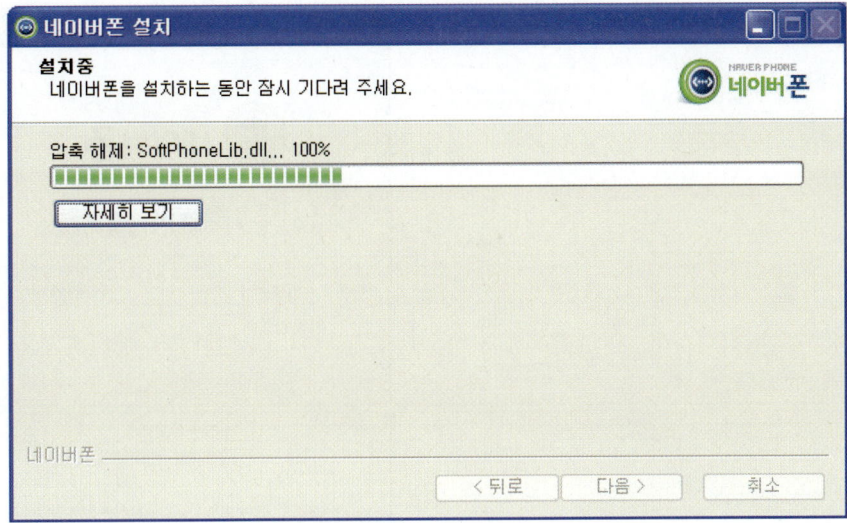

위와 같은 화면이 누르고, 설치되기 시작한다.

● 네이버폰 설치

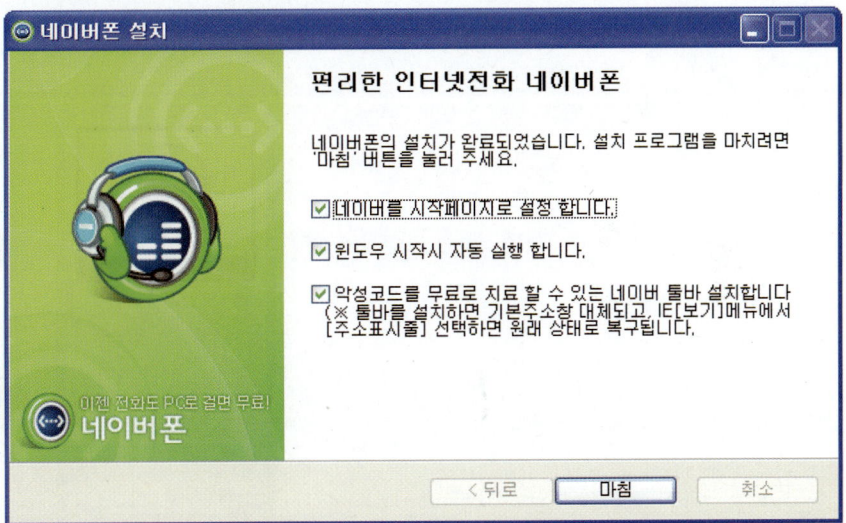

설치가 완료되면 설정을 하고 마무리하는 창이 나온다. 모두 사용자가 원하는 대로 체크한 후 "마침"을 누른다. 모두 체크를 안 해도 네이버폰 성능에는 문제가 없다.

● 네이버폰

실행을 하면 위와 같은 창이 뜨게 된다. 네이버 아이디와 비밀번호를 입력하고, 로그인을 하면 된다.

● 네이버폰

로그인을 하면 위와 같은 창이 뜨고 넷브레인이 연결된 상태에서 환경 설정을 누른다.

● 네이버폰

환경 설정을 누르면 다음과 같은 창이 나온다.

● 네이버폰 환경 설정

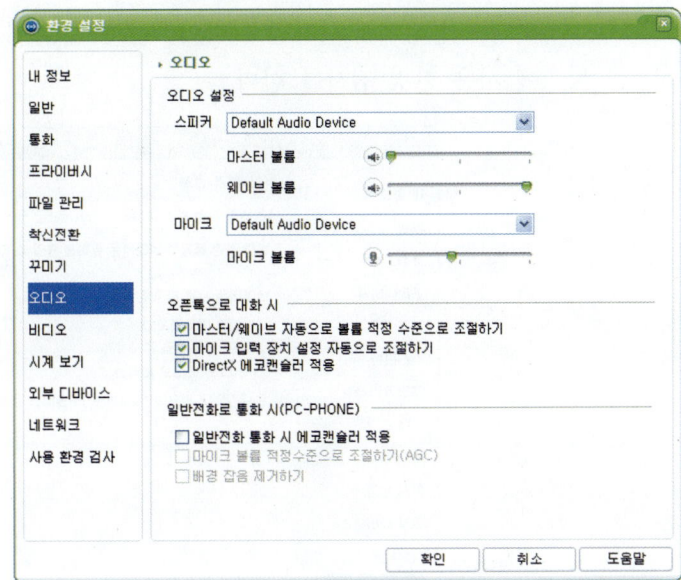

환경 설정 창이 나오면 좌측에 있는 탭 중 오디오 탭으로 간다. 이 부분이 넷브
레인을 사용할 수 있도록 세팅하는 부분이다.

스피커와 마이크 탭을 다음과 같이 변경한다.

➔ 네이버폰

오디오 설정에서 사용할 디바이스를 위와 같이 설정한 후 좌측 탭 맨 아랫부분에 사용 환경 검사를 한다.

➔ 네이버폰

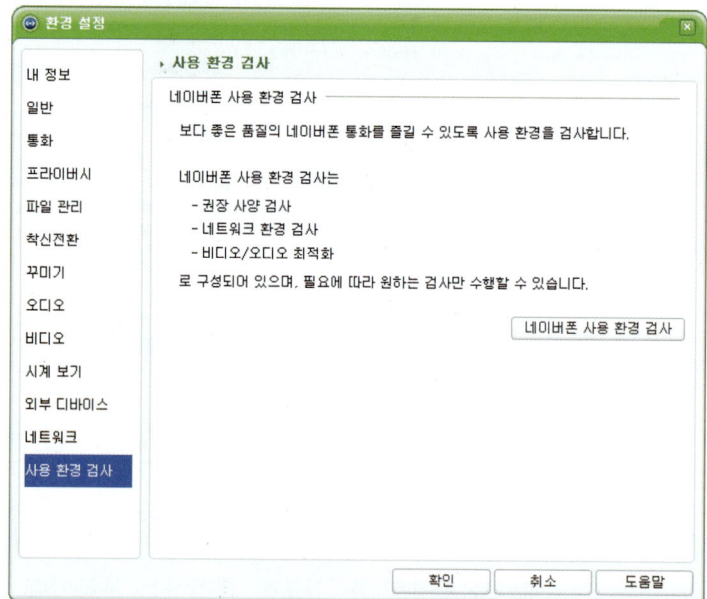

위의 화면에서 네이버폰 사용 환경 검사를 누른다.

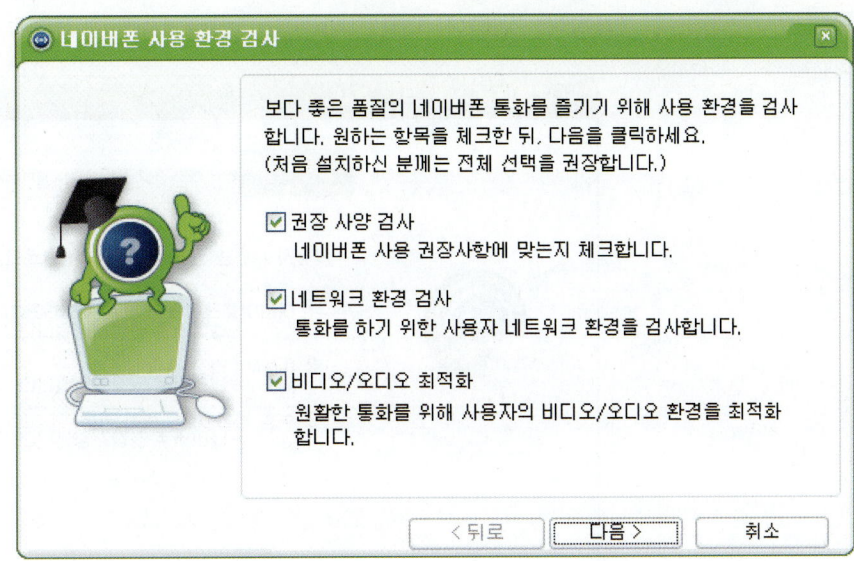
네이버폰

모두 체크가 되어 있는지 확인한 후 "다음"을 누른다.

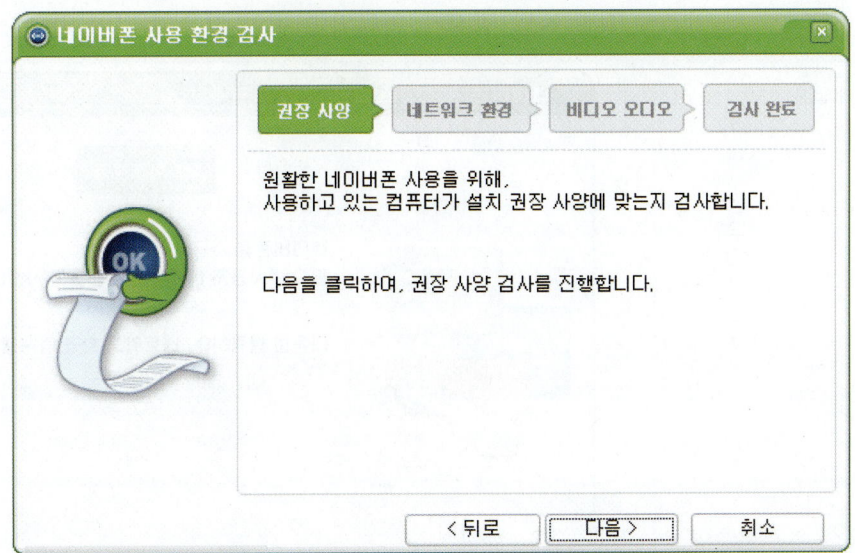
네이버폰

"다음"을 누른다.

● 네이버폰

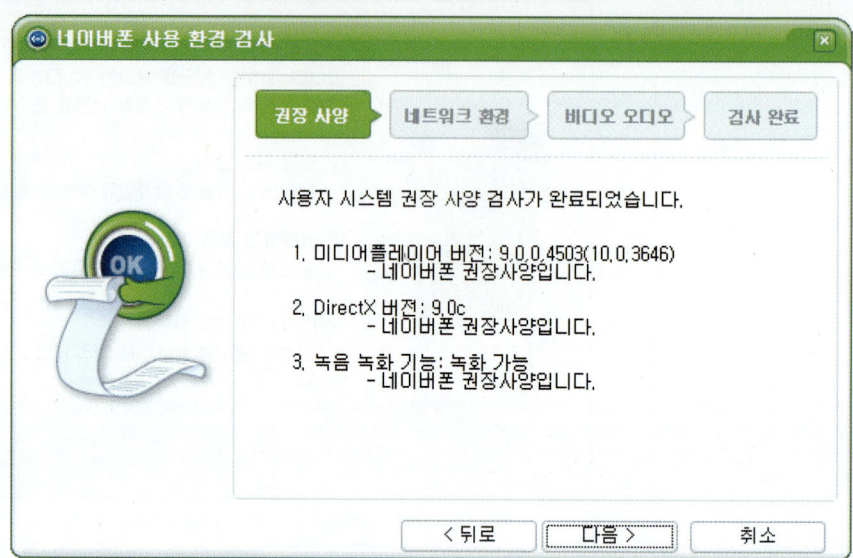

권장 사양 검사가 완료되면 위와 같은 화면이 나온다. "다음"을 누른다.

● 네이버폰

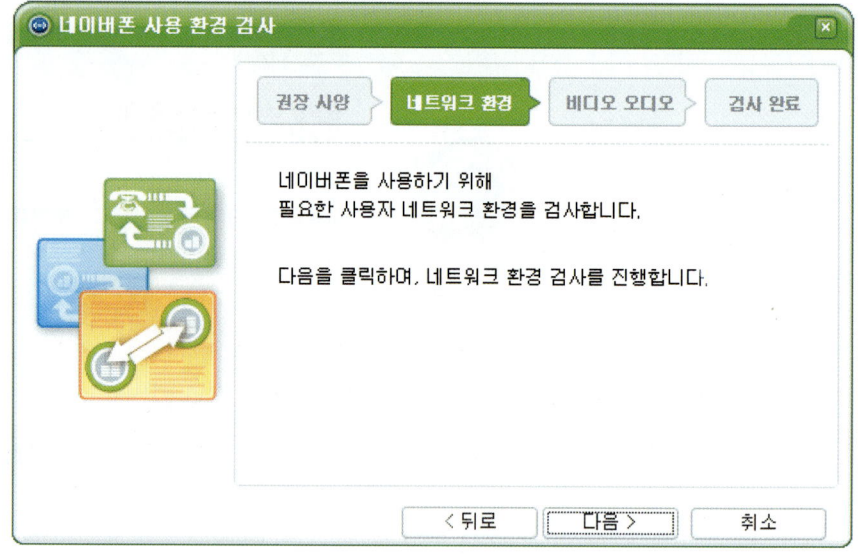

"다음"을 누른다.

● 네이버폰

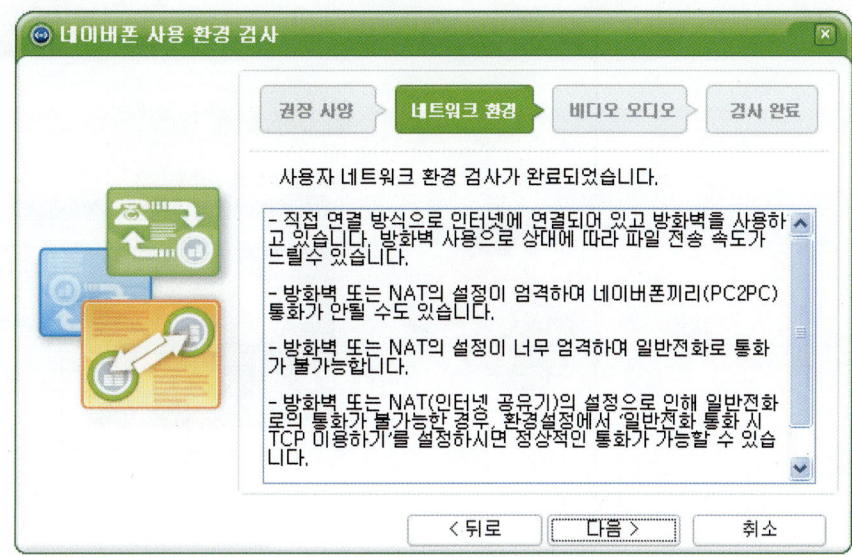

네트워크 환경 검사가 끝나면 위와 같은 화면이 나온다. "다음"을 누른다.

● 네이버폰

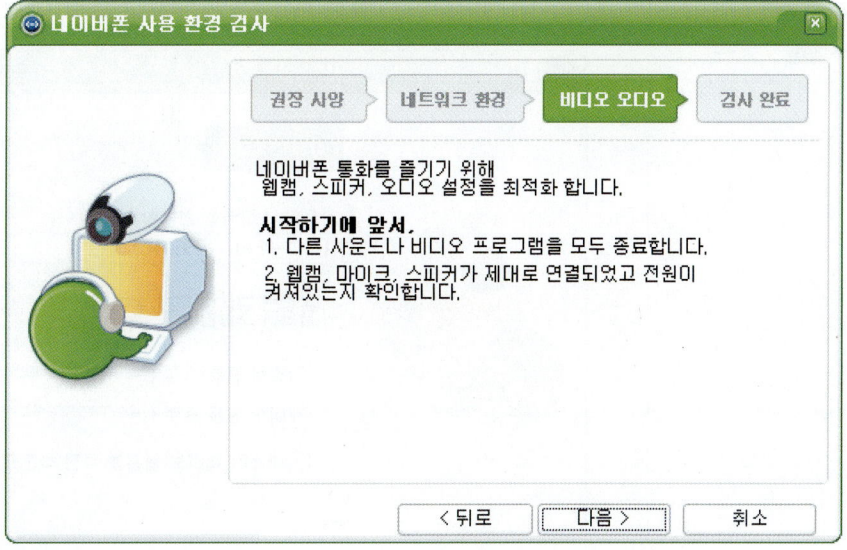

"다음"을 누른다.

● 네이버폰

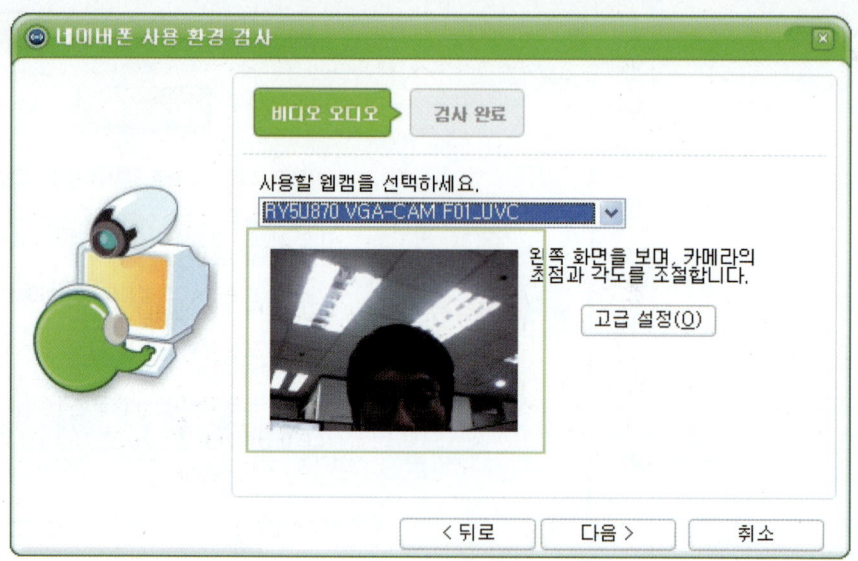

본인이 사용하고 있는 캠을 설정하는 부분이다. 적절히 조절한 후 "다음"을 누른다.

● 네이버폰

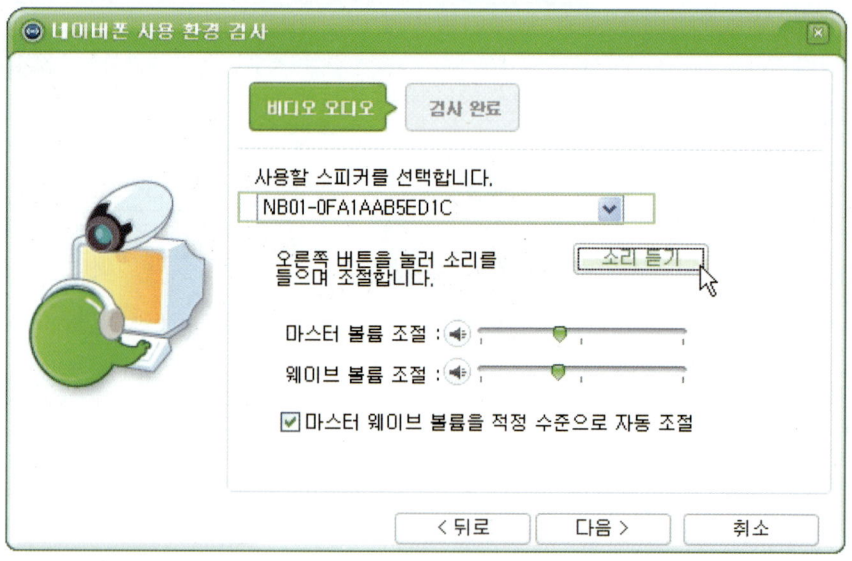

넷브레인의 스피커를 설정하는 부분이다. 소리 듣기를 누른 후 볼륨을 조절한 다음 "다음"을 누른다.

● 네이버폰

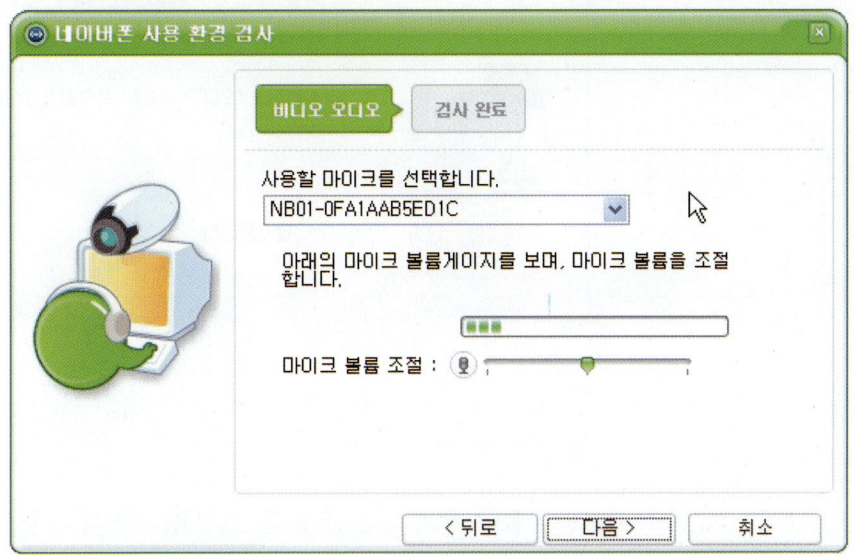

넷브레인의 마이크를 설정하는 부분이다. 마이크에 대고 말을 하면서 게이지의 변화를 관찰하자. 이때 마이크와 거리를 적어도 10cm 이상 유지한 상태에서 말하도록 한다. 만약 크게 말했을 때 게이지의 변화가 적다면 볼륨을 좀 높이는 식으로 해서 조절하도록 한다. 넷브레인의 마이크의 위치는 다음과 같다.

● 넷브레인의 마이크 위치

➔ 네이버폰

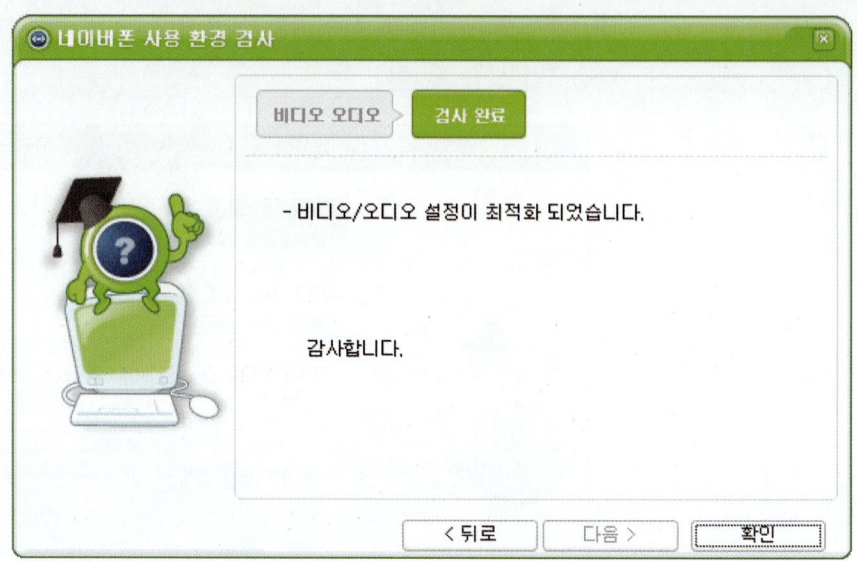

VoIP 폰을 사용하기 위한 모든 설정을 마쳤다. 이제 마음껏 사용하자.

NETBRAIN

부   록

○ 참고 서적

Processing : A Programming Handbook
for Visual Designers and Artists

Casey Reas and Ben Fry (Foreword by John Maeda).
Published 24 August 2007, MIT Press. 736 pages. Hardcover.

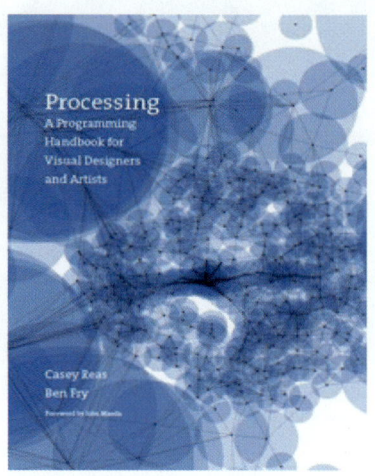

Visualizing Data

Ben Fry.
Published December 2007, O'Reilly. 384 pages. Paperback.

Processing : Creative Coding and Computational Art (Foundation)

Ira Greenberg (Foreword by Keith Peters).

Published 28 May 2007. Friends of Ed. 840 pages. Hardcover.

Learning Processing : A Beginner's Guide to Programming Images, Animation, and Interaction

Daniel Shiffman.

Published August 2008, Morgan Kaufmann. 450 pages. Paperback.

Built with Processing (일본어)

Published 28 March 2007, BNN. 232 pages. Softcover.

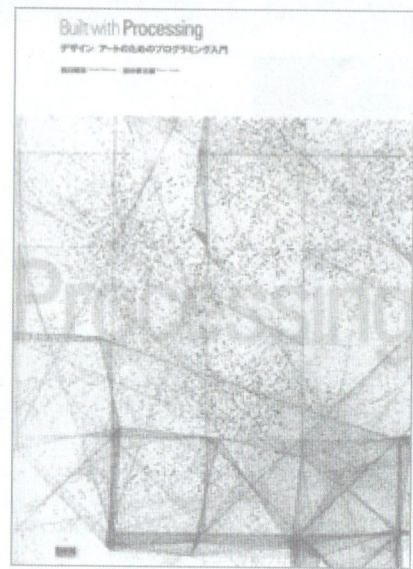

패스 통신선로 산업기사

구기준 著/4·6배판/1,000p/정가 30,000원

이 책은 최단 시일 내에 통신선로 산업기사 필기 시험에 대비할 수 있도록 출제기준 항목별로 상세히 요점정리한 수험서입니다. 각 단원별로 예상문제, 매년 중점적으로 출제되고 있는 빈도 높은 문제 및 이후 계속해서 출제될 가능성이 높은 문제를 엄선하여 구성하였습니다. 마지막 정리가 필요한 수험생들에게 최적의 지침서가 될 것입니다.

패스 전자회로설계 산업기사

김기준·박건우 共著/4·6배판/760p/정가 28,000원

전자회로설계 산업기사는 2002년도에 신설된 현대 사회에서 요구하는 기술분야에 대한 미래지향적인 자격 종목으로서 그 중요성은 매우 높다고 할 수 있습니다. 이 책은 좀더 쉽고 빠른 시간에 자격 검정을 대비할 수 있는 수험서로서 출제 기준 항목별로 요점 정리를 하였으며, 빈도 높은 문제 및 이후 계속 출제될 가능성이 높은 문제를 최단 기간 내에 학습할 수 있도록 하여 가장 능률적으로 자격 시험에 대비할 수 있도록 하였습니다.

C 언어를 이용한 80C196KC와 MicroMouse

송봉길 외 2인 共著/4·6배판/528p/정가 28,000원/PCB 기판 첨부, CD 포함

이 책은 마이크로 컨트롤러를 배우는 데 가장 어려운 부분인 C 언어를 이용하여 컴파일러를 세팅하는 부분을 초보자와 중급자에게 유용하도록 상세히 설명하였습니다. 그리고 이 책에서 사용하는 PCB 기판을 부록으로 첨부하여 이 보드를 이용하여 테스트 보드를 꾸며 보고, 마이크로마우스를 본문에 실어 응용력을 키울 수 있도록 하였습니다.

알기 쉬운 디지털 회로

Hideharu Amano·Yoshiyasu Takefuji 共著/이종선 譯/4·6배판/184p/정가 10,000원

이 책은 시판되고 있는 IC를 이용하여 실제의 회로를 조립할 수 있도록 회로 예나 예제를 풍부하게 담았으며, 최신 디바이스에 관한 지식을 풍부하게 도입했고, 설계 예도 디바이스를 활용한 것을 수록함과 동시에 최근 중요시되고 있는 PLA에 관한 설계법을 첨가했습니다. 이 책은 논리학이나 전자 회로의 기초가 없는 독자들도 이해할 수 있도록 되어 있지만 그 내용 자체는 모두 실질적 도움을 지향하고 있어 상당한 수준의 기술을 내포하고 있습니다.

패스 전자기사

전자기사검정연구회 編/4·6배판/1,056p/정가 35,000원

· 상세한 요점정리 : 출제기준 항목별로 요점정리를 상세히 하여 내용을 체계적으로 파악할 수 있게 하였습니다.

· 적중도 높은 문제 엄선 : 적중성 높은 문제들을 엄선하여 기본 문제와 그에 따른 응용, 파생 문제에 대한 해석능력을 배양할 수 있도록 하였습니다.

· 상세한 해설을 덧붙인 문제 : 각 문제마다 상세한 해설을 하였으므로 혼자 공부하기에 어려움이 없도록 하였습니다.

패스 전자산업기사

전자산업기사검정연구회 編/4·6배판/1,040p/정가 35,000원

이 책은 출제기준 항목별로 요점정리를 상세하게 하여 내용을 체계적으로 파악할 수 있게 하였으며 적중성 높은 문제들을 엄선하여 기본 문제와 그에 따른 응용, 파생 문제에 대한 해석 능력을 배양할 수 있도록 하였습니다. 각 문제마다 상세한 해설을 하였으므로 혼자 공부하기에도 역시 어려움이 없도록 하였습니다. 부록에는 최근에 출제된 전자 산업기사 문제를 수록하여 최근의 출제 경향을 쉽게 파악할 수 있도록 하였습니다.

PIC16F84의 기초+α

이희문 著/4·6배판/634p/정가 25,000원/부록 CD 1매 포함

· 여러 가지 실용 표시소자를 다루고 있습니다.

· 자주 쓰이는 루틴을 독립시켰습니다.

· 활용도 높은 예제를 다루었습니다.

· MPLAB-IDE를 구체적으로 설명합니다.

· CCS-C를 통한 C언어 프로그래밍을 다루었습니다.

· 다양한 PIC 시리즈를 활용할 수 있도록 향후 공부할 방향을 제시했습니다.

AVR ATmega128 마이크로컨트롤러

송봉길 著/심귀보 監修/4·6배판/760p/정가 39,000원/부록 CD 1매 포함

이 책은 펌웨어엔지니어가 되고 싶은 분들을 위하여 마이크로컨트롤러의 사용법을 AVR ATmega128을 예로 들어 소개한 것입니다. 마이크로컨트롤러는 제조회사마다 동작하는 명령어나 동작 신호가 상이한 것도 있지만 그 기본적인 개념은 거의 동일합니다. 이 책을 통하여 AVR ATmega128의 기본적인 사용법을 배움으로써 다른 마이크로컨트롤러에 대해서도 쉽게 이해할 수 있을 것입니다.

■ 저자 소개

• 홍선표

일본 토카이대학교 전자공학과(공학박사)
KAIST 전기 및 전자공학과(공학석사)
KIST 시스템공학연구소 연구원
현) 인천대학교 기계시스템공학부 교수

• 이호웅

광운대학교 대학원 전자통신공학과(공학박사)
광운대학교 대학원 전자통신공학과(공학석사)
LG전자 영상미디어연구소 선임연구원
현) 동원대학 정보통신과 부교수

• 전응섭

KAIST 지능정보시스템 공학박사
KIST 시스템공학연구소 연구원
한국 HP 시스템컨설턴트
현) 인덕대학 컴퓨터소프트웨어과 교수
　　한국디지털 컨버젼스학회 부회장
방송정보기술사

• 정상훈

광운대학교 대학원 컴퓨터공학과(공학석사)
네이버카페 "당근이의 AVR 갖고 놀기" 운영
기업체 Java 강의 및 전문대학 마이크로컨트롤러 강의
현) ㈜로보코 개발팀장
저) 마이크로컨트롤러 "당근이의 AVR 갖고 놀기"

2010. 3. 17　초판 1쇄 인쇄
2010. 3. 24　초판 1쇄 발행

지은이 ｜ 홍선표 · 이호웅 · 전응섭 · 정상훈
펴낸이 ｜ 이종춘
기획 ｜ 황철규
진행 ｜ 박경희
교정·교열 ｜ 문향복
편집 ｜ 예나루
제작 ｜ 구본철
펴낸곳 ｜ BM 성안당
주소 ｜ 경기도 파주시 교하읍 문발리 출판문화정보산업단지 536-3
전화 ｜ 031) 955-0511
팩스 ｜ 031) 955-0510
등록 ｜ 1973.2.1 제13-12호
독자 상담 서비스 ｜ 080-544-0511
출판사 홈페이지 ｜ www.cyber.co.kr

ISBN ｜ 978-89-315-3224-1 (93560)
정가 ｜ 25,000원